中山自然科學大辭典

第十冊

生理學

名譽總編輯　王　雲　五

編輯委員會召集人　李熙謀(常務)　鄧靜華　易希陶

本　冊　主　編　葉　　　　曙

出版授權與人　中山學術文化基金董事會

出　版　者　臺灣商務印書館

中華民國六十二年九月

本册撰稿人

（以姓名筆畫為序）

尹在信　姜壽德　黃廷飛　萬家茂　盧信祥

方懷時　畢萬邦　黃至誠　劉華茂　韓偉

周先樂　彭明聰　楊志剛　蔡作雍

中山自然科學大辭典

第十冊 生理學

序 言

　　中山學術文化基金董事會爲紀念中華民國建國六十週年，倡議編輯中山自然科學大辭典，曾於五十九年年底召開首次會議，商討進行事宜，本人亦在被邀之列。當即決定本辭典分爲十科編撰，以百科全書方式，每科一冊，每冊字數規定爲八十萬至一百萬，各科分別成立編輯委員會，各自研討編輯方針。會中責成本人爲生理學編輯委員會召集人兼主編，當時本人適患嚴重貧血，正在休養治療之中，而生理學又非本人所專學科，在雙重困難之下，深恐不能勝任，本擬婉辭讓賢，繼思在中文科學圖書極感缺乏現狀之下，此一大辭典之編纂，除紀念開國六十週年特具意義外，既足以供一般學生與大衆之參考，猶有普及科學教育之作用，寧非一舉而數得，焉可輕言辭謝，有方發起編輯本辭典諸公之寵召，是以不自量力，貿然奉命。六十年春經本人四出奔走情商，幸獲臺大醫學院及國防醫學院二院生理學科各位專家之熱忱贊助，本冊編輯委員會遂告成立。幾經磋商，決定過於專門或過於偏向醫學之名詞，概予從略，力求符合大辭典編纂之共通方針——專供高中三年級學生、一般大學生及研究生閱讀參考，所選辭彙，儘量作簡明之闡釋，以每詞不逾千字爲原則。精選之下，共得1000則。茲分別介紹各部門撰寫人如下：胃腸運動及缺氧（方懷時先生），感覺器官（彭明聰先生），循環系統（黃廷飛先生），血液（劉華茂先生），内分泌（萬家茂先生及楊志剛先生），腎臟（畢萬邦先生），中樞神經系統（蔡作雍先生、韓偉先生，尹在信先生），呼吸系統（姜壽德先生），電解質及細胞膜（周先樂先生），肌肉（盧信祥先生），消化 酵素及新陳代謝（黃至誠先生）。承慨允撰稿的十四位先生，皆有教學與研究雙重負荷，祇能利用公餘時間，抽空趕寫，成稿十分辛苦，本人謹向十四位先生表示由衷的感謝。此外，特請方懷時先生撰寫我國生理學發達史一文，文内介紹中國生理學會之成立經過，與該會會刊中國生理學雜誌當年之發行情形，頗具歷史價值。方先生乃在臺生理學學人中在戰前即已參加該會之會員，故能道來如數家珍。承其在百忙之中，寫成此文，謹此誌謝。

生理學乃是研究植物及動物（或簡稱生物）以何種方法來完成其生活所必需之種種演變的一門學問，生物學家多稱之為研究功能之學問，故謂生理學包羅萬象，範圍至廣，凡是一切生物——下自單細胞生物如細菌原蟲藻類起，一直到多細胞生物如植物動物包括人類——的生活現象皆是生理學家之研究對象。如再細為分類的話，生物整體所共通的生活現象是什麼？一個器官、一種組織的作用又是什麼？以至一個細胞或其一部分如細胞膜、細胞核、線粒體等所能貢獻的又有些什麼？生理學的範圍如果這樣地來劃分，將永無止境。因此，現代的生理學可以分之又分，簡直到了隨研究者興趣所之，每一專題研究皆可冠以一特殊名稱曰某某生理學的程度了。

最近廿年來，基礎生物學包括基礎醫學的進步，一日千里。1950年代起，舉凡免疫學、遺傳學、生化學、病毒學、腫瘤學諸方面的研究，莫不突飛猛進，大有收穫。進入1960年代以後，分子生物學，分子遺傳學，分子疾病學，分子病理學般的新名詞，膾炙人口，已不算是稀罕的辭彙了。生理學方面，不必說也跟着在改進，試觀1970年以後的新版生理學教科書，以與1950年代相較，已是面目全非，細胞的超微構造，分子生物學包括遺傳學免疫學諸方面的新知識，皆已另闢章目，分別討論，若以Guyton氏的醫學生理學教科書為例，這些新項目竟佔全書篇幅十分之一強，於此可見一般。到了這個階段，我們便不得不考慮是否應將此類新創或修訂，而且已見諸其他教科書如遺傳學、生化學、藥理學、微生物學、病理學、內科學、小兒科學等科的新辭彙列入，經慎重討論結果，因為這些新辭彙有的根本不屬於一般生理學，有的過於偏向醫學專科，如果全部列入，不但增添過多篇幅，並且違背一般編輯原則，所以決定概予割愛，等到將來連一般高中三年級學生及大學生都非知道這些辭彙不可的時候，不但現在的新詞已成舊詞，更新的辭彙不知又將增添多少，這本大辭典也就非改版不可了。

以上是我這濫竽充數的主編人——毋寧說是聯絡人，聯絡各位專家擔任編撰之經過，本辭典苟能於我學界有所貢獻，都全是執筆各位先生之功，我祇是與有榮焉而已，至於此書自開始編撰起，拖延將近二年，始觀其成，全是本人跑腿不力所致，謹此向讀者表示歉意。

葉　　曙

中華民國六十二年四月

吾國生理學之過去與現在

　　凡科學昌明之國家，其出版事業必呈興盛蓬勃之現象。吾國之出版事業，雖尚未與世界各先進國家並駕齊驅，但以本國文字寫成之大專科學書籍，已較前顯著增加。祇有大量增加本國文字之科學書籍，科學才能於吾國生根。就吾國而言，生理學是一門後進之科學，歷史較短，但已逐漸生根。其歷史約可分為四個階段，現分別略述於後。

　　第一階段——潛伏期（1926年以前）：吾國生理學究於何時開始，不易確悉。惟西洋傳教士主辦之博醫學會雜誌(China Medical Journal)早在1887年就已創刊，可能那時已將生理學介紹到中國。1906年 Philip B. Gousland摘譯之哈氏生理學(Halliburton: Handbook of Physiology)在吾國出版，此書諒係吾國第一部中文生理學教科書。1907年德國生理學家 Paul DuBois Reymond於同濟大學主講生理學，可見我國在那時已開始注重生理學。

　　1922年北平協和醫學校改組，美國之 D. D. Van Slyke與 C. F. Schmidt至該校講學，同時吳憲自美回協和任教，於是美國之實驗生物醫學會(The Society of Experimental Biology and Medicine)於北平成立分會。1922年12月初該分會第一次於北平集會，會中所報告之論文（亦有涉及生理學者），均在美國總會會誌中發表。1925年林可勝由美返國，繼 Cruickshank主持協和醫學院生理系，由於該校此第一位吾國具有研究天才並富組織能力之生理學教授之領導，使吾國之生理學由潛伏期進入生長期。

　　第二階段——生長期（1926—1940年）：由於林可勝之建議，吳憲之附議，中國生理學會於1926年2月27日於北平協和醫學院生理系舉行成立大會。發起之會員共十七位，其中包括一半在華之外籍人士。當時推林氏為臨時書記兼會計。同年9月6日於該校舉行第一屆年會，正式選舉林氏為第一屆會長。中國生理學雜誌由林氏任編輯。自1927年創刊以後，每年四期為一卷，每卷約 450 頁，圖文並茂，為吾國之生理學界大放光芒。至1937年，研究發展，稿源更多，故出了兩卷，此為吾國生理學界鼎盛之期。抗戰初期，中國生理學雜誌仍繼續出版。此外，蔡翹之中文生理學教本於1929年在商務印書館出版，後又曾出增訂版，對當時之醫學及生物學之學生幫助不少。

　　第三階段——艱苦期（1941—1954年）：1941年太平洋戰事爆發，生理學雜誌曾暫休刊。當時由於中央大學生理學教授蔡翹及華西大學生理學教授Kilbon之領導，組織中國生理學會成都分會，於1941年6月創刊(Proceeding of Chinese Physiological Society Chengtu Branch)，至1945年6月共出十三期，分爲二卷，暫時代替中國生理學雜誌之使命。至於政府遷臺初期，當時暫因限於經費，新設備不易添置，僅靠原有之設備勉強應付。在此期間進行研究工作，不無事倍功半之感。吳襄所著之生理學大綱於此時期在正中書局出版。

　　第四階段——復健期（1955年迄今）：中國生理學雜誌於1960年由國防醫學院生理學教授柳安昌主持復刊，但在此之前數年，生理學之研究環境已見改善。自1960年起，因國家科學委員會之支持，對生理學之教學及研究均有幫助。我國生理學者雖爲數不多，但研究範圍却相當廣泛。如果依照傳統之生理學章目來分析，則幾乎每方面均有人在研究。比較言之，則以神經、內分泌、循環、呼吸及消化之研究較多。今後之研究發展，仍以上述之研究方向爲主。惟近代科學進步，人類於平面（地面）之生活，已擴展到立體（高空）之生活。且運輸方面，空運已十分普遍，故航空生理學(Aviation Physiology)之教學與研究，甚爲需要。好在我國生理學者對於此方面業已著手推動，且有相當進展。復健期中，中文之生理學書籍共出版六種：一爲生理學講話（柳安昌著），二爲呼吸生理學（高逢田著），三爲實驗生理學（姜壽德著），四爲家畜生理學（張鼎芬著），五爲人體生理學（劉華茂著），六爲由多數生理學者合編之生理學大辭典。自上述第一至第三階段，每一階段僅出版中文生理學一種，第四階段則出版六種中文生理學書籍。且不久之將來，尚有其他中文生理學書籍問世。希望生理學大辭典之出版，對我國生理學界亦具刺激推進之效。

　　中山學術文化基金董事會近爲紀念建國六十週年，特籌編中山自然科學大辭典，藉此介紹一般科學。生理學雖祇其中一種，因其範圍非常廣泛，非少數人能於短期內勝任，乃由十餘位專家各盡所能，分工合作，本辭典才能完成。於擬定範圍時，取捨之間，實不易恰到好處。此辭典之字數雖不甚多，但重要之生理學名詞，均已盡量搜羅。如尚有疏漏之處，敬請各方指教。

方　懷　時

國立臺灣大學生理學研究所

中華民國六十二年五月

中山自然科學大辭典　第十冊

生　理　學

乙醯輔酶 A（Acetyl‐CoA）

　　為經輔酶 A（coenzyme A 簡寫 CoA）利用三磷酸腺苷酸（adenosine triphosphate 簡寫 ATP）供給能量加以活動化之醋酸鹽（active acetate）。可來自焦葡萄酸（pyruvic acid）或脂肪酸（fatty acid）。此乙醯輔酶 A 可進一步與草醋酸鹽（oxaloacetate）結合成枸櫞酸而進入枸櫞酸環（citric acid cycle）氧化產生能量，又可與膽素（choline）結合成乙醯膽素（acetylcholine），為重要之神經作用媒介。並可由之合成脂肪酸及膽固醇（cholesterol）。故乙醯輔酶 A 為碳水化合物及脂質（lipids）分解及合成之中間樞紐。（黃至誠）

人工呼吸法（Artificial Respiration）

　　當呼吸停止（如受溺、一氧化碳中毒、電擊）或其他有呼吸衰竭危險之際，肺內之空氣必須用人工方法換新，其方法甚多：

徒手人工呼吸法（manual method）：

　　可大別為推拉法（push‐pull manual respiration）、重力法（gravity method）、及吹氣法（insufflation method）三類。推拉式者所有壓胸舉臂法（chest‐pressure arm‐lift method）（CPAL），壓背法（back‐pressure method）（BP）、壓背舉臂法（back‐pressure arm‐lift method）（BPAL）及壓背舉臂法（back‐pressure hip‐lift method）（BPHL）均屬之。Eve 氏法屬重力法，而口對口（mouth‐to‐mouth）及口對鼻（mouth‐to‐nose）法則屬於吹氣法。

　　推拉式之人工呼吸法最先被推薦應用為 Silvester（1858）之壓胸舉臂（CPAL）法（圖一B）。舉臂時患者胸腔擴大，是為吸氣；壓胸時患者胸腔縮小，是為呼氣。然因患者仰臥，位於上呼吸道之分泌物、水、嘔吐物，或其他異物，不易排出，致阻礙呼吸，乃有 Schafer 氏（1903）之壓背（BP）法（圖一C），此法

患者係俯臥，利用此一自然位置，可增加呼吸道內異物流出之機會。當壓力加於下胸部時，空氣自肺排出；除去壓力時，由於胸壁之彈性回位力，使胸腔擴大，空氣遂被吸引入肺。但此法仍與前法同樣費力。Eve 氏（1932）應用攔架，使臥於攔架木板上患者之足部及頭部交替上下（圖一D），利用患者腹內臟器按摩膈肌，而使膈肌升降，以減小或增大胸腔內容積，達使患者呼吸之

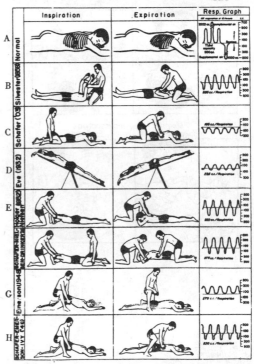

人工呼吸法　圖一

目的。此法節省施術者之體力，且木板或與攔架同等效用之物體甚易獲得，是其優點；然在膈肌張力仍然存在之患者，效用極小。Holger 及 Nielsen 氏（1932）之壓背舉臂（BPAL）法（圖一E），則兼具上述各法之優點。壓背時為呼氣；舉臂時為吸氣。Drinker 氏認為 Holger‐Nielsen 氏法壓迫上胸部，易致上胸部肋骨之損傷，故提議一人操作時仍用當時在美盛行之壓背法

（卽（Schafer 氏法）；若能獲得一助手時，此一助手
行舉臂法，兩人交替行之，是卽 Schafer - Nielsen -
Drinker 法（1935）（圖一F），此法融合 Schafer
與 Nielsen 二法於一，取兩者之優點，且因二人交替操
作，更爲省力。後 Emerson(1948) 倡舉髖（Hip-lift）
（HL）法（圖一G）。舉髖時與 Silvester 法之舉臂效
果同。Schafer-Emerson-Ivy 氏法（1948）又稱壓背舉
髖法（BPHL）（圖一H）。舉髖爲吸氣；壓背爲呼氣。
口對口或口對鼻之吹氣法（圖二）爲最古老之人工呼吸
法，在舊約中卽有記載，歷來僅被應用於初生兒，但其
效果及應用價值近年來又引起廣泛之討論。

機械人工呼吸法（mechanical method）：

　係應用機械方法以改變胸腔內壓力，以達到人工呼
吸之目的。例如 Drinker 設計之鐵肺（iron lung）（

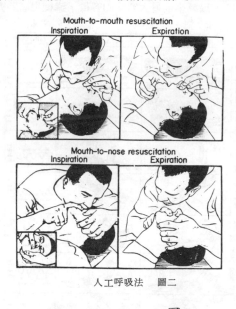

人工呼吸法　　圖二

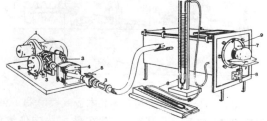

The Drinker respirator. *1*, pumps; *2*, motor; *3*, vents; *4*, alternate; *5*, valves;
6, manometers; *7*, external shutters; *8*, adjustment for head rest;
9, adjustable ring to hold collar in place. (After Shaw and Drinker.)

人工呼吸法　　圖三

圖三），係一金屬櫃，可將病人置入，僅頭部在鐵櫃外
面。以電動唧筒增減鐵櫃內之壓力，使胸壁及鐵櫃間之
氣壓發生減壓及加壓之變化，間接引起肺泡內氣壓之改

變，以引起吸氣及呼氣，因之肺內氣體得以進行交換。
此種儀器可以使呼吸肌麻痺或呼吸中樞受抑制之患者，
繼續呼吸而維持生命。其他復甦器（resuscitator）或
呼吸器（respirator or ventilator ），或呼吸輔助
器（ventilatory assistor ）之應用，係屬同一原理
。

　人工呼吸法優劣之評價（evaluation of the eff-
ectiveness of artificial respiration）：機械人工
呼吸法在一般醫院內方有此設備，其應用限于病患，應
用適當確可維持患者呼吸以達到增加通氣量之目的，至
於各種徒手人工呼吸法之優劣，若干學者曾用箭毒（
curare）或 Succinyl choline chloride 以麻痺志願
被實驗者或已受麻醉者之呼吸肌，然後行各種人工呼吸
法，同時記錄此等呼吸業已停止之被實驗者每次呼吸進
出肺之氣量，卽一次肺通氣量〔(tidal ventilation ）
（與自然呼吸之潮氣容積 tidal volume 相當）〕及操作
者之疲勞程度等，以比較各種方法之優劣。少數研究者
更於實驗經過中，在人工呼吸施行之前後，測定被實驗
者肺泡中氧及二氧化碳之濃度，與動脈血中氧及二氧化
碳張力之改變情形，以及血液酸鹼度等，以觀察各種人
工呼吸之實際效果。

　以上述方法研究之結果，咸認 Schafer　氏俯臥壓
背之方法一次肺通氣量爲最小，圖一C3示每一呼吸進
出肺之氣量祇185立方公分，僅較無效腔容積（dead
space）略大而已，並仍見動脈血缺氧。所有研究均見
Holger - Nielsen 氏法，Schafer - Emerson - Ivy
氏法，Silvester 氏法（圖一E3，H3，B3）之一
次通氣量倍於 Schafer 氏法。（圖一C3）。除非患者
有嚴重呼吸道阻塞或廣泛之肺水腫存在，由於此等方法
所得之肺通氣量，足可應付基本新陳代謝之需要。動脈
血氧張力測定之結果，亦證明其良好效果。更有進者，
爲舉臂或舉髖法，與自然呼吸主動吸氣同樣使肺擴張向
吸氣儲備容積之位置（圖一3呼吸記錄），此不僅保證
吸入氣在肺內混合較爲均勻，且減少肺水腫或氣管支痙
攣所致之不良效果，且因肺較爲擴張，胸內壓因之更形
降低，由是可促使靜脈血回流入心之量加多，與自然呼
吸對循環有相同之影響力。此一研究促使爲英語國家採
用達半世紀餘之 Schafer 　氏法被摒棄。

　Eve 氏法（圖一D）一般皆認爲除其腹腔內臟之重
力作用於膈肌而影響呼吸外，且由於患者皮膚溫度之升
高及膚色之改變，顯示對血液循環亦有裨益。一次通氣
量與患者被搖動時木板與擱架垂直面間之角度有關。在

±10°—±50° 之範圍內，此一角度增加，一次通氣量亦不能超過安靜時之潮氣容積。

口對口人工呼吸法之一次通氣量平均可達1500立方公分，約三倍於推拉式之人工呼吸法。即令毫無經驗之救護者亦可在每分鐘操作12至20次，一次通氣量1000至2000立方公分之情況下，繼續30分鐘而無不適或疲勞感覺。此際若檢查患者之肺泡氣二氧化碳濃度，可見低於正常，動脈血氧飽合度約在 97％至100％。如停止操作，則在40至90秒鐘內，其血液氧飽和度即下降達83％至88％。且有輕度之血中二氧化碳過多現象。5至9次速而且深之吹氣，數秒鐘內血氧飽和度即又上升達97％至100％。可見在發現呼吸停止之患者，應如何急行人工呼吸以拯救其生命。口對口人工呼吸法不僅有上述之優良效果，且具下列優點：

①如患者呼吸道阻塞、急救者將覺吹氣時有阻力存在。②若有分泌物貯積於患者呼吸道，則急救者可感覺有此物體之存在，且可聞氣泡音。③吹氣時所用壓力是否適宜，急救者多能立即覺察，且可按需要而調度吹氣所用之力量。④患者胸膛起伏情形在急救者視線之內。⑤患者自發呼吸出現時，可立即察出。⑥急救者兩手均可利用以除去患者口腔或呼吸道之污物，或用以支持下顎。此法尤適用於嬰兒與兒童。因急救者吸氣末存留於無效腔約150立方公分之新鮮空氣，在操作時，先被吹入患者之肺，其量約為二至三歲兒童之潮氣容積相當。因吹氣時與患者之口相接，或嫌不潔，因之Safar氏曾設計一種口對口人工呼吸用導管（mouth-to-mauth air-way），可以用於急救。

		參加實驗人數	實驗成功人數及百分比	
無經驗之急救者	口對口人工呼吸法	164	146	89％
	口對呼吸導管法	87	87	100％
	口對鼻人工呼吸法	20	10	50％
曾受訓練之急救者	壓背舉臂法	14	2	14％
	壓胸舉臂法	13	4	30％

上表為Safar氏統計167個急救者應用表中所列方法作人工呼吸之效果。操作時被實驗者一次通氣量超過500立方公分者列為實驗成功之例。由表中人數及成功百分比數觀之，以口對呼吸導管法最佳（實驗成功之百分比為百分之百），次為口對口法，口對鼻又次之，再次為壓胸舉臂法，以壓背舉臂法實驗成功之比例為最低。操作所以失敗之原因，係由舌根後退，發生上呼吸道阻塞所致。以X光檢查意識消失之患者，發現頦與喉頭接近（即頭部傾頸向前屈）時，喉頭上部軟組織（包括舌）受壓迫，傾向咽頭後壁，致發生呼吸道阻塞。在仰臥位固然如此，即俯臥位亦然，俯臥位時並無舌根向前之跡象。實際上俯臥時舌根仍壓迫會厭軟骨之根部，使後者接近假聲帶，而引起呼吸阻塞。為防止此等弊端之發生，祇有增加頦與喉頭之距離，使頭向後傾，下頜向前，頦位於最前方之位置。阻塞之發生亦決定於呼吸道內氣流之壓力，常有壓胸法見有氣道阻塞，然在經口吹氣入被實驗者之肺，即可克服此等阻塞，或改變頭部之位置亦可，故Safar氏建議在行人工呼吸法時，不拘任何方法均應取頭向後傾，下頜向前，頦位於最前方之位置（圖四）。

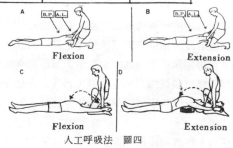

人工呼吸法　圖四

綜觀上述之分析，如遇呼吸停止須待急救之患者，方法上之選擇，第一當推口對口法，因其一次通氣量大，尤其在一氧化碳中毒病人，肺通氣量大，一氧化碳之排出速，病人恢復亦速。同時其他優點如急救者可應用雙手以支持患者之下頜與頭、頸之位置，用力吹氣可克服氣道不完全阻塞等等，他法均勿如之。至於壓胸舉臂與壓背舉臂兩法之比較，則以壓胸舉臂法較佳，此法在矯正頭部位置後，一次通氣量最大可達1060立方公分，且因其易於維持頭後傾之位置，而此法暴露患者之面部於急救者視線內，得能時刻觀察患者之情況，亦屬一極為重要之優點。（姜壽德）

人工灌流液 (Artificial Perfusate)

用合適組成之電解質溶液灌流離體心臟，能維持長久規則的跳動。冷血及溫血動物所用之人工灌流組成如下：

	冷血動物用 Ringer 氏流 （室 溫）	溫血動物用 Tyrode 氏液 （37℃）
NaCl	0.65 gm	0.8 gm
KCl	0.014 gm	0.02 gm
CaCl$_2$	0.012 gm	0.02 gm
NaHCO$_3$	0.02 gm	0.1 gm
NaH$_2$PO$_4$	-	0.005 gm
MgCl$_2$	-	0.01 gm
glucose	-	0.1 gm
蒸 餾 水	100 ml	100 ml

（黃廷飛）

二核苷酸腺嘌呤菸草醯胺 （Nicotinamide Adenine Dinucleotide NAD）

同核苷酸二燐吡啶（diphosphopyridine nucleotide 簡寫DPN ）。詳解見 DPN。（黃至誠）

丁醇抽出碘量 （Butanol‐Extractable Iodine, BEI ）

此量可以用來指示甲狀腺之功能，係基於鹼性丁醇俱溶解甲狀腺素及三碘甲狀腺原胺酸之性質。而其他無機或有機碘化物則無法溶於其中。但因大部份的外源碘化有機染料和能增加蛋白質結合碘量（PBI）之化合物亦能與甲狀腺素及三碘甲狀腺原胺酸並存之故，其正確性因而降低。

此法係以丁醇處理血清，而以碳酸鈉及氫氧化鈉之混合液洗去非甲狀腺素及三碘甲狀腺原胺酸部份之碘化物而得。

BEI 之正常值爲3.2－6.4微克／100毫升血清（mcg/100 ml ）。當超過6.5時乃屬機能亢進之現象，而低於3.1則爲機能低降之現象。（萬家茂）

子宮內膜異位病 （Endometriosis ）

子宮內膜異位病是指子宮以外之處，有功能仍然保存的子宮內膜組織。該組織有增生性的生長，分泌和出血等現象。發生部位多在卵巢，次爲子宮骶靱帶，直腸陰道間隔、乙狀結腸、骨盆內腹膜等處。臨床徵狀主要是在月經前和月經時有劇痛。懷孕後或停經後徵狀消失。患者常併有不姙症。治療則在鼓勵患者懷孕，使用止痛劑止痛，使用內分泌製劑使不排卵或引起假孕（pseudopregnanancy ） 以及外科手術將子宮外的子宮內膜組織切除等。（楊志剛）

子宮週期 （Uterine Cycle）

在月經末了，表層的子宮內膜脫落後，卵泡分泌女性素促使子宮內膜很快的增生。從經期第五天到十四天子宮腺快速生長但無分泌現象，此時謂之增生期。經期第15天排卵後，黃體分泌女性素和助孕素，促使子宮腺繼續增生並開始分泌，在經期第 16 天到第 28 天稱之爲分泌期。當黃體萎縮後，女性素和助孕素分泌停止。這時子宮螺旋動脈收縮。子宮表層的內膜因缺血而壞死。其後子宮螺旋動脈擴張，壞死的子宮內膜脫落，連同出血而形成月經。此爲經期第 1 天到第 4 天。而完成一個週期性的變化。

子宮頸的粘膜並不隨子宮內膜一起脫落。但子宮頸處的粘液有週期性的變化，卽女性素使粘液變爲稀薄，有助於精子的通過。而助孕素則使粘液變爲稠密，並有少許細胞混在其中。在排卵時，子宮頸處的粘液淡薄，如將粘液塗在玻璃片上，等到乾燥後可見到羊齒植物般的葉狀景像。（楊志剛）

下視丘（Hypothalamus）

下視丘位於大腦基底之中央，其上爲視丘（thalamus），故名。其前緣爲前連合（anterior commissure）及視神經交叉（optic chiasma）；後緣爲乳狀體（mammillary bodies）；腹面與腦下垂體後叶相連。

下視丘中有很多重要之神經核（nucleus ，神經細胞簇擁之處），由前至後爲：

視神經上核（supraoptic N.）
視交叉上核（suprachiasmatic N.）
腦室旁核（paraventricular N.）
腹內側核（ventromedial N.）
背內側核（dorsomedial N.）
乳狀體（mammillary bodies）

下視丘之功能包含甚廣，擇其要者列於後：

1. 控制激素之分泌：直接受其控制者爲腦下腺前叶及後叶。其對於腦下腺前叶之控制係由下視丘內產生之促泌素（releasing factors）隨靜脈液流至腦下腺，促進該處內分泌之合成及分泌。

已知之促泌劑有多種，如生長激素促泌素（growth hormone releasing factor），性腺刺激素促泌素（gonadotropic hormone releasing factor）等。由於腦下腺控制體內大部份之激素分泌，下視丘經由其促泌素乃間接控制此等腺體。下視丘對腦下腺後葉之控制較直接，有神經纖維直接相連，腦下線後葉之激素亦有在下視丘內合成者。此外，下視丘經由自主神經系統可控制胰臟及腎上腺髓質激素之分泌。

2. 體溫之調節：下視丘被認爲是體溫調節中樞，體溫之恒定有賴此中樞發動產熱及散熱機轉維持之。

3. 食慾之調節：下視丘腹內側核附近被認爲是飽食中樞，較外側之下視丘被認爲是飢餓中樞，飽食中樞損傷時，動物缺飽之感覺以致超食，飢餓中樞損傷時，食慾消失。

4. 自主神經系之調節：心跳，血壓，呼吸，消化，分泌等或多或少均受下視丘之控制。

5. 情緒，睡眠等亦與下視丘功能有密切關係。

6. 水之調節。（韓　偉）

下視丘超食病（Hypothalamic Hyperphagia）

破壞下視丘腹內側核後，動物食慾旺盛，食量加大，體重增加而變得很胖。這種因下視丘被破壞而引起吃得多的現象稱之爲下視丘超食症。

布拜克（Brobeck, J. R.）氏認爲下視丘腹內側核爲中樞神經之飽食中樞，此中樞破壞時，動物失去飽的感覺，以致有超食現象。（韓　偉）

三叉神經（Trigeminal Nerves）

爲第五對顱神經，由橋腦中部的側面伸出，有兩根，大的是感覺根，小的是運動根。其中包含下列纖維：一、感覺：細胞位於 gasserii 神經節，或稱半月狀神經節（semilunar ganglion），爲單極性，其軸索分叉，周圍枝延伸到頭部的皮膚和粘膜，中樞枝經感覺根進入腦內，終止於三叉神經的主感覺核與脊髓核。二、本體受納：細胞位於三叉神經的中腦核，感覺纖維分佈於咀嚼肌。三、運動：三叉神經運動核的細胞發出纖維經運動根及下頜神經而支配咀嚼肌。（尹在信）

三燐酸腺苷酸（Adenosine Triphosphate ATP）

由腺嘌呤（adenine），核酸糖（ribose）及三個燐酸基所合成。其結構式如下：

最後二個燐酸基是由高能鍵（high energy bond）所連結。每一克分子量之 ATP 之每一高能鍵（以～代表）含能量7,000卡。ATP 於去一燐酸基後即成二燐酸腺苷酸（adenosine diphosphate 簡寫 ADP），再去一燐酸基時即成一燐酸腺苷酸（adenosine monophosphate 簡寫 AMP）。ADP 合成 ATP 之作用稱氧化性加燐基作用（見 oxidative phosphorylation），由線粒體（mitochondria）上之呼吸鏈（respiratory chain）中氫原子氧化促成此作用。氫原子氧化時產生之能量即儲存至加燐基時所形成之高能鍵上。故 ATP 極似一儲存能量之蓄電池，於身體需要能量時，諸如肌肉收縮，腺體分泌等，ATP 即分解成 ADP 放出能量，以供利用。（黃至誠）

女性素（Estrogens）

凡具有女性化的化合物謂之女性素。由人體卵巢分泌的女性素有三種，其中作用最強分泌量最多的是二氫氧女性素（estradiol），次爲女性酮（estrone）和三氫氧女性素（estriol）。二氫氧女性素氧化而成爲女性酮加一分子水而成爲三氫氧女性素。女性素能促進陰道、子宮、輸卵管等性器官的發育，以及第二性徵的表現。女性素促進乳房乳腺管的增生，和脂肪的生成而使乳房肥大。（楊志剛）

小腦（Cerebellum）

屬於終腦之一梨形神經組織，位於橋腦及第四腦室之上，橫跨中腦及延腦之間。以三巨大之神經纖維束與腦幹相連，分別爲上、中、下小腦脚或臂（cerebellar peduncles or brachii），並爲各傳入、傳出徑必經之處。外觀之構造可分中央虫樣部（vermis）及兩側之半球（hemispheres），約前三分之一處有一小腦主裂（primary fissure）小腦分爲前後兩大葉。由發生學之觀點，則分爲古小腦（archicerebellum）、舊小腦（paleocerebellum）及新小腦（neocerebellum）

小腦之構造與大腦相似，外有皮質，內爲白質，白質之中有頂（fastigal）、球狀（globose）、栓狀（emboliform）及齒狀（dentate）四核。小腦有六條傳入徑，分別接受來出大腦皮質運動區（motor cortex）、肌、腱及關節之本體接受器（proprioceptors）、皮膚觸覺接受器、視覺及聽覺接受器與臟器接受器之傳入神經脈衝。傳出徑則由皮質經此核進入腦幹、到達視丘、運動區等處，構成一支配運動之迴饋環路（feedback loop）。

小腦由於與大腦皮質，基底核（basal ganglia）、腦幹網狀質（brain stem reticular formation），及周邊接受器等間構成交互影響之聯繫，其主要功能爲促成動作（movement）及姿勢（posture）之協調（coordination）、調整（adjustment）與平穩（stablization）。在人類發生之車船病（motion sickness）乃由於內耳迷路受過度刺激所致。破壞狗之小腦小葉部份，可造成類似車船病之症狀，乃由於小腦之前庭平衡功能失調之故。破壞小腦，尤其是內部神經核，則造成運動失調（ataxia）之種種症狀：步態不穩，口齒不清，動幅障礙（dysmetria or post-pointing）即不能正確地以手指尖指向特定之處，反彈現象（rebound phenomenon）即不能隨意及時停止動作，更替運動不能（adiadokokinesia）即不能使簡單快速之更替動作如快速翻轉手掌等，當病人留神做某種隨意動作時，手指發生顫抖（intention tremor），不能同一時間完成需要應用兩個關節以上的動作，必須用心逐一做成，稱爲分解動作（decomposition of movement）。（蔡作雍）

大腦半球（Cerebral Hemisphere）

腦之極大部份爲大腦，由上面看，大腦呈卵形，寬端在後。大腦正中有一深溝（大腦縱裂）將大腦分爲左右二個半球。大腦半球上有溝，溝與溝間之大腦稱爲迴轉。

大腦半球分爲額叶、頂叶、顳叶、枕叶、嗅叶，及島叶六部。各半球內含側腦室。左右二半球籍胼胝體（corpus callosum）而聯在一起。

大腦半球側面觀之有中央溝，此溝之前爲前中央迴轉，司運動。刺激此迴轉之皮質可引起動作。中央溝之後爲中央迴轉，司感覺。

大腦半球之枕叶司視覺，顳叶司聽覺，嗅叶司嗅覺等爲其較明顯之功能，其它功能包括司記憶，管語言，情緒等。（韓偉）

心肌乏血（Cardiac Ischemia）

心肌乏血導致心肌收縮力及傳導速度減小，而其興奮性異常可誘發各種不整脈，重篤者心臟顫動出現。心肌乏血情況下，心肌收縮即引起心絞痛。若心肌乏血後不久回復血液供給，其血流量較正常時增加，而引起反應性充血（reactive hyperemia）。心肌乏血立即ECG發生變化。實驗的冠狀動脈閉塞後30秒～1分後，即T波減低，可逆轉，乏血之結果，心肌有損傷時，ST分節上升或下降，若乏血持久即導致心肌壞死，ECG即顯示深大之Q波。（黃廷飛）

心肌自動調節（Autoregulation of Cardiac Muscle）

在心舒期之心肌長度愈增加，其收縮力也愈增加，此因心肌長度之改變而引起心肌收縮力之自動調節，稱謂變長性自動調節（heterometric autoregulation）。心舒期之心肌長度與心舒壓，心舒期長短，及心肌伸展性有關。雖心舒期內心肌長度不變，心肌張力，或心跳數目，或溫度之改變，能影響心肌之收縮力。此類各因素，在心舒期心肌長度不變情況下，能調節心肌之收縮力。故名謂等長性自動調節（homeometric autoregulation）。（黃廷飛）

心肌收縮性（Inotropism of Cardiac Muscle）

心舒期之心肌長度在一定限度內愈增加，其收縮力愈强，此現象名謂Frank-Starling氏心臟定律（見圖），但是心肌長度超過一定限度時，收縮力反而減小。可知心舒期心肌長度改變，能引起收縮力之自動調節，此謂變長性自動調節（heterometric autoregulation）。心肌不反應期很長，故不易引起强直，結果不易疲勞。如用超閾值電流將刺激心肌，不關其刺激大小，能引起同大之反應。此謂全或無定律（all or none low）。此現象仍爲心肌之特色。但心臟在體內受自主神經之支配而能改變收縮力大小。

當相對不反應期，心肌有了有效刺激能引起收縮，此謂額外收縮（extrasystole）。隨額外收縮之心舒期較正常心舒期爲長，此謂代償期（compensation period），即

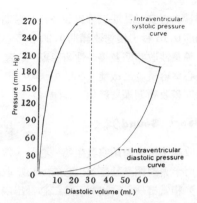

圖：心室內壓及心臟心舒期容量之關係。
上曲綫：收縮期心室內壓
下曲綫：心舒期心室內壓

有了額外收縮可能引起心跳節律不整。再者跟著額外收縮後，心肌收縮反而加强，此謂額外收縮後加强（post-extrasuptolic potentiation），此原因為額外收縮後，在代償期內，心肌物理化學性質有所變化所致。

　使用快頻率電，刺激心肌，雖不能產生强直現象，但强直性刺激後，回復慢頻率加以刺激，能引起較大之收縮，此謂强直後加强（posttetanic potentiation）。心肌以超閾值之電流反復刺激，合適間隔之刺激即可引起逐次階梯或增强其收縮程度，此謂階梯現象（staircase phenomenon）。（黃廷飛）

心肌節律變時性 （Chronotropism of Cardiac Muscle）

　寶耳結節細胞活動電位每分頻率決定心跳數目之快慢，而有三種情況能影響S—A node 之活動電位之發生；①心舒期（去極化）傾斜度愈大，活動電位產生愈快，②閾值電位（threshold potential）愈大，活動電位產生愈快，③靜止電位（resting potential）愈接近閾

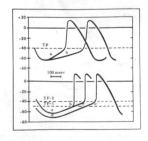

圖：節律點細胞電值：
上：a,b表示不同心舒期之極傾斜度。
下：$TP_1 > TP_2$ 表示不同閾值電位，而且亦可見不同靜止電值，a 及 d。

值電值，即活動電位產生愈快。下圖可見與上三種情況影響活動電位之發生。（黃廷飛）

心肌傳導性 （Dromotropism of Cardiac Muscle）

　各種心肌之傳導性不同，傳導性心肌之傳導速度較收縮性心肌為快，His 氏束肌纖維及 Purkinje 纖維之傳導速度每秒 2 — 4 m，心房肌傳導速度每秒約 1 m，心室肌傳導速度每秒 0.4 m，S — A node 肌纖維傳導速度每秒約 0.05 m，特別在房室結節（A—V node）之傳導速度很慢，因此在此處發生傳導延遲（conduction delay）之現象，當心房之衝動穿過房室結節時，其活動電位振幅減小成為減衰傳導（decrement conduction），當此活動電位傳至His 氏束纖維即其振幅再度加大，而增加其傳導速度至於心室肌為止。A—V node之傳導速度每秒0.05秒。（黃廷飛）

心肌興奮性 （Bathmotropism of Cardiac Muscle）

　各種心肌纖維之興奮性不一樣，即傳導性心肌比收縮性心肌興奮性較大。心房肌較心室肌興奮性大。整個心臟由於興奮不同之組織構成，所以整個心臟興奮性很複雜。心肌之興奮過程可分絕對不應期（absolute refractory period），相對不反應期（relative refractory period）及超常期（supranormal phase）。絕對不反應期內加以任何刺激皆不引起反應，而在相對不反應期，加以刺激能產生反應但為較小反應，若在超常期加以刺激引起較正常為大之反應（見圖A）。

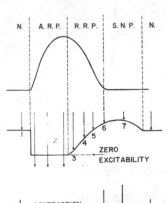

圖A：心肌收縮及興奮性之關係
上：收縮曲線　中：興奮性　下：收縮高度
ARP：絕對不反應期　RRP：相對不反應期　SNP：超常期

心肌興奮性可由測定時值（chronaxie）來決定（見圖
B），即以基流（rheobase）二倍之電刺激時，引
起心肌興奮所需之通電時間謂時值。時值愈短即表示
其興奮性愈高。不過心肌之時值在心周期各時點並不一
樣，所以用時值表示心肌興奮性要同時記錄其測定時在
心周期內之某時點才會正確，因此頗為不簡單。因此採
用測定在心周期各時點之最小有效之電刺激強度，而劃
出所謂刺激強度跟心周期內各間隔之曲線（strength-
interval curve）（見圖C），此曲線之電流閾值
愈低即表示其心肌之興奮性愈高。（黃廷飛）

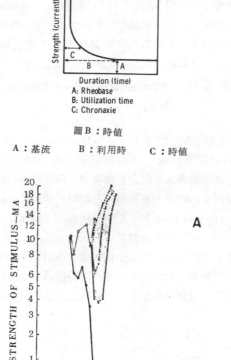

圖B：時值

A：基流　　　B：利用時　　　C：時值

圖C：心室肌強度─間隔曲綫將在心周期內各間隔之閾值測定。

心周期（Cardiac Cycle）

每次心臟收縮及寬息所佔時間名謂心周期（car-
diac cycle），心跳數目每分75次，心周期為 0.8 秒，
其中，心房收縮期 0.11 秒，其舒息期 0.69 秒。心室收
縮期為 0.3 秒，其舒息期為 0.5 秒。心室收縮期又分為
等長性收縮期 0.04 秒。快速輸出期 0.11 秒，慢速輸出

期為 0.15 秒。心室舒息期又分為等長性舒息期 0.05 秒，
快速盈滿期 0.15 秒，慢速盈滿期 0.20 秒及心房收縮期
0.10 秒。等長性收縮期及等長性舒息期，心室張力有改
變，但是心室容積並無改變。心跳加快時心周期縮短，
尤是舒息期較收縮期顯著縮短。（黃廷飛）

心音（Heart Sound）

　心室收縮，房室瓣閉塞發生第一心音，當心室舒息
期開始，而半月瓣閉塞發生第二心音。心室收縮期（
systole）相當第一心音出現至第二心音出現之期間。
心室舒息期是等於第二心音起至下一個第一心音出現之
時間。用聽診器能聽心音，或擴音裝置（microphone
）記錄心音圖（phonocardiogram；PCG），能記錄
第一、二、三及四心音。第三心音為心室舒息期，心室
內血流流動之聲音。第四心音為心房收縮引起。左右房
室瓣閉塞不齊可引起第一心音分裂，而肺動脈及大動脈
其半月瓣閉塞不同時即可引起第二心音分裂。房室瓣閉
塞不全，半月瓣狹窄有心縮期雜音。反之，房室瓣狹窄
，半月瓣閉塞不全有心舒期雜音。心臟中隔欠損，大動
脈狹窄，開放性動脈導管（patent ductus arterio-
sus）或重症貧血亦有心雜音。（黃廷飛）

心肺標本（Heart-lung Preparation）

實驗動物麻醉後胸腔切開，施行人工呼吸，露出心
臟，將導管插入大動脈連於體外管做體外循環，其後流
過體外管之血液收集於貯藏壜，代替靜脈系統，又將收
集血液回流於右心房（見圖）。體外循環路徑設有任意

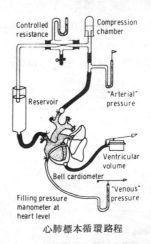

心肺標本循環路程

改變管子抵抗之裝置。另外流回右心房之血量可將貯藏
壜之高低隨意能調節。此種按配是動物之系統循環路徑

，以體外路線代替，但動物之肺循環路徑仍然保持。當實驗前將動物血液加入heparin以防血液凝固。此標本能使用動物自己的血液灌流其心臟血管系統能做隨意改變管子之抵抗及靜脈回流量之大小爲其優點。（黃廷飛）

心室機能曲線（Ventricular Function Curve）

每次心室收縮所做之工作（stroke work）與心舒期心肌長度之關係，可由心室機能曲線表示（看圖）。於左心室收縮所做工作與左心房壓力之關係曲線，可見交感神經刺激後，此曲線的左方移動，而迷走神經（副交感神經）刺激後，此曲線却向右方移動。對左心室工作與左心室心舒期容量之關係曲線，可見交感神經較副交感神經其刺激效果更爲明顯。（黃廷飛）

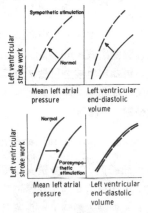

自主神經對於心室機能曲綫之效果

心電圖（ECG）

心臟活動引起其電位變化，經身體（容量傳導體）傳至胸壁及四肢。即可從此處誘導後，加以記錄。現今一般普遍所用誘導法有十二種誘導。

$$\begin{cases} I = LA - RA \\ II = LL - RA \\ III = LL - LA \end{cases} \quad \begin{matrix} AVR & V_{1-6} \\ AVL \\ AVF \end{matrix}$$

心電圖各波有P，Q，R，S，T，（及U波），（見圖）。其成因P爲心房乏極，QRS爲心室乏極，ST爲心室興奮均等期，T波爲心室再極化，U波成因尙未十分清楚。各波間隔，P－R 0.2秒以下，QRS 0.12秒以下，Q－T約0.35－0.45秒，其值有年齡別，性別及心跳數目增加時縮短。第II誘導各波大小，P爲0.1－0.2 mv；QRS爲1.0－1.5 mv，T爲0.1－0.3 mv

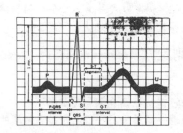

心電圖各波

。因各誘導之心臟電氣向量之角度不同，所以各誘導之各波大小不同。（黃廷飛）

心搏過速（Tachycardia）

有心房性及心室性心搏過速之分別。前者其快速節律發生點在心房肌。其ECG有頻繁P波之特徵。後者即其節律部位在心室肌內，ECG顯示高頻率QRS波，却無規則之P波。心搏過速之心跳數目可達每分200次以上。反之心搏過慢，即其心跳數目每分40～50次以下即謂徐脈（bradycardia）。（黃廷飛）

心輸出量及其分佈（Cardiac Output and Its Distribution）

左或右心室每次收縮而輸出之血量即每心跳輸出量（stroke volume）而各心室每分輸出之血量即謂每分心輸出量（cardiac output/min）。此輸出量大小，以身體表面積每平方米計算，可稱每心跳輸出量係數（stroke index＝stroke volume/m²），或每分心輸出量係數（cardiac index＝cardiac output/m²）。成人身體安靜時，心跳數目約每分70次，而每分心輸出量爲5l左右，每心跳輸出量大約70 ml，心輸出量係數約3.1 l/m²，每心跳輸出量係數約40 ml/m²。心輸出量在各種情況變動，即精神興奮，不安焦慮，吃飯後，運動，外氣溫升高，或妊娠後期心輸出量增加。反之

器　官	心輸出量（%）	ml/min/100gm	ml/min/organ
肝　臟	28	85	1440
腎　臟	24	350	1200
腦	14	55	750
皮　膚	8	5	350
骨骼肌	16	5	1400
冠狀動脉	5	85	225
其他器官	5		

站立不整脈，心臟衰弱，享年命之心輸出量却減小。身體安靜時，心輸出量之分布如上。（黃廷飛）

心輸出量測定 (Measurement of Cardiac Output)

可由 Fick 直接法及色素稀釋法測定。

(1)Fick 氏原理—測量由於呼吸之每分氧氣消耗量（或二氧化碳生產量），並測定動脈血液及混合靜脈血（由心臟導管從右心室內或肺動脈採集血液）之氧氣（或二氧化碳含量），依下式計算心輸出量，即：

$$\text{每分心輸出量} \; l/min = \frac{\text{每分氧消耗量，ml/min}}{\triangle(A-V)o_2，ml/l}$$
$$= \frac{\text{每分 } CO_2 \text{ 產生量，ml/min}}{\triangle(A-V)co_2 \; ml/ l}$$

(2)色素稀釋法——將 A mg 之 indocyanine green 靜脈注射後，既時測量動脈血流內其色素濃度之消長，劃出左下圖之色素稀釋曲線而由右下圖求循環時間（t sec），並求在左下圖，色素在血流內之平均濃度（$\bar{C}$），即依照下式計算心輸出量（$\dot{Q}$）

$$\dot{Q} = \frac{A}{\int_0^t Cdt} = \frac{A}{\sum_0^t C \triangle t} = \frac{A \times 60}{\bar{C} \times t}$$

$\dot{Q}$：每分心輸出量，ml/min.

t：時間，sec.

C：色素消長，mg/ml

$\bar{C}$：平均色素濃度，mg/ml.

A：注射色素量，mg

色素稀釋法與 Fick 氏直接法所得結果大約有 ±15% 出入。（黃廷飛）

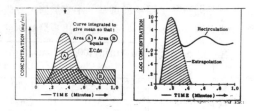

色素稀釋法心輸出量測定

心輸出量影響因子 (Factors Affecting Cardiac Output)

做心肺標本，分析心輸出量影響因子之實驗，可知

(1)靜脈血流回流量增加，即心輸出量增加。此因靜脈回流量增加引起心臟容積增加，心肌拉長引起收縮力增加所致（starling 心臟定律）。(2)末梢抵抗增加，引起血壓上升，結果亦導致心輸出量增加，但動脈血壓增加對心輸出量之影響不如靜脈回流量之影響大。(3)心跳數目增加即心輸出量增加，但心跳過快，因心臟盈滿期縮短，結果反而心輸出量減小。(4)溫度升高即心輸出量增加。（黃廷飛）

心臟工作及效率 (Cardiac Work and Efficiency)

心室每次收縮所做之工作稱謂每次心搏工作（stroke work），依下式計算：

$$W = PQ + \frac{wv^2}{2g}$$

W：工作，gm-m

P：大動脈（或肺動脈）平均血壓，m-H_2O

Q：每次心跳輸出液，ml

w：每次心跳輸出血液之重量，gm.

v：大動脈（或肺脉）血流速度，m/sec.

g：重力恒數，9.8。

上式內，P×Q 為位能（potential energy），$\frac{wv^2}{2g}$ 為動能（kinetic energy），身體安靜時前者佔全工作（W）之95%，後者只佔 5%。身體運動時，心臟之動能百分率升高。人身體安靜時，左心室 P 為 100mmHg，Q 為 60ml，即左心室 P×Q=0.1×13.6×60=81.6 gm-m，右心室 P 為 20 mmHg，Q 為 60 ml。故右心室之 P×Q=0.02×13.6×60=16.3 gm-m，即每次左右兩心室工作之總和大約 100 gm-m。右心室之工作只佔左心室之 1/5。心室每分所做之工作＝每次心搏工作×每分心跳數目。心臟工作效率以工作能所佔總消耗能之百分率表示。大約有 15～20%。身體安靜時心臟每分工作約 8kg-m。而 1 ml O_2 消耗後產生 2 kg-m 之工作。即 8kg-m 等於 4 ml O_2 消耗。因心臟工作效率約 20%，故其總消耗能即等於 $\frac{8}{0.2}$ = 40 kg-m/min，即相當於 20 ml O_2 消耗能。而身體安靜時，全身之 O_2 消耗量每分 250 ml，故心臟每分氧氣消耗量佔全身氧氣消耗量之 8%（=$\frac{20ml}{250 ml}$）。（黃廷飛）

心臟反射 (Cardiac Reflexes)

Bainbridge 反射（Bainbridge's refex）；當靜脈囘流增加時，右心房血量增加，其結果伸展右心房，而引起心房肌之機械受容器（mechanoreceptor）之刺激而引起迷走神經內之向心性衝動傳至心臟中樞，再經離心性神經產生心跳加快之反射性反應。若將迷走神經切斷後，此反射消失。

Henry-Gauer 反射（Henry-Gauer's reflex）；當左心房內所含血量增加時，把左心房伸展，而刺激其機械受容器，其結果產生迷走神經之向心性纖維衝動傳至下視丘（hypothalamus）引起垂體後葉之抗利尿素（antidiuretic hormone）之分泌減少，結果引起尿量增加之反射性反應。此反射名謂Henry-Gauer 反射。由此反射能調節全血量，若迷走神經切斷，即此反射消失。

Bezod-Jarisch 反射（Bezold-Jarisch's reflex）；veratrine-alkaloid（尤是protoveratrine）-5μg 注射於冠狀動脈或左心室內，即能引起心跳變慢，血壓下降及呼吸抑制之反射性反應。此因veratrine alkaloid刺激心肌內機械受容器（mechanoreceptor），而引起迷走神經內向心性纖維傳至延腦之心臟血管中樞，而產生反射反應。若將迷走神經切斷，即此反射消失。除了veratrine 以外，KCl，ATP，histamine），或aconitine 亦能引起此反射。（黃廷飛）

心臟血管系統之中樞管制（Central Regulation of Cardiovascular System）

脊髓：動物之延腦與頸髓之間切斷能引起血壓立即下降，心跳減慢，脊髓反射減低，此狀態名謂脊髓性休克（spinal shock），隨後逐漸會囘復。當各機能囘復後，又將脊髓毀壞，即又引起血壓下降，心跳減慢之現象，由此可知脊髓亦對於心臟血管有管制作用。延腦：延腦與腦橋之間切斷之動物，名謂延腦動物。其血壓，心跳似乎與正常無顯著差異。延腦內有心臟及血管中樞之存在。即心臟之促進中樞在於延腦頭背側，和血管中樞有密接關聯，而其分布之區域較爲瀰漫廣泛。心臟抑制中樞以往被認爲在迷走神經之背側核（vagal dorsal nucleus），近年來證明在疑核（nucleus ambiguus）。血管運動中樞分爲升壓區（pressor area）及降壓區（depressor area）。升壓區在延腦頭側三分之二之背側部網樣形成（reticular formation）。降壓區即存在於延腦尾側三分之一之腹側部。此區有抑制升壓區之功能，而可產生血壓下降。中腦：中腦被

蓋（tegmentum）及中央灰白質（central gray）之電刺激能引起心臟血管之反應。此部爲下視丘及前腦下來之自主神經纖維之連接站（relay station）。動物之中腦與間腦中間切斷，即所謂中腦動物，此種情況下亦能發生發怒反應（rage reaction），有心跳增加，血壓上升之現象。間腦：下視丘之電刺激能引起心跳血壓之改變。下視丘機能與情感，或體溫調節有關。下視丘 Forel H$_2$ 區域之電刺激，引起與運動時心臟血管之反應。下視丘下來之衝動能影響延腦內心臟血管中樞之作用。大腦皮質：運動區之電刺激能引起心跳加快，血壓上升。運動前區（premotor area），眼窩皮質（orbital area），腦島（insula）、扣帶囘（cingulate gyrus）及邊緣系（limbic system）之電刺激能引起心跳血壓之變動。交感神經膽鹼性血管擴大纖維起始於大腦皮質運動區，其電刺激能引起橫紋肌血管擴大之作用。（黃廷飛）

心臟抑制神經（Cardiac Inhibitory Nerve）

迷走神經分布於竇耳結節（sino-atrial node），房室結節（A—V node），及心房肌，但心室之分布不顯著。左右迷走神經在心臟內之分布稍不同。右側迷走神經司配S—A node較左側爲顯著，而左側迷走神經之房室結節支配較右側明顯。因此右側迷走神經對心臟抑制作用較左側明顯。迷走神經興奮即在其神經末端釋放乙醯膽鹼（acetylcholine），引起心跳減慢，收縮力及傳導力減小。acetylcholine 受 cholinesterase 之作用被分解後，短時間內其作用消失。當迷走神經連續強度之刺激可引起心跳變慢止於心跳暫時停止，而雖其刺激繼續中，心跳有時偶然出現。此現象稱謂迷走神經逃避（vagal escape）。其原因可能是迷走神經刺激後釋放出來之acetylcholine 刺激心肌內嗜鉻性細胞（chromaffin cell），而遊離catecholamine 所致。（黃廷飛）

心臟促進神經（Cardiac Acceleratory Nerves）

胸髓第Ⅰ-Ⅴ節之交感神經節前纖維經至星形神經節，其節後纖維成爲心臟交感神經，分布於心臟內之竇耳節（sino-atrial node），房室結節（A—V node）及心房肌，心室肌各部分。左右交感神經之電刺激對心臟之作用稍有不同。其右側神經刺激較左側，心跳爲快，但收縮力較增加小。交感神經受到刺激後，在其末端釋放catecholamine，而作用於心肌β—受容器，能引

起心跳加快，收縮力增強及傳導速度加快之現象。ca-techolamine 釋放後被組織內之 monoamine oxidase 或 catechol-o-methyltransferase（COMT）分解，短時間內消失其作用。（黃廷飛）

心臟衰弱（Heart Failure）

心臟收縮力減衰，其幫浦作用減弱，結果導致不足血液供給身體各部組織需要之狀態即名謂心臟衰弱。有多樣分類如下。

(1)急性及慢性心臟衰弱；(2)左及右心臟衰弱；(3)前方性（forward）及後方性心臟衰弱；(4)大及小輸出量心臟衰弱；(5)代償性及不代償性心臟衰弱（compensated and uncompensated heart failure）。鬱血性心臟衰弱係心臟衰弱，心輸出量減小，靜脈血壓升高，心臟肥大或擴大，體內鈉蓄積，內臟充血，呼吸困難，腹水蓄積，身體各部浮腫之症狀。其患者在坐位較臥位時，其靜脈回流較小，而能減輕其心臟負擔，故有舒服感覺。（黃廷飛）

心臟節律點（Cardiac Pacemaker）

心臟節律點在寶耳結節（sino-atrial node），其位置在上大靜脈與右心房交接部，2-3cm 長，2-5mm 厚度之特殊心肌組織，其細胞電位特別在心舒期有不穩定乏極，名謂心舒期去極化（diastolic depolarization）或謂節律點電值（pacemaker potential）。此電位漸漸減小至於閾值電位（threshold potential）即忽然發生活動電位，而傳至鄰接心肌纖維。節律點細胞之心舒期乏極，至於閾值電值為其自動性興奮之原因。人體安靜時每分心跳數目為60～80次。傳導性心肌及收縮性心肌之自動性並不同樣，寶耳結節之節律每分60～80次，房室結節（atrio-ventricular node）之節律每分40～50次；Purkinje 纖維之節律每分30～40次；而收縮性心肌較傳導性心肌其自動性為小。正常寶耳結節之自動性較大，能領導其他心肌之節律。（黃廷飛）

心臟電氣的位置（Electrical Position of the Heart）

心臟之電氣的位置可分為水平，垂直及各種中間位置。各位置之 aVL 及 aVR 誘導心電圖之波型如下：

	aVL	aVR
水 平	qR	rS
半水平	qR	RS
垂 直	rS	qR
半垂直	rS	RS

心臟軸振轉（axis deviation）是看胸部誘導 V_{1-6} QRS 波移行型波形 RS 波形之位置而決定的。正常即在 V_3 或 V_4，若 RS 波型偏向於 V_1 或 V_2 出現即謂倒時針振轉（counterclockwise rotation），反之 QS 波形偏向在 V_5 或 V_6 即謂順時針振轉（clockwise rotation）。（黃廷飛）

心臟撲動及顫動（Cardiac Flutter and Fibrillation）

心房撲動是心房節律每分300次左右，因其節律過快。不能傳過房室結節而一部分心房衝動阻滯，引起心室不能跟隨心房跳動之狀態。心室撲動是心室肌內異常節律點產生每分300次左右之衝動，其ECG顯示快頻素 QRS 波，但P波却其頻率慢，且跟 QRS 波不協調，當有了心房或心室撲動，其心輸出量即減低，其程度心室撲動較心房撲動為明顯，但不會威脅生命之程度。心臟顫動是心肌動作不協調，各自顫動導致心臟幫浦作用障礙之狀態。可分心房及心室顫動。前者心房肌衝動或每分500～600次以上，但心室仍然維持其幫浦作用。心室顫動引起心室幫浦作用失效，可在短短幾分鐘內導致死亡。

心臟撲動或顫動之發生機序可有兩種，(1)異常節律（ectopic focus）；心肌內發生單個或多數異常節律點，發生快頻率之衝動，此類可由 $BaCl_2$，digitalis，鈣減少，鉀減少，二氧化碳增多，欠氧，陽極極化（anodal polarization），心肌拉長，aconitine，或 veratrine 誘發。(2)環繞運行（circus movement），此型為快速頻率衝動反復繞行較大的環即謂大環繞運行（macrocircus movement），當快速異常頻率衝動反復繞行很小環道即名謂（microscircus movement）。某部心肌其不反應期非常縮短或傳導延遲能引起其衝動環繞運行。此頻可由於加 acetylcholine 於低濃度鉀灌流液，又加以高頻率（每分1000～1200次）之電刺激後，引起離體心肌之撲動或顫動,或由於加入 $MgCl_2$ 後，加以較快電刺激後，即可發生心肌之撲動或顫動。（黃廷飛）

心臟儲蓄（Cardiac Reserve）

每分心跳數目，心輸出量或心臟工作在身體最大能力動作時與安靜時之差值爲儲蓄（reserve），心跳數目儲蓄每分約140次（＝210-70）；每次心跳輸出量之儲爲160 ml—80 ml＝80 ml ；每分心輸出量儲蓄爲30 l—5 l＝25ℓ/min ，每分心臟工作之儲蓄爲80 kg-m—5 kg-m＝75 kg-m。血液氧貯藏量約900 ml而身體安靜時全身氧消耗量每分250 ml 。若沒有氧氣之供給，即可在四分鐘內，血液內氧氣全部消耗。（黃廷飛）

分泌激素（Secretin）

爲一種多胜內泌素（polypeptide hormone）。於小腸上段粘膜中製造之，先呈不活動之前分泌激素（prosecretin），食糜（chyme）至腸後使之分泌並活化。於是再爲腸吸收入血，轉而刺激胰臟分泌大量稀薄液體，含大量重碳酸鈉（sodium bicarbonate），少量氯化鈉，酵素之含量則極少。（黃至誠）

分界電位（Demarcation Potential）

同 injury potential　　（盧信祥）

分界電流（Demarcation Current）

見 injury potential 解釋。（盧信祥）

分倍爾（Decibel）

聲音強度之表示法。

$$信爾＝\log \frac{音強度}{標準音強度}＝2 \log \frac{音之壓力}{標準音之壓力}$$

（音強度與音之壓力之平方成正比）。1分倍爾等于十分之一倍爾。美國音響學協會所採用標準爲在 0.000204 dyn/sq cm 時爲0 倍爾。此值正爲正常人之聽覺閾。（彭明聰）

分娩（Parturition）

分娩指嬰兒出生整個過程而言。在懷孕末期子宮開始有規則性的收縮。其實在原因不明。可能與女性素與助孕素二者的比值，子宮對催產素的敏感度，以及胎兒繼續生長，將子宮平滑肌拉長有關。從陣痛開始到子宮頸完全擴張爲分娩第一期。由子宮頸完全擴張到嬰兒出生分爲第二期，由嬰兒出生到胎盤 排出體外爲分娩第三期。分娩可爲正反饋管制的實例，當子宮收縮時胎兒頭部將子宮頸擴張，反射地引起催產素的分泌，催產素使子宮收縮更爲有力，而子宮頸受到更大的刺激而更促使催產素分泌，直到嬰兒出生爲止。（楊志剛）

分節運動（Segmentation Contractions）

這是一種以環形肌收縮與舒張爲主的節律性運動。在腸內容所在的一段腸管上，環形肌在許多處表現節律性的收縮與舒張。如此，在一定時間內將一段腸內容分爲許多節，經過相當時間後，每分節又分爲兩半，而鄰近的兩半就合攏來又形成一新的分節。

這種分節運動，最常見於貓狗。貓的此種分節運動之頻率爲每分鐘28～30次，狗爲12～22次，人則爲6～10次。

分節運動的功用如下：

(1)使腸內容與腸液混合。

(2)使腸內容與絨毛接觸。

(3)使腸壁的血管及淋巴管排去血液及淋巴，以利局部循環，並爲吸收造成良好的條件。

分節運動係肌源性的（myogenic），既不受神經的控制，亦不受尼可丁（nicotine）及可卡因（cocaine）等麻痺神經藥物的影響。

節律性的分節運動在小腸之上部較多，下部較少。這種運動，並無推進腸內容之能力，故係非推進動作（nonpropulsive movement）。（方懷時）

內分泌素（Hormone）

內分泌素又稱激素。它是一種化學傳遞物質，由特定的細胞分泌到細胞外液中，再由血液將其輸送到其他細胞處而產生特定的作用。人體內分泌素依化學構造可分爲三大類：卽由蛋白質或多胜體構成者，由類固醇（steroids）構成者及由胺類（Amines）構成者。部份內分泌素的化學構造已經完全知道，並已經有少數內分泌素已可用人工方法合成。微量的內分泌素。在千萬分之一到一億億分之一克分子濃度卽能在作用部位產生效應。內分泌素的作用在維持體內環境的穩定性並對身體各項重要功能加以調節。其作用機轉迄今尚未完全明瞭。（楊志剛）

內分泌學（Endocrinology）

內分泌學爲生理學的一個分支，是研究生物體內各內分泌腺功能的學問。

所謂內分泌腺是指沒有分泌腺管而向體內分泌的腺體，其分泌物經血液或淋巴傳遞到生物體某部份而能產生特殊一定的作用。（楊志剛）

內耳蝸電位（Endocochlear Potential）

前庭階內液體（外淋巴）作標準時蝸管（內淋巴）＋80～＋90 mV，Corti 氏器−80～−90 mV，故 Corti 氏器與內淋巴間之電位差爲 160～180 mV。此稱爲內耳蝸電位。前庭階內液體與鼓階內液體同電位。內淋巴與外淋巴之離子濃度不同如下表。

	內淋巴	外淋巴	腦脊髓液
K^+ mEq/L	144.8	4.8	4.2
Na^+ 〃	15.8	150.3	152.0
Cl^- 〃	107.1	121.5	122.4
蛋白質 mg/100ml	15	50	21

內淋巴與外淋巴間之電位差是否由其離子濃度差別所產生尙未有定論。內耳蝸電位由血管紋(stria vascularis)產生者。（彭明聰）

內胞漿網（Endoplasmic Reticulum）

爲細胞漿中之網狀交通小管，外通細胞膜外，內通細胞核膜二層間隙。部份小管外接甚多顆粒，稱醋粟糖核酸小體（ribosome），內含醋粟糖核酸（ribonucleic acid 簡寫 RNA），爲合成蛋白質之機構。此種小管稱顆粒性內胞漿網（granular endoplasmic reticulum）。外無顆粒之小管稱無顆粒內胞漿網（agranular endoplasmic reticulum），爲合成類脂醇（steroid）及去毒素之機構。肌肉細胞內有類似機構，專稱肌漿網（sarcoplasmic reticulum），可運輸鈣質進出肌凝蛋白（myosin）而促進或停止肌肉收縮。（黃至誠）

內囊（Internal Capsule）

內囊是位於大腦基底神經節處之白質（神經纖維束）介於尾狀核，視丘，及豆狀核之間。內囊之纖維束在橫切面上呈 V 形，V 之尖端指向正中線。內囊 V 形之前枝介於尾狀核及豆狀核之間，主要含下列神經束：

　　視丘至額叶皮質及由額叶皮質至視丘之纖維束
　　額頁皮質至橋腦之纖維束；
　　尾狀核至豆狀核之纖維束。

內囊 V 形之後枝介於視丘與豆狀核之間，含下列神經束：

　　運動神經纖維束（由大腦皮層至脊髓），及由大腦皮質至紅核之纖維束；
　　視丘至大腦皮層之纖維束；

大腦頭頁至橋腦之纖維束；
　　內外膝狀體至大腦皮層之纖維束等。

腦出血引起半身不遂通常病灶在內囊處，血管栓塞或出血，均可引致對側肢體之不遂。（韓偉）

毛細管之擴散及透過性（Transcapillary Diffusion and Permeability）

溶質分子在液相內之擴散速度，可依下式表示

$$\frac{dQ}{dt} = DA\frac{dc}{dx},$$

$\dfrac{dQ}{dt}$：單位時間擴散率，D：擴散恒數，

A：斷面積，x：距離，c：濃度勾配。毛細管之透過性依下式表示，

$$Ps = Ds \times \frac{As}{Am}$$

Ps：毛細管透過性，Ds：擴散恒數
As：擴散膜面積　　Am：膜總面積，氧氣，二氧化碳，水溶性小分子，及脂溶性分子容易透過毛細管壁。各種組織毛細管壁構造稍不同，其透過性可能有差異。（黃廷飛）

毛細管血壓（Capillary Pressure）

毛細管內壓受小動脈及小靜脈壓力之影響。小動脈壓力之影響程度較小靜脈壓力爲小。動脈側抵抗較靜脈側爲大，因此小動脈壓力不易影響到毛細管。毛細管壓（Pc）及小動脈壓（Pa），小靜脈壓（Pv），小動脈抵抗（ra）及小靜脈抵抗（rv）有下式關係。

$$Pc = \frac{\frac{rv}{ra}Pa + Pv}{1 + \frac{rv}{ra}}$$

（黃廷飛）

毛細管物質交換（Transcapillary Exchange）

毛細管內外物質交換由於管內外水靜壓及滲透壓之勾配引起。下式可表示其相互關係。

(CHP−THP)−(POP−TOP)
　　　= (CHP+TOP)−(POP+THP)
　　　　　　濾過力　　　　　吸收力
CHP: 毛細管血壓，　THP: 組織液水靜壓
POP: 血漿膠質壓，　TOP: 組織液膠質壓

毛細管動脈側濾過力大於吸收力，結果管內物質濾出於管外。毛細管靜脈側却濾過力小於吸收力，所以管外物質跑入管內。（黃廷飛）

毛細管壁構造（Structure of Capillary Wall）

各種組織之毛細管壁構造，如內皮細胞間隙（intracellular gaps）之大小，基底膜之厚薄，或周圍被覆（investment）稍有不同（見圖）。下表可見各組織之毛細管壁構造之不同。

組　　　　織	毛　細　管　壁		
	內皮細胞間隙	基底膜	周圍被覆
皮膚，骨骼肌，心臟，肺臟	一	連續性	顯　著
肝　　　臟	大	間歇性	不顯著
小　　　腸	小	連續性及間歇性	輕　度

毛細管構造　　A：一般毛細管　B：肌肉
　　　　　　　C：肝臟　D：小腸

（黃廷飛）

水之攝取（Water Intake）

水佔人體重量70％，而且經常經由尿液、汗，呼吸，及皮膚蒸發而排出，故必須經常補充以維持體內水分之平衡。

控制水之攝入之主要因素是「渴」感。引起渴感的主要原因有四：

1. 細胞外液缺水（extracellular dehydration）
2. 細胞內缺水（intracellular dehydration）
3. 口腔乾燥，
4. 心臟輸出量低。

下視丘之前部有所謂「飲水中樞」（drinking center）興奮此中樞可引起動物飲水，同時藉抗利尿激素之分泌減少尿之排泄。（韓　偉）

水之排泄（Excretion of Water）

通常濾過腎小球的液體，99％以上會被再吸收。每日腎小球的濾過率高達180升，而每天的尿量只有1.5升左右。

腎小球濾過液在通過近球尿細管時，溶質大部份被再吸收，同時水分亦成比例的吸收。因為近球尿細管內的濾液是等滲液。就這樣濾液在通過近球尿細管時，75％的液體被再吸收了。

因為近髓質部腎小體的海氏彎節深入髓質錐體（medullary pyramid），而錐體的組織間的滲透壓濃度向腎乳突有遞增的趨勢，而以腎乳突區的滲透壓濃度最高，大約是血漿滲透壓濃度的4～5倍。所以離開近球尿細管的濾液流入遠球尿細管之前，必需通過這個滲透壓濃度有變化的地帶。濾液在海氏彎節降支內逐漸變成高滲液，濾液內的水分擴散到管壁周圍高滲壓的間隙組織（interstitium）裡面去了。在海氏彎節端點時濾液滲透壓濃度到達最高的程度。濾液到了升支的時候，它的滲透壓濃度又逐漸變低，同時因為鈉鹽為管壁細胞主動運送吸收到升支周圍的間隙組織，而升支的管壁對水分子的通透性很差，所以濾液在進入遠球尿細管起首一段時是一種低滲液，即滲透壓濃度比血漿還低。在通過這一段尿細管時液量又減少了5％。

在遠球尿細管和集尿管時，濾液中水的再吸收需視血液中抗利尿激素的濃度而定。血液中含有抗利尿激素時，溶質被主動運送而吸收，水分也同時吸收，所以濾液很快變成等滲液，大約吸收了15％的液體，到了集尿管時，水分子順着管壁兩邊滲透壓濃度差擴散到高滲壓的間隙組織裡去，彼此取得滲透壓濃度的平衡，結果集尿管內濾液的滲透壓濃度也和腎乳突處間隙組織的滲透壓濃度一樣高，最高可達1400 m Osm/升，濾液又吸收了4％，尿量變成每分鐘可能只有0.5毫升。

如果沒有抗利尿激素，像尿崩症患者，近球尿細管和集尿管壁對水分子不通透，所以濾液仍然是低滲液。

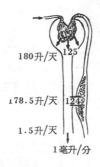

180升/天　125

178.5升/天　124

1.5升/天

1毫升/分

雖然由於鈉鹽經主動運送再吸收時還有 8％的水也被吸收了，但仍然有12％的液體餘下來，變成滲透壓濃度很低的尿，滲透壓濃度可能祇有 30 mOsm/升，尿量却高達 15 毫升/分左右。（畢萬邦）

水的清除率（Free-Water Clearance）

單位時間的尿量和單位時間的 C_{osm} 之差便是水的清除率（C_{H_2O}），以 V（毫升/分）代表尿量，則

$$C_{H_2O} = V - C_{osm}$$

在身體缺水時（hydropenia）C_{H_2O} 是負值，事實上也就是尿量很少，却很濃，換句話說，水被再吸收了，却排泄了比尿量體積還多的血漿體積中所含的滲透性物質。結果保留體液免於散失。

在身體水分多時，像以水利尿時，C_{H_2O} 是正值，也就是說排泄之尿量多而淡，水被排泄得多，同時只排泄了較少血漿體積中所含的滲透性物質，結果是把體液濃縮。

通常腎臟是以改變水的清除率——排除水分或保留水分——以調節體液的滲透壓濃度（osmolarity）。不過腎臟對於保護體液免於沖淡（dilution）比對付遭受缺水（dehydration）較為有效。所以在身體缺水時需賴渴（thirst）驅使個體飲水補償之。（畢萬邦）

不反應期，乏興奮期（Refractory Period）

在正常情形下，細胞每次興奮後，必有一短暫時間不能再接受任何刺激而興奮，此短暫時間稱絕對不反應期或絕對乏興奮期（absolutely refractory period）。絕對不反應期之後，往往另有一短時間細胞雖可興奮，但引起興奮的刺激必須較平常有效刺激強，而反應的強度亦較平常低，此稱相對不反應期或相對乏應奮期（relatively refractory period）。細胞每次興奮後之所以有興奮性暫時消失或降低之現象，可以鈉携帶者（sodium carrier）在興奮時由靜止而致活，再由活動而減能變為不活動的變化過程予以解釋。細胞興奮胞膜去極化，是由於鈉携帶者由靜止狀態（resting state）致活變為活動狀態（activated state），使胞膜對鈉離子的透過性突然增高的結果。致活後的鈉携帶者很快即經減能而變為不活動或減能狀態（inactivated state）。鈉携帶者一經減能即失去携帶鈉離子透過胞膜的能力。經減能後的鈉携帶者欲再度變為活動，必須先回復至靜止狀態，而唯一使鈉携帶者回復靜止狀態的辦法是使胞膜重極化。在正常情形下，細胞每次興奮均有一胞膜去極化時期，在胞膜未重極化至相當程度前，胞膜因無足夠之靜止鈉携帶者可供致活使胞膜對鈉離子的透過性增加，故細胞的表現為興奮喪失。如於胞膜去極化期間用人為方法將膜電位回復至靜止時之高度，則細胞立可恢復興奮性。細胞呈相對不反應乃鈉携帶者僅部分回復靜止狀態的結果。（盧信祥）

不姙症（Infertility）

婚後一年如果未實行家庭計劃而仍未受孕時，可考慮是否有不姙症。通常有百分之十的夫婦沒有子女，其原因在男方可因精子數目不足，或精子動力不良。在女方可因先天性的疾患，排卵情況，子宮口和輸卵管是否通暢，子宮內膜是否適於受精卵植入，以及子宮位置是否正常而影響之。如果精子和排卵均屬正常，治療方向在去除及矯正各種防止受精的障礙。（楊志剛）

反射弧（Reflex Arc）

反　　　　射	傳　入　神　經	調　節　中　樞	傳　出　神　經
1.膝反射 （patellar reflex）	脊神經（體神經） （spinal nerves）	脊　髓 （spinal cord）	脊神經
2.跳躍反射 （hopping r.）	體神經 （somatic nerves）	大腦皮質運動區 （motor cortex）	體神經
3.瞳孔反射 （pupillary light r.）	眼神經 （optic nerve）	中腦 （mid-brain）	動眼神經（abducens nerve）之副交感部份及交感神經
4.感溫反射 （thermal r.）	體表之感溫體神經	下視丘 （hypothalamus）	自主神經及與體溫有關之體神經
5.感壓反射 （Baroceptor r.）	竇神經（siuns nerve）及主動脈神經（aortic nerve）	主要為延腦 （medulla oblongata）	交感神經及副交感神經（迷走神經）

接受器（receptor）接受一種刺激（stimulation），不經過意識階段而最後使作用器（effectors）產生一種反應（response）之作用稱為反射（reflex）。接受器受刺激後發出神經脈衝（impulses），由傳入神經原（afferent neuron）傳入，經與中樞調節機構（central integrating mechanism）一個或多個之神經聯會（synapses）後，再經由傳出神經原（efferent neuron）到達作用器而產生反應，此一傳導徑路稱為一反射弧，為完整神經活動之基本單位。

傳入及傳出神經之性質與中樞調節機構之所在地均視反射之性質而定。下表列舉幾種重要反射之傳入神經、調節中樞及傳出神經（見前頁表）（蔡作雍）

反饋管制（Feedback Control）

設有甲乙二化合物，假使甲隨乙之變化而變化，亦即甲是乙的函數，而乙亦隨甲之變化而變化亦即乙是甲的函數，則甲乙二者之間有反饋管制的關係。假使甲使乙增加而乙亦使甲增加，則二者間的關係為正反饋管制，倘若甲使乙增加而乙使甲減少則二者間的關係為負反饋管制。反饋管制見於人體的某些生化反應以及內分泌系統，用以維持體內環境的穩定。（楊志剛）

月經閉止（Amenorrhea）

月經閉止之定義為月經缺如或月經停止。通常女性到十八歲仍無月經者稱為原發性的月經閉止。為臨床症狀而非一種單獨存在的疾病。最常見的原因是腦下腺的腫瘤如不著色細胞腫瘤，顱咽管腫瘤等壓迫到腦下腺而導致腦下腺功能不足。當促性腺激素分泌減少後，卵巢功能不足稱為性腺機能減退（hypogonadism），除月經閉止症狀外可見乳房發育不良，陰毛及腋毛稀少和生殖器發育不良。此外卵巢、子宮等先天性疾病，陰道和處女膜等阻塞性的異常皆可導致原發性的月經閉止。繼發性的月經閉止係指已有過月經的女性月經停止，其月經閉止係自然停經（menopause），懷孕等以外之原因所導致者。（楊志剛）

月經週期中內分泌素的變化（Hormone Changes During the Meustrual Cycle）

月經週期約為28日，第一日到第五日為月經期，此時黃體萎縮，女性素及助孕素分泌減少，子宮螺旋狀小動脈收縮，子宮內膜因缺血而脫落。第六日到第十五日為增生期，此時腦下腺分泌促卵泡成熟素，刺激卵泡成熟，卵泡分泌女性素使子宮腺體生長，子宮內膜增厚。第十五日腦下腺黃體生成激素分泌達最高峯而引起排卵，並刺激排卵後的卵泡形成黃體。第十六日至廿八日為分泌期，黃體分泌女性素和助孕素使子宮內膜繼續增厚，子宮腺體開始分泌。

總而言之，腦下腺促性腺激素之變化為：促卵泡成熟素在月經期分泌開始增加，在增生期達最高峯，在分泌期最低。黃體生成激素在增生期分泌開始增加，在排卵前達最高峯。在分泌期而遞減。催乳激素在分泌期分泌最多。卵巢內分泌素的在月經週期的變化為月經期時女性素和助孕素分泌均少。在增生期女性素分泌增加，在分泌期女性素和助孕素均分泌增加。（楊志剛）

化學受容器反射（Chemoreceptor Reflex）

頸動脈體反射（carotid body reflex）；頸動脈體在後頭動脈（occipital artery）起始部之毛細管小體（glomus）。其毛細管壁有化學受容器，能感受血液欠氧，二氧化碳增加，或其 pH 減少，溫度升高之刺激，而引起寶神經向心性衝動傳至延腦之心臟血管中樞，再經離心性神經，引起心跳加快，血壓上升之反射性反應。頸動脈體之重量只有約 2 mg，但其血流量很大，大約有 2000 ml/100 gm/min，可說於全身組織中，其血流量最大。

大動脈體反射（aortic body reflex）；大動脈弓管壁外膜含有大動脈體（aortic body），其中含有化學受容器。可接受血液欠氧，二氧化碳增加，pH 減小之刺激，引起減壓神經之向心性衝動傳至延腦之心臟血管中樞，再經離心性神經纖維，引起心跳加快，血壓上升之反射性調節。（黃廷飛）

化學接受器反射（Chemoreceptor Reflex）

一個反射其接受器對化學的刺激敏感，受刺激興奮後所引起之反射稱之為化學接受器反射。嗅覺及味覺所引起之反射屬於此類。

在體內多處亦有化學接受器，其所引起之反射對維持個體之生存非常重要，如頸動脈體及主動脈弓處之化學接受器，對血漿中氧氣濃度及二氧化碳濃度敏感，缺氧時經由此接受器引起之反射可增加肺換氣量。

在延髓之呼吸中樞亦有對 CO_2 敏感之化學接受器，其所引起之反射亦增加肺換氣量。中樞神經中下視丘處有對葡萄糖敏感之細胞，其興奮時可能引起增減食慾之反射。此外，消化道中亦有化學接受器可引起反射作用

管制分泌及運動。（韓　偉）

Valsalva 動作（Valsalva's Manoeuvre）

呼氣動作時，鼻孔及口加以塞住，不使肺內氣體呼出，即胸腔內壓大爲增加而心臟及大血管受壓迫，結果靜脈回流減小，心輸出量及心跳數目都有減小。因此腦部之血液供給不夠，可能昏厥。當做此種呼氣動作時，能引起血壓下降，引起壓受容器反射，而增加交感神經之作用，而在此種呼氣動作完畢後做吸氣動作時，心跳加快，同時血壓回復並可超過上升，此爲反射作用引起，如有交感神經機能障礙即此種心跳，血壓之改變消失。
（黃廷飛）

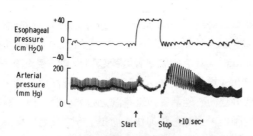

Esophageal
pressure
(cm H₂O)

Arterial
pressure
(mm Hg)

Start　　Stop　　10 sec

Valsalva 動作引起的血壓及心跳變動。

切除術 （Ablation）

研究體內各器官功能常使用切除法，以觀察在無此器官情況下所發生之變化。將切除前後之現象相比，可簡略的推側到該器官之正常功能。

神經系統功能之研究亦常採用切除術（ablation），如切除額葉，切除大腦皮質，切除大腦，切除小腦，等手術。吾人對神經系功能之知識，很多是藉此方法獲得。

藉儀器之助，有時可作精密細小之定位切除，或破壞（lesion），以研究該局部神經組織之功能，如破壞下視丘之視前區可引起體溫調節之失常；破壞下視丘之腹內側核可引起食慾亢進等。（韓　偉）

六碳糖（Hexose）

單燐酸六碳糖徑路（Hexosemonophosphate Pathway）

又稱燐葡萄糖酸徑路（phosphogluconate pathway）或稱燐酸五碳糖徑路（pentose phosphate pathway）。葡萄糖分解時有二條徑路。本徑路爲第二條重要徑路。本徑路可直接氧化而供應能量，不須經構

橼酸環（citric acid cycle）再氧化。本徑路可產生核苷酸三燐吡啶氫（triphosphopyridine nucleotide hydrogen 簡寫 TPNH），用於合成脂肪酸及類脂醇（steroids），並產生五碳糖（pentoses），用於合成核酸（nucleic acid）。（黃至誠）

中樞神經細胞興奮狀態及抑制狀態（Central Excitatory and Inhibitory State）

神經細胞接受另一神經細胞所傳入之消息可以是興奮性的或是抑制性的。有時一個神經細胞可同時接受到此兩種消息，興奮性的消息使神經細胞去極化；抑制性的消息則增加其極化現象。細胞極化現象之改變直接影響該細胞之可興奮性（excitability），若興奮性及抑制性消息所綜合造成之極化現象爲去極化，則此狀態被稱爲 excitatory state：興奮狀態，或 E. P. S. P.興奮性神經細胞膜電位（excitatory postsynaptic potential）；若爲增極化（hyperpolarization），則被稱爲抑制狀態（inhibitory state 或 I. P. S. P.）抑制性神經細胞膜電位（inhibitory postsynaptic potential）。

在興奮狀態下，低於閾之刺激有時可有效興奮該神經細胞；在抑制狀態下，必須高於閾刺激，方有效。
（韓　偉）

勻衡狀態 （Homesotasis）

Clande Bernard 最早提出"內境（milieu interne）"一名詞，是指體內細胞周圍由血液和淋巴所構成的一種恒定狀態。其後 Walter Cannon 表示，個體在外界劇烈變遷下而不受干擾者，乃由於維持內境恒定之諸種機構。這種觀念就是所謂"勻衡狀態"。缺乏維持勻衡狀態的動物必須藉限制活動或適應環境以獲得保護。例如蛙類缺乏體溫管制機構，只得生活在泥沼深處過多，但在哺乳類的活動無間多夏，因爲牠們的體溫由種種機構，如皮膚血管的舒縮、豎毛肌與汗腺的活動以及甲狀腺素與腎上腺素之分泌等維持在勻衡狀態。體溫只其一隅，他如血量、酸鹼、氣體、化學物質等等無不維持在勻衡狀態。（尹在信）

幻覺（Hallucination）

對於不存在的事物而感覺其存在稱爲幻覺，依反應感官的不同有視（visual）、聽（auditory）、嗅（olfactory）、味（gustatory）以及觸（tactile）等幻覺。人在某種情況如精神極度疲勞或特殊的心理狀態可能經驗到短暫的幻覺，但幻覺主要發生在精神病患者，

特別是妄想型精神病（paranoid psychoses）。幻覺的
發生及性質有其心理的背景，例如自認受迫害的病人會
聽到流言蜚語或威逼利誘的聲音，也會嘗到異味或聞到
毒氣。因此，以往認為幻覺是人類的專利，是高級心理
活動的產物。最近 Doty 等在猿猴造成幻覺，他們用固
定的植入電極刺激大腦顳葉的某一部份時，猿猴就開始
一連串的行為，牠聚精會神，徐徐舉起右臂，輕捷一揮
，似乎有物入握，然後在雙目注視下開掌觀察，如此屢
試不爽。猿猴究竟在捉無中生有的蝴蝶抑是蒼蠅，我們固
不得而知，但據一位腦外科醫生的經驗，有病人在局部
麻醉下接受腦部手術忽欠身而起，探手捕捉一隻翩翩當
前而實際烏有的蝴蝶。由以上的事例，可見心理與生理
並無明顯的分野。（尹在信）

甲狀腺（Thyroid Gland）

係內分泌腺之一種，位於喉頭之氣管上端，分成左右
兩葉。以峽部相連而橫過氣管上端之前面。發達時成錐
狀體，乃稱錐體葉。

腺體外面由兩層結締組織包圍。外層乃與頸肌膜相
連。內層在腺體之表面。正常成人之腺體重約 25-40 公
克。此為變動最大之腺體之一。其形狀及重量隨生殖狀
況，食物種類而改變。血管分佈甚豐。由上行及下行頸
神經節的後節交感神經和上行及下行咽神經的迷走神經
纖維所控制。具聚集碘之特性，其碘是可達血漿內碘含
量之五十倍以致數百倍之多。

甲狀腺由數目極多之腺泡所構成。每一腺泡，則圍
以一單層立方形上皮細胞。中央部份乃為膠質部分。甲
狀腺在極活動時，此單層細胞變成柱狀，膠質份量減少
。甲狀腺即製造及分泌甲狀腺素之場所（見甲狀腺素）。

腦下垂體前葉所分泌的甲狀腺刺激素乃是控制甲狀
素分泌的主要因素。其他如氣溫，情緒，及生殖狀況亦
可間接影響甲狀腺之分泌。（萬家茂）

甲狀腺自主調協作用（Thyroid Autoregulation）

甲狀腺自主調協作用的主要任務是在控制腺體內部
激素的合成速度及腺體對甲狀腺刺激素之反應能力。一
般已經承認這種自主調協作用是在維持腺體內激素存量
的恒定。

在大量碘進入腺體，不但不能促使腺體大量合成激
素反爾抑制，此種反應即是自主調協作用的一種，稱之為
吳夫－蔡克佛效應（Wolff-Chaikoff effect）。於體
內碘量極速減低時，腺體則能加速其對血中碘的清除率

（clearance rate），如此則不致過份減低腺體中激素
的合成。

在腺中含碘量少時較之含碘量多時所測得 T/S 比
率較大。此即暗示含碘量較少的腺體對甲狀腺刺激素所
給予的加強碘化物輸入的反應較強。反之腺體中碘量較
多時對此反應則較弱。此亦為自主調協作用之一種（請
參看有關各條說明）。輸入碘量之增加亦可用於證明甲
狀腺激素合成增加之可能性。（萬家茂）

甲狀腺炎（Thyroiditis）

此類病症大約可分三種

1.急性及次急性甲狀腺炎

甲狀腺膨大約為正常的 2～3 倍。但碘−131之攝取
量低，蛋白結合碘量略高。一般認為是由過濾病毒引起
起，有高燒，頸部疼痛等現象。

由於腺體的腫大常誤為甲狀腺腫或甲狀腺癌。

2.橋本（Hashimoto）氏甲狀腺炎。

是一種自身免疫而產生的病症。即對甲狀腺球蛋白
產生抗體所致。此時亦有腺腫，腺體堅硬有小節。蛋白
結合碘量及丁醇抽出碘量皆低。

3.立得氏（Riedel's）腺腫。

甲狀腺組織硬化，且有纖維性細胞侵入臨近組織。
腺體腫大不對稱。病因不明，多以切除腺腫以解除其對
氣管之壓迫。（萬家茂）

甲狀腺刺激素（Thyroid Stimulating Hormone，TSH）

乃下垂體前葉分泌的一種激素，為醣蛋白（glyco-
protein），含有硫分子。分子量大約是 28,000 ，由於
人類的甲狀腺刺激素與牛類的甲狀腺刺激素所產生的抗
體間只有極少的結合作用，故顯示在免疫化學上不同種
間是有差別的。

切除（ablation）腦下垂體後，甲狀腺便萎縮（
atrophy），而且其分泌能力減低到極小，血管亦較正
常為少。在組織學上，分泌表皮細胞變成扁平，在腺泡
內有膠質。聚集碘−131（I^{131} uptake）的能力降到極
低的程度。切除腦下垂體的動物，如種植新鮮腦下垂體
或注射純化 TSH 製品，可使甲狀腺恢復正常，因為甲
狀腺刺激素之主要作用在促進甲狀腺分泌甲狀腺激素。

甲狀腺刺激素雖有很高純度的抽出物，但尚無完全
純粹之製品。原因在其易於損壞而且與其他無 TSH 功
能之蛋白結合，又在其製成過程中不易與排卵素（LH

）分開。

　　測定 TSH 的方法多利用其特性略述如下：

　　(1)測定甲狀腺上皮細胞之高度改變。(2)以天竺鼠甲狀腺細胞內膠質體小滴之數目多寡。(3)去下垂體動物的甲狀腺對放射性碘－131 之聚集量。(4)以放射免疫法測定。（萬家茂）

甲狀腺刺激素釋放激素(Thyrotropin Releasing Hormone；Thyroid Stimulating Releasing Factor, TRH or TRF）

　　可自下視丘中抽取，俱促使下垂體釋出甲狀腺刺激素，今已證明亦存在人類，屬神經激素。（萬家茂）

甲狀腺素(Thyroxine, T₄）

　　為甲狀腺分泌激素之一種（見甲狀腺激素之合成）。甲狀腺素又稱四碘甲狀腺原胺酸（3, 5, 3', 5', -tetraiodothyronine），因含四個碘原子，故簡稱 T_4，其化學構造如下：

$$HO-\underset{I}{\overset{I}{\bigcirc}}-O-\underset{I}{\overset{I}{\bigcirc}}-CH_2-\underset{NH_2}{\overset{}{CH}}-COOH$$

主要成分為酪胺酸（tyrosine）及碘。由兩個雙碘酪胺酸合成。

　　甲狀腺對動物體的作用甚為複雜。其對細胞之作用的研究工作，多以其能提高耗氧量為指標。即使如此其反應在溫血動物中亦有很大的限制。在體外組織培養亦不易顯出。以甲狀腺之作用開始以前有一潛伏期，因此相信甲狀腺激素先行刺激氧化酶之合成然後增加耗氧作用。甲狀腺之影響代謝，亦可能由於影響枸櫞酸循環的某一個或多個步驟。因為已知此等酵素係位於粒線體內。而甲狀腺素可以改變粒線體膜的通透性，可以觀測到粒線體的膨脹。

　　甲狀腺素是具有產生熱量的功能已不能否認。而且這種功能在恒溫動物就是維持恒溫最主要的因素之一。對變溫動物，如兩生類，雖有耗氧量的增加，但並不一定產生熱量，而對其發生有極大的影響。缺如時便無法變成成體。同時甲狀腺素能加強其他激素之功能如生長激素。此時生長之表現必需有適當之甲狀腺素存在，若無此適量之存在細胞不能反應生長激素的刺激而表現生長此即所謂"允許功能"（permissive function)。（萬家茂）

甲狀腺降血鈣激素（Thyrocalcitonin）

　　由甲狀腺 C 細胞所分泌之激素，能降低血中鈣之濃度。其功能在抑制骨骼鈣之分解，而減低鈣流入血中。當血鈣降低時副甲狀腺激素增加，使鈣自骨骼中分解。當血鈣高時甲狀腺降血鈣激素即行增加，而低降骨骼之分解。此二激素乃構成一穩定之反饋環。

　　降血鈣激素為多胜直鏈，除哺乳類係自甲狀腺 C 細胞分泌，其他脊椎動物乃自後鰓腺所分泌。人類之甲狀腺降血鈣激素由 32 個胺基酸所形成，分子量約5000-6000。其他動物則因種別而有差異。（萬家茂）

甲狀腺球蛋白（Thyroglobulin）

　　甲狀腺球蛋白是甲狀腺中最重要的碘化蛋白質，其含量極乎佔膠質的全部，是合成甲狀腺激素的基質，也是儲藏的地方。如此可以使激素的分泌穩定，即使有大量碘的供應也是如此。

　　這種球蛋白是屬於醣蛋白質，分子量約為650,000-670,000 之間。據測定其含四條胜鏈。由於較易獲得高度純化的成品，不但內分泌學上為人注意且在免疫學和分子生物學亦有用途。（萬家茂）

甲狀腺腫（Goiter）

　　甲狀腺腫之意義包括所有因素所引起之甲狀腺肥大而言。然一般則僅以缺碘性腺腫稱之為甲狀腺腫。

　　甲狀腺腫又可分為地域性及偶發性二種。考其原因皆由於缺乏碘之食為主，然而食物中含有致甲狀腺腫素存在時亦為主要之原因。

　　於缺碘或因致甲狀腺腫素之存在食物中則可以減低甲狀腺激素之合成及分泌，由於負反饋作用的消失，下垂體甲狀腺刺激素因而分泌增加，於是刺激甲狀腺增生，腺體乃行增大。持久的情形下能致使產生節狀突起，是謂無毒性小節甲狀腺腫。

　　之所謂地域性乃因為該地區土質中所含碘量缺乏，因而食物中之碘亦缺乏而引起，或係家族中帶有遺傳因子，使某些人易於對碘之缺乏而發生腺腫；又或由於食物的變化少而所取用者又含致甲狀腺腫素之存在。偶發性腺腫則出現在非缺碘地區，雖由缺碘而引起，但原因難以確定。

　　甲狀腺腫可以碘之供應，甲狀腺劑，及甲狀腺激素成品改正之。（萬家茂）

甲狀腺碘化物清除率（Thyroidal Iodide Clearance Rate, C_T）

甲狀腺將碘化物自血流中取出，並將之有機化，而這些化合物將暫存於腺體中。因此可視之爲甲狀腺將碘化物自血中清除，有腎臟對代謝物所作一般。

在一定時間間隔，此清除率可以此時間間隔中甲狀腺所聚集的碘—131 和血漿的碘—131 化物的平均濃度而計算之。

$$\frac{甲狀腺碘化}{物清除率 C_T} = \frac{甲狀腺碘聚集速率}{血漿碘—131 之濃度}$$

此一測定不受腎臟從血漿移除碘化物速率的影響。正常清除率爲 15 毫升 / 分鐘，範圍爲 5 - 30 毫升之間。腺體機能亢進時，清除率增加。（萬家茂）

甲狀腺碘與血清（漿）中碘之比（T/S or T/P Ratio）

此一比率在表示甲狀腺之功能。因甲狀腺具有攝取碘化物之功能，在正常時爲 40：1 。由於抑制藥物之利用或自發性病症，此比率乃有所改變。於機能亢進時其比將較高。（萬家茂）

甲狀腺機能亢進（Hyperthyroidism）

甲狀腺激素分泌過多，如格雷弗氏病等屬於亢進之現象。甲狀腺機能亢進時生熱機構功能旺盛，因而排汗增加，皮膚濕且熱，食慾增加，但體重減輕。血液循環加速，心出量高，脈搏壓亦高，然而肌肉無力，易於興奮，並有震顫之現象。女性則能發現月經過少或經閉的現象。（萬家茂）

甲狀腺機能衰退（Hypothyroidism）

甲狀腺機能衰退之現象多出現於利用放射性碘治療或切除甲狀腺後。又如橋本氏甲狀腺炎亦屬於此。此時激素分泌過少，因而產生熱機能減低而有流汗減少，皮膚乾燥，食慾減低且畏寒冷，心出量減低，心搏亦緩。亦有聽覺不靈腦力減退等現象。（萬家茂）

甲狀腺激素之合成（Biosynthesis of Thyroid Hormone）

於碘進入甲狀腺後，在腺體內經氧化酶之作用而氧化成活性碘。此活性碘與甲狀腺球蛋白上的酪胺基結合，是謂碘化酪胺酸，此卽碘化作用。甲狀腺球蛋白上之酪胺酸的碘化作用，首先發生在芳香核之第三位置，於是形成單碘酪胺酸（mono-iodotyrosine）簡寫爲 MIT。MIT 再行碘化於芳香核之第五位置乃形成雙碘酪胺酸（di-iodotyronine）簡寫爲 DIT。

由於體外試驗證明甲狀腺素可以由 DIT 或其衍生物形成，故一般認爲體內甲狀腺素之形成亦由包含在甲狀腺球蛋白上之兩個 DIT 所結合而成。而三碘甲狀腺原胺酸（tri-iodothyronine）則相信是由一個 DIT 和一個 MIT 結合而形成。甲狀腺素條已說明其可以簡稱爲 T_4，三碘甲狀腺原胺酸則簡稱爲 T_3 。在對身體之功能 T_3 約爲 T_4 之七倍；然而其含量約爲 T_4 的五分之一。正常人體之甲狀腺所含碘化物約爲 MIT：23%，DIT：33%；T_4：35%；T_3：7%。

甲狀腺球蛋白需完全解體後方能將 T_3 及 T_4 釋放入血流中。DIT 及 MIT 並不進入血流而爲去碘酵素去碘而將碘重新利用。甲狀腺刺激素除對甲狀腺激素之釋放具影響外，對碘之活化，T_4 及 T_3 之生成亦具促進之影響。（萬家茂）

去大腦（動物）（Decerebration）

去大腦是一種外科手術，此手術將大腦在橋腦處與其後之腦幹及脊髓切離，接受此手術之動物稱之爲去大腦動物。

去大腦手術是一種用來研究大腦功能之實驗方法，觀察去大腦動物可略知大腦功能失掉後之現象，進而測知健全大腦所維繫之正常狀態。藉切除面之高低，亦可更進一步瞭解大腦腦幹部份之功能。

切除大腦後最顯著的現象是四肢強直，伸肌特別興奮，這現象顯示大腦有抑制伸肌興奮之作用。切除大腦之動物在實驗室中常被用以觀察腦幹及脊髓對反射動作之管制。（韓　偉）

去神經過敏（Denervation Hypersensitivity）

失去神經支配的器官有對血液循環中化學物質特別敏感的現象，稱爲去神經過敏。在自律神經的去神經過敏，視節後纖維（post-ganglionic fibers）抑節前纖維（preganglionic fibers）的喪失而有不同效應，可用 Horner 病徵加以說明。Horner 病徵因支配面部的交感神經中斷而發生，包括瞳孔縮小（miosis）眼瞼下垂（ptosis）與面部因血管張力減低而泛潮紅（flushing）。支配面部的節後纖維起自上頸神經節（superior cervical ganglion），而此處又接受順頸交感神經鏈上升的節前纖維，無論節後或節前纖維的中斷可以造成 Horner 病徵。但據 Budge 的發現，如將動物一側的節後纖維和他側的節前纖維切斷，所引起兩側的 Horner 病徵開始時是對稱的，但以後節後纖維切斷的一側瞳孔較另側爲大，尤以當動物發生恐懼或興奮的時候爲顯著。Budge 當時不能解釋這種瞳孔反應相異的現象，但現在已知是由於兩側虹彩對血流中腎上腺素（epinephrine）濃度的增加反應不同所致；節後纖維切斷的一側較節前纖維切斷的一側爲敏感。骨骼肌也有去神經過敏的現象。當運動神經切斷以後，肌細胞膜對乙醯胆鹼（acetylcholine）變得過敏。去神經骨骼肌細胞所發生的纖維性顫動（fibrillation）一般認爲是由於運動終板（motor end plate）對於血流中微量的乙醯胆鹼或其他化學物質過分敏感而發生極化消失（depolarization）所致。（尹在信）

去氧醋栗糖核酸（Deoxyribonucleic Acid, DNA）

由二條極長之核苷酸（nucleotide）鏈所組成。內含腺嘌呤（adenine），鳥糞素（guanine），胸腺嘧啶（thymine）及胞核嘧啶（cytosine）等氨基酸。兩鏈結成一雙螺旋體（double helix）。由此雙螺旋體集合成之大束即染色體（chromosome）。遺傳特徵即由此去氧醋栗糖核酸上各氨基酸排列成之模型（template）留傳至下一代。核仁（nucleolus）中合成之醋栗糖核酸（ribonucleic acid 簡寫 RNA）即依此 DNA 之模型而塑成副模，然後經由內胞漿網（endoplasmic reticulum）之管子走出細胞核而至內胞漿網上之醋栗糖核酸小體（ribosome）中，成爲製造蛋白質之模型。故此 RNA 稱傳型醋栗糖核酸（messenger ribonucleic acid 簡寫 mRNA）（見 ribonucleic acid 中解釋）。DNA 由母細胞傳得之模型，經 mRNA 傳至 ribosome 上決定製造各型蛋白質及酵素（enzyme）於是決定子體之結構及新陳代謝特性。（黃至誠）

去氧醋栗糖核酸酶（Deoxyribonuclease）

由胰臟分泌。自胃來之酸性食糜（chyme）刺激十二指腸產生胰酶激素（pancreozymin）而刺激胰臟產生此酶，專消化去氧醋栗糖核酸（deoxyribonucleic acid）中之蛋白質，於是形成核苷酸（nucleotide）。（黃至誠）

去氫酶（Dehydrogenase）

促進自醇解物（substrate）中取出氫之酵素。其與氧化酶（oxidase）所不同者爲後者只能利用氧原子作其所取出氫原子之接納者，而去氫酶中之需氧性去氫酶（aerobic dehydrogenase）則可利用氧原子或其他人工產物如次甲基藍（methylene blue）等作氫原子接納者。另有厭氧性去氫酶（anaerobic dehydrogenase）則根本不能利用氧作氫原子之接納者。需氧性去氫酶爲含一核苷酸黃素（flavin mononucleotide）（簡寫 FMN），二核苷酸腺嘌呤黃素（flavin adenine dinucleotide）（簡寫 FAD）或金屬黃素蛋白（metalloflavoprotein）等補物之酵素，故又稱黃素蛋白去氫酶（flavoprotein dehydrogenase）。如氨基酸去氫酶（amino acid dehydrogenese），黃嘌呤去氫酶（xanthine dehydrogenese）醛去氫酶（aldehyde dehydrogenese）葡萄糖氧化酶（glucose oxidase）即屬之。而厭氧性去氫酶可分爲三大類；第一類含有菸草醯胺輔酶（nicotinamide coenzyme）如二核苷酸腺嘌呤菸草醯胺（nicotinamide adenine dinucleotide 簡寫 NAD）（亦稱核苷酸二燐吡啶 diphosphopyridine nucleotide 簡寫 DPN）及燐酸二核苷酸腺嘌呤菸草醯胺（NADP）。第二類亦含黃素蛋白如前述之 FMN 及 FAD。第三類爲細胞色素（cytochrome），於線粒體之內膜上，可從黃素蛋白（flavoproteins）將電子傳送至細胞色素氧化酶（cytochrome oxidase）而完成呼吸鏈（respiratory chain）之作用而產生能量。細胞色素爲含鐵之血蛋白，在其傳送電子時，鐵即發生氧化還原之循環作用而形成 $Fe^{+++} \rightleftharpoons Fe^{++}$。可分爲細胞色素 b, c_1, c, a, 及 a_3（即 cytochrome oxidase）。（黃至誠）

去極化（Depolarization）

"去極化"一詞，目前使用頗爲混亂，普通言，凡胞膜電位降低即稱去極化，但習慣上，"去極化"一詞，亦常用以指細胞興奮時胞膜電位變化中原來極化狀態被破壞的部分——即動作電位（action potential）前部升支（upstroke）部分。稱此部分的電位變化爲去極化，乃根據早期用細胞外電極所作神經纖維興奮實驗的結果，以及細胞興奮是由於胞膜短時被破壞的假說而來。早期實驗發現神經纖維損傷部與完好部之間有一電位差，而此電位差於纖維興奮時消失，根據此發現，如假設損傷部之電位與細胞內電位相同，損傷部與完好部胞膜之間的電位差代表胞膜的極化（polarization）現象，則纖維興奮時此電位差消失視爲胞膜去極化自是合理，但後來實驗發現情形並非完全如此，事實是細胞興奮時，胞膜電位由原來接近鉀平衡電位（potassium equilibrium potential）變爲接近鈉平衡電位（sodium equilibrium potential），故胞膜興奮時，不但原來膜內爲負膜外爲正的極化現象消失，而且更進一步變爲膜內爲正膜外爲負的另一極化現象，所以稱動作電位前部原來極化破壞部分爲去極化，並不完全準確，但因沿用已久。一般仍作如是使用。

引起胞膜去極化的原因很多，大致可歸納爲以下數種，(一)胞膜損傷，(二)鈉鉀主動交換作用降低，(三)胞膜對鈉鈣離子透過性增高，(四)胞膜對鉀離子透過性降低。

（盧信祥）

去極化阻斷 （Depolariyation Block）

即 cathodal block。（盧信祥）

去勢和去勢現象 （Castration and Eunuchism）

切除睪丸或卵巢叫做去勢，但通常多指切除睪丸而言。童年切除睪丸後所表現的現象稱爲去勢現象。性器官和第二性徵因缺少睪丸酮的作用仍保持童年時的狀況。這種人較常人爲高，骨長肌弱，聲音纖細呈童聲。

發育完好的成人，在成人期去勢，則已發育之性器官和聲調無顯著改變，只有骨骼和肌肉較常人纖弱，已有性行爲經驗者，其性行爲仍可履行。（楊志剛）

去燐燐氧基酶 （Dephosphorylase）

見燐氧基酶 Phosphorylase。（黃至誠）

代謝性鹼中毒 （Metabolic Alkalosis）

代謝性鹼中毒是細胞外液因增加重碳酸鹽或喪失酸性物質所引起之酸鹼平衡失調現象。引起代謝性鹼中毒的常見原因見下表：

一般機轉	特殊原因	例證
細胞外液中	外來重碳酸鹽加入體液	服入或經血管灌注 HCO_3^-
重碳酸鹽增加	有機酸鹽的氧化作用（當有機酸的鹽代謝時即產生重碳酸鹽）。	服入或經血管灌注乳酸鹽，枸櫞酸鹽，或醋酸鹽。
細胞外液中喪失酸性物質	喪失鹽酸	嘔吐喪失胃液
	鉀鹽枯竭（當細胞內鉀鹽移出時細胞外液中之 H^+ 移入細胞內交換之）	由腎臟或其他器官喪失大量的鉀鹽。

不管原因如何，代謝性鹼中毒產生以後，體液將發生緩衝和代償二組機轉的反應，其情況與代謝性酸中毒的反應相似。（周先樂）

代謝性鹼中毒或酸中毒的呼吸代償作用
（Respiratory Compensation for Metabolic Alkalosis or Acidosis）

代謝性鹼中毒或酸中毒所引起的呼吸代償作用是由於動脈血 pH 的變化影響到肺通氣率改變的結果。

當代謝性鹼中毒發生以後，動脈血的 pH 將增高。增高的 pH 血液流經中樞神經時將抑制呼吸，并減低肺泡的通氣量，後者將導致肺泡氣和動脈血液二氧化碳分壓（P_{CO_2}）增高。P_{CO_2} 增高以後即沿血液的緩衝線（buffer line）向降低 pH 和增加 HCO_3^- 濃度的方向滴定之。因此，因 P_{CO_2} 而降低 pH 的結果就是代謝性鹼中毒的呼吸代償作用。

代謝性鹼中毒時所發生的呼吸代償作用，并不能使體液的 pH 完全恢復到正常的境界。因爲當體液的 pH 逐漸趨向正常時，因 pH 增加所引起的抑制呼吸之作用即逐漸減弱而消失。即使 pH 恢復到正常的數值，對呼吸的抑制作用即等於零。增加的 P_{CO_2} 將轉而刺激呼吸，使體內的 P_{CO_2} 降低，結果體液的 pH 又將增高。

代謝性酸中毒所發生的呼吸代償作用，其原理與上述者同。代謝性酸中毒發生以後，動脈血的 pH 將降低。低 pH 的血液流經中樞神經時將刺激呼吸以增加肺通氣率。肺通氣率增加以後，將增加體內二氧化碳排出量，使肺泡與動脈血中的 P_{CO_2} 都降低。血液的 pH 和 HCO_3^- 濃度亦趨向正常的範圍。（周先樂）

代謝性鹼中毒或酸中毒時腎臟的反應

（Renal Responses to Metabolic Alkalosis and Acidosis ）

代謝性鹼中毒和酸中毒時，血漿中 HCO_3^- 的濃度和尿中所含緩衝劑的量是影響腎臟反應的兩個重要因素。

代謝性鹼中毒時，血漿 pH 增高，血漿中 HCO_3^- 濃度超過正常，如已發生呼吸性代償現象，血液中二氧化碳分壓（P_{CO_2}）亦增高。當血漿 HCO_3^- 濃度大於 28 mM／l 時，腎絲球體濾出 HCO_3^- 的速率已超過腎小管再吸收 HCO_3^- 的能力。因此，HCO_3^- 將排於尿中，尿液亦呈鹼性。為了維持正負電位中性，陽離子（特別是鈉離子）亦隨 HCO_3^- 出現於尿中，血漿中鈉離子濃度亦逐漸降低。排出鹼性尿液，實際上也就是使血液趨向酸性。結果，血漿的 pH 和 HCO_3^- 濃度都向正常值恢復。由於 HCO_3^- 的排泄與 Cl^- 的排泄有相反的關係，當尿中 HCO_3^- 的排泄量增高時，Cl^- 的排泄量即減低，而血漿中氯化物的濃度亦因之增加。血中增多的 Cl^- 就是代替所喪失的 HCO_3^-。最後，鹼性尿中也沒有 NH_4^+ 排出。

代謝性酸中毒時，血漿中 HCO_3^- 的濃度和 pH 值都低於正常。如果呼吸性代償作用已經開始，血液中二氧化碳的分壓（P_{CO_2}）也較低。由於血漿 HCO_3^- 濃度低，自腎絲球體濾出的 HCO_3^- 低於自腎小管細胞分泌出的酸性物質量。所有濾出 HCO_3^- 都在腎小管被再吸收，而多餘的酸則排泄於尿中。血漿中 HCO_3^- 的濃度越低，出現於尿中的酸量越高。尿中排出酸，實際上等於在血中加入鹼。由於腎臟的這些反應，血漿的 HCO_3^- 濃度和 pH 值都逐漸恢復正常。

當尿呈酸性時，即排出 NH_4^+，Na^+ 因而被保留在體內。NH_4^+ 的排泄率有賴下列二個因素：(1)尿的 pH，(2)酸中毒的時間久暫。尿的 pH 越低，NH_4^+ 的排泄量越高。如果尿的 pH 降低時，NH_4^+ 排泄率立刻增加，如果尿的 pH 增加，NH_4^+ 的排泄量立刻下降，這種反應的程度是由酸中毒時間的久暫來決定的。酸中毒的時間越久，尿液在同一 pH 情況下排出的 NH_4^- 也越多。（周先樂）

代謝性酸中毒 （Metabolic Acidosis）

代謝性酸中毒是細胞外液因增加酸性物質或因喪失重碳酸鹽所引起之酸鹼平衡失調現象。引起代謝性酸中毒的原因很多，常見的如下表：

一般機轉	特殊原因	例證
細胞外液中酸性物質增加	外來的酸加入體液	氯化銨酸中毒
	脂肪氧化作用不完全（產生酮體酸）	糖尿性酸中毒，飢餓性酮體增多
	碳水化合物氧化作用不完全（產生乳酸）	乳酸酸中毒
	正常代謝作用產生之有機酸（H_3PO_4 與 H_2SO_4）	氮質血性酸中毒（azotemic acidosis）
細胞外液中失去 HCO_3^- 增加	自腎臟排出	腎小管酸中毒
	自消化道排出	腹瀉性酸中毒

不管原因如何，代謝性酸中毒產生以後，體液將發二組不同機轉的反應。一組是緩衝機轉的反應，另一組是代償機轉的反應。緩衝機轉是維持酸鹼平衡的第一道防線，它們幾乎立刻的反應。這可從血液或血漿中結合性鹼的減少現象（全血中過剩的鹼或血漿中的 HCO_3^- 降低）。以及二氧化碳排洩量的改變方面見到。代謝性酸中毒的代償機轉反應是以呼吸系統最為明顯。呼吸性代償作用發生的時程較久。這二種機轉的主要目的是在減少或避免血液 pH 的改變。（周先樂）

代謝階梯 （Metabolic Gradient）

分節運動之頻率，小腸各段不同。十二指腸的收縮頻率最高，愈近盲腸，頻率愈低。此種現象，可能由於各段小腸的新陳代謝率不同所致。根據離體各段腸肌的氧消耗率與二氧化碳的產生率，緊張度、收縮頻率以及腸肌對於藥物的反應等各項試驗，都顯示小腸上段的代謝率最高，中段者次之，其下段則最低。這種由上而下的代謝階梯，可決定小腸推進動作之方向。所以正常的腸蠕動或蠕動衝，都是由上而下。依照 Alvarez 氏的說法，腸運動的變態，如便秘及腹瀉等可能是代謝階梯改變的結果。（方懷時）

白血球 （Leukocytes）

在正常的血液循環中，可見到五大類白血球，即中性球，嗜酸球；嗜鹼球，此三者之胞漿內都含有顆粒，故又稱顆粒性白血球，臨床上統稱之為多核球（polys），另外的兩種胞漿內不含顆粒，又稱無顆粒白血球，即單核球與淋巴球，正常成人之白血球數目，在每一立方毫米內約有七千個左右，其中以中性球最多，佔全部白血球62%，嗜鹼性最少，僅佔 0.4%，嗜酸球則佔 2.3%，他如單核球佔 5.3%，淋巴球居第二位，佔全部白血球30%，多核球正常在紅骨髓內生成，而淋巴球及單核球則在產淋球器官（lymphogenous organs）中發育，此等器官包括淋巴腺；脾臟；胸腺；扁桃腺；以及腸管內的淋巴組織，白血球在紅骨髓內生成之後，並不立刻輸出至血液循環，一俟身體需要才進入血液，白血球有數種特性，玆分述如下：

1. 白血球透出（diapedesis），白血球之一部分胞體，可暫時縮小，使之能夠穿過較其胞體更為細小之微孔。

2. 變形蟲運動，每分鐘可移動 40 微米（microns），至少等於其胞體長度之三倍。

3. 趨化現象（chemotaxis），組織發炎後，或者是細菌毒素，都能吸引中性球向該處移動，稱之為正趨化現象，反之如一物質促使中性球遠離該處，稱之為負趨化現象。

4. 吞噬作用（phagocytosis），此為中性球及單核球之最重要機能，但吞噬物質必需為其能消化者，換言之，該作用具有選擇性，表面粗糙之物質較易吞噬，外表帶正電荷之物質易引起吞噬作用，與噬菌素（opsonins，即一種球蛋白分子）結合之物質吞噬亦較容易。（劉華茂）

白血球減少症 （Leukopenia）

循環血液中的白血球如低於 4,000 個／mm³，稱之為白血球減少症，最常見者為中性白血球數目降低，亦有中性球減少而不出現白血球減少症者。

白血球減少的原因很多，歸納後可分下列四點，例如敗血病時可抑制白血球製造，顆粒白血球缺乏時則白血球停止成熟，骨髓不發育，白血球生成組織（leukocyte-forming tissue）遭受物理性及化學性的破壞，脾臟對顆粒白血球之破壞與抑制，此時特稱之為脾臟性中性球減少（splenic neutropenia），以及白血球抗體（leukocyte agglutinin）對周圍血液之直接作用，經常接受輸血的人，甚易在其體內產生白血球抗體（leukoagglutinins），傷寒時骨髓亦發生壞死，中性球不能進入血液，亦導致白血球減少，吾人已知白血球之最

重要機能是吞噬細菌，吞噬以後，即由細胞本身的酵素將之在細胞內消化，如白血球大量減少，對身體之抵抗力自必降低，尤以顆粒白血球缺乏症（agranutocyto-sis）患者，顆粒性白血球消失甚劇，因之白血球全體數目大減，因身體抵抗力甚差，往往口腔內發生壞死性壞疽，在壞死病變中，也找不到中性白血球，患這種病的人預後很差，死亡率幾乎是百分之一百。（劉華茂）

白血球增多 （Leukocytosis）

常人每立方毫米血液中含有白血球四千至一萬一千個，如超過此數字即謂之白血球增多，雖然白血球增多一詞是代表白血球之總共數目增加，但其含義通常是指中性白血球數目增加，而其他的白血球增加，則分別以淋巴增多（lymphocytosis）；單核球增多（mon-ocytosis）；以及嗜酸球增多（eosinophilia）等定名，以與之區別。白血球增加可大別分為以下二類：

1. 生理性白血球增多，第一天的新生兒，其白血球數字可高到三萬八千，但大多數嬰兒的白血球平均都在一萬到二萬五千之間，他如劇烈運動；痙攣發作；情緒不安；害怕焦慮；懷孕及分娩時都會出現白血球增多。

2. 病理性白血球增多，傳染病患者之炎性滲出物（inflamatory exudates）中含有促白血球增多因子（leukocytosis-promoting factor），使患者血液中出現甚多的中性球，且此類白血球核的葉數較少，為最年幼的中性球，稱為白血球左移（shift to the left），尤以各種球菌例如葡萄球菌；鏈球菌；及肺炎球菌感染之後，最易促使中性球增多，中性白血球增多亦可出現於下列許多疾病中，例如肺炎；腥紅熱；風濕性熱；白喉；糖尿病昏迷，氮質血症等，鉛；汞；樟腦中毒亦導致白血球增多。（劉華茂）

白血病 （Leukemia）

一般所謂的白血球增多（leukocytosis），數目至多不過三五萬，如超過五萬或甚至數十萬者，則稱為白血病，白血病不是血液自己的疾病，而是由於造血系統上的疾病所引起，白血球如按其細胞種類分類，約有三種，即骨髓性白血病，（全體之顆粒性白血球增加）；淋巴性白血病，（淋巴球幾佔白血球百分之九十）；單核球性白血病（血中單核球佔百分之六十至七十），有時候組織裏面的白血球雖極度增殖，但不出現於血液，謂之非白血病性白血病（aleukemic leukemia）或者名之為非白血病性骨髓增生病（aleukemic myelosis ），白血病是骨髓性或淋巴性細胞的一種沒有規律，沒有作用的增殖，很像惡性腫瘤，但白血病並不是從一個局面開始，然後由浸潤或轉移而蔓延各處，白血病細胞在注入兔眼前房之後，並不會像癌細胞之能繼續增殖，同時白血病細胞在作組織培養時，能夠發揮吞噬作用，此點又非癌細胞所能及，白血病雖不一定有遺傳傾向，但放射能可以引起。

白血病患者，其骨髓內之白血球過度增殖，侵犯正常骨組織，易生骨折，肝；脾；淋巴腺亦可被該等細胞所浸潤，最後組織壞死，骨髓被該類細胞取代後即不能造血，引起貧血。　（劉華茂）

生乳（Lactation）

在青春期後，卵巢分泌女性素，助孕素使乳房的乳腺管，乳腺，基質增生並有脂肪之聚集而導致乳房增大，妊娠後胎盤分泌大量的女性素，助孕素，和胎盤催乳激素使乳房有更進一步的生長，分娩後胎盤不再存於子宮，則由胎盤所分泌的女性素和助孕素來源斷絕，不再抑制腦下腺分泌催乳激素，導致催乳激素大量分泌。催乳激素刺激乳腺合成含有大量脂肪、乳糖、酪蛋白的乳汁，此爲生乳。嬰兒吸吮乳頭反射性地引起催產素的分泌，催產素引起乳腺外的肌上皮細胞收縮，將乳汁由乳腺擠到乳腺管內，最後由乳頭流出供嬰兒飲用。（楊志剛）

生長激素（Somatotropin）

人體的生長激素是由腦下腺前葉的嗜酸性細胞所分泌的蛋白質，由188個氨基酸所組成，其分子量爲21500。生長激素的結構因動物品種而異，由家畜家禽等的腦下腺所提取的生長激素不能應用於人類。生長激素在血漿中的含量甚微，但可用免疫學的微量分析法（immunoassay）測定之。生長激素主要的功能在促進身體的生長，骨骺增生而變寬，因此增加身高，在童年期若生長激素分泌過多會導致巨人症。生長激素會促進氨基酸進入細胞內，在細胞內合成蛋白質，因而生肌造肉，而保留氮。生長激素減低細胞對醣類的利用，血糖因而昇高。生長激素也促進脂肪的利用，因而產生酮體。在人體生長激素具有催乳激素的作用，由於二者化學結構極爲相似，是否爲同一個內分泌素產生二種作用，尚無定論。生長激素的分泌受到下視丘所分泌之釋放因子的影響。已知下列諸種情況能刺激腦下腺分泌生長激素：如血糖減低、運動、飢餓，吃了大魚大肉之後，發

燒，以及睡眠時。在理論上，一個人若想身強體壯，則應該吃富有蛋白質的食物，適度的運動，和充足的睡眠，由於生長激素的分泌，去油生肌，而變化體質。
（楊志剛）

生理的轉流，又稱靜脈血混流
（Physiological Shunt，Venous Admixture）

指靜脈血生理的混入動脈血流而言。由肺動脈輸往肺泡壁肺毛細管之血液，經氣體交換後轉變爲動脈血，其中血液氣體張力與肺泡之氣體張力同。然動脈血中之氧張力恒低于肺泡氣，即因受靜脈血之混入所致。其來源有三：⑴營養支氣管組織之支氣管動脈，經支氣管靜脈收集後，滙入肺靜脈，肺靜脈中之動脈血，遂受靜脈血污染；⑵冠狀循環之靜脈血，大部收集于冠狀竇，入右心房。然部份之靜脈血，經 Thebesian vein 直接滙入左心房及左心室，因之左心房及左心室之動脈血被靜脈血混入；⑶通氣血流量比較低之肺臟，經氣體交換後，其肺靜脈中動脈血之氧張力甚接近靜脈血，此種血液混入氣體交換良好之動脈血，遂使動脈血之氧張力降低。生理的轉流或稱靜脈血混流，其量在正常個體小於心搏出量之7％。（姜壽德）

生殖（Reproduction）

由母體繁衍出新個體，以維持種族的不滅是爲生殖。它包括精子發生，卵子發生和由性行爲做爲媒介的受精以及後來之懷孕、生產、哺乳等直到新個體能夠單獨生存。研究正常人體生殖系統各部份機能以及管制的學問稱之曰生殖生理學。　（楊志剛）

出汗（Sweating）

人體內的水分，礦物質及有機物質（主要是新陳代謝後的廢物）不斷自皮膚表面散失。

水分的散失有二種方式：第一種是不感性蒸散（insensible perspiration）即水分之散失依照蒸發（evaporation ）的方式，不受天氣的影響每小時約散失30毫升，每天700毫升，其中2/3是由皮膚表面散去的，水分由真皮層的組織間液裡，擴散到皮膚表面，使皮膚表面濕潤，由此而後散失。1/3是由呼吸道失去的。大家知道吸入氣中所含的水分相當的少，但呼出氣所含的水分是飽和的，常溫下水蒸氣壓高達47毫米水銀柱高，空氣中的水蒸氣隨氣溫氣壓而不同，氣壓高含水量少，水的散失容易，這就是多天吾人常覺乾燥的緣故。第二種方式是：有感性蒸散（sensible perspiration ）

這就是我們平常所說的出汗，這是由於人體汗腺分泌汗液，促進水分的散失。人體的汗腺約有二百五十萬個，其中一部分是大汗腺（apocrine gland）數目很少，分布範圍亦少，僅限於腋窩，乳頭和外生殖器的附近，其餘極大部分是汗腺（eccrine gland）除唇、龜頭，內耳等處，汗腺遍及全身以手掌、蹠部，腋下最密。汗液的分泌，並非單純過濾現象，因為汗腺分泌汗液的壓力可高達 250 毫米銀柱高，較平均動脈血壓高出甚多。

支配汗腺的神經是交感神經膽鹼纖維（sympathetic cholinergic fibre），當血液溫度增高時，溫血流刺激下視丘的體溫調節中樞或由於刺激了味覺神經（gustatory nerve）經反射都可以引起出汗，又由於情緒緊張，着急焦慮可引起出汗，不過為了調節體溫而出汗時，幾乎全身皮膚同時都出汗，若是由於心理情緒上或感覺刺激所引起的出汗，多半是局部的如手掌，蹠部等地方會出汗。

汗液的多少全視環境溫度以及身體活動的程度而定，每小時出汗 1～2 升是很常見的，在陽光下劇烈運動時更可達 4 升左右。

汗液中水占99％，所以是一種低張液，比重約為 1.003，pH 呈酸性介於 5－7.5 之間，固體物質占 0.5－1.0％，其中2/3是礦物質 Na、K、Ca，Mg，P，SO₄ 等等。有機物質中含氮化合物有尿素，氨，肌酸酐，尿酸等，汗液中尿素與血漿中尿素的比值是 1.92±0.48，不管血漿中尿素的濃度如何，出汗率如何，這個比值是不變的。汗液中的氨是血液中含量的50～200倍，又乳酸的 4－40 倍於血液中的含量。汗腺尚含有促使生成 bradykinin 的酶。（畢萬邦）

出血時（Bleeding Time）

所謂出血時，是指當皮膚割破一小口至血液不再流出，其間所需之時間，出血時間並不與凝血時間平行，因其主要係由於組織液加速血凝之功能，他如皮膚之彈性以及血小板之作用，故出血時較凝血時為短，測定方法有 Duke 氏法及 Ivy 氏法兩種，茲分述下：

1 Duke 氏法：用十一號 Bard-Parker 刀片在耳垂上劃一切口，深度約 2～3 毫米，每隔三十秒鐘以潔淨濾紙吸乾流出的血液一次，自割破切口時間至流血停止之時間即出血時，正常約 2～7 分鐘，遇有血友病；血小板數目甚低以及 Von Willebrand 氏病者應避免劃破耳垂，導至出血不停，但此法簡便，實驗室常用之。

2 Ivy 氏法：將血壓帶綁紮於肘關節上方，打氣入

帶，使其內壓維持在40毫米水銀柱，前臂消毒之後，以 Bard-Parker 刀片或刺血針在其上作一創口，深度 2～3 毫米，寬度 2mm，需注意避開皮下靜脈，每隔十秒鐘以潔淨濾紙吸乾流出之血液一次，從割破皮膚至流血停止之時間即出血時，測定兒童之出血時最好採用此法，如果遇到出血不停時，很容易用壓迫法使血流停止。（劉華茂）

出血時循環調節（Circulatory Adjustment in Hemorrhage）

因出血失去全血量之10％，其心輸出量或血壓沒有顯著的變化。失血佔全血量之15～20％時，心輸出量先減低，稍後血壓也開始下降。當失血占全血量 35～45 ％時，其心輸出量大為減小，血壓下降也顯著。失血後有休克狀態時，血壓下降會引起反射性調節，即有壓力受容器反射，epinephrine 及 ADH 之反射性分泌，並且中樞之乏血能引起心臟，血管中樞之興奮，而血管壁有自動性調節，其他有體液移動等之代償性調節，而能保持循環機能不致惡化之狀態。此種休克名謂不進展性（non-progressive）或代償性休克（compensated shock），此種調節是由於負回歸機轉（negative feedback）引起的。當失血過多，有代償性調節已無法對抗循環機能之減衰，即轉移進展性（progressive）或不代償性（uncompensated）休克，即產生惡性循環（vicious cycle），結果循環機能更為惡化，此狀態由於正回歸機轉（positive feedback）引起的。當進展性休克惡化無法救囘，即引起所謂不可逆休克（irreversible shock）。交感神經系統對於失血後之代償性調節有重要作用。交感神經健全，失血可至全血量之35～45％可能死亡，但交感神經切除後，失血只占全血量之15～20％即可能死亡。（黃廷飛）

半身不遂（Hemiplegia）

大腦內囊（internal capsule）出血時，引起他側身體的癱瘓。因錐體系統與錐體外系統（見各該條）同時受到損傷，故症狀代表此二運動系統損傷之加成。據實驗分析結果，得到如下表的關係：

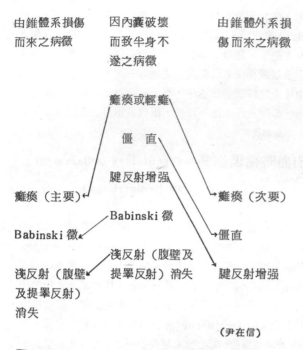

由錐體系損傷　　因內囊破壞　　由錐體外系損
而來之病徵　　　而致半身不　　傷而來之病徵
　　　　　　　　遂之病徵

癱瘓或輕癱

僵　直

腱反射增強

癱瘓（主要）　　　　　　　　　　癱瘓（次要）

　　　　　Babinski 徵

Babinski 徵　　　　　　　　　　　僵直

　　　　　淺反射（腹壁及

淺反射（腹壁　　提睪反射）消失　　腱反射增強
及提睪反射）
消失

（尹在信）

半陰陽 （Hermaphroditism）

所謂半陰陽或雌雄同體是指同時有睪丸組織和卵巢組織單獨或混合存在於生殖腺內。外生殖器官有混合的男性和女性特徵，第二性徵亦常混合，有時偏於男性，有時又偏向女性。人體具有半陰陽現象者叫做陰陽人（hermaphrodite ）患者常併有尿道下裂（hypospadia）,隱睪。三分之二患者有乳房發育和月經，但不能生育。 （楊志剛）

巨結腸（Megacolon）

巨結腸乃是由於降結腸之某段缺乏 Auerbach 氏神經叢及Meissner氏神經叢，不能完成腸肌反射，這一段結腸並無推進性之蠕動，糞便在此處不易通過。致糞便堆積而將結腸擴大，故稱爲巨結腸。此種現象，又稱爲無神經節細胞巨結腸（Aganglionic megacolon ）或Hirschsprungs 氏病。

巨結腸患者多係小孩，其降結腸之某部，係先天性的缺乏內在神經（即 Auerbach 及 Meissner 氏神經叢）,故該部結腸中某種化學介質（係含有13個胺基酸之多胜）之含量顯著減少。該化學介質可導致腸肌反射。如其含量太少，則腸肌反射不易進行，最後乃導致巨結腸。如將無上述神經叢之一段結腸切除，而與直腸縫合，則可治癒此病。

巨結腸患者中，約有40％之患者其膀胱擴大，約有4％之患者其輸尿管擴大（Megaloureters）。此種現象顯示，凡腸管缺乏某些內在神經及副交感神經支配時，泌尿系可能亦遭受同樣情況。膀胱及輸尿管因無副交感神經之支配，則其緊張性勢必減低，故膀胱及輸尿管乃隨之擴大。 （方懷時）

巨噬細胞（Macrophage ）

主要由單核球演變而來，其吞噬能力遠超過中性球，蓋中性球如遇上較細菌稍大的顆粒，即無法將之吞噬，但巨噬細胞即使遇到較細菌大五倍以上的顆粒，也可以將之吞沒，甚至於紅血球及瘧疾原蟲亦不例外，他如壞死組織亦可被它吞噬，此爲巨噬細胞在慢性感染時之最重要功能，慢性炎症如結核及慢性輸卵管炎，血中之單核球可增加到佔全部白血球的百分之三十，甚至到百分之五十，其眞正的原因不知，有人假定爲甚多的淋巴球進入發炎組織後，細胞腫脹後成爲巨噬細胞，後者進入血液而吾人却認爲是單核球大量增加。

巨噬細胞或中性球之胞體內，含有豐富的溶體（lysosomes ）,具蛋白質分解酶，能消化細菌，在巨噬細胞之溶體內更含有大量脂肪酶，麻瘋菌及結核菌之脂質菌膜與之相遇後即被消化，此外巨噬細胞及中性球之胞漿內亦可含有殺菌劑（bacteriacidal agents）,除能置細菌於死地之外，亦可使吞噬細胞本身毀滅，吞噬細胞繼續吞噬並消化其吞食之顆粒，一俟殘餘物質堆滿吞噬細胞整個胞漿之後，才鞠躬盡瘁地死去，通常中性球在死去以前，可吞食5～25個細菌，巨噬細胞則可吞食到100個細菌之後才壯烈成仁。 （劉華茂）

皮節（ Dermatone ）

由脊髓背根發出之感覺神經，其末稍終於體表面上者，有相當規律性之分佈。如由頸椎 C－3 以上出來之感覺神經分佈於頸及頭部；由頸椎 C－4 至胸椎 T－2出來之末稍分佈於上肢；由胸椎出來之末稍由上到下分佈於胸腹部之皮膚；由脊椎最末端 S 4-S-5出來之感覺神經則分佈於肛門附近。在胚胎期，肛門部相當於尾部，是身體之末端。

脊髓受損時，可藉皮膚感覺減損之部位測知脊髓傷損之處。（韓　偉）

皮膚血流（Skin Blood Flow ）

皮膚血流之變動範圍較大，即可在 1－100 ml/ 100 gm/min 之範圍。皮膚血流跟體溫調節有很大關係。皮膚血管有交感神經腎上腺激素性纖維（adrenergic fiber）之支配。epinephrine, norepinephrine 引起皮膚血管縮小。acetylcholine, bradykinin，及 histamine 引起其擴大。皮膚之機械的刺激能引起皮膚血管之反應，用鈍的機械刺激輕微劃一條在皮膚上做為刺激，數秒後，其痕跡成為一條白線，即名為白線反應。此因該部毛細管受機械的刺激，縮小所致。三層反應

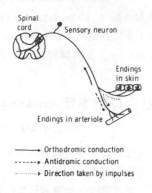

軸突反射經路

（triple reaction）：①皮膚之機械刺激10秒後，其毛細管擴大，呈現紅線即為紅色反應（red reaction），②皮膚之機械刺激較強即紅線反應出現後，其紅線附近，有紅斑（flare）出現。這因由於軸突反射（axon reflex）所引起的。即皮膚之刺激，產生向心性衝動傳至向心性纖維分枝處，即倒反方向進去另外分枝傳至其分佈之血管，引起其擴大（見圖）。③皮膚刺激強烈能引起其組織細胞損傷，結果游離 histamine 或 kinin 而作用其附近毛細管壁，引起其透過性增加，發生血漿成分漏出於毛細管外之組織細胞間成為浮腫（wheal）。（黃廷飛）

平衡電位（Equilibrium Potential）

一離子如能自由透過胞膜，則其透過胞膜移動的方向與速度，除受該離子在膜兩邊的濃度差影響外，並受膜兩邊電位差的影響。當兩邊的濃度不等時，離子自濃度高的一邊向濃度低的一邊移動的速度必較相反方向移動的速度高，此種離子向兩邊移動所作功之差為：

$$\triangle w = RT \log_e (c_1/c_2) \quad\cdots\cdots\cdots\cdots\cdots(1)$$

$\triangle w$ 為離子兩方向移動所作功之差。

R 為氣體常數（universal gas constant）

T 為絕對溫度（absolute temperature）

c_1, c_2 分別為該離子在膜兩邊的濃度

離子因有電荷，故其移動除受濃度之影響外，亦受膜兩邊電位差之影響。離子受電位差 E 影響移動所作之功為

$$\triangle w = z FE \quad\cdots\cdots\cdots\cdots\cdots\cdots\cdots(2)$$

z 為離子之價數

F 為法拉第常數（faraday）

當濃度與電位之影響強度相等而方向相反時

$$\triangle w = z FE + RT \log_e (c_1/c_2) = 0 \quad\cdots\cdots(3)$$

此時膜兩邊之電位差 E 即為該離子的平衡電位。

$$E = \frac{RT}{zF} \log_e (c_2/c_1) \quad\cdots\cdots\cdots\cdots\cdots(4)$$

或　　$$E = 2.3 \frac{RT}{zF} \log_{10} (c_2/c_1)$$

方程式(4)即為常用的 Nernst equation。

（盧信祥）

平衡聽神經（Stato-acoustic Nerve）

為第七對顱神經，在橋腦下緣側部鄰接小腦小葉處伸出，包括前庭與蝸牛神經兩部份。一、前庭神經（vestibular nerve）：為本體受納性纖維與身體平衡有關，細胞在前庭神經節（vestibular ganglion），雙極性，其周圍枝到達半規管、橢圓囊與球狀囊，其中樞枝終止於內、外、上以及脊髓前庭核。有一部分直接進入小腦。二、蝸牛神經（cochlear nerve）：為感覺纖維，細胞雙極性，在蝸牛的螺旋神經節（spiral ganglion），其周圍枝終止於 Corti 氏器，中樞枝終止於腹及背蝸牛核。功能為聽覺之傳導。（尹在信）

加壓素（Vasopressin）

加壓素是由腦下腺後葉所分泌的內分泌素，其製造處在下視丘的上視神經核和傍室核，沿著神經纖維貯存在腦下腺後葉。加壓素係由九個氨基酸所組成的多胜體，已經能由人工合成。加壓素的作用主要在增加遠側腎小管和集尿管（collecting duct）對水的通透力，因此當加壓素分泌時，集尿管中的水流向滲透壓很高的腎乳突部，尿量少而濃，為身體保留水份。當飲大量的水以後，血液變淡，加壓素的分泌停止，集尿管對水之通透性減小。水不被再吸收而排泄到尿中，因此透過加壓素的作用，使腎臟能維持體內水分的穩定。在正常情況下，血中加壓素的濃度非常低，目前尚無靈敏的方法可以正確地測定。已知缺水，體液變濃時，體液減少時，疼痛，外科手術等皆會刺激加壓素的分泌，使腎臟保留

水分。由人體腦下腺所分泌的加壓素由於量少，不足以引起血壓的改變，加壓素應命名爲節水素似較妥當。人體分泌的加壓素在第八位置爲金氨酸，而豬的則爲離氨酸。加壓素在體內的半衰期約爲18分鐘左右，主要有肝臟和腎臟被破壞，人體加壓素分泌缺少時，即產生尿崩症。大量加壓素用做藥劑時，使血管收縮，小腸平滑肌蠕動增加，長期大量使用會引起水中毒。（楊志剛）

加燐氧基作用（Phosphorylation）

葡萄糖進入細胞後需加一高能燐氧基之活動化而成 glucose-6-phosphate 。這爲葡萄糖代謝中之一重要步驟；葡萄糖分解（glycolysis）產生能量，合成糖原質（glycogenesis），糖原質分解（glycogenolysis），葡萄糖新生（gluconeogenesis）等均先須經此步驟，觸媒此步驟者有二種酵素：六碳糖活化酶（hexokinase）及葡萄糖活化酶（glucokinase）。二者將三燐酸腺苷酸（adenosine triphosphate 簡寫 ATP）之高能燐氧基轉移給葡萄糖而使之活動化。於 glucose-6-phosphate 轉變成果糖－6－燐酸基（fructose-6-phosphate）後又有果糖活化酶（phosphofructokinase）觸媒加燐氧基作用而成 fructose-1,6-diphosphate。這也是調節葡萄糖分解速度重要步驟之一。（黃至誠）

母性行爲（Maternal Behavior）

動物的築窩、餵奶、保護、舐兒以及檢兒（retrieving）等都屬於母性行爲，現以母鼠的檢兒行爲爲例加以說明。如將乳鼠放在窩外，母鼠就會衝出去將它啣回窩內。早在一九三三年，英國愛丁堡大學的Wiesner 與 Sheard 就對檢兒行爲有詳細的實驗。他們以五分鐘內母鼠所能連續啣回乳鼠的數目作爲這種行爲強度的測量，得到許多有趣的結果。例如當乳鼠初生不久，檢兒的分數最高，以後與日俱減。究其原因並不在母鼠產後時間的長短，而在乳鼠漸長時外貌的改變。倘於檢兒得分低落之時，以其他母鼠所生的乳鼠來代替原來較長的乳鼠時，檢兒分數立即回升，但又隨新乳鼠的成長而降低。如此不斷掉包可使檢兒反應維持不墜，曾在一鼠造成四二九天的紀錄。由此可見當起初喚起動機的情況早已不復存在之時，連續的刺激仍足以維繫動機。他們又研究黃體激素（progesterone）與催乳激素（prolactin）注射對母鼠檢兒行爲的影響，發現這種內分泌素可增進母鼠檢兒傾向的敏感性，可使原不會檢兒

的處鼠發生檢兒，可使檢兒的範圍擴大而及於不同種之幼兒，有時甚至可使公鼠開始檢兒。由以上結果可見形成動機狀態的外在與內在因素的交互作用。（尹在信）

立勃康氏腺（Lieberkühn's Gland）

大部小腸壁上均有此腺體，分泌液中含氨基胜酶（aminopeptidase），雙胜酶（dipeptidase），蔗糖酶（sucrase），麥芽糖酶（maltase），乳糖酶（lactase），燐酸塩酶（phosphatase），配糖酶（glucosidase），多核苷酸酶（polynucleotidase），核苷酶（nucleosidase）及卵燐脂酶（lecithinase）。（黃至誠）

由缺氧導至紅血球增多症（Hypoxic Polycythemia）

缺氧可引起紅血球之增多，其理由大約如下：

(1)受日光照射之影響：

Kestner 氏以爲在高空時受强烈日光照射之影響，空氣中乃出現某種物質，吸入人體後即可刺激骨髓，因此紅血球之產量增加。此種理由，如屬可能，決非爲導致紅血球增多之主因。

(2)血液變濃：

有許多學者以爲短期缺氧（急性缺氧 acute hypoxia）之時，血漿中之水分減少，致血液中紅血球數目相對增加（長期或慢性缺氧，血量非但不減少，反而增多）。

(3)脾臟收縮

Barcroft 氏及其同事等首先報告脾臟貯有甚多之紅血球。後經多數學者以實驗證明：急性缺氧之際，因脾臟收縮，貯存於脾內之紅血球擠入循環之血液中，故紅血球顯著增多。Kramer 及 Luft 兩氏先將狗麻醉，繼行手術將脾臟輕輕拉出腹壁外，以便放於天秤上。然後利用反覆呼吸器，使狗遭受缺氧。嚴重缺氧之際，脾臟收縮，因而將脾內之紅血球擠入循環血液中，此時脾臟之重量顯著減輕。一般言之，人與狗之脾臟，對於缺氧之抵抗有較大之貢獻，但鼠類之脾臟則不然。

(4)紅血球生成之加速：

長期缺氧，紅骨髓受到刺激，因而使紅血球之生成加速。在地面上生活時，吾人之血液中多爲很成熟之紅血球（紅血球中無核）。長期缺氧之時，則血液中出現較多剛成熟的紅血球，即網織紅血球（reticulocyte）。此種初成熟的紅血球中，尚有顆粒與細絲。

長期缺氧之時，血漿中含有血球刺激因子（erythropoietic stimulating factor 簡稱ESF）。此ESF 產自腎臟，可刺激骨髓，因此使紅血球之生成，成熟及釋放（自骨髓釋放至血液中）加快。

上述四種引起紅血球增多之因素，其中以後二者較爲重要及可靠。 （方懷時）

外旋神經 （Abducens Nerves）

爲第六對顱神經，在橋腦下緣與延髓錐體之間伸出，含有兩種纖維：一、由外旋神經核發出，分布於眼球的外直肌，支配運動。二、由外直肌傳入的本體受納纖維。 （尹在信）

正極阻斷（Anodal Block）

神經傳導乃神經纖維順序逐點去極化興奮的結果，神經纖維任何一點不能興奮，傳導至此即不能繼續前進而遭阻斷。如將細胞外電極正負兩極置於神經纖維表面，通以電流，則正極附近之胞膜呈過度極化（hyperpolarization）之現象，過度極化之程度，隨電流之強度增加，故如電流甚強，正極附近之過度極化現象甚著，以致於通電期間，此部分胞膜不易興奮，故由他處傳來之興奮波至此受阻是謂正極阻斷。 （盧信祥）

失語症 （Aphasia ）

在人類與語言有關的功能，例如了解口說與印刷的字義以及藉言語或書寫表達意見等，大致限於新皮質（neocortex）。這種功能的異常如果不是由於視覺、聽覺或運動的缺陷時，便稱之爲失語症。一般言之，失語症可大別爲感覺性（或接受性）和運動性（或表達性）兩類。感覺性的可分爲字聾（word deafness）與字盲（word blindness），即聞而不聽，視而不明。運動性的又可分爲失寫症（agraphia ）與難言症（motor aphasia ）。前者不能筆述，後者不能口授。難言症較爲常見，程度不等，有時除滿口穢言外別無表達能力。在臨床上失語症常多種混合，兼有感覺性和運動性兩者。病變多在優勢半球（dominant hemisphere ）。

（尹在信）

未飽和脂肪酸 （Unsaturated Fatty Acid）

脂肪酸爲由簡單而長之碳化氫鏈（long chain hydrocarbon）所形成之有機酸，未飽和脂肪酸爲其中某些碳原子由雙鍵（double bond）相連者。一未飽和脂肪酸（monounsaturated or monoethenoid acid）內含一組雙鍵。其分子公式爲：$CnH_2n_{-1} COOH$。多未飽和脂肪酸（ polyunsaturated or polyenoid acid）內含一組以上之雙鍵。可有二組雙鍵（分子公式 $CnH_2n_{-3} COOH$），三組雙鍵（分子公式$CnH_2n_{-5}COOH$）及四組雙鍵（$CnH_2n_{-7}COOH$）。因其尚可吸收氫，故稱未飽和。 （黃至誠）

包爾氏公式 〔Bohr's Equation〕

可以測定呼吸無效腔（respiratory dead space）。呼出氣體（以容積計）（V_E） 係來自呼吸無效腔（V_D）及肺泡氣（V_A），用式表之，得

$$V_E = V_D + V_A \qquad (1)$$

呼出氣（V_E）係指呼氣開始至呼氣完了離開鼻或口之氣體容積，來自呼吸無效腔之氣體（V_D）指呼氣開始時存在於呼吸無效腔之氣體容積量，此處所謂肺泡氣（V_A）係指呼氣中來自肺泡部份之氣體容積（並非指存留於肺泡之全部氣體容積）。

某種氣體（gas x ）之量爲其百分濃度，即F_x，乘以各該容積V_E，V_D及V_A之積，故

$$F_{Ex} \cdot V_E = F_{Dx} \cdot V_D + F_{Ax} \cdot V_A \qquad (2)$$

在呼氣開始時，呼吸無效腔內之氣體即吸入氣，故$F_{Dx} = F_{1x}$ ，亦即

$$F_{Ex} \cdot V_E = F_{1x} \cdot V_D + F_{Ax} \cdot V_A \qquad (3)$$

因肺泡氣部份（V_A）等於呼出氣（V_E）減去來自呼吸無效腔之氣體（V_D），式(3)又可寫作

$$F_{Ex} \cdot V_E = F_{1x} \cdot V_D + F_{Ax} \cdot (V_E - V_D)$$

重新排列，得

$$V_D = \frac{(F_{Ax} - F_{Ex}) \cdot V_E}{(F_{Ax} - F_{1x})} \qquad \text{（姜壽德）}$$

血小板減少症 （Thrombocytopenia）

循環血液中之血小板數目大減，如降低到每立方毫米血液中不足七萬個血小板之時，即呈現出血性的紫癜，血小板減少後所引起之出血與血友病導致之出血顯然不同，前者通常是在小的微血管內出血，身體任何組織，都可以出現小點狀出血，皮膚上因而也出現紫顏色的紅疤，稱之爲血小板缺乏性的紫癜（thrombocytopenic purpura） ，而血友病患者往往是在較大血管出血。

特發性血小板減少症（idiopathic thrombocyto-penia）之原因尚不清楚，最近數年有許多學者認爲是該患者之體內存在着一種特性抗體（specific antibo-dies），可以破壞體內之血小板，此種特性抗體可能由於接受他人之輸血而產生，也可能由於其自身血小板發生自體免疫（autoimmunity）所導致，此外特發性血小板減少症亦可起因於骨髓發育不良（aplasia），蓋骨髓受到了放射性傷害，藥物的過敏，甚至於惡性貧血等原因所影响，又 Schulman 曾經報告謂正常人之血漿內，存在一種血小板生成素（thrombocytopoietin），亦即血小板刺激因子（platelets-stimulating factor），可以刺激單核巨細胞成熟並產生血小板，如先天性缺乏該因子，即出現血小板減少症，蓋此等小孩如與之輸入別人血液或血漿，血小板數目將劇烈增加。　（劉華茂）

血小板增多症 （Thrombocythemia）

骨髓中的單核巨細胞（megakaryocytes）增生過盛，使血小板之數目增加特多，但骨髓外的單核巨細胞增多（extramedullary megakaryocytosis），血小板數目並不一定增多，分原發性血小板增多症及繼發性血小板增多症兩大類。

1.原發性血小板增多症：係突然發生，無前驅疾病，血小板數目可達到每立方毫米血液中出現90萬到500萬個，據報告該類患者有心肌梗塞及出現多處血栓症（multiple thrombosis），心動電流圖亦出現心肌梗塞特徵，此外該症初期也可能出現肝及脾腫大。

2.繼發性血小板增多症，常伴隨其他一種疾病而出現，例如癌症；骨髓性白血病；紅血球過多症；以及何杰金氏病（Hodgkin's disease）與 Boeck's 肉樣瘤（Boeck's sarcoid）脾臟切除後亦可能出現血小板增多症，患者之血液凝固時間正常，但出血時間延長，出現紫癜（purpuric bleeding），其原因尚不清楚，此外脾腫大，靜脈內常發生栓塞。　（劉華茂）

血友病 （Hemophilia）

血友病患者最明顯的症狀是易於出血，突發性或在受輕微損傷之後，即流血不止，最常見者是在運動後引起關節內出血，使肩；肘；腕；髖；膝等關節出現紅腫熱痛以及運動障礙，出血初期尚可吸收，但久而久之則破壞關節表面，損及骨質而招致殘廢。

所有各型血友病，血小板數目沒有改變，出血時間正常，血塊緊縮時與凝血酶元時均屬正常，而且纖維蛋

白元濃度亦與常人無異。

血友病遺傳因子係性聯遺傳，且屬隱性，通常女性即使具有血友病遺傳因子而不出現血友病症狀，但其兒子將可能有一半出現血友病，其女兒將有一半可能携帶血友病因子傳給其子嗣，血友病最常見之原因乃由於下列諸因子缺乏：

1.第八凝血因子缺乏，即抗血友病球蛋白不足（antihemophilic globulin）不足，導致典型血友病（classical hemophilia），佔全部血友病75%。

2.第九凝血因子缺乏，即 plasma thromboplastin component 不足佔全部血友病的15%。

3.第十一凝血因子缺乏，即 plasma thromboplastin antecedent 不足，約佔 5～10%。　（劉華茂）

血型或血屬 （Blood Types）

人類之紅血球膜含有不同的多醣類抗元，即凝集元（agglutinogen），最重要而爲吾人所盡知者有 A、B 及 O 凝集元，故根據之可將人血分爲四種類型，即 A 型；B 型；AB 型；及 O 型是也，但有些人所具有之 A 凝集元又稍有不同於一般人之 A 凝集元，特名之爲 A_2 凝集元，而原有之 A 凝集元稱之爲 A_1，因此血型可大別之爲六種，即 O；A_1；A_2；B；A_1B 及 A_2B 是也。

凝集元不僅是紅血球膜有之，其他組織例如唾液腺；胰臟；腎臟；肝臟；肺臟；睪丸；精液；羊膜液以及唾液中都可能有之。

A 型血液除紅血球膜含有 A 凝集元之外，其血漿中尚含有抗 B 凝集素或 β 凝集素（β agglutinin），B 型血之血漿中亦含有抗 A 凝集素或 α 凝集素（α agglutinin），O 型血之血漿則兼有 α 及 β 兩種凝集素。

根據孟德爾遺傳定律：A_1；A_2 及 B 三種血型都爲顯性，即父母任何之一方有該因子傳下，其子女都可能得其相同之血型，但 O 血型者必需父母雙方都有 O 抗元傳下，其子女才出現 O 型，故僅在同型結合體之因子型（OO）才出現其表型 O，在異型結合體如 A_1O；A_2O；BO，均屬穩性而不出現。　（劉華茂）

血紅素 （Hemoglobin）

脊椎動物之紅血球中能夠携帶氧的色素即血紅素，它是由 4 %的原血紅素（heme）及 96 %的血球蛋白（globin）結合而成，其分子量甚大，約68,000，用同位素追踪研究，發現血紅素由醋酸及氨基乙酸合成，醋酸首先在 Krebs 環中轉變爲 α- ketoglutaric acid ，此

物質兩分子與一個氨基乙酸合成一個一氮二烯五圜（pyrrole），此物質四分子被四個乙烯連成環狀之結構，進而演變爲protoporphyrin Ⅲ，後者與鐵結合而爲原血紅素，四個原血紅素與一個血球蛋白結合即得血紅素，玆以簡單的化學式表示血紅素之形成，以助瞭解。

A.　2α- ketoglutaric acid＋glycine → pyrrole

B.　4 pyrrole → protoporphyrin Ⅲ

C.　protoporphyrin Ⅲ＋Fe → heme

D.　4 heme ＋ globin → hemoglobin

每一分子血紅素有四個原血紅素，故可以携帶四分子氧，而且血紅素與氧之作用是氧合而非氧化，對氧之離解及結合速度均快。

血紅素中之血球蛋白則係由兩條多肽（polypeptides）組成，例如正常成人之血紅素稱之爲血紅素 A，因其中之血球蛋白係由 α 鏈及 β 鏈組成，α 鏈含有 141 個胺基酸，β 鏈含有 146 個胺基酸，且每個胺基酸的順序都有一定，亦有2.5％的血紅素是屬於A₂的，蓋血球蛋白中的 β 鏈被 δ 鏈所取代，雖然 δ 鏈亦含有 146 個胺基酸，但其中有10個胺基酸與 β 鏈的不同。

正常胎兒的血紅素係血紅素 F，除 β 鏈被 γ 鏈取代之外，其他結構與血紅素 A 相像，γ 鏈亦含有 146 個胺基酸，但其中有37個不同於 β 鏈的胺基酸，胎兒出生後，胎兒血紅素即很快被成人血紅素取代，少數人亦可能終生具有血紅素 F，它的含氧量較成人血紅素稍大，此點有利於胎兒之呼吸。

由於突變的基因（mutant genes），使吾人之血紅素至少有84種以上之異常，此種異常係根據多肽鏈內之胺基酸順序而決定的，常見的有血紅素 C；E；I；J；S 等，例如血紅素 S，其 α 鏈正常，β 鏈異常，蓋其中的 146 個胺基酸有一個 glutaric acid 被 valine 所取代，見之於黑人，具有血紅素 S 之紅血球在氧分壓較低之環境下即容易結晶，在酸度增加或脫氧時則變爲鐮刀形，因極易破裂而溶血，而導致鐮刀狀紅血球貧血。

血紅素之生成除直接需要胺基酸與鐵質之外，尚需要一些觸媒如銅；鈷；鎳及 pyridoxine 等，以加速血紅素形成。（劉華茂）

血栓（Thrombus）

血栓乃是血液中原有的成份，在活體的血管中或心臟內所形成的一種固體狀態的物質，引起這種閉塞血管的演變過程（process），稱爲血栓形成（thrombosis），血栓的成份包括血小板；纖維蛋白；紅血球；白血球等，但以血小板及纖維蛋白最爲重要，血栓形成並不等於血液凝固，發生於生活個體，前者是以血小板之膠接開始，而血液凝固則以纖維蛋白析出爲主。

血栓形成的原因大概離不開下面三個條件：即最先因爲血流緩慢，使血小板及白血球容易分離到邊緣流，而與血管壁接觸，此時如果又遇上了血管壁發炎或者是受了損傷，血小板就會很容易地粘上血管壁，同時還伸出僞足（pseudopodia）飄動於血流中，一經粘上管壁，隨即一個一個地聯接起來，形成極小的血栓，假定此時血液又發生變化，纖維蛋白很容易被釋出的話，則血栓將逐漸加大，使血管狹窄或閉塞，發生許多的局部循環障礙，例如貧血；鬱血；水腫及栓塞等，最危險的則爲血栓斷離下來，隨血流運往身體其他重要器官，如塞住了肺動脈之主幹，立起呼吸困難，發紺而死亡，如阻住了腦部血管，輕則腦組織先貧血而後軟化壞死，嚴重者活命中樞受損，喪失生命。（劉華茂）

血液（Blood）

血液是一種鮮紅色而有黏滯性的液體，如離開身體後使之不凝固，置之試管內，則其中比較重的物質下沉，較輕者則浮在上面，仔細觀察，可分兩層，下層爲大量之紅血球及小量之白血球等，色紅而不透光，上層爲血漿，透明作淡黃色，因其中含有胆色素之故。

血液之主要功能爲運輸，能自肺泡微血管携帶氧至組織細胞中，並自後者攫取二氧化碳，將之運送至肺泡，血中之抗體及吞噬細胞，可抵禦病菌之侵襲，血中之緩衝物質，更可穩定體液的酸鹼度。

全血之比重爲 1.050～1.060，其黏滯性約等於生理鹽水之 2.2 倍，血漿滲透壓約爲 300Mosm/kg水，與 0.9％的食鹽水的滲透壓相同。

血液的化學性質是隨着生活與環境情形隨時隨地而有所不同，例如進食後則血中葡萄糖，脂肪和氨基酸濃度必增加，大量出血後血漿蛋白濃度亦將相對的減少，血液化學性質的個別差異祇能在一定範圍之內，因爲體內有種種調協與補償機構，可保持血液化學性質的穩定性。（劉華茂）

血液的緩衝系統（Buffer Systems in Blood）

血液是一種複雜的液體，由血漿和血球組成，其中至少含有六種具緩衝能力的物質。這些緩衝劑在血球和血漿裡的分佈量並不均勻，而它們在整個緩衝作用中所佔的百分比也不一樣，這可從下表中看到：

緩衝劑	在血液緩衝作用中所佔之百分比
血紅蛋白 (hemoglobin) 與氧合血紅蛋白 (oxyhemoglobin)	35
有機磷酸鹽 (organic phosphates)	3
無機磷酸鹽 (inorganic phosphates)	2
血漿蛋白質 (plasma proteins)	7
血漿重碳酸鹽 (plasma bicarbonate)	35
紅血球重碳酸鹽 (erythrocyte bicarbonate)	18
	100

　　爲了簡便起見，上述的緩衝劑可分爲二大類：一類稱重碳酸鹽系統 (bicarbonate system)，主要存於血漿中；另一類稱非重碳酸鹽系統 (non-bicarbonate system)，主要存於紅血球中。雖然紅血球內的 pH 較血球外略低，但由於紅血球的膜對重碳酸鹽系統的各分子的穿透並沒有大的阻力，所以血球和血漿的 pH 變化是直接相關的。整個的血液也可視爲一種均勻的混合液體。在生理情況下，如有強酸或強鹼進入血液，血液裡的每一種緩衝劑都將發生改變，而它們改變的總和，也就是血液的整個緩衝作用。一般言之，重碳酸鹽系統的緩衝能力約佔整個緩衝作用的55%左右，非重碳酸鹽系統約佔45%，而後一系統中又以血紅蛋白與氧合血紅蛋白所發揮的能力最大，約佔全體的35%。　（周先樂）

血液氣體 (Blood Gas)

　　氣體在血液中可成物理的溶解與化學的結合兩種狀態存在。氮氣僅溶解於血液中，氧及二氧化碳則兩種狀態皆有。血液氣體一般係指血液中之氧氣與二氧化碳。

　　氧張力 (oxygen tension) 即氧分壓 (partial pressure of oxygen) (P_{O_2})（單位爲mmHg）：

　　正常健康個體，在海平面呼吸於空氣時，動脈血之氧分壓 (partial pressure of arterial blood oxygen) (PaO_2) 約爲100mm Hg ；靜脈血之氧分壓 (partial pressure of venous blood oxygen) ($P\bar{v}O_2$) 約爲40 mm Hg 。體溫 (37°C) 時，氧在 100ml 血液中之溶解度爲 0.003 ml／1 mm Hg ，根據 Henry 定律，每100ml 動脈血中溶解之氧量當爲 $0.003 \times 100 = 0.3$ ml ，一般稱 0.3 vol% ，靜脈血中溶解之氧量約爲 0.12 vol% 。

　　結氧最大量 (oxygen capacity)（單位爲vol%）：

即每100ml 血液中紅色素與氧結合之最大量。故結氧最大量決定於個體血色素之濃度。在紅血球內之血色素 (hemoglobin) 與氧作下式之結合

$$Hb + O_2 \rightleftharpoons HbO_2$$

由上式計算，每1gm 之血色素與氧飽和時，約可結合氧 1.34 ml。設健康正常個體其血色素濃度爲15gm %，則此一個體之血液，其血色素最大結氧能力爲 $15 \times 13.4 = 20.1$ vol%。

　　氧含量 (oxygen content) (C_{O_2})；（單位爲vol%）：即每100ml 血液實際所含之氧量。正常個體在海平面於空氣中呼吸時，由於生理的轉流 (physiological shunt)（又稱靜脈血混流 venous admixture）之結果，血液氧含量恆小於血液結氧最大量。

　　氧飽和度 (oxygen saturation) (S_{O_2})；（單位爲%）：血色素與氧結合之飽和程度，可用下式 表示之：

$$血氧飽和度(\%) = \frac{氧含量 - 溶解氧量}{血液在氧分壓爲 150mmHg所含氧量 - 血液在氧分壓爲 150mm Hg 溶解氧量} \times 100$$

　　氧離解曲線 (oxygen dissociation curve)：

　　血色素之與氧起結合與氧分壓之高低有關，換言之，氧分壓之高低決定氧飽和度。氧分壓與飽和度之關係稱氧離解曲線。氧離解曲線爲一 状曲線，而非一直線。在血液酸鹼度爲 pH 7.4 時，動脈血氧分壓 (PaO_2) 爲 100 mmHg ， 其氧飽和度 (SaO_2) 爲97.5 % ；靜脈血氧分壓 ($P\bar{v}O_2$) 爲 40 mm Hg ，其氧飽和度 $S\bar{v}O_2$ ）爲 75 % ；氧飽和度爲 50 % 時，氧分壓爲26mm Hg ；氧飽和度爲100 % ，氧分壓爲 150 mm Hg 。在氧分壓爲 10 – 60 部份，氧離解曲線甚陡；氧分壓 70mm Hg 以後甚爲平坦。氧離解曲線亦受二氧化碳分壓之影響，二氧化碳分壓增高時，氧離解曲線向右移，此稱Bohr 效應。所謂氧離解曲線向右移，在氧分壓固定時，與氧飽和度降低同義。此外，血液之 pH 下降，溫度上升，均使氧離解曲線右移，在此種情況，均可使血液放出較多之氧。

　　二氧化碳張力 (CO$_2$ tension) 即二氧化碳分壓 (partial pressure of carbon dioxide) (P_{CO_2})：

　　正常健康個體，在海平面空氣中呼吸時，動脈血之二氧化碳分壓 ($PaCO_2$) 爲 40mm Hg ，靜脈血之二氧化碳分壓 ($P\bar{v}CO_2$) 約爲 46 mm Hg ，體溫 (37°C) 時，二氧化碳在血液中之溶解度爲 0.0301 mM/L/1mm Hg（ 1 mM/L = 2.226 vol%），根據 Henry 定律，每100

ml動脈血中溶解之二氧化碳量當爲 $0.0301 \times 40 = 1.2$ mM/L（約 2.7 vol%），靜脈血中溶解之二氧化碳爲 1.38 mM/L（約 3.1 vol%）。

二氧化碳含量（CO_2 content）或二氧化碳總量（total CO_2：C_{CO_2}）（單位爲 mM/L 或 vol%））：

即每 100 ml 血液實際所含二氧化碳之總量。動脈血中之二氧化碳約90%爲重碳酸根離子（bicarbonate ions）與血液酸鹼平衡有甚大關係，詳 Acid-Base。

二氧化碳解離曲線（CO_2 dissociation curve）：

解釋二氧化碳分壓與二氧化碳含量間關係之曲線。在生理範圍限度內，二氧化碳分壓與二氧化碳含量成直線關係。二氧化碳解離曲線受氧分壓之影響，當氧分壓增高時，二氧化碳含量降低，此一現象由 Christiansen, Douglas 及 Haldane 發現，一般稱 Haldane 效應。

血液氣體之運輸（transport of blood gas）：

氧氣之運輸藉溶解於血液中之水分（dissolved O_2）及與血色素結合（HbO_2）。溶解之氧與氧分壓之高低有關，與血色素結合之氧則視血色素之濃度大小而異。二氧化碳之運輸則藉溶解（dissolved CO_2），生成碳酸（H_2CO_3），形成重碳酸根離子（HCO_3^-），及與血色素生成碳氨基化合物（$NHHbCO_2$）。（姜壽德）

血液氣體張力 （Gas Tension in Blood or Blood Gas Tension）

與血液氣體分壓同義。若將血液暴露於某種氣體於某一分壓下相當長時間，例如將不含 CO_2 之血液暴露於 40 mm Hg CO_2，則 CO_2 分子將進入血液而溶解於血液中，直至兩者平衡爲止。此時血液中 CO_2 張力（或稱 CO_2 分壓）即與該一氣體中之 CO_2 分壓相等。此時 CO_2 分子係由血液面（與此一氣體接觸面）CO_2 分壓之作用進入血液，而血液中 CO_2 分子亦以相同之分壓圖逸出液面，進入氣態。倘將此一血液暴露於 46 mm Hg CO_2 之下，將有更多之 CO_2 分子進入血液；倘將此一血液置于 35 mm Hg CO_2 之下，則血液中之 CO_2 將逸出；倘置於同樣張力之 CO_2 中（40 mm Hg），則進入血液與逸出血液之 CO_2 分子數相同。兩種不同氣體可以同樣之張力（tension in mm Hg）溶解於血液中，但此兩種氣體溶解於血液中之量（dissolved in vol%）則視其溶解度之不同而異，例如在體溫時（37℃），100 ml 血液暴露於 40 mm Hg CO_2 之下，溶解於血液之 CO_2 爲 2.7 vol%，但暴露於同一分壓（40 mm Hg）之 O_2，血液中僅溶解 O_2 約 0.12 vol%。血液氣體之氧張力（PO_2）現多用 Clark's PO_2 electrode 測定，血液之 PCO_2 則多用 Severinghaus PCO_2 electrode 測定。（姜壽德）

血液凝固 （Blood Coagulation）

血液凝固乃是由於血漿內可溶性的纖維蛋白元轉變爲不能溶解的纖維蛋白，纖維蛋白形成之後，好像針形的細絲，織成一層一層的網狀構造，把所有的血球細胞都網落其中，使原來的血液變成疏鬆的血塊，堵住傷口，防止出血，後來血塊受到第十三凝血因子的作用，發生緊縮，同時也將其中的一部分血清壓擠出來，血液凝固發生於血管內者稱之爲內在路線的血液凝固，即當血液與血管內膜下的膠質絲接觸之後，血中本來不活潑的第十二凝血因子則因而活潑，後者又使第十一因子活潑，相繼使第八因子活潑後再使第十因子活潑，此時如遇上血小板中之脂質，血中之鈣及第五凝血因子，則使血中之凝血酶元變爲凝血酶，在凝血酶形成之後，則作用於纖維蛋白元而使之變爲纖維蛋白，開始形成疏鬆的血塊，進而變成緊密之血塊，血液自血管抽出之後，與玻璃容器相遇，或者是同膠質絲抑或長鏈的飽和脂肪酸相接觸之後，亦可使血中不活潑的第十二凝血因子變成活潑，血管壁及許多組織中有一種脂蛋白名組織凝血活素，如有第七因子作觸媒，它也可以直接使第十凝血因子活潑，此稱之爲外在路線的血液凝固，第十凝血因子活潑後，此後的步驟與內在路線的血液凝固完全一樣。

（劉華茂）

血液凝固因子 （Blood-Clotting Factors）

截至目前爲止，吾人已知血液凝固因子有下列各種，茲分述之：

1. factor I：即纖維蛋白元，佔血漿蛋白總量 7%，凝血素形成之後，則作用於纖維蛋白元，使之變爲纖維蛋白，構成疏鬆的血塊。

2. factor II：即凝血素酶元（prothrombin），遇上凝血活素之後，則轉變爲凝血酶。

3. factor III：即凝血活素（thromboplastin），又稱凝血素酶（prothrombinase）或組織凝血活素（tissue thromboplastin），乃一種磷脂質，如同時有凝血因子 V；VII；X；及鈣離子存在，則凝血活素可將凝血酶元轉變爲凝血酶。

4. factor IV：即鈣離子，凝血酶元變成凝血酶之過程中，必需有鈣質存在，才能進行。

5. factor V：即 proaccelerin，爲一種球蛋白，故

稱Ac-globulin，易被熱所破壞，又名labile factor。

6.factor Ⅶ：即proconvertin，又名serum pro-thrombin conversion accelerator簡稱SPCA，或稱autoprothrombin Ⅰ及stable factor，其形成需賴維他命K，他如血液凝固因子Ⅸ及Ⅹ與凝血酶元之生成也需要該種維他命。

7.factor Ⅷ：即抗血友病因子，蓋缺乏此種因子時，其人將出現血友病，亦可稱之爲抗血友病球蛋白（antihemophilic globulin）簡稱AHG。

8.factor Ⅸ：即christmas factor，又名plasma thromboplastin component（PTC），與凝血酶元性質相似，許多學者咸相信第七；第九；第十因子爲各種不同形式的凝血酶元。

9.factor Ⅹ：即Stuart-prower factor，凝血活素的產生以及凝血酶元之轉變爲凝血酶均賴之，第十因子不夠時則凝血活素生成受阻，凝血酶元時延長。

10.factor Ⅺ：即plasma thromboplastin antece-dent（PTA），在內在系統（intrinsic system）之血液凝固過程中，此等十一因子與十二因子可因與物表接觸而形成接觸致活質（ contact activation product），後者相繼使其他因子致活，而助血液凝固。

11.factor Ⅻ：即hageman factor，已如上述，尤以血液與玻璃接觸時，亦產生接觸致活質，從而致活其他因子而助血液凝固。

12.factor ⅩⅢ：即Fibrin-Stablizing factor（FSF），纖維蛋白元經凝血素酶作用後，最初變成纖維蛋白單體物（fibrin monomet） 復經第十三因子作用，該單體物即聚合爲較長的纖維蛋白絲（fibrin threads）。

（劉華茂）

血液黏滯性 （Blood Viscosity）

黏滯性可以想像爲流體間的內摩擦，因爲液體有黏滯性，故欲使一層流體滑過其他一層或於兩表面間有一層流體存在時，一表面要滑過其他一表面，皆必須施力。液體與氣體皆呈現有黏滯性，液體之黏滯性遠較氣體者爲甚，液體中容易流動者，如煤油，其黏滯性小；如蜜糖或甘油者，其黏滯性大。

黏滯性之單位爲力乘距離除以面積乘速度，在厘米克秒制中1達因-秒/厘米²，黏滯性爲1達因-秒/厘米²者，稱之爲一泊（poise），黏滯性較小者常以厘泊（10^{-2}泊）或微泊（10^{-6}泊）表之。

黏滯性係數（η），或簡稱黏滯性，溫度變更，對之

有顯著影響，當溫度增高時，氣體之黏滯性增加，液體者則降低。

全血之黏滯性通常約等於水之三至四倍，（已知水之黏滯性在20℃時爲1.005厘泊），但仍受下列諸因素之影響。

1.血球愈多，黏滯性愈高。
2.血漿球蛋白含量多，則黏滯性高。
3.血管愈小，則黏滯性愈低。
4.血流變慢時，則黏滯性增加。　（劉華茂）

血清膽固醇濃度（Serum Cholesterol Concentration）

血清中膽固醇之來源有二；一爲自腸道吸收者稱外源膽固醇；其二爲細胞形成稱內源膽固醇。

食物中的飽和脂肪和膽固醇含量增加時，可以增加血液中的濃度。而血中大部份的膽固醇，係經由肝臟形成膽酸而成膽鹽。小部份則爲多數固醇類激素之原料。如腎上腺皮質激素，助孕素，動情素及睪丸素等。

於甲狀腺素缺乏時，血中膽固醇濃度增加，過量甲狀腺激素亦能使之減少。其原因在於甲狀腺可以加強脂肪代謝作用。又胰島素及動情素亦知可以影響血中固醇之濃度。

動脈粥狀硬化常與血中高濃度的膽固醇有關，但其機轉尚不十分了解。　（萬家茂）

血流測定法（Measurement of Blood Flow）

有平均血流（mean flow）及脈搏流（ pulsatile flow ）之兩種方法。前者所用儀器有(1)浮子回轉血流計（rotameter）：其構造原理爲血流快慢引起不同程度之浮子上下動作，引起感應電流之變動。(2)體積描記法（ plethysmography）：整個器官（如腎臟或肝臟），甚至四肢之一部分放入體積描記裝置。將該部靜脈加壓塞住，但不妨動脈血液流進，而測量單位時間內被測部位之體積增加量，即可知其血流量。

脈搏流測定有：(1)電磁血流計（electromagnetic flow meter）一將血管嵌在電磁場內，當血液流過電磁場時，看其血液方向及速度；即產生相當之電流，可由血管壁誘導出入測其大小及方向，可知其血流量，(2)超音波血量計（ultrasound flowmeter）：將超音波發信裝置及受信裝置放在血管壁—段距離，即血流之快慢影響超音波之傳導速度，即可知血流速度。脈搏流之測定亦可知心縮時及心舒時之血流變化。（ 黃廷飛）

血球比容（Hematocrit）

　　血球比容即每 100 ml 血液中的血球容積，測定時自大靜脈中抽出血液，加入抗凝血劑後，置入溫氏定血球計或溫氏分血管（Wintrobe's hematocrit tube）中，於每分鐘轉動三千次之遠心沉澱器內離心三十分鐘，此時紅血球即沉於管之底部，其上爲一薄層的白血球，因其容量僅 1％，故在定血球容量時不予考慮，最上面之液體爲血漿，人類血液中之血球比容約爲42％，此表示 100 ml 之血液中有42ml 的血球，餘爲血漿，由於以下兩點原因，離心後之分血管讀數，需校正才認爲準確。

　　1.遠心沉澱器不能將血漿完全由血球間分出，雖在每分鐘三千轉之高速下離心半小時，在緊擠之血球間仍有 3～8％（平均約 4％）的血漿存在，故眞正的血球容積（H）僅爲溫氏分血管讀出數字（Hct）的96％，即 H = 0.96 Hct。

　　2.身體內血管系統的全部，血球與血漿之比容並不一致，即大靜脈內的血球較體內其他血管系統的血球要多，蓋血液在血管內流動時，血球常位於管之中央，即軸流（axial streaming），血漿則附於四周管壁流動，大血管之管壁面積與其管腔比率小，血漿量較少而不影響血球比容，但小血管之管壁面積與管腔體積比率甚大，致血漿與血球之比容加大，換言之，從大靜脈抽出來的血液所測出的血液比容（venous hematocrit），自不能代表體內的血球比容（body hematocrit 或 H_0），故亦需校正之，即 H_0 = 0.91 H = 0.91 × 0.96 Hct = 0.87 Hct。（劉華茂）

血酮過多症（Hyperketonemia）

　　脂肪代謝過程，會產生很多酮體（ketone bodies），包括乙醯乙酸，β- 羥丁酸及丙酮。其產生的場所，除肝臟外，腎臟亦會產生。肝臟以外的組織且可使酮體迅速氧化，產生能量，肝臟並無此能力，故在正常情況下，酮體量甚微，約 1.5～2.0 mg/100 ml。

　　如由禁食、飢餓而使醣的供應不足；或因缺乏胰島素，而引起糖尿病時，血糖利用欠佳，體內就加速利用脂肪，但氧化僅至乙醯基輔酶 A 爲止。此二碳化物聚合而產生多量之乙醯乙酸等酮體進入血液，當脂肪利用（生酮過程）超過非肝臟組織利用酮體產生能量的極限時，血液中之酮體就大量增加，是爲酮體過多症，過多的酮體會隨尿排出，此即酮尿（ketouria），整個血酮不

正常升高的過程叫生酮（ketosis）。

　　當酮體堆積過多，有二件事不可避免：第一這些均爲有機酸，會放出氫離子，利於釋出更多的二氧化碳，並降低 pH 值，刺激呼吸中樞的活動，使呼吸旣深又快，此即辜司膜呼吸型（kussmaul respiration），結果只能把過多的二氧化碳排出，而氫離子仍然剩餘很多，引起酸中毒；第二是上述之酮尿有鈉相伴流失，而使細胞外液，血液體積減少而使血壓降低。（萬家茂）

血塊緊縮（Clot Retraction）

　　小血管如遭遇某種原因而破裂，血液流出後常能自動凝固，通常在血塊形成後數分鐘即開始收縮，大約在三十分鐘到一個小時之內，血塊中的血漿已被擠出，此種被擠出來的血漿稱之爲血清（serum），因爲它已經不含有纖維蛋白元，同時還有好些血液凝固因子已經在血液凝固時被用掉，故此種血清已不可能再凝固矣。

　　血塊之緊縮，必需有大量的血小板存在，電子顯微照片顯示出血塊中的血小板，可將好些根纖維蛋白細絲粘在一起，構成網狀，此外血小板本身並含有甚多的腺苷三磷酸（adenosin Triphosphate），此物質可放出大量的能，用以聯接纖維蛋白細絲，並使該等被聯結的纖維蛋白絲發生摺疊，以縮短其長度，故隨即把其中的血清擠出來，血塊緊縮之後，則將已破裂之血管兩側相互拉近，使傷口變小，對止血之貢獻甚大。

　　血小板數目如在 20,000/mm^3 以下，不會出現血塊緊縮，血漿中之纖維蛋白元過濃或紅血球數目過多亦同樣影響到血塊緊縮，蓋貧血患者之血塊緊縮遠較紅血球增多症之血塊緊縮要明顯得多，換言之，血塊緊縮與血中纖維蛋白元含量及紅血球數目成反比的關係。（劉華茂）

血腦障壁（Blood-Brain Barrier）

　　腦毛細管壁之物質透過有高度選擇性。O_2，CO_2，H_2O，或葡萄糖較容易透過血腦障壁進入腦組織。但 H^+，Na^+，K^+，Mg^{++}，Cl^-，HCO_3^- 或 HPO_4^- 各離子透過性却較低，脂溶性物質易透過血腦障壁。因有血腦障壁才能限制血液內物質進入腦組織，以保持腦細胞環境穩定。腦毛細胞壁內皮細胞密接，少有空隙，並有基底膜存在，而其周圍又被星形細胞（astrocyte）包圍，爲其構造特色。

　　松果腺，垂體後葉，中間隆起（median eminence），最後區（area postrema），上視嶠（supraop-

tic crest），柱間結節（intracolumnar tubercle）
等部位之血腦障壁不發達。因此血液內之物質容易透過
進去上述各部位。最後區有化學受容性板機部位（che-
moceptor trigger zone），血液內物質容易透過此部
之毛細管而能誘發嘔吐（vomiting）。

　　上視經核（supraoptic nucleus）含有滲透壓受
容器（osmoreceptor），其刺激能引起ＡＤＨ之分泌。
中間隆起受血液內 hormone（如性腺激素或副腎皮質
內分泌物）之刺激，能引起垂體前葉之性腺激素（gon-
adotropin）及ＡＣＴＨ之分泌。

　　血腦障壁對藥物亦有高度選擇性。有些抗生物質如
penicillin，chlortetracycline 不易透過，但有些如
erythromycin 較易透過。當腦部放射線照射，或感染
，或腫瘤，引起血腦障壁損害即其透過性異常亢進。p^{32}
或其他螢光物質不易透過正常血腦障壁，却在腫瘤部位
即變為容易通過，因此對於腦部腫瘤診斷反而有助。（
黃廷飛）

血管運動神經（Vasomotor Nerves）

　　血管縮小神經纖維：此屬於交感神經腎上腺素性（
adrenergic）纖維，即釋放catecholamine 與血管壁
平滑肌α-受容器結合反應，而引起血管縮小之作用。
此作用由於α-阻滯劑對抗。

　　血管擴大神經纖維：此類分為四群,(1)交感神經膽
鹼性激素纖維釋放acetylcholine 引起血管擴大之作用
。此纖維分布於橫紋肌小血管，而在運動時使橫紋肌血
管擴大。(2)交感神經腎上腺素性纖維釋放catecholam-
ine 與血管平滑肌β-受容器結合後，引起血管擴大。
此作用由β-阻滯劑對抗。(3)屬於副交感神經纖維，釋
放acetylcholine ，引起血管擴大。此類纖維分布於頭
薦部之血管。(4)脊髓後根向心性纖維之逆向傳導（an-
tidromic conduction）之刺激能引起有關部位之血管
擴大作用。其衝動經路和軸突反射（axon reflex）有
關。（黃廷飛）

血管縮小及擴大物質（Vasoconstrictor and Vasodilator Substances）

　　直接作用於小血管壁平滑肌，能引起血管縮小或擴
大之生理物質，屬於前者有epinephrine，norepine-
phrine，serotonin（5-HT），angiotensin，
vasopressin，hypocapnia（碳酸過少）。後者有
acetylcholine，histamin，ATP，乳酸，hyperca-

pnia（碳酸過多），欠氧，bradykinin及prostagl-
andin。（黃廷飛）

血漿無伽偶球蛋白（Agammaglobulinemia）

　　一九五二年Bruton 氏首次報導血漿無伽瑪球蛋白
症，即血漿γ globulin 大量減少，甚至於沒有，血漿總
蛋白略低，白蛋白則稍增，α 及β 球蛋白或偶然增加，
可能是一種穩性性聯遺傳病（recessive sex-linked
inheritance），僅發生於男性，有此遺傳病患者，其血
漿伽瑪球蛋白僅 60 ～ 120mg％，但正常者為 600 ～
1200mg％ ，病人易患肺炎，引起續發性的支氣管擴
張，膿毒病，竇炎以及腦膜炎等，因為身體內缺乏所需
要的抗體，同時也缺乏同種凝集素，抵抗力非常的差，
一般所公認為製造抗體的漿細胞，在血液及骨髓中都不
容易找到。

　　血漿無伽瑪球蛋白症可分之為兩大類，其一類是胸
腺很明顯地退化，淋巴球顯著減少甚至於沒有，病人對
一般傳染病之抵抗力甚差，其他一類患者之症狀出現較
晚，且胸腺內的淋巴球數目並不減少。

　　大約有百分之三十的惡性淋巴瘤患者，可續發血漿
低伽瑪球蛋白症（hypogammaglobulinemia），蓋淋
巴組織被癌細胞所取代，而不能繼續產生伽瑪
球蛋白，故該一種血漿蛋白大量降低，甚至缺
乏。（劉華茂）

血漿無纖維蛋白元及纖維蛋白元過低（Afibrinogenemia and Hypofibrinogenemia）

　　血漿中缺乏纖維蛋白元是一種與生俱來的遺傳病，
比較少見，而血漿纖維蛋白元過低則有先天性及後天性
兩種：

　　1.先天性血漿無纖維蛋白元，近親結婚所生子女出
現較多，男女都可發生，因係不完全穩性或半顯性遺傳
，該等患者之父母早有纖維蛋白元過低症，具有該遺傳
病之小孩出生後臍帶將流血不止，作包皮環截術亦不易
止血，他如外傷，開刀，掉牙都可能引起大出血，鼻子
出血亦常見，但關節內從不出血，亦不會引起關節障礙
，此二點與血友病截然不同。

　　2.先天性血漿纖維蛋白元過低，血漿無纖維蛋白元
患者的父母可能有之，僅僅是纖維蛋白元濃度較低，並
無容易出血的現象。

　　3.後天性血漿纖維蛋白元缺乏，因纖維蛋白元主要

在肝臟中產生，如患有嚴重肝病，則不能製造纖維蛋白元，他如骨髓被白血病及腫瘍細胞所侵犯，眞性紅血球增多症，癌，結核，休克，燙傷以及輸血反應等都可以引起纖維蛋白元缺乏，又如胎盤早期剝離及肺部手術時，由於許多血栓之形成，大量用罄血漿中之纖維蛋白元，使血漿纖維蛋白元濃度大減。（劉華茂）

血漿蛋白（Plasma Protein）

血球細胞膜不讓蛋白質分子透過，故血球與血漿中所含的蛋白質不獨量不相同，而且質也不一樣，血球中所含者主要爲血球蛋白，存在於血紅素分子中，血漿中所含的蛋白質，其種類較多，如用電泳法將之分離，可分爲下列三種：

1.血漿白蛋白，分子比較小，約69,000，但總量甚多，佔血漿蛋白55％，爲血漿膠性滲透壓的最主要來源，血漿中有了足夠的膠性滲透壓，才可以保持其水的含量，使不透出到微血管之外，如血漿白蛋白減少，則引起組織水腫。

2.血漿球蛋白，佔血漿蛋白總量之38％，即 α_1 及 α_2 血漿球蛋白合佔13％，β_1 及 β_2 血漿球蛋白合佔14％，γ 血漿球蛋用則佔11％，此種血漿球蛋白因能產生抗體，故與免疫有關。

3.纖維蛋白元，僅佔血漿蛋白總量7％，當血液凝固時，血漿內此種可溶性的纖維蛋白元已轉變爲不能溶解的纖維蛋白。

血漿白蛋白及纖維蛋白元主要由肝臟產生，血漿球蛋白除可能由肝臟產生外，網狀內皮系之漿細胞也是伽瑪球蛋白來源之一，血漿蛋白缺乏時，身體其他部分的蛋白質可經過這些器官而轉變爲血漿蛋白，同時血漿蛋白也可作爲身體其他組織蛋白質的來源。（劉華茂）

血糖過多症（Hyperglycemia）

血糖過多症就是葡萄糖在血中的濃度過多，主要由於肝臟生糖作用增強及各組織對葡萄糖的利用降低，當血糖高過腎閾（renal threshold），即引起糖尿（glycosuria）及滲透性的利尿現象（osmotic diuresis）。細胞的電解質及水份也隨之流失，而使細胞失水。血漿體積減少。周邊循環所需血量不足。血壓降低。流經腎臟的血流也就不足，使腎機能受阻，酸性中毒更爲嚴重（可參看胰島素）。此時血糖濃度有高達1000 mg/100 ml血液　的現象。

其他引起血糖過多的原因尚有下列幾種情形：①受傷；②環境溫度過低；③以高糖量液體治療水腫而引起的副作；④胃切除手術後；⑤慢性尿毒症（因胰島素減少或體內總鉀量減少）；⑥頭部受傷，大腦皮質不正常及心肌梗塞；⑦藥物（stress，危急）——各種不同的藥物如菸草酸。⑧激素之利用於治療時；如皮質激素，甲狀腺素，生長激素亦能引起血糖過高。⑨胰臟內分泌細胞之產生瘤腫。⑩食用過多之蔗糖。⑪亦有某些種族具高血糖之現象，如美國的印地安人（Cherokee 及 Pima 族人）。（萬家茂）

血壓測定法（Measurement of Blood Pressure）

有直接及間接之兩法。

直接法—將血管露出，將含有heparine 鹽水之導管插入血管，測定其壓力。最簡單壓力計爲汞壓力計，但現在有各型包括抵抗型，容量型或感應型電氣壓力計可用。

間接法—人體動脈血壓測定可由聽診或觸診兩法施行。前者即將 12 cm寬度之橡皮帶固定於上膊，打氣入橡皮袋內，漸漸壓迫上膊動脈，完全壓住閉塞上膊動脈內血流後，又慢慢將橡皮袋內空氣放掉，同時在肘窩，聽診正肘動脈之血流聲音。當壓力減小至於血流進入正肘動脈時即可聽出血流聲音開始出現，那時之橡皮袋內壓力爲表示心縮力，然後繼著漸漸放氣而減小壓力，至於血流聲音改變而消失爲止，其壓力即爲心舒壓。觸診法儀器與聽診法相同，操作亦同樣，只以橈骨動脈脈搏之觸診代替正肘動脈之聽診而已。即將橡皮袋壓力升高，把上膊動脈完全壓住閉塞後，漸漸減低壓力至於橈骨動脈脈搏出現爲止，此時之壓力爲心縮壓。而觸診法只能測量心縮壓而已。

直接及間接法結果比較即前者所得之心縮壓爲低，而心舒壓却高10 mm Hg 左右。（黃廷飛）

肌肉（Muscle）

肌肉乃可興奮組織之一種，其細胞細長呈梭狀或柱狀，特點爲興奮時可以收縮。肌肉視分類方法不同有各種不同種類，如依組織學分，可分爲橫紋肌(striated muscle）與平滑肌（smooth muscle），前者因其纖維在普通光學顯微鏡下顯現黑白相間之橫紋而得名，平滑肌在普通顯微鏡下無橫紋。肌肉如依受意志控制之情形分，可分隨意肌（voluntary muscle）與不隨意肌（involuntary muscle）。依在體內分佈情形分，則橫紋肌又可分爲骨骼肌（skeletal muscle）與心肌（cardiac muscle），骨骼肌附著於骨骼，其功能爲使身體關節運動；心肌爲構成心臟的肌肉。同爲骨骼肌，又可依其動作快慢，分快肌與慢肌。此外肌肉尚可按其反應情形的不同，分爲多單元肌肉（multiunit muscle與合體細胞型肌肉（syncytial muscle），前者之反應，各肌肉細胞完全獨立，後者則因細胞與細胞間連繫密切，連接處離子移動之阻力不大，故一細胞興奮，其餘細胞亦隨之興奮。（盧信祥）

肌肉收縮的機械閾（Mechanical Threshold of Muscle Contraction）

在正常情形下，肌細胞收縮是由胞膜去極化引起，胞膜去極化可引起收縮，是因胞膜去極化後，細胞貯存鈣離子的結構將鈣離子釋出，引發導致收縮的各項化學反應。鈣離子釋出之量，大概與胞膜去極化的程度有關，故收縮張力之大小，亦因去極化的程度不同而異。骨骼肌通常於胞膜電位降至$-50mV$左右時張力始出現，這一引起最輕微收縮所須去極化到達的膜電位高度，稱肌肉收縮的機械閾。（盧信祥）

肌肉長度張力關係（Length-Tension Relation of Muscle）

肌肉長度張力關係，可分靜止肌肉長度與張力關係及肌肉長度與收縮張力之關係兩種，前者之張力指肌肉被牽拉時產生之被動張力，此被動張力與肌肉被拉長程度間的關係，並不遵從虎克定律（即長度增量與張力呈正比的關係），而大致如圖曲線甲所示。肌肉收縮張力乃指肌肉收縮時主動產生的張力，收縮張力與肌肉收縮前之長度有密切關係，肌肉在靜止長度（resting length）時，其等長收縮所產生之張力最大，長度大於此或小於此均產生較小之張力，或甚至不能產生張力，其情形大至如圖曲線乙。肌肉長度可影響收縮張力，部分原因在肌肉本身具有彈性，肌肉長度愈小，收縮產生之張力被彈性抵銷愈多，但最主要原因乃在肌肉未收縮前之長度可影響肌動蛋白（actin）與肌凝蛋白（myosin）兩種原纖維間的關係。肌肉在適當長度時，肌凝蛋白原纖維的每一橋（bridge）均與肌動蛋白原纖維相唧接，故收縮時可產生最大張力。肌肉被牽拉過度伸長時，部分肌凝蛋白原纖維的橋不能與肌動蛋白原纖維唧接，故收縮產生張力較小。肌肉若長度過短，則肌動蛋白原纖維不但與肌小節（sarcomere）中正常一側之肌凝蛋白原纖維的橋唧接，同時亦與相對一側的肌凝蛋白原纖維的橋唧接，故收縮張力因相互抵銷而變小。

人二頭肌等長收縮之長度張力關係曲線圖：圖中長度以收縮時完全不產生張力時爲 0，甲爲被動張力曲線；乙爲收縮主動張力曲線；丙爲實際測得收縮總張力曲線。（資料得自 Ruck & Patton：Physiology and Biophysics，19 th ed. p. 129 ）（盧信祥）

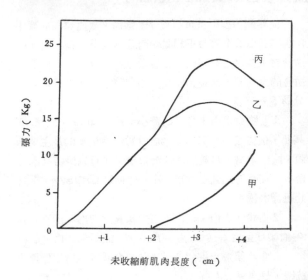

肌肉疲勞（Fatigue of Muscle）

肌肉疲勞是指肌肉纖維經過多次興奮收縮後，由於能量消耗與代謝產物如乳酸等積貯過多，以致收縮與舒張能力均降低的現象。疲勞後之肌肉，其收縮所生之張力減低，由開始收縮至收縮頂點所需之時間增長，舒張亦緩慢，在極度疲勞時，且有舒張不全的現象。上述疲勞現象出現時，胞膜電位可能無任何顯著異常變化。（盧信祥）

肌肉載荷─縮短速率關係（Load-Speed of Shortening Relation）

肌肉收縮時，其縮短的程度與縮短的速率，隨肌肉之載荷大小而異，在限度內，載荷量大，則縮短程度小，縮短速率慢；反之載荷小，則縮短程度大，縮短速率快，其關係有如下圖。

人右大胸肌收縮載荷與最大縮短速率關係曲線：收縮時肌肉之基本載荷爲 0.32kg，長度略超過靜止長度。（資料來自 Ralston，Inman，Strait，& Shaffrath，Am. J. Physiol. 86:312～319, 1928)（盧信祥）

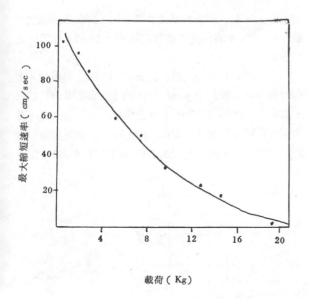

載荷（Kg）

肌肉緊張度（Muscle Tone）

肌肉對伸長的阻力即肌肉的緊張度與支配肌梭內肌纖維（intrafusal fiber）之gamma 傳出神經之活動性有密切關係。gamma 神經活動高時，肌肉緊張度亦高，反之gamma 傳出神經活動低時，肌肉緊張度亦低。（盧信祥）

肌肉靜止長度（Resting Length of Muscle）

所謂肌肉靜止長度，乃指骨骼肌在體內自然附著於骨骼時之長度，亦即一旦興奮收縮可以產生最大張力的長度，故靜止長度實與最適宜長度（optimal length）等長。在此長度時，肌肉實際已略被拉長而有相當被動張力，若此時將肌肉於與骨骼附著處切斷，則肌肉約縮短20％。（盧信祥）

色盲（Color Blindness）

正常人網膜之週圍部為比較的色盲，但少數人（男2～4％，女0.1％）網膜中心部亦對色感能力不全。色盲分為全色盲及部份色盲。

1.全色盲：完全無能力判別顏色。光譜全部看為無色，只能分別明暗或白黑，其光譜明度曲線不論在亮處或在暗處只有夜視明度曲線。原因為缺乏圓錐體色素。

2.部份色盲：有三型紅色盲（protanop），綠色盲（deuteranop）及藍色盲（tritanop）。

(a)紅色盲及綠色盲無法判別紅及綠而只能有黃及藍

之色覺。可視光譜中波長長之部份（紅，橙黃，黃，綠部份）均認為黃色而各部之差別只有亮暗之差而已。波長短之部份（青、藍部份）均認為藍色，黃與青之間（綠部份則約 490 mμ）部份並無色感只有白或灰色（無色帶）。無色帶之位置紅色盲與綠色盲有差，前者偏於短波長。光譜明度曲線兩者亦有差，紅色盲其最高偏于短波長，但綠色盲與正常人接近。紅色盲為缺乏紅黃質，綠色盲缺乏綠質所引起者。

(b)藍色盲：只有紅及綠之色感而無黃藍之色感。光譜中波長長之部份（紅，橙黃部份）之色感與正常人相同，但波長短之部份（綠至藍部份）均認為綠色，其無色帶在570mμ。此型甚少。缺乏藍質所引起者。

3.色弱：與正常人相同之色感但其色感較遲鈍，其刺激閾較正常人高，光線弱時，視角小時或時間短時未有正確判斷。色弱分為紅色弱 protanomalous 及綠色弱 deuteranomalous 。混色試驗結果與正常人不相同如要得一定之黃色、紅色弱紅色與綠色之比例需較多紅色，綠色弱需較多綠色。（彭明聰）

色指數 （Color Index）

所謂色指數，係用以指示紅血球的血紅素之量與正常量之比，亦即紅血球大小與其內血紅素飽合度之關係，但嬰兒及小孩之血紅素含量及紅血球數目時有變動，故色指數值實不可靠，可測定單一紅血球之平均體積與單一紅血球血紅素之平均濃度以確知紅血球之平均體積及紅血球內血紅素平均濃度。

色指數等於1時，表示紅血球內含有正常量之血紅素，如色指數等於0.5時，則表示紅血球僅含有正常量之一半血色素，蓋色指數之獲得，係以紅血球之百分數除以血紅素之百分數，即：

$$色指數 = \frac{血紅素之百分數}{紅血球之百分數}$$

正常血紅素含量被定為 14.5 克，即每 100 c.c.血液含 14.5 克之血紅素時為 100 ％，而紅血球之正常數被定為每 5 百萬/mm³ 時為 100 ％，簡言之，若以 2 乘紅血球數之首兩位數字即得紅血球之百分數，例如每 1 立方毫米血液含紅血球 250 萬時為正常之 50 ％，（即25×2），倘其人之血紅素為 40 ％，（即 100 ml. 血液含 5.8 克血紅素），即色指數當為 40/50 = 0.8，正常成人之色指數為 1 ，6 個月至15歲之小孩色指數略低

。（劉華茂）

色素細胞刺激素（Melanocyte Stimulating Hormone, MSH）

由腦下垂體所分泌，能控制魚類和兩生類皮膚色素細胞內色素的沉着，人的腦下垂體中葉亦能產生這種刺激素，對皮膚着色亦擔任一重要角色。

在兩生類與某些魚類，色素細胞內含有許多着色體（melanosome），曝光則色素體集中於核的周圍，使體色變淡，反之若處於黑暗，MSH 之分泌乃增加而使皮色變暗。此一現象亦見諸於爬蟲類，爲保護作用之一種。ACTH 亦有使皮色變深之功用，如阿廸生氏病之病患者。

從多種動物包括人所提出來的 MSH 並不盡同，使色素變暗最有效的是 α-MSH，由十三個氨基酸所組成，其排列次序與 ACTH 前十三個氨基酸完全一樣，故青蛙的 ACTH 具有 MSH 的作用，唯其活性僅後者的十三分之一，兹將各種動物的 MSH 與 ACTH 比較如下：

							ser	try	ser	met	glu	his	phe	arg	try	gly	lys	pro	val	gly	lys	lys	arg	arg	pro...
猪,羊,牛	ACTH: (Pig, sheep, beef)						1	2	3	4	5	6	7	8	9	10	11	12	13	14	15	16	17	18	19
猪,牛,馬	α-MSH: (Pig, beef, horse)	CH₃CO					ser	try	ser	met	glu	his	phe	arg	try	gly	lys	pro	val	NH₂					
							1	2	3	4	5	6	7	8	9	10,	11	12	13						
猪	β-MSH: (Pig)	asp	glu	gly	pro	tyr	lys	met	glu	his	phe	arg	try	gly	ser	pro	pro	lys	asp						
		1	2	3	4	5	6	7	8	9	10	11	12	13	14	15	16	17	18					
牛	β-MSH: (Beef)	asp	ser	gly	pro	tyr	lys	met	glu	his	phe	arg	try	gly	ser	pro	pro	lys	asp						
		1	2	3	4	5	6	7	8	9	10	11	12	13	14	15	16	17	18					
馬	β-MSH: (Horse)	asp	glu	gly	pro	tyr	lys	met	glu	his	phe	arg	try	gly	ser	pro	arg	lys	asp						
		1	2	3	4	5	6	7	8	9	10	11	12	13	14	15	16	17	18					
人	β-MSH: (Human)	ala	glu	lys	lys	asp	glu	gly	pro	tyr	arg	met	glu	his	phe	arg	try	gly	ser	pro	pro	lys	asp
		1	2	3	4	5	6	7	8	9	10	11	12	13	14	15	16	17	18	19	20	21	22

（萬家茂）

色素細胞刺激素抑止因子（或稱色素抑止因子）（Melanocyte Stimulating Hormone Release Inhibiting Factor, MSH-IF）

爲下視丘所分泌的一種因子，具抑制腦下垂體中葉分泌色素細胞刺激素的功能。其分泌亦有受制於松果腺之可能，即經由消黑素之分泌使然。（萬家茂）

舌下神經（Hypoglossal Nerve）

爲第十二對顱神經，從延髓前外側溝錐體與橄欖之間伸出，其起源細胞在延髓舌下核，支配舌肌之運動。（尹在信）

舌咽神經（Glossopharyngeal Nerve）

爲第九對顱神經，由延髓的後側溝上部伸出，包含下例纖維：一、起源於岩樣神經節（ganglion petrosum）的細胞，周圍枝分佈於咽頭和舌頭後三分之一，中樞枝終止於孤立束核（nucleus solitarius），功能爲一般感覺之傳遞。二、細胞也在岩樣神經節，周圍枝支配舌後三分之一的味蕾，中樞枝終止於孤立束核，功能爲味覺之傳遞。三、纖維起源於延髓下涎核（inferior salivatory nucleus），到達耳下神經節（otic ganglion），由此發出的節後纖維分佈於耳下腺，支配其分泌。四、纖維起源於延髓疑核（nucleus ambiguus），終止於莖咽肌，支配其運動。（尹在信）

多毛症（Hirsutism）

毛髮的多寡和分佈深受遺傳、種族、和內分泌素的影響。女性體毛過多稱之爲多毛症。多因爲男性素分泌過多所致，在女性卵巢、腎上腺皮質均分泌微量的男性素，如果腎上腺或卵巢因腫瘤而分泌男性素增加後，則引起多毛症，在面部、胸部、腹部及四肢可見類似男性的體毛，毛多而粗。多毛症患者血中睪丸酮濃度一般較正常婦女爲高。已生長的體毛在男性素分泌減少後仍維持相當久的時間而繼續生長。治療可用電解法去毛。（楊志剛）

多胜（Polypeptide）

由二個以上氨基酸（amino acid）連結成之胜（見胜 peptide）即稱之。（黃至誠）

吉布斯－道南二氏效應或吉布斯－道南二氏平衡（Gibbs-Donnan Effect or Gibbs-Donnan Equilibrium）

如果用具有選擇性的滲透膜將二種不同溶液分開。如膜一側的溶液中含有可擴散及不能通過滲透膜的物質，膜另一側的溶液中所含物質皆可通過滲透膜。經過一段時間以後，當膜二側溶液達到平衡時，膜二側可擴散的溶質濃度則不相等。有關這種現象的學理，首先由吉布斯氏提出，後經道南氏以實驗證明，所以稱這種現象為吉布斯－道南二氏效應或吉布斯－道南二氏平衡。生物體內，細胞膜將細胞外液與細胞內液分開，細胞內含有大量蛋白質分子，不能通過細胞膜；而細胞外液與細胞內液中的許多離子則可通過細胞膜，這種情形和上述現象相似。因此，在達到平衡以後，細胞內、外液中所含可擴散離子（diffusion ions）的濃度不同。今以鉀離子與氯離子為例，并以下圖解釋如下：

細胞內液（A）	細胞膜	細胞外液（B）
鉀離子（K^+）	‖	鉀離子（K^+）
氯離子（Cl^-）	‖	氯離子（Cl^-）
蛋白質（$Prot^-$）		

根據熱力學定理，要維持細胞膜內外鉀離子的不同濃度，$[K^+]_A$ 與 $[K^+]_B$，需要作之功為 $RT\ln\{([K^+]_A)/([K^+]_B)\}$。同樣，要維持氯離子不同濃度所需作之功為 $RT\ln\{([Cl^-]_B)/([Cl^-]_B)\}$。達到平衡時，二者之功相等，所以

$$RT\ln\frac{[K^+]_A}{[K^+]_B}=RT\ln\frac{[Cl^-]_B}{[Cl^-]_A}$$

$$\text{或}\quad\frac{[K^+]_A}{[K^+]_B}=\frac{[Cl^-]_B}{[Cl^-]_A}\quad\cdots\cdots\cdots(1)$$

簡化之，得 $[K^+]_A\times[Cl^-]_A=[K^+]_B\times[Cl^-]_B\cdots(2)$ 即細胞膜二側可擴散正負離子濃度的乘積相等。由於溶液中所含正負離子的總數必須相等，所以在 A 側

$$[K^+]_A=[Cl^-]_A+[Prot^-]_A,$$
$$\text{或}\quad[K^+]_A>[Cl^-]_A$$

在 B 側　$[K^+]_B=[Cl^-]_B$　以上式代入(2)得

$$[K^+]_A\times[Cl^-]_A=[K^+]_B\times[K^+]_B$$
$$=[Cl^-]_B\times[Cl^-]_B\cdots\cdots\cdots\cdots(3)$$

因為 $[K^+]_A>[Cl^-]_A$，所以 $[K^+]_A>[K^+]_B$，$[Cl^-]_A<[Cl^-]_B$ 即可擴散正離子在細胞內液中的濃度大於細胞外液中的濃度，可擴散負離子在細胞內液中的濃度則小於細胞內液中的濃度。這種因不能擴散的蛋白質分子存在所引起之細胞內、外可擴散離子分佈不均的現象，就是吉布斯－道南二氏效應或吉布斯－道南二氏平衡。（周先樂）

全血量或血液總量（Blood Volume）

人體內的血液包括兩個最大的部分，即血球與血漿是也。此二者之總量即全血量，其量約相當於吾人身體重量的百分之七點八，或者是十三分之一，也就是說在一個正常人體內，他所含有的血量是同他的身體重量成比例的，譬如一個五十公斤重的人，他的全身血量是三點九公斤或者是三點九公升，一個十三公斤重的小孩，其體內也應該有一公升或一公斤左右的血液，但在正常的生理狀況之下，全血量也會有少許差異，例如脂肪組織中的血液分佈量較少，所以肥胖者及女性之血量較少，年齡不同，血量亦異，新生兒之全血量較高，可能要超過體重的十三分之一，在兩歲至三歲期中一直漸低，俟後隨體重增加而增加，自青春期到成熟期一直都是增加，但在二十歲以後，以至於壽享耄耋，全血量並無明顯改變，姿勢改變，也可影響血量，自平臥到起立，三十分鐘內，血漿量可減少百分之十五，劇烈運動時，血漿量也會減少，全血量在夏天較多，冬天較少，但如在一天之內，由冷的環境進入溫室，血漿量可增加到百分之十五至百分之三十，半饑餓之人因貧血而紅血球減少，全血量降低，但血漿量則相對地增加，此外全血量可隨懷孕而增加，第九個月時達最高峯，此後至生產時會漸減。（劉華茂）

全或無率（All-or-None Law, All-or-Nothing Law）

指細胞對刺激的反應，只有興奮與不興奮之分，而無興奮程度之分。刺激過弱，細胞不興奮，刺激夠強，則細胞興奮，其興奮乃為在當時細胞本身及環境情況所允許的最大興奮。

全或無律通常僅適用於單一細胞的反應，但細胞群如細胞與細胞相接處對離子透過之阻力甚小，則每當一細胞興奮，其胞膜之去極化可自由蔓延至相鄰細胞，終至傳遍整個細胞群，如此，整個細胞群對刺激的反應亦遵從全或無律，此種細胞群通常稱之為功能性合體細胞（functional syncytium），心肌即為一典型的功能性合體細胞。（盧信祥）

有效清醒時限（Time of Useful Consciousness）

吾人進入高空，需要吸入純氧（參閱「於高空時氧之需要」），如停止吸氧，卽可失去知覺，陷入昏迷。自停止吸氧至開始失去知覺所需之時間，稱爲神志喪失時間（time to unconsciousness）。如仍繼續缺氧，極易導致死亡。如不以受檢者神志喪失爲準繩，而使受檢者在高空時寫字，此時如使其停止吸氧，受檢者遭受缺氧至某種程度時，則身體或精神衰頹（mental deterioration），致無法書寫。自停止吸氧至因衰頹開始而無法書寫所需之時間，稱爲有效淸醒時限。有效淸醒時限遠較神志喪失時間爲短，前者頗有應用救急之效。如飛行員在高空飛行時發現供氧裝置一時失靈，彼可利用其有效淸醒時限，在此短暫而寶貴的時限內將飛機急降至安全之高度（卽較低之高度）或作其他適當之處置，藉此挽救生命。有效淸醒時限之長短與飛行之高度成反比。如飛行之高度愈高，則此項時限愈短。

此外，有效淸醒時限，尚與飛行員當時是否安靜有關。卽使是中等度之操作（moderate activity）亦能使有效淸醒時限縮短。下表之數值，係由低壓室飛行（chamber flight）至某高度，然後使受檢者突然遭受缺氧後（卽使其停止吸氧）之測驗結果。

飛行高度與有效淸醒時限之關係

高　度	有　效　淸　醒　時　限	
（呎）	靜坐時停止吸氧	中等度操作時停止吸氧
22000	10 分鐘	5 分鐘
25000	3 分鐘	2 分鐘
28000	1½ 分鐘	1 分鐘
30000	1¼ 分鐘	¾ 分鐘
35000	¾ 分鐘	½ 分鐘
40000	30 秒	18 秒
65000	12 秒	12 秒

（方懷時）

有機物質的再吸收和分泌（Reabsorption and Secretion of Organic Substances）

腎小體濾過液是血漿的超濾過液，所含的物質在通過尿細管各段時有的被再吸收，有的還會有分泌，或有些物質既有再吸收，也有分泌，頗不一致，玆將物質分述於後：

①糖類，最主要的糖類物之葡萄糖，在生理狀況下，葡萄糖的 Tm 很高，所以腎淸除率是零，但是如果靜脈血的濃度超過了 180 毫克 / 100 毫升時，尿中卽有糖分出現，它在近球尿細管以主動運送方式完全再吸收，不會有分泌，它的再吸收可以用根皮苷（phlorhizin）遮斷，又當再吸收時，與木糖，半乳糖果糖會爭奪抑制，不過葡萄糖和吸收的搬運者（carrier）的親和力比木糖爲大，所以較易吸收。

②胺基酸：在人體胺基酸的腎除率是很低的（1～8 毫升 / 分）許多再吸收機構的特徵曾用動物（狗）試驗過，像對 glycine, arginine 和 lysine 再吸收較差，Tm 值很小，其餘的胺基酸可充分再吸收，以其生理上的濃度尚不致使其再吸收機構造達到飽和。同類胺基酸之間的再吸收也有爭奪抑制現象。左旋體再吸收較快。

③維生素丙，在尿細管內會主動運送再吸收，在人的最大運送率是每一百毫升的濾過液每分鐘可吸收1.77毫克，使用雌素二醇（estradiol），灌流食鹽溶液，飽和葡萄糖的再吸收機構，飽和 para-aminohippuric acid 的分泌機構，都會抑制其 Tm，作用的原因不明。

④尿素：這是體內蛋白質代謝的主要產物，在尿流量每分鐘 2 毫升者，尿素腎淸除率是70毫升/分，和腎小球濾過率相比，可以看出約有40％被再吸收，它的再吸收遵照被動運送方式。

⑤尿酸，是核蛋白代謝的產物，吾人每天排泄量約 0.5 - 0.8克 /日，淸除率是 6 - 12 毫升 /分，它的 Tm 很高，實際濾過液中90％的尿酸被再吸收。

⑥肌酸，是肌肉代謝的產物，在成年後會從尿中消失，血漿中此物質的濃度是 0.5 - 1 毫克 / 100 毫升，所以濾液中的肌酸通常全部再吸收。肌酸的再吸收：可因 glycine, alanine 的存在而遮斷，所以三者可能有相同的吸收機構。

⑦肌酸酐：爲肌酸的衍生物，除了腎小球濾過外，還有分泌，所以排泄量比濾過量大。不過 Tm 很小。

⑧乳酸，正常情形下完全吸收，每 100 毫升血中超過 60 毫克時，則排泄量與血漿中濃度成正比。

⑨氨：在尿細管上皮細胞內產生，主要從麩醯胺（glutamine）及其他胺基酸來，分泌到遠球尿細管管液中，以換回鈉、鉀，留在體內，同時對酸鹼平衡極爲重要。（畢萬邦）

收縮（Contraction）

收縮是肌肉纖維隨興奮而發生的一種短暫的長度變短現象。以骨骼肌爲例，肌肉收縮可分若干期，在眞正縮短之前，約當動作電位出現之時間，肌纖維之長度先作輕度伸長，是謂潛伏期舒張（latency relaxation）。

潛伏期舒張之後，纖維即開始縮短，是謂收縮（contraction）。由開始收縮至收縮頂點所須之時間，隨肌肉種類不同而異，以蛙腓腸肌爲例，此時間約爲35毫秒。收縮達頂點後，肌纖維長度重新回復正常，是謂舒張（relaxation）。舒張期之長短，亦隨肌肉種類不同而異，一般言，收縮迅速者，舒張亦速，收縮緩慢者，舒張亦慢。

　　肌纖維興奮之所以引起收縮，是由於胞膜去極化後，胞肉發生一連串化學反應，反應結果，肌內肌動蛋白（actin）與肌凝蛋白（myosin）兩種肌原纖維（myofibril）互相滑動，至使每一肌節（sarcomere）均縮短。肌原纖維滑動，需有鈣離子存在。通常肌纖維靜止時，胞肉鈣離子多貯存於肌漿網狀系統、肌膜以及其他細胞內結構，故胞漿內游離之鈣離子濃度甚低，一旦胞膜去極化，鈣離子即由貯存處釋出進入胞漿，胞漿鈣離子濃度達相當高度（約 10^{-6} M／L）時，肌原纖維即開始滑動收縮。收縮後，鈣離子重新被貯存機構收回，胞漿內鈣離子濃度再度降低，於是收縮停止，舒張開始。

　　肌肉收縮在外形上可分等長收縮（isometric contraction）與等張收縮（isotonic contraction）兩種。所謂等長收縮是指肌肉收縮時僅張力增高，而外表長度不變者；等張收縮則相反，收縮時，肌肉長度縮短，而張力不變。（盧信祥）

收縮綜合（Summation of Contraction）

　　見Tetany 解釋。（盧信祥）

交互凝集試驗（Cross Agglutination Test or Cross Matching）

　　輸血者與受血者的血型如經確定，在實行輸血前，還須將兩人的血清血球在載玻片上互相混合，直接測定是否有凝集現象，各曰交互凝集測驗，這不僅可防備測定血型時可能的錯誤，並可以觀察出偶然的不正常的凝集現象。

　　輸血時，輸血者與受血者最好爲同型，但如在非常迫切時，祇須輸血者的血球不被受血者血清所凝集即可應用，蓋輸入的血球完全在受血者血清作用之下，而輸入的血清，因被沖淡，可能沒有機會去凝集受血者的血球。O 型血球不爲任何血型之血清所凝集，過去曾稱之爲萬能輸血者（universal donor），AB 型血清不會使任何血球凝集，過去亦稱之爲萬能受血者（universal recipient）。

　　人類紅血球中，含有另一種或二種可遺傳的凝集原M或 N，對於法醫上的鑑定很有幫助，但這兩種凝集原在常人血清中並沒有相當的凝集素，所以對於輸血問題，不會發生凝集上的困擾，故在作交互凝集測驗時，也不會發生差錯，但經過注射之後，則可在兎子的血液中產生出與之相稱的凝集素。

　　此外，紅血球尚有 RH 因子，即 RH 陽性，用這種血液輸入無 RH 因子的人體中，即 RH 陰性，也會引起抗 RH 凝集素的產生。（劉華茂）

自由脂肪酸（Free Fatty Acid, FFA）

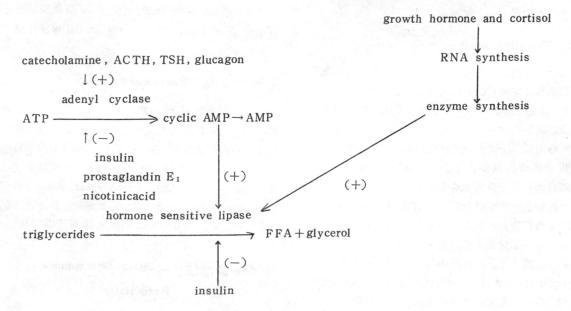

又稱非酯化脂肪酸（non-esterified fatty acid
簡寫 NEFA）。為由簡單而長之碳化氫鏈（long chain
hydrocarbon）所形成之有機酸。通常酯肪酸大部與甘
油（glycerol）酯化成三甘油脂（triglyceride 即 fat）
，燐脂（phospholipid）或膽固醇酯（cholesterol este
）。但少部份則並不酯化而只與白蛋白（albumin）結
合而自由存在於血液中，故稱自由脂肪酸。此酸在血漿
中含量極小（6-10 mg/ 100 ml）（597±124 MEq/
liter），但其在血中換新率（turnover rate）甚快。
每二至三分鐘血中半數 FFA 即換成新的。這表示身體
可大量利用它供給能量。在基礎代謝狀況下，全身所有
組織，尤其心臟，所消耗之能量約有一半來自 FFA 。
FFA 之主要來源為脂肪組織。脂肪細胞中三甘油脂由
荷爾蒙管制脂酶（hormone sensitive lipase）觸媒分
解成 FFA 及甘油。故荷爾蒙可管制此酶之活動力或製
造量來管制 FFA 之供應量。腎上腺素（catecholamine
）刺激腺嘌呤成環酶（adenyl cyclase）作用使三燐酸
腺苷酸（adenosine triphosphate 簡寫 ATP）分解成
環狀一燐酸腺苷酸（cyclic adenosine monophosphate
），由此再刺激脂質酶使三甘油脂分解。生長激素（
growth hormone）及腎上腺皮質素（cortisol）則可
促進醋栗糖核酸（ribonucleic acid 簡寫 RNA）之合成
而間接增加脂酶之製造而促進三甘油脂分解。胰島素（
insulin）則由相反之作用減少 FFA 在血中之量。胰島
素抑制脂酶或促進供應燐酸甘油（α- glycerophosphate
）而與 FFA 合成三甘油脂。這些管制 FFA 供應量之關
係可由上圖解釋之。（黃至誠）

行波 （Traveling Wave）

蝸牛殼基膜寬度在鐙骨部0. 04毫米，越到頂部越寬
而在頂部 0.5 毫米。Corti 氏器之質量在鐙骨部最硬，頂
部最柔，其硬度為鐙骨部之百分之一。鐙骨脚板之運動引
起基膜之波動而此波動由鐙骨部傳至頂部，此波在基膜
上移動時由基膜上述物理的性質其幅度漸漸增大達到最
大幅度後迅速的減少如上圖，聲音頻率愈高基膜振動
最大振幅處愈近鐙骨部而基膜靠近頂部無振動，頻率愈
低基膜振動最大振幅處愈靠近頂部如下圖。換言之基
膜靠近鐙骨部處對各種頻率聲音反應而振動，基膜靠近
頂部處對頻率高之聲音不反應，只對頻率低之聲音反應
而振動。基膜上 Corti 氏器內具有毛細胞，毛頂端由蓋
膜（tectorial membrane）覆蓋着，基膜向上運動時毛細胞
之毛彎曲產生發電電位然後產生聽神經之衝動。（彭明聰）

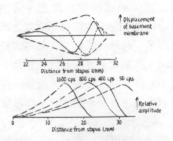

多核苷酸酶 （Polynucleotidase）

由十二指腸之 Brunner 氏腺及小腸之 Lieberkühn
氏腺所分泌，消化核酸（nucleic acid）或單核苷酸（
nucleotide）。（黃至誠）

尖峯電位 （Spike Potential）

細胞靜止時，胞膜呈極化狀態（polarization），
即細胞膜內外之間有電位差存在，胞內為負，胞外為正
，稱靜止膜電位（resting potential）。以神經肌肉細
胞為例，當細胞受刺激興奮時，細胞膜極化現象迅速消
失，或甚至變為膜內為正，膜外為負的另一極化現象。此
相反極化現象維持時間甚短，接着胞膜很快恢復原來的
極化狀態。這種胞膜興奮時之電位變化稱動作電位（
action potential）。動作電位由去極化至重極化所須
之時間長短，依細胞種類不同可由一毫秒至數百毫秒不
等，但大多數動作電位，其去極化及初期重極化均甚迅
速，在記錄上形成尖峯狀故稱尖峯電位。尖峯電位之產
生是由於細胞膜於興奮一瞬間對鈉離子的透過性突然增
高又迅速降低，使膜電位迅速接近又迅速離開鈉離子平
衡電位（ sodium equilibrium potential ）所致。
（盧信祥）

向量心電圖 （Vectorcardiogram）

心周期各間隔之P, QRS 及 T波之瞬時向量尖端之
軌跡所得之曲線，名謂向量心電圖。將 P波，QRS 波
及 T波各向量之環狀曲線（vector loop）投影於立體
三方面，即前額面（frontal plane），矢狀面（sagi-
ttal plane），及橫斷面（transverse plane）分析各
波 vector loop之形態能判斷心臟電氣的活動之情況是
否正常或病態，以助診斷，但尚未達到普遍應用之程
度。（黃廷飛）

耳蝸微音電位 （Cochlear Microphonic
　　　　　　　　Potential ）

由蝸牛殼可記錄與所傳來聲音同頻率之電位變化。此電位變化稱為耳蝸微音電位，其頻率可達 16,000cps 而無偏差。此電位變化無潛伏期，不受冷却、麻醉劑，局部缺血之影響，無不反應期，不是產生於神經組織，不傳導而以指數的衰減率(exponential decrement)傳至週圍。因此可知此電位變化並非聽神經之動作電位，而可能蝸牛殼 Corti 氏器毛細胞彎曲所產生 piezo-electric 效果之感受器電位。聲音刺激耳朵時亦產生有負位亦有正位之積聚電位(negative and positive summating potential)此為直流變化。微音電位重疊在積聚電位上。（彭明聰）

RH（因素）（RH Factor）

印度猴（rhesus）之紅血球含有一種凝集元 D，注入天竺鼠，則後者之血清中出現凝集素 D，故稱此凝集元為RH 因素。人類紅血球亦有此因素者稱之為RH 陽性，白種人據謂約 85 % 陽性，我國人則為 99 % 的陽性，RH 陰性的人雖無凝集元 D，但在注射有RH 因素之血球後，則在體內產生抗凝集素 D，目前認為至少有八種RH 抗元，每一種都叫做RH 因素，若以符號代之，分別是 rh；rh′；rh″；rh_y 及 Rh_o；Rh_1；Rh_2；R_z；前四者是 RH 陰性，後四種是RH 陽性，其中以 rh；Rh_1 及 Rh_2 較普遍，他五種則甚少見，抗RH 血清也有六種，分別為抗 Rh_o；抗 rh′；抗 rh″；抗 hr′；抗 hr″ 及抗 Hr_o 是也。

RH 因素亦可由RH 陽性父親遺傳給胎兒，如果母親為 RH 陰性，則可由胎兒的 RH 因素之刺激而產生抗RH 凝集素，一旦產生抗RH 凝集素，即可能發生下列兩種危險。

1. 母親體內因有抗RH 凝集素存在，如輸入 RH 陽性血液，則發生溶血作用，蓋RH 因素與抗RH 凝集素在試管內發生凝集作用，但在生體內則發生溶血。

2. 如母親體內的抗RH 凝集素經由胎盤到達胎兒血液，亦將發生溶血作用，嚴重者可在子宮內死亡，或導致新生兒溶血症；貧血；黃疸；水腫（hydrops fetalis）及核黃疸（kernicterus）（劉華茂）

尿的成分和性質（Composition and Properties of Urine）

吾人一晝夜的尿量約 1.5 升，比重在 1.018 —1.024 之間，在體內極端缺水或多水時，比重可能會在 1.003 — 1.040 之間；每分鐘尿的生成量是 0.5 — 20 毫升，尿的滲透壓濃度變動也很大，濃時可高達每升1400 mOsm，但尿崩症患者可低至每升 30 mOsm，24小時的尿量多達22升，這幾項生理特性完全隨人體當時的生理情況而定。尿量多則淡，量少則濃。

初排出之尿多為透明，淡黃色的液體，有時因含磷酸鹽或異常物（膿）時而顯得混濁，但放久了由於細菌及酸鹼鹽類的分解而變得混濁，這些混濁物多是由於粘液蛋白，白血球，及上皮細胞等的沈澱，尿新鮮時有芳香後來因為尿素被分解而有氨味。

正常的尿呈弱酸性，酸鹼度可能介於 4.5 — 8 之間

正常人 24 小時尿的成分

物　　　　質	重　　量（克）	尿中濃度與血漿中濃度之比
尿素（urea）	6.0 — 18.0 氮	60
肌酸酐（creatinine）	0.3 — 0.8 氮	70
氨（ammonia）	0.4 — 1.0 氮	—
尿酸（uric acid）	0.08 — 0.2 氮	20
鈉（sodium）	2.0 — 4.0（100-200 毫克當量）	0.8 — 1.5
鉀（potassium）	1.5 — 2.0（35-50.0 〃 ）	10.0 — 15.0
鈣（calcium）	0.1 — 0.3（2.5-7.5 〃 ）	—
鎂（magnesium）	0.1 — 0.2（8.0-16.0 〃 ）	—
氯（chloride）	4.0 — 8.0（100.0-250.0 〃 ）	0.8 — 2.0
碳酸氫鹽（bicarbonate）	（0.0-50.0 〃 ）	0.0 — 2.0
磷酸鹽（phosphate）	0.7 — 1.6 磷（2.0-50.0 毫克分子）	25.0
無機硫酸鹽（inorganic sulfate）	0.6 — 1.8 硫（40.0-120 毫克當量）	50.0
有機硫酸鹽（organic sulfate）	0.06 — 0.2 硫	—

，其酸度大小，受食物和飲用的液體影響極大，膳食中多肉類等高蛋白質者，有使尿酸度增加的傾向，若多食蔬菜，水果者，尿液酸度有減低的傾向。尿的各種成分列於上表。

其他尚含有微量的嘌呤鹼（purine bases）甲基化嘌呤（methyled purines）葡萄糖醛酸酯（gluc‐uronate）尿色素和尿膽色素（the pigments uro‐chrome and urobilin）馬尿酸（hippuric acid）及胺基酸（amino acids）

有些物質在腎功能異常時始出現，如腎病（neph‐rosis）時尿中有蛋白質，膽道阻塞時有膽色素及膽鹽，糖尿病患者有葡萄糖、丙酮、酮醋酸（aceto-acetic acid），乙位醇丁酸（β-hydroxybutyric acid）。

（畢萬邦）

尿素的清除率 (Urea Clearance)

尿素是血漿，尿中正常的成分，尿素的清除率大致說起來是和腎小球過濾率成正比，醫學上有以尿素清除率估計腎機能者。因爲尿素是體內生理物質所以不須另給試驗物質即可測量。

尿素的清除率（Cu 毫升／分）隨尿量（V 毫升）而改變，假如尿量很多，每分鐘超過 2 毫升，它的清除率是一個常值，與尿量無關。正常值是 75 毫升／分。

$$Cu = \frac{U_u \cdot V}{P_u}$$

正常尿量是每分鐘 1 毫升（尿量＜2 毫升者皆如是），這樣情形下尿素的清除率與尿量的平方根成正比

$$C_u = \frac{U\sqrt{V}}{p}$$

爲便於比較一個病人與另一病人尿素清除率作比較，隨意武斷的訂定尿量爲每分鐘 1 毫升者作標準尿素清除率（standard urea clearance）正常值是 54 毫升／分

（畢萬邦）

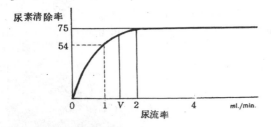

尿細管的再吸收 (Renal Tubular Reabsorption)

尿細管的再吸收是尿生成中的第二個步驟。

腎小球的濾過祇是一種"初成尿"。因爲腎小球的濾過液每分鐘 125 毫升，一天約有 180 公升，但是最後的尿量一天祇不過 1.5 公升左右，所以就尿量來說只佔了濾過液的 1％弱，另一方面從尿的成分來看亦有很大的差別，濾過液中有的成分在尿中消失了，有的成分的濃度却比濾過液大，這說明腎小球濾過液在通過尿細管時，量與質均有了重大的改變。其中之一就是尿細管有再吸收的能力。

尿細管的再吸收，可以從幾方面看出來，尿中的物質，除了肌酸酐外均比菊醣要少，亦就是說比濾過率所含的物質要少，最直接的證明是用顯微技術吸取並分析尿細管各段管液，發現濾過液中的葡萄糖，胺基酸到了近球尿細管中段時即已被完全再吸收，其他無機鹽類如鈉鉀，酸式碳酸根，及水等在通過近球尿細管時，濾過液中 $\frac{7}{8} - \frac{4}{5}$ 的含有物亦已被再吸收，因爲管液（lumen fluid）和血漿等滲透壓，所以認爲近球尿細管的再吸收是溶質和溶媒成比例一起吸收的。近球尿細管是再吸收的主要位置。

海氏彎節的降支沒有再吸收的能力，它的升支可以吸收 Na，但管壁對水分子的通透性很低，所以在遠球細尿管超首段內的液體是一種低張液。

遠球尿細管和集尿管可以吸收無機鹽類（主要是 Na）及水分子，這部分吸收水分的多或少全視血液中抗利尿激素的濃度而定。

尿細管對某物質（x）的再吸收量（T_x），在已知腎小球濾過量（F_x）和排泄量（E_x）時，便可以求出：$T_x = F_x - E_x$；因爲 $F_x = C_{iN} \times P_x$，$E_x = U_x \cdot V$ 所以 $T_x = C_{iN} \cdot P_x - U_x \cdot V$，$T_x$ 的單位是（毫克／分）

尿細管對各種物質的吸收能力（reabsorptive ca‐pacity）不一。有的完全再吸收，有的不完全再吸收。有的完全不吸收。視尿細管對該物質吸收的方式（mecha‐nism）而定。

就尿細管對物質再吸收的方式（mechanism）來分，有二種型式：

I.主動運送（active transport）凡將物質從尿細管管腔吸收到尿細管周圍的液體（peritubular fluid）內時要對抗電位差或化學物濃度差或兩者兼有的運送者，稱主動運送，管壁細胞進行物質運送中需要作"功"，消耗能量。主動運送又可分二型。

①單位時間內尿細管對物質所能吸收的量，有一個定值吸收量和濾過率無關，像葡萄糖的再吸收屬

於這一型，此種物質在濾過液中含量低於此值時，則被完全再吸收，若超過了這個限度，物質便排泄在尿中。

②物質的再吸收也是主動運送，但是在單位時間內再吸收量不限於一個定值，而是受管液與管上皮細胞相接觸時間內，管壁兩側這種物質的階差（gradient）的大小而定，如 Na 的再吸收便是這一型。

物質主動運送有幾個特點：①有些物質是經由同一個再吸收機構者，那末物質間的再吸收便有爭奪抑制的現象，例如：葡萄糖和木糖，半乳糖間的再吸收；有的物質它們再吸收的機構彼此不同，但步驟上可能爭奪某一共有的一步驟，那末彼此間的吸收也會有影響，例如葡萄糖和磷酸鹽間的再吸收。②有些物質被再吸收由另一種物質的分泌作交換（exchange mechanism）而完成的，例如吸收 Na 時同時有一個 H^+ 或 K^+ 分泌出來。吸收 Cl^- 時分泌相當的有機酸作交換。

Ⅱ被動運送：凡物質從尿細管管腔吸收到尿細管周圍的液體內是順著電位差距進行者稱之被動運送。物質由這樣的再吸收細胞無需消耗能量，祇是能量間接消耗在建立物質得以擴散的電化差，像水，Cl^-，尿素的再吸收屬這一型。（畢萬邦）

尿細管的分泌 （Tubular Secretion）

腎尿細管的分泌是尿生成中的第三個步驟。

腎尿細管的細胞有再吸收的能力，也有分泌的能力，本質上兩者是很相似的，所不同的是兩者方向相反。

尿細管有分泌的功能可以從幾點事實證明，尿細管細胞可以攝取培養液中的顏料而濃縮在管腔中，又血壓太低時，腎小球的過濾已停止，但染料仍有進入細尿管管腔的實例，又如腎小球濾過液中的 K^+ 在近球尿細管末段幾乎已完全被再吸收，但最後在尿中含 K^+ 尚多，尿中肌酐酸的含量超過它的腎小球濾過量。通常尿細管的分泌物，大都是外來物質（foreign substrate），在生理上除了調節尿液的酸鹼平衡外，其功效是不大的，排泄某些物質只要有腎小球過濾即足夠了。

腎尿細管對某物質(x)的分泌量(T_x)，若已知該物質之腎小體濾過量（F_x）和排洩量（E_x）即可按下式計算之：$T_x = E_x - F_x = U_x \cdot V - c_{iN} \cdot P_x$。

腎尿細管對各種物質分泌的能力不一。即或某一種物質亦非定值，常隨生理狀況而改變。如尿細管細胞常分泌 H^+ 或 K^+ 以換取 Na^+ 的吸收，當細胞酸度高，細胞內的 K^+ 濃度低時便分泌 H^+，若鉀鹽多時則 K^+ 分泌多使尿酸度減低，或因濾液帶着不能再吸收或再吸收不良的陰離子，如 $SO_4^=$ 等時，K^+ 分泌亦隨之增加。

腎尿細管的分泌方式和它的再吸收的方式一樣，也是二種型式，一種是主動運送，一種是被動運送。主動運送的方式亦有二型，一種是物質的分泌量有 T_m 的限制，但有 T_m 的分泌機構無論怎樣不像有 T_m 的再吸收機構那樣的多。幾種有機酸，如青黴素（penecillin）p-aminohippurate（PAH）等的分泌是屬於這一型的。另一型，物質分泌受當時管壁兩側物質階差影響，像分泌 H^+ 或 K^+ 以攜回 Na^+ 者屬之。這些主動運送的物質，彼此之間如果經由共同的機構分泌者，則也會有爭奪抑制的現象，如青黴素，PAH 的分泌可以使用 carinamide，probenecid 來抑制它們的排泄。以被動運送式分泌物質時，分泌物質只是順着電化位差來回擴散，例如一些弱鹼在使用氯化銨酸化尿時排洩量大增，而在灌流碳酸氫鈉時排洩量減少。（畢萬邦）

尿細管電位 （Transtubular Potential）

Solomon 氏在1957年，Giebisch 氏在1958年曾用極微細電極測定動物（鼠及蛙）尿細管管膜兩側的電位差，將電極插入管壁細胞時發現管壁細胞較尿細管周圍組織液的電位低，細胞內為負，這是 peritubular membrane potential。如將電極穿越管壁插入尿細管的管腔時，便記錄到尿細管電位，一般尿細管管腔較尿細管周圍組織液的電位低 20mV（毫伏特）。由這個事實可知尿細管對於鈉鹽的再吸收不單要對抗化學濃度差，同時亦對抗電位差而運送。而氯離子是順着電化位差而吸收的。

利用蛙蠑螈（necturus）腎研究的結果，用灌流法，提高尿細管周圍組織液（peritubular fluid）內鉀的濃度時，則管壁細胞靠組織液這一面的管膜（peritubular membrane）兩側的電位差從 −72 mV 減至 OmV；若以微細玻管灌流腎小球微血管，增加尿細管管液內鉀的濃度時，同時使尿細管周圍組織液中鉀的濃度不改變時，管壁細胞靠尿細管管腔這一面的管膜（luminal membrane）兩側的電位差從原有 −52 mV 減到 OmV。這說明管壁細胞的內膜（即 luminal membrane）和外膜（即 peritubular membrane）都很容易讓 K^+ 通透，所以管壁電位本質上都是 potassium diffusion potential，和神經、肌肉細胞的情形一樣，然而 peritubular membrane potential 和 luminal potential 都受其他離子擴散的影響尤其是鈉離子，而lu-minal membrane較peritubular membrane 受的影響較大，luminal membrane 的通透性較高，可說明所以會有 20 mV 的尿細管電位。（畢萬邦）

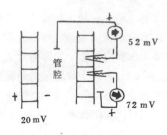

尿細管電位

尿崩病（Diabetes Insipidus）

尿崩病病人每日排泄大量稀淡的尿，因此有缺水現象。患者極度善渴（polydipsia）而多飲。主要病因為腦下腺後葉加壓素（vasopressin）分泌缺少。極少數患者的病因是在腎臟，即腦下腺加壓素分泌正常，但腎小管上皮細胞對加壓素的反應異常，此為遺傳性而不多見。患者之缺水現象包括皮膚乾燥，血漿的滲透壓較正常人為高等。

正常人飲大量水後腎臟的純水清除率（water cle-arance）增加，這時從靜脈注射菸鹼則能刺激加壓素分泌而減少純水清除率。尿崩症患者靜脈注入菸鹼後，純水清除率不減少，可推知加壓素分泌缺少。治療係長期性的給予加壓素製劑，其中人工合成的離氨酸加壓素（lysine vasopressin）製劑較好，滴於鼻腔而不易引起過敏性反應等副作用。（楊志剛）

男子乳房發育 （Gynecomastia）

男子乳房發育可約分為二型，如係由於腺管組織的增生則可能由於女性素分泌過多，或女性素在體內的代謝異常所致，如果係由於基質或纖維組織的增生則可能係因催乳激素分泌過多所致。慢性的肝臟疾病以及長期營養不良後突然改善營養亦可導致男子乳房發育，治療主要是用外科手術將增生組織切除之。（楊志剛）

男性化現象（Virilization）

成年女子有大量男性素分泌時，可見到肌肉增生，喉頭和陰蒂增大，以及體毛變多變粗、有鬍鬚出現等之症狀，謂之男性化現象。男性素的來源多為腎上腺或卵巢的腫瘤。患者月經停止或不規則。尿中排泄大量的第17位酮類固醇（17-ketosteroid）。

出生前的男性化現象則係由於缺少某種酶，使腎上腺皮質激素合成異常，致腦下腺分泌大量的促腎上腺皮質激素（ACTH），使腎上腺皮質增生，而分泌多量的男性素，作用在外部生殖器而成為假性半陰陽人，即體內性腺是卵巢而外部生殖器酷似男性。（楊志剛）

男性性機能減退（Hypogonadism in Male）

男性性機能減退通常是指睪丸內間質細胞分泌的男性素減少以及曲細精管製造精子的能力減退。如果機能減退的原因來自睪丸則稱為原發性的。如果男性性機能減退的原因來自睪丸以外，如下視丘的病變，腦下腺促性腺激素分泌減少等，則稱為繼發性的。原發性的男性性機能減退如曲細精管發育不全病（seminiferous tubule dysgenesis）患者有去勢現象，男子乳房發育，睪丸很小，曲細精管變性。男性素分泌減少而使腦下腺前葉分泌大量的促性腺激素，排泄於尿中。繼發性的男性功能減退如肥胖性生殖器退化（ adiposogenital dystrophy）則因下視丘受損，腦下腺不能分泌促性腺激素而使性機能減退。這種情況尿中測不出促性腺激素。（楊志剛）

男性素（Androgens）

凡具有使人體男性化的化合物屬之。由睪丸靜脈血中可分離出二種男性素，即睪丸酮（testosterone）及雄二酮（androstenedione）。腎上腺皮質也能分泌幾種不同的男性素，但正常情況下只有睪丸酮的分泌有重要性。男性素主要的功能在促進男性生殖器官的發育，及表現男性的第二性徵。此外男性素有促進氮化合物在體內的存留的作用，生肌造肉。男性素在肝臟內破壞後，由腎臟排出體外。（楊志剛）

男性腺機能過盛 （Hypergonadism in Male）

成年男子男性素如果分泌過多在身體構造和功能方面看不到任何顯著的變化，然而在兒童則有很顯著的變化，稱為性早熟。多因為間質細胞腫瘤，分泌大量的睪丸酮，使骨骼、肌肉快速生長，但因骨骺提早閉合結果身長較矮，性器官發育到成人狀，有陰毛和腋毛生長，音調變為深沉。其他第三腦室附近的腫瘤也可以引起男性腺機能過盛，尿中排泄的促性腺激素增加，稱為繼發

性的。（楊志剛）

抗不整脈藥劑之作用 （Action of Antiarrhythmic Agents）

各種抗不整脈藥劑作用方式各有特徵。quinidine 之作用能減小Purkinje 纖維之心舒期乏極之傾斜度，其乏極速度（rate of rise of action potential dV／dt），減小鈉離子內向電流（Na inward current），並延長其不反應期。ajmaline有類似作用。verapamil 即減少鈣內向電流（Ca inward current），但不影響鈉內向電流。並其心肌收縮力減弱作用（negative inotropic action)很强。procaine amide 對鈣內的電流並無大作用，但對鈉內向電流之抑制作用頗强，而對心肌收縮力作用小。adrenergic β-受容器阻滯劑之作用能阻滯交感神經傳達物質跟β-受容器結合，另外亦有非特殊性直接作用於心肌細胞膜，抑制其透過性。β-受容器阻滯劑特別對交感神經有關之不整脈有效，但對其他原因之不整脈，其效果不一定好。尤不能適於有徐脈或房室阻滯之不整脈。如上述各種抗不整脈藥劑有不同作用，應於愼重選擇以期著效。（黃廷飛）

抗甲狀腺藥劑或致甲狀腺腫素 （Antithyroid Agents or Goitrogen）

許多化學藥物能干擾甲狀腺激素合成的作用，雖然其方式不同，但皆能使血中甲狀腺激素減低，此等藥物皆稱之爲抗甲狀腺藥劑。因爲甲狀腺激素的減少，可以導致甲狀腺刺激素的增加，因而引起甲狀腺的過度增加。所以此類藥劑也叫致甲狀腺腫素。

雖然碘是生成甲狀腺激素不可或缺的元素，於其供應缺乏之時亦會引起甲狀腺腫，所以亦可包括在此類藥劑之中。

抗甲狀腺化合物(antithyroid compounds）具阻礙甲狀腺激素的合成，計有二類，其一爲硫尿素化物包括硫尿，硫尿嘧啶，丙基硫代二氧嘧啶；其二屬氨基苯環屬如磺胺劑，對胺苯酸、對胺水楊酸。其抑制作用在於激素的合成，碘的給予並不能抑制腺腫的出現，此乃因爲甲狀腺刺激素增加之故，可以甲狀腺素的供給而除消此現象。

硫氰酸鹽，過氯酸鹽等則作用在抑止甲狀腺對碘的攝取，若食物中含碘量增高則可除消甲狀腺腫。

植物性食物中如油菜種子，甘藍荣（洋白荣），和蕪菁中亦有抗甲狀腺物質存在。（萬家茂）

抗胰島素因子 （Anti-insulin）

爲與胰島素拮抗之物質，其一屬類蛋白(synalbumin)，可從正常人體血清中提鍊而出，如從糖尿病患者血清中製取時，則提取物質的拮抗作用更强。而摘除腦下垂體後，不論原爲正常或是糖尿病患者，血清中便不能提出這種抗胰島素的物質。若無腎上腺皮質激素，亦無類蛋白，但患心臟梗塞的病人，這種類蛋白的抗胰島素作用更强。

類蛋白的拮抗作用雖與其濃度成正比，但過量的胰島素並不能克服類蛋白的拮抗作用。最近又發現，所謂類蛋白因子，就是胰島素的β-鏈連在蛋白（albumin）的分子上，而且這種因子只能干擾胰島素對肌肉的作用，但對脂肪組織則否。

糖尿病患者，以牛的胰島素治療時，會引起抗體生成，一旦再注射，這種抗體卽與胰島素起免疫反應，使之失去作用，亦爲此種因子之一。其他激素，如生長激素，腎上腺皮質素等，亦有抗胰島素的性質。（萬家茂）

抗凝血機構（Anticlotting Mechanism）

在生活個體之內有防止血管內血液凝固的趨勢，例如可分泌下列各種物質以防止血液凝固，嗜鹼性顆粒白血球及肥大細胞含有肝素，能抑制凝血酶的作用而具抗凝血作用，正常個體內亦存有抗凝血酶（antithrombin)及抗凝血活素（antithromboplastin）阻止血液凝固，肝臟也可以移去某些在凝血時所需要的因子，使血液不能凝固，此外更有一纖維蛋白液化系統（fibrinolytic system），卽在正常人的血漿中，有一種優球蛋白，稱爲纖維蛋白溶酶原（plasminogen或profibrinolysin），經過組織致活素（tissue activator），及已活潑的第十二因子與凝血酶等致活之後，變爲纖維蛋白溶酶（plasmin 或 fibrinolysin），此物與胰蛋白酶相似，爲一分解蛋白質的酵素，除能消化纖維蛋白之外，尚可以消化纖維蛋白元；凝血酶元；第五；第八及第十二因子，故能防止血液凝固，此外尿中亦存有尿內致活素（urokinase），使纖維蛋白溶酶原致活之後，可阻止泌尿系中之血液凝固，當其未被腎臟分泌出來以前，也可以防止血管內之血液凝固，某些細菌例如鏈球菌也會釋出一種致活素，名爲鏈球菌致活素（streptokinase)使纖維蛋白溶酶原變成纖維蛋白溶酶，從而溶解已凝固的淋巴及已凝固的組織液，突破包圍，能在受損的組織內向四周擴張。（劉華茂）

吸收能量的 （Endergonic）

吸收利用另一化學反應所放出之能量而完成一化學反應。如聯繫反應（coupled reaction）中之氧化性加燐氧基作用（oxidative phosphorylation）即屬吸收能量的化學反應。（黃至誠）

克分子緩衝值（Molar Buffer Value）

克分子緩衝值是一克分子溶液的緩衝值，由 Van-Slyke 氏所倡用，即使一克分子溶液的 pH 值降低一單位所需加入酸的克分子數。任何弱酸或弱鹼，不論其結構如何，其分子每一獨立的游離基之最大緩衝值是 0.575 pH 單位。（周先樂）

克魯弗與甫西病徵（Klüver-Bucy Syndrome）

一九三七年 Klüver 與 Bucy 發現在猿猴經兩側顳葉切除以後產生奇特的行為改變。首先牠們變得溫馴和被動。如果一猴原來在一群裡居於領導地位，手術後便退居末位，成為捉挾和侮弄的對象。此外，牠們不知恐懼，對於原來害怕的生人，狗或蛇等不再逃避或啼叫；口部的行為增加，常吮吸手足或其他東西，同時食性改變，本來素食，現在可食肉和蛋類；性行為有顯著增加，不但對異性，而且對同性以及其他動物，甚至任何器具都作為性行為的對象。據後人實驗，只將兩側杏仁核（amygdala）的基底外側核（basolateral nuclei）破壞就足以造成上列症狀，但性慾過強（hypersexuality）的發生與覆在杏仁核表面的梨狀皮質（pyriform cortex）的破壞有關。（尹在信）

利用時間（Utilization Time）

見 strength-duration Curve 解釋。（盧信祥）

利尿（Diuresis）

在某種原因之下，單位時間內排泄的尿量增加稱做利尿。利尿現象有二種型式，一種是尿量增加祇是水的排泄量增加；另一種是尿量增加時，不僅是水量，同時溶質的排泄也增加。分述於後：

1. 水的利尿（water diuresis），當吾人飲用大量低張液後，因為細胞外液（extracellular fluid）的體積增加，它的滲透壓隨之降低，經迴饋機構（feedback mechanism）作用於滲透壓感受器，而後抑制抗利尿激素的釋放，以致於腎小體對水的吸收減少，尿量增加，這種方式的利尿，腎近球尿細管對水的再吸收功能仍然是正常的，只是遠球尿細管和集尿管對水不吸收而已，最大尿流量可達每分鐘15毫升。

2. 滲透性的利尿（osmotic diuresis），凡濾過腎小球後是不能被再吸收的物質或溶質的濾過量過多沒有被近球尿細管完全吸收，當濾過液體積減少時，它的濃度反而增加，產生相當的滲透壓，所以帶住一部份的水，使之留在尿細管內，結果進入海氏彎節的等滲液量增加，海氏彎節的升支對鈉鹽的主動運送吸收是有限度的，所以吸收的鈉鹽量不足以低滲髓質部高滲液為通過的等滲液所冲淡的程度，所以有比較多量的鹽分通過了彎節，因為髓質部各層滲透壓濃度差減低，所以在集尿管能夠吸收的水量減少，結果尿量增加。例如使用甘露醇或其他多醣類物質，這些都是在腎小球濾過後不再吸收的物質，便可利尿。其他體內本來有的物質，如果它的濾過量超過了尿細管再吸收的能力，也就能利尿，糖尿病患者即是。其他氯化鈉，尿素亦可利尿。這種方式的利尿和上述方式不同，這是由於減低了近球尿細管的再吸收的緣故，所以可以得到的尿量很大。（畢萬邦）

卵泡週期 （Ovarian Cycle）

出生時卵巢有很多的原始卵泡（primordial follicles），在青春期後每28天有很多卵泡生長，但只有一個最後成熟而排卵，月經第六天後，繼續生長的卵泡，中間形成卵泡腔，並充有卵泡液，將卵母細胞擠到卵泡一側而稱之曰葛拉夫卵泡（graafian follicle），卵泡膜的內膜細胞分泌女性素。卵泡的生長及女性素的分泌皆由卵泡成熟素促進之。月經第14天由於黃體生成激素的大量分泌，卵泡破裂而排卵，破裂的卵泡中充有血液謂之出血體，出血體之粒形細胞和膜細胞增生取代血塊成為含油質的黃體細胞。黃體細胞分泌女性素和助孕素。黃體的形成受黃體生長激素的管制。如果卵未受精，則黃體在月經第24天開始萎縮，代以結締組織而稱之曰白體。（楊志剛）

卵燐脂酶 （Lecithinase）

由十二指腸之 Brunner 氏腺及小腸之 Lieberkühn 氏腺所分泌，消化卵燐脂成甘油（glycerol）脂肪酸（fatty acid），燐酸（phosphoric acid）及膽素（choline）。（黃至誠）

局部反應（Local Response）

電生理學上、局部反應乃指由閾下刺激（sub-threshold stimulus）引起的胞膜電位變化。此變化因未能使膜電位降低致閾電位（threshold potential）的高度，故不足以導致動作電位的產生，是以不能傳導而僅限於局部。局部反應的大小，隨刺激強弱而異，故非"全或無"現象。（盧信祥）

局部血流調節（Local Regulation of Blood Flow）

有被動及自動調節。剛性管內液體流量隨着壓力有直線增加但如血管彈性管內之流量及壓力量不成直線關係。却壓力高時，流量增加較更大，結果流量跟壓力成為向上凹曲線關係。此因血壓增高時，放開之血管數目不但增加，同時血管口徑亦增加，即流量大為增加，如此調節名謂被動調節（passive regulation）。在皮膚血管及門脈系統此種調節較為明顯。自動調節（autoregulation）為血壓增至某限度後，其血流不能再有增加，却維持一定狀態之調節，此種自動調節方式在腎臟、腦、冠狀動脈、肝臟、小腸及橫紋肌血管明顯。（黃廷飛）

初經和停經（Menarche and Menopause）

女子平均到12歲有第一次月經，稱為初經。初經發生的年齡差異很大，從10歲到16歲。初經後的月經週期較不規則，並常有不排卵的週期。初經的引發可能由"下視丘開始成熟，較不容易受到女性素的抑制而分泌出釋放因子，使腦下腺分泌促性腺激素，刺激卵巢的卵泡成熟。

婦女到45歲至50歲之間，月經停止稱之為停經。此可能由於卵巢的老化對正常的促性腺激素失去了反應的能力，或卵巢的卵母細胞已經用罄，致卵巢的週期變化停止，卵巢萎縮不再分泌女性素。體內因缺少女性素而起皮膚血流量的不穩定，時而面部發紅發熱。性器官萎縮。腦下腺促性腺激素則大量分泌。（楊志剛）

初漿粒（Micelle）

由甚多分子集合成之小顆粒。脂肪在腸中消化成一甘油脂（monoglyceride）及脂肪酸（fatty acid）後即與膽鹽（bile salts）結合成可懸浮於水之微粒，即初漿粒，如此才易為腸粘膜吸收。（黃至誠）

呆小症（Cretinism）

呆小症之症狀最明顯的是發育障礙。以神經和骨骼為最。嬰兒於生後發育正常，其後若見四肢生長受阻，頭部畸形變大，前額短，眼瞼膨大，唇舌厚，出牙遲且不規則等現象即可能為此症。

其緣因為甲狀腺功能降低之故。此功能低降之緣因可能由於先天性缺乏激素合成所需的酵素，或由於甲狀腺發育不全而導致。若以甲狀腺乾燥劑，或甲狀腺激素於早期服用可望改正。（萬家茂）

杏仁體（Amygdala）

杏仁體是一對位於嗅腦（rhinencephalon，或稱limbic system）皮質下之神經灰質，位於顳叶之深處，豆狀核（lentiform nucleus）之腹部。

在低等動物，杏仁體主要功能是司嗅覺，在高等動物除司嗅覺外，杏仁體亦與身體其他部位之感覺神經相連，輕搔皮膚，刺激迷走神經或舌神經等均可引起杏仁體之神經細胞興奮。杏仁體亦接受由網狀組織（reticular formation），下視丘，大腦皮質等處之傳入纖維由杏仁體發出之傳出纖維則與下視丘、視丘、視前區（preoptic area）、基底神經節、及大腦皮質等連接，另一束則經由前連合與對側之杏仁體相連。

刺激杏仁體可引起多種反應：可影響肢體運動，呼吸，心跳，平滑肌運動，瞳孔縮舒，唾液分泌，激素分泌等。更重要者是可引起情緒及行為之變化，如注意，發怒，及恐懼，性慾增強，急不擇食等現象。

但切除或破壞兩側之杏仁體並不能造成上述因刺激所起反應之相反現象，這表示杏仁體並非直接控制上述各功能。杏仁體之功能很可能與正常情況下動物選擇何種行為方式有關。當其被破壞時，動物缺乏選擇正常行為之能力，以致產生暴怒，急不擇食，性慾增強等現象。（韓偉）

肝血流（Hepatic Blood Flow）

身體安靜時肝臟血流量大約80～120 ml/100 gm/min，即占心輸出量之1/4，其中4/5經過門脈，而1/5經過肝動脈，而灌流肝臟後由肝靜脈流出。肝動脈血壓約90 mmHg，門脈壓約13 mmHg，肝靜壓約3 mm Hg。肝靜脈阻滯即能引起腹水或腹部靜脈怒張。肝竇狀隙（sinusoid）之出入口，有括約肌存在，能引起間歇性血流，或調節肝血流量及其儲血量。特別狗之肝靜脈有顯著的括約肌，能調節肝靜脈流出量。肝臟有自主神經之支配。交感神經傳達物質刺激其血管α—受容器，引起肝血管收縮，若刺激其 β －受容器卽引起肝血管擴大。副交感神經對肝血管有擴大作用。

肝血流量測定法；注射一定量之色素（indocyanine green），在30分鐘內每5分鐘採集肝動脈血及肝靜脈血樣本，而分析其色素濃度，而依照 Fick 氏原理計算如下：

$$色素分布量 = \frac{色素注射量（mg）}{零時色素濃度（mg/ml）} \quad\cdots\cdots\cdots\cdots(1)$$

$$色素消失傾斜度 = \frac{\log_e c_1 - \log_e c_2}{t_2 - t_1} \quad\cdots\cdots\cdots\cdots(2)$$
$$（l/min）$$

c_1, c_2：在 t_1 及 t_2 之動脈血素濃度。

t_1, t_2：時間（分）

C_1（血漿廓淸）$=$ 色素分布量×色素消失傾斜度$\cdots$(3)
$\qquad\qquad\qquad = (1)式\times(2)式$

$$E_1（色素抽出率） = \frac{Aconc - Vconc}{Aconc} \quad\cdots\cdots\cdots\cdots(4)$$

Aconc：動脈血色素濃度。

Vcone：靜脈血色素濃度。

$$HBF（肝血流量） = \frac{C_1}{E_1} \times \frac{1}{1-Hct} \quad\cdots\cdots\cdots\cdots(5)$$

Hct：血球比。

（黃廷飛）

助孕素（Progesterone）

主要由黃體分泌，女子懷孕後胎盤也能分泌大量的助孕素。腎上腺皮質和睪丸亦含有微量之助孕素。助孕素作用於子宮內膜使其分泌增加，作用於乳房使乳腺增生。助孕素爲維持姙娠所必需，缺之則流產，助孕素作用於子宮平滑肌肉。使其對催產素之作用不靈敏，此外助孕素有增加體溫的作用。它能抑制腦下腺分泌黃體生成激素。
（楊志剛）

亨利－特勞貝氏波及梅爾氏波（Henry-Traube's Wave and Meyer's Wave）

特別在欠氧情況下，實驗動物特別在狗之血壓可有明顯的周期性波動。此類血壓變動可分兩型。Henry-Traube 波爲血壓隨着呼吸之動作，有顯著的規則波動。卽吸氣時血壓稍升，而呼氣時血壓的下降，此血壓波動原因爲延腦之心臟血管中樞與呼吸中樞互相影響而引起中樞性干擾。梅爾波有血壓很慢之周期性波動，而與呼吸動作無關。常在 morphine 中毒或出血時出現。此波發生之原因可能是化學受容器（ chemoreceptor reflex）所引起的。卽當出血後有血壓下降時，化學受容器之血液供給欠小而受欠氧之刺激，結果引起血壓上升之反射反應。當血壓上升後，化學受容器之血液供給增加，其結果欠氧刺激消失，導致血壓又下降，如此反復而產生血壓之波動。若將頸動脈竇神經及減壓神經切斷卽梅爾波會消失。 （黃廷飛）

伸長反射（Stretch Reflex）

肌肉受外力的牽引而發生收縮，稱爲伸長反射。當肌肉被動伸展之時，其中的接受器——肌梭（muscle spindle）也受到牽拉，使分佈於梭內肌（intrafusal muscle）的感覺神經末梢發生興奮。脈衝傳入中樞神經，作用於運動神經原，再以運動纖維支配肌細胞而發生收縮。伸長反射是體內唯一的單聯會反射（monosynaptic reflex），在反射中只包含一個由感覺神經原到運動神經原的聯會（synapse）。

起源於脊髓前角支配肌細胞的是 α 運動神經原。另有支配梭內肌的 γ 運動神經原，不屬伸長反射的反射弧，而接受高級中樞的控制和皮膚傳入神經的影響。其主要功能爲管制梭內肌的緊張性，使增加對伸長的敏感性，並由反射而維持肌肉的張度。

臨床上的膝跳（knee jerk）和其他腱反射都是伸長反射。 （尹在信）

吞嚥（Swallowing）

吞嚥是一種複雜的反射動作。它使食團從口腔進入胃內。Cannon 氏最早曾以 X 射線觀察動物之吞嚥動作。此種方法是給動物服用一種 X 射線所不能透過的物質（例如硫酸鋇，服用時可與牛乳或其他食物混合），利用 X 射線透視或攝影，藉此觀察吞嚥動作。此法亦可用於觀察其他消化道的運動。

根據食團在吞嚥時所經過的部位，卽口腔，咽與食道，可將吞嚥動作分爲下列三期。

第一期，由口腔到咽：此時閉嘴，舌尖上舉，將食團推向軟腭後方而至咽部。舌的運動對於實現第一期的吞嚥動作十分重要，如果將舌尖伸至口外，則不能引起吞嚥動作。

第二期，由咽到食道上端：由於食團刺激了軟腭的感受器，引起了一系列的反射性動作，結果使軟腭上升，咽後壁向前突出，封閉鼻咽通路，喉頭升高並向前緊貼會厭，封閉咽與氣管的通路，呼吸暫時停止，由於喉頭上移，食道上口張開，食團遂自咽擠入食道。在第二期內，食團由咽進入食道上端，進行甚快，通常費時僅約0.1秒。

第三期，由食道上端至胃：此乃胃食道肌肉的順序收縮而完成。食道靠近咽的1/3段之肌肉層係由橫紋肌組成，中段由橫紋肌與平滑肌混合組成，近胃的1/3段則由平滑肌組成。食道肌肉之順序收縮係一種蠕動。蠕動是一種向前推進的波形運動。前面有舒張波，後面緊隨有收縮波，亦即食團前面（即食道向胃之部份）的是舒張波，食團後面者是收縮波，因此食團遂被收縮波所推送而沿食道下行，通過賁門而至胃內。

從吞嚥開始至食物到達賁門，固體食物約需6～8秒之久，通常不超過15秒，流體食物僅需3～4秒。
（方懷時）

身體危急與腎皮質激素 （Stress and Corticoids）

危急的種類很多，如①創傷，如燙傷、燒傷；②嚴寒，③酷熱；④過量注射正腎上腺素（norepinephrine）或其他類交感神經興奮劑；⑤外科手術；⑥注射壞死毒素；⑦綑綁；⑧任何使身體虛弱的疾病；⑨情緒激動均屬之。

人或動物受到危急時腎上腺皮質將增加皮質激素之分泌，達平時的4～5倍，使身體能夠加強碳水化合物及蛋白之代謝，以修復受傷的組織，適應於這種突然的急變，而得以生存；又如流血過多，則皮質將分泌大量的醛固酮，增加腎臟對鹽類與水分的再吸收。　（萬家茂）

呼吸 （Respiration）

動物與植物吸取氧及排泄二氧化碳之作用謂之。

生活之細胞，須要將所攝取食物中含能物質，轉變為功或熱，以表現細胞之固有功能。一般細胞係將食物中含碳物質氧化以發放各種能。含碳物質氧化時須要氧，氧化後則產生二氧化碳。

在單細胞生物，氧可以直接自環境瀰散入細胞，二氧化碳亦可以直接瀰散出細胞。但在多細胞生物，簡單之瀰散作用，勢必不足應付需要，須由特殊器官以司其事。又氧氣係由血液運至浸浴於細胞周圍之組織液，因氧在水份及血漿中溶解度甚低，故須有特殊之物質（如血紅素）與之疏鬆結合作為運輸之工具。二氧化碳之運動則較氧稍為複雜。

哺乳動物之呼吸包括：(1)肺呼吸（pulmonary respiration）或外呼吸（external respiration）即氧與二氧化碳在肺泡與肺泡壁毛細血管之交換，由呼吸肌之動作使肺泡內氣體時時換新，而呼吸肌之動作則由神經及化學液遞管制。(2)氣體運輸（gas transport）卽氧及二氧化碳之運輸，係由血液輸送。(3)組織呼吸（tissue respiration）或內呼吸（internal respiration）卽氧與二氧化碳在組織細胞與組織毛細血管內血液行交換。

呼吸之各種作用相互連繫，且與身體其他功能如血液循環、神經系統及體內酸鹼調節均有密切關係。
（姜壽德）

呼吸之機械學 （Mechanics of Breathing）

一般言之，氣體係由壓力高處流向壓力低處：若肺泡內氣體壓力與大氣壓相等，將無氣體流動，換言之，將無吸氣或呼氣產生；肺泡內氣體壓力小於大氣壓力時，發生吸氣；肺泡內氣體壓力大於氣體壓力時，發生呼氣。有兩種方法可以使肺泡氣發生壓力差而產生吸氣：一種稱負壓呼吸（negative pressure breathing），卽普通之自然呼吸，係降低肺泡內氣體壓力，在肺泡內氣壓低於大氣壓時，卽發生吸氣；一種稱正壓呼吸（positive pressure breathing），一般呼吸器卽用此等原理，增加大氣壓，使大氣壓高於正常及大於安靜時之肺泡內氣體壓力，將氣體自外壓入肺內。人類之正常呼吸，係負壓呼吸。吸氣肌之收縮，擴大胸廓，減低胸腔內壓力或胸膜腔內壓力（正常恒低於大氣壓），此種壓力改變作用於肺之表面，使肺泡、肺泡管及小支氣管擴大，因之其中之氣體壓力降低，外界之大氣於是得以流入肺內而產生吸氣。吸氣時吸氣肌之動作須足以克服(1)肺及胸壁之彈性阻力，(2)移動肺、胸壁及腹腔內臟時所受之阻力，(3)氣體在氣管內流動時因磨擦所生之阻力。正常安靜呼氣之產生，主要係由於吸氣肌動作停止時肺及胸壁之彈性回位力量，換言之安靜呼氣之產生係由於吸氣時貯於彈性組織內潛能之釋放。

呼吸肌（respiratory muscles）：

胸膜腔內壓力之改變，主要係由於呼吸肌之作用。而呼吸肌中最主要者為下列諸肌肉：

膈肌或稱橫膈膜（diaphragm）：

膈肌為一吸氣肌，當其收縮時，其彎曲部份稍下降。膈肌用腹腔內臟作支點升高肋骨，並以肋骨作支點藉收縮以使腹腔內臟向下移動。故膈肌之收縮，由於穹窿部下降，增加胸腔之上下徑；下部肋骨之移位，則增加胸腔之左右徑。

安靜呼吸時，膈肌穹窿部上下移動約 1～1.5 cm。用力呼吸時，其穹窿部上下移動約達 6～10 cm。用力呼氣時，膈肌向胸腔內移動；用力吸氣時，膈肌下降，穹窿亦較平坦。

每次吸氣時，膈肌下降，向下壓迫腹腔內臟，結果腹壁即向前移動。當膈肌麻痺時，腹壁移動亦隨之靜止。

肋間肌（intercostal muscles）：

外肋間肌以上一肋骨之下緣爲起點，肌纖維由上後斜向下外。收縮時使肋骨前端上舉，使胸腔之前後徑增大。同時，因肋骨扁平，且由上內方斜向外下方，當肋骨前端高舉時，胸腔之左右徑亦加大。內肋間肌纖維方向與外肋間肌相反，其作用使肋骨相互移近，並使之下降。故外肋間肌之收縮與吸氣有關，而內肋間肌則與呼氣有關。

腹肌（abdominal muscles）：

腹壁之肌肉收縮時有兩種影響：(1)降低下部肋骨，壓迫腹腔內臟，(2)增加腹內壓力，移膈肌向上。

在直立位置，腹肌之繼續收縮，可用以維持姿態及支持腹腔內臟。在用力呼吸時，腹肌在吸氣時弛緩，呼氣時收縮。腹肌收縮之重要性在能增加腹內壓，尤以咳嗽、排便及嘔吐時更屬重要。

其他呼吸肌：

如斜角肌（scalene muscle）可以升高第一及第二肋骨，胸鎖乳突肌（sterno-cleido-mastoid muscles）可以使胸骨上舉，皆爲吸氣肌、在用力吸氣時，其作用甚著。其他呼吸輔助肌，其收縮雖不能增大胸腔，但可減低呼吸氣流阻力者有下頜舌骨肌、二腹肌、鼻翼肌、喉頭肌肉、舌肌，頸後部肌肉等。

最大呼吸力量（maximal respiratory forces）

肌肉所能產生最大力量，在相當限度內，與肌肉之伸長度有關。因之吸氣肌與呼氣肌所能產生最大吸氣與最大呼氣力量決定於胸腔容積，而胸腔容積之大小則決定於肌肉之伸長度。理論上最大吸氣及最大呼氣時肺內之壓力可用以測定呼吸肌是否健常。最大呼氣及吸氣壓力可以水銀檢壓計連接於一側鼻孔，而將他側鼻孔堵塞，閉口作用力吸氣或呼氣時測出。所得結果如下圖：

下圖示最大呼吸力量與肺容積之關係，縱座標之肺容積係以肺活量之百分數表示，橫座標則爲肺內壓，正負壓力係以大氣壓作標準，零爲與大氣壓相等之壓力。

由圖可知，在用力吸氣後，最大呼氣壓力約能增加肺內壓至 100 mmHg。然因呼氣肌用力，肺內壓增加結

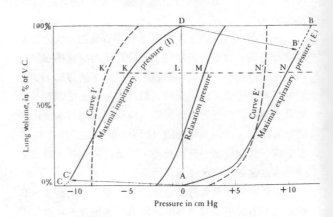

果，使肺內氣體壓縮，故圖中最大肺內壓與容積之關係非爲B點而爲 B′點。當胸廓因用力呼氣而減至最小之容積時（圖中之A），此時容積及呼氣壓力均爲零。在B′與A之間之曲線（E），爲肺容積與最大呼氣壓力間之關係，稱最大呼氣壓力曲線（maximal expiratory pressure curve）。

若在用力呼氣至肺餘容積時，再用力吸氣，此時肺內氣體壓力較大氣壓力低 100 mmHg（負壓），即肺餘容積時之最大吸氣壓力，由於此一最大吸氣壓力，使在密閉下之肺容積增大，此時代表肺餘容積之點爲C′而非C。在用力吸氣至不能再吸，此時最大吸氣壓力顯然爲零，相當於圖中之D點。曲線I代表肺容積與最大吸氣壓力之關係，稱最大吸氣壓力曲線（maximal inspiratory pressure curve）。

圖中鬆弛壓力曲線（relaxation pressure curve）爲吸氣或呼氣至一定之肺容積時，被實驗者放鬆呼吸肌肉收縮力量（呼吸肌肉鬆弛），在與鼻相連之檢壓計所查得當時之肺內壓，圖示在此種情況下肺容積與肺內壓力之關係。

由呼吸肌鬆弛所得壓力容積曲線細審之，當知最大吸氣及呼氣壓力，並非眞正吸氣肌或呼氣肌收縮至最大時所產生之壓力。例如在肺容積相當於70%之肺活量（圖中橫劃虛線），最大呼氣壓力NL爲由二種力量合成。其一爲呼氣肌所產生之壓力NM，其二爲胸廓之彈性力ML。在同一肺容積，由吸氣肌所生之最大吸氣壓力並非即爲檢壓計上所讀得之壓力LK，實爲MK；因胸廓彈性所生成之壓力ML爲一方向相反力量，故須自吸氣肌所產生之壓力中減去之，故爲MK。

正確言之，最大呼氣壓力曲線NL爲胸壁彈性力ML及呼氣肌收縮力NM之和，LN′與MN相等。所有

N'點連結得曲線E'，爲在不同肺容積呼氣肌收縮所產生之最大壓力。同樣，最大吸氣壓力曲線LK'爲LK及LM之和，LK'與MK相等，所有K'點相連結得曲線I'，爲不同肺容積吸氣肌收縮所產生之最大壓力。

胸廓、胸壁及肺之彈性（elastic properties of the thorax, of chest wall and of the lungs）：

胸廓之彈性（elastic properties of the thorax：鬆弛壓力曲線（relaxation pressure curve）通過壓力爲零處之容積爲鬆弛容積（relaxation volume）（圖中V_R），鬆弛容積約爲肺活量之30％，與功能肺餘量相當。若在鬆弛容積V_R即功能肺餘量處，使呼氣肌動作，自V_R呼氣至V_1，使肺容積小於V_R，此時若令呼氣肌停止收縮，胸廓將有擴大趨勢而產生負壓P_1，如此時口或鼻開放與外界相通，則在壓力回復至零以前，將有定量（V_R-V_1）之氣體入肺。若在鬆弛容積，即功能肺餘量處，使吸氣肌動作，自V_R處吸至V_2，此時若令吸氣肌動作停止，胸廓將有變小趨勢而產生正壓P_2，倘口鼻開放，則在壓力回復至零以前，有相當於V_2-V_R之氣體呼出。

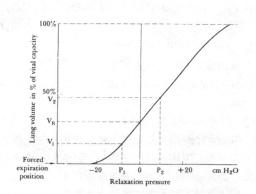

在此種情況下，測量所得呼氣或吸氣時肺容積與壓力之關係，即爲胸廓之擴展性與彈性係數（distensibility or compliance of thorax）（C_T），用式表之

$$C_T = \frac{V_2-V_R}{P_2} \text{ 或 } \frac{V_R-V_1}{P_1}$$

一般言之，$\frac{\triangle V}{\triangle P}$即代表彈性係數（C）（compliance）。而胸廓之彈性係數（compliance of thorax），相當於鬆弛壓力容積曲線（relaxation volume-pressure curve）之斜率（slope

）在肺活量之中部（約相當於潮氣容積）爲最大。彈性係數之倒數爲彈性力（elastance）。

胸壁之彈性（elastic properties of chest wall）：

胸廓之彈性係數（compliance of thorax）係指示胸廓彈性之大小，包括胸壁（chest wall）與肺（lungs）兩者之彈性。胸壁之鬆弛容積（圖中V_3）較胸廓之鬆弛容積（圖中V_R）爲大，約相當於肺活量之70％。肺容積大於70％肺活量時，胸壁彈性力向內，由此產生正壓；肺容積小於70％肺活量時，胸壁彈性力向外，由此產生負壓。圖中曲線C爲單獨胸壁彈性所呈之壓力容積曲線（pressure-volume curve of chest wall），代表單獨胸壁之彈性，胸壁之彈性與胸壁各種構造如肌腱、靭帶及肌肉等有關。

肺之彈性（elastic property of lungs）：

肺之鬆弛容積（relaxation volume of lungs）遠較胸壁鬆弛容積爲小，事實上小於肺餘容積，即在0％肺活量以下，換言之，低於最大用力呼氣位置。其鬆弛壓力容積曲線（pressure-volume curve of lungs）爲圖中之L。肺之彈性決定於兩種因素即：(1)肺實質之彈力纖維，(2)被覆肺泡表面與表面張力有關之液膜。

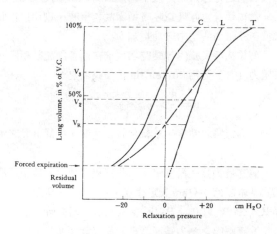

胸廓、胸壁及肺之彈性係數（thorax、chest wall and lung compliance value）

胸廓之鬆弛壓力（relaxation pressure of thorax）可以如前述直接測得，胸腔內壓力則可以食道氣球測定。由於胸廓鬆弛壓力，係肺之彈性壓力與胸壁彈性壓力之和，故後者可以由前兩者之壓力差計算而得。

(1)在胸廓鬆弛容積 V_R ，肺內壓力為零。在此時之肺容積，即功能肺餘量，為肺之彈性回位（向內）與胸壁之彈性力（向外）兩相平衡之結果。

(2)在肺活量為 0 %，肺之彈性力為最小，而胸壁向外彈之力量為最大。

(3)在肺容積為圖中之 V_3 時，胸壁在鬆弛容積，故無向外或向內之彈力，此時胸廓之鬆弛壓力完全由肺彈力致成。

(4)肺容積在 V_3 以上時，胸壁與肺兩者對肺中所存之氣體皆呈向內壓迫之力量。

在肺活量之中部，胸廓（即肺與胸壁兩者）之彈性係數（C_T）為 0.1L/cmH2O ，換言之，即胸內壓每降低 1 cmH2O ，肺容積增加 100 ml 。肺之彈性係數（C_L）與胸壁之彈性係數（C_W）較胸廓彈性係數（C_T）高，前二者各約為 0.2L/cm H2O，後者約為 0.1L/cmH2O 。

一般常測定肺之彈性係數（C_L）及胸廓之彈性係數（C_T），以下式求得胸壁之彈性係數（C_W）。

$$\frac{1}{C_T} = \frac{1}{C_L} + \frac{1}{C_W}$$

氣流之阻力（resistance to air flow）：

在安靜呼吸時，呼吸肌所作之功，大部係用以克服肺及胸壁之彈性阻力，僅小部用以克服氣流及組織之阻力。然在快速之呼吸或呼吸道因故狹窄時，則用以克服氣流在呼吸道內阻力之功增加。

氣體在呼吸道內流動時與血液在血管內流動相同。其阻力（R）可用 Poiseuille 氏公式表之：

$$R = \frac{8}{\pi} \times \eta \times \frac{\ell}{r^4}$$

式中 η 為氣體之粘度，ℓ 為氣管之長度，r 為氣管之半徑。

氣流阻力為一計算值，而非直接測量值。其測量常用與基本電路中 Ohm 氏定律（R＝E/i）相似之公式：即 $R = \triangle P/\dot{V}$ 或 $P_1 - P_2/F$ 。故在計算阻力時，常須測定管系兩端之壓力差（$\triangle P$）及流量（$\dot{V}$），故

鼻之阻力（resistance across the nose）

$$= \frac{大氣壓力 - 鼻咽部氣體壓力}{氣流量}$$

氣管之阻力（resistance across the trachea）

$$= \frac{喉頭部氣體壓力 - 氣管分枝處氣體壓力}{氣流量}$$

全部氣道之阻力（resistance across the entire air-

way）$= \dfrac{口腔氣體壓力 - 肺泡氣體壓力}{氣流量}$

肺阻力（pulmonary resistance）

$$= \frac{口腔氣體壓力 - 胸膜腔內氣體壓力}{氣流量}$$

（姜壽德）

呼吸交換比率（Respiratory Exchange Ratio）

簡寫 R ，亦即呼吸商（respiratory quotient 簡寫 RQ），即呼出二氧化碳（CO_2）與消耗氧氣（O_2）之比率。若身體全部用碳水化合物作燃料時，其呼出 CO_2 之量等於消耗 O_2 之量，故 RQ 為 1.00。這是因為葡萄糖分子中所含氫氧之比例正等於水中氫與氧之比例，故於氧化時其中之氧與氫結合成水後即無多餘之氧與其中碳結合，而需額外消耗與碳原子相等數之氧分子（O_2）才產生相等數之 CO_2。這可由下式解釋之：

$$C_6H_{12}O_6 + 6O_2 \rightarrow 6CO_2 + 6H_2O$$

$$RQ = 6/6 = 1.00$$

脂肪之呼吸商為 0.70。因其中所含氧少氫多，故需消耗額外之氧以供產生水及二氧化碳。

$$2C_{51}H_{98}O_6(tripalmitin) + 145O_2 \rightarrow 102CO_2 + 98H_2O$$

$$RQ = 102/145 = 0.703$$

蛋白質之平均呼吸商為 0.83

$$2C_3H_7O_2N(alanine) + 6O_2 \rightarrow (NH_2)_2CO + 5CO_2 + 5H_2O$$

$$RQ = 5/6 = 0.83$$

由測定呼吸商可知身體消耗碳水化合物及脂肪之比例，如近於 0.70 則消耗脂肪為多，近於 1.00 則多利用碳水化合物，若為 0.85 則二者等量消耗。

但呼吸商有時可因呼吸速度而影響，不一定代表身體產生二氧化碳與消耗氧分子之比商。故改稱呼吸交換率。（黃至誠）

呼吸所作之功（Work of Breathing）

若知肺之彈性係數（compliance）及氣流阻力（flow resistance），則可以計算肺呼吸時所作之功（work done on the lungs during breathing ）。呼吸所作之總功（total work of breathing），則包括呼吸肌移動胸壁（即胸廓及腹部）所作之功在內。肺與胸壁之彈性係數（compliance of lung and chest wall ）約為單獨肺彈性係數（compliance of lungs）之半。肺與胸壁之氣流阻力（flow resistance of the lungs and chest wall）約兩倍于單獨肺之氣流阻力。

安靜呼吸時，吸氣為主動，呼氣為被動。呼吸肌僅在吸氣時作功，其所作之功係用以克服彈性阻力及氣流阻力（氣流阻力包括氣體在氣道內流動所受之阻力，及擴大胸腔時胸壁及腹腔內臟所給予之阻力）。當呼氣時，彈性組織釋放呼氣時所貯存之潛能即足以克服呼氣時之氣流阻力。

呼吸所作之功為壓力與容積之乘積（W＝P×V）。若壓力單位為cm H_2O，相當于gm/cm^2，容積為cm^3，則功之單位為gm-cm 。若同時知所作之功與作功時呼吸肌所消耗之氧量，則可以算出呼吸之機械工作效率（mechanical efficiency of ventilation）。設先考慮克服彈性阻力所作之功，圖中之A為吸氣時容積改變與克服彈性阻力所需之壓力，斜線部份即為克服彈性阻力所需之功，約為潮氣容積與克服彈性阻力所需壓力乘積之半。彈性壓力（elastic pressure）（Pel）之改變可以彈性係數（compliance）（C）與潮氣容積（tidal volume）（V_T）示之如下：

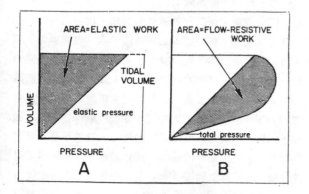

$$C = V_T / Pel \tag{1}$$

及

$$Pel = \frac{1}{C} \times V_T \tag{2}$$

因克服彈性阻力所作之功（elastic work）（Wel）

$$Wel = \frac{1}{2} Pel \times V_T \tag{3}$$

以式(2)代入(3)，得

$$Wel = \frac{1}{2} \times \frac{1}{C} \times (V_T)^2 \tag{4}$$

由上式可知每次呼吸克服彈性阻力所作之功（Wel）與彈性係數（C）成反比，與潮氣容積（V_T）之平方成正比。

由上圖B部份為安靜吸氣時吸氣肌動作所生總壓力之變化，斜線所劃面積（即克服彈性阻力所需壓力與全部壓力變化間之部份）代表克服氣流阻力所作之功（flow-resistive work）。若潮氣容積相同，但吸氣動作較快，克服氣流阻力所作之功增加。故在計算克服氣流阻力所作之功時，必須知潮氣容積改變之速度，即氣流速度。若知潮氣容積及吸氣時間，則容積改變平均速度之約值可以由推算得知。倘每分鐘呼吸次數(f)為15 breaths/min，吸氣及呼氣之時間相等，則吸氣時間為2秒，在潮氣容積為500ml 時，其氣流速率將為250 ml/sec，或15,000ml/min ，此一數值與二倍每分鐘呼吸量即 2×V_T×f 相等。

吸氣時平均用於克服氣流阻力（flow resistance）（R）所需之壓力（flow-resistive pressure）（Pres）與平均氣流改變速率（即 2×V_T×f）可用式表之如下：

$$R = \frac{Pres}{2 \times V_T \times f} \tag{5}$$

或

$$Pres = R \times 2 \times V_T \times f \tag{6}$$

用於克服氣流阻力所作之功（Wres）約等於潮氣容積與平均克服氣流阻力所需壓力之乘積，即：

$$Wres = 2 R (V_T)^2 f \tag{7}$$

	外工作 kg-m/min	潮氣容積 ml	每分鐘呼吸次數 BPM	每分鐘呼吸量 L/min	每分鐘用氧量 ml/min	呼吸所作之功			
						總值 kg-m/min	彈性阻力 %	氣流阻力 %	用氧量 ml/min
安靜呼吸	0	500	15	7.5	300	0.3	66	33	3
中等度運動	620	1600	23	37	1500	5.2	57	43	52
劇烈運動	1660	2400	48	115	3500	35.2	39	61	352
最大自願通氣量	0	1500	120	180	——	65	20	80+	——

由式(7)可知，在吸氣時克服氣流阻力所作之功（Wres ）與氣流阻力（ R ）之大小，每分鐘呼吸次數(f)，及潮氣容積（ V_T ）之平方成正比。

每分鐘呼吸所作功之總值（ total respiratory work per minute ）爲每次呼吸克服彈性阻力所作之功（Wel）與克服氣流阻力所作之功（Wres）之 和乘每分鐘呼吸次數(f)

$$total\ work/min$$
$$=（Wel + Wres）f \qquad (8)$$
$$=\frac{1}{2}×\frac{1}{C}×（V_T）^2×f + 2R（V_T）^2f^2 \qquad (9)$$

上表爲不同呼吸情況下由式(9)計算所得每分鐘呼吸所作功之總值。正常肺及胸壁彈性係數爲0.1L/cm H_2O，氣流阻力爲 5cm $H_2O/L/sec$。（因上式中容積爲ml，每分鐘呼吸次數爲BPM，彈性係數及氣流阻力須分別以ml/cm H_2O 及 cm $H_2O/ml/min$ 計算。

安靜時，呼吸所作之功頗小，呼吸肌肉之機械工作效率據估計約爲 5％。呼吸之能量總消耗約爲6kg-m/min。以1kg-m/min 相當於氧消耗量約0.5ml計算，其能量消耗之同時約用氧3ml，故在安靜呼吸時之氧値（oxygen cost of quiet breathing）約爲個體安靜時每分鐘用氧量之 1％。

由上表並見安靜時呼吸所作之功，約$\frac{2}{3}$用以克服彈性阻力。通氣量增加時，用以克服氣流阻力所作之功迅速上升。當用以克服氣流阻力之功超過克服彈性阻力所作之功時，呼氣即不能僅藉吸氣時貯存之潛能完成（即被動呼氣），此時必需呼氣肌協助以完成呼氣動作。

在劇烈運動時，每分鐘氧消耗量可10倍於安靜時之用氧量。但呼吸肌用氧量增加至 100倍。若運動更劇烈時，由於呼吸量增加時所引致之呼吸肌之氧量增加，身體其他部份之用氧量不僅不能增加反而因之減少，故呼吸所作之功爲決定身體最大運動量因素之一。（姜壽德）

呼吸性酸中毒 （Respiratory Acidosis）

呼吸性酸中毒是指動脈血中二氧化碳的分壓超過正常的範圍而且合併有 pH 降低的現象。其基本原因是肺泡通氣率（alveolar ventilation rate）減少，體液中聚集較多的二氧化碳，所以 P_{CO_2} 增高。臨床上有很多情況可引起呼吸性酸中毒。例如任何因素作用於中樞神經系統，抑制呼吸中樞就可以降低肺泡通氣率。又如作用於肺臟、呼吸道、胸壁或呼吸肌肉的許多因素可以使肺的通氣量，氣體的滲透率或胸腔的擴張能力減低，

也造成肺泡通氣率減小的後果。不管原因如何，呼吸性酸中毒生成後立刻由緩衝系統調整之。生成的碳酸由非碳酸緩衝系統的結合性鹼來緩衝，產生HCO_3^- 與非碳酸系統的相對弱酸。雖然這種緩衝反應的特性在體內和在體外沒有差別，可是反應的份量在這兩種情況下就不同了。在體內的環境下，上述的結合反應發生於血液中，而產生的HCO_3^- 則可擴散到細胞間液（interstitial fluid ）中。而在體外的環境下，在血液中所生成的HCO_3^- 仍舊存留在血液中。因此，當 P_{CO_2} 增高到某一程度時，在體內的環境下血漿中HCO_3^- 濃度增加的程度沒有在體外的環境下增加的多；而在體內的環境下血液中過剩的鹼（base excess ）將降低，在體外的環境下血液中過剩的鹼則沒有改變。（周先樂）

呼吸性鹼中毒 （Respiratory Alkalosis）

呼吸性鹼中毒是指動脈血中二氧化碳的分壓低於正常的範圍而且合併有 pH 增高的現象。其基本原因是肺泡通氣率（ alveolar ventilation rate ）增加，排出的二氧化碳量超過體內所生成的量，動脈血中 P_{CO_2} 因之低於正常數值。臨床上有許多因素可引起呼吸性鹼中毒，但它們可大別爲兩類：一類是直接的刺激呼吸中樞或與其有關的中樞因素；另一類是間接的或反射的刺激呼吸的各機構，使肺泡的通氣率增加。例如有些情緒的因素以及使用某些藥物（如柳酸鹽、氨、黃體素等）都能直接刺激延腦的呼吸中樞；又如缺氧以及某些肺臟的疾病則能作用於週邊的化學接受器（頸動脈體和主動脈體）或胸腔內的接受器，反射的刺激呼吸中樞，增加肺泡的通氣率。不管其原因如何，呼吸性鹼中毒的最初改變是因爲體內喪失二氧化碳，體液的 pH 值增高。但這種情況發生後，體內的緩衝系統立刻產生作用來矯正這些改變。由於當血液的 P_{CO_2} 迅速降低時，血液在體內和在體外環境下所表現的特性相似，所以血液中過剩的鹼（bass excess）也必須保持不變。（周先樂）

呼吸性鹼中毒或酸中毒的腎臟代償作用 （Renal Compensation for Respiratory Alkalosis or Acidosis）

呼吸鹼中毒或酸的腎臟代償作用是血液中二氧化碳分壓對腎臟所引起作用的結果。根據實驗的結果顯示，腎小管細胞對HCO_3^- 的再吸收率是直接與血液中二氧化碳的分壓成正比，而且二者有一直線之關係。正常人血液中二氧化碳的分壓增高時，腎小管細胞對HCO_3^- 的

吸收率就增加；血液中二氧化碳的分壓降低時，腎小管對HCO_3^-的吸收率亦隨之降低。HCO_3^-的再吸收是直接與二氧化碳分壓本身有關，並不是與 pH 有關。這是腎臟除了影響尿的緩衝劑濃度，氨的形成以及血漿的HCO_3^-濃度以外的另一個作用。腎小管再吸收HCO_3^-主要是腎小管細胞分泌酸的結果，而酸的分泌又有賴於二氧化碳的水化作用。基於此，則不難想像當血液中二氧化碳的分壓增高時，二氧化碳水化或碳酸生成的量即增多，碳酸離解成H^+和HCO_3^-也增多，因此H^+的分泌和HCO_3^-的再吸收量也隨之增加。依同理，當二氧化碳的分壓降低時，酸的分泌和HCO_3^-的再吸量則因碳酸水化作用減少而降低。

因肺通氣過度而引起的呼吸性鹼中毒，血液中二氧化碳的分壓必降低，血漿的 pH 和HCO_3^-的濃度亦較正常低。由於血液中二氧化碳的分壓低，於是腎小管分泌酸和再吸收HCO_3^-的量亦降低，尿中含有較多的HCO_3^-並呈鹼性。呼吸性鹼中毒時血漿中HCO_3^-已減少，現在尿中排出的HCO_3^-又增多，所以使血漿中HCO_3^-的濃度更降低。當尿中HCO_3^-的排泄量增加時，Cl^-的排泄量就減少，於是體內保留較多的Cl^-以代替喪失的HCO_3^-。這種現象就使血漿的 pH 降低並趨向正常值。通常在呼吸性鹼中毒發生以後，由於一種不瞭解的原因，使組織釋放出較多的乳酸和丙酮酸，血液中乳酸鹽和丙酮酸鹽的濃度因而增高。這兩種鹽類的增多又可使血液的 pH 降低並且減少血漿中HCO_3^-的濃度，其代償作用與腎臟的代償作用相似。

因肺通氣減少引起呼吸性酸中毒時，血液中二氧化碳的分壓即增高，血漿HCO_3^-的濃度將增加但 pH 則降低。血中二氧化碳分壓增高將使腎小管分泌較多的酸，並再吸收較多的HCO_3^-。雖然血漿中HCO_3^-的濃度已高，腎小管濾出的HCO_3^-也加多，但由於濾出的HCO_3^-又完全被再吸收入血，所以排出的酸性尿中不含HCO_3^-排出酸性的尿等於血中加入鹼，如此又再增加血中HCO_3^-的濃度。尿中HCO_3^-排泄量減少，Cl^-的排泄量則增多，血中Cl^-濃度則降低，血液在HCO_3^-和Cl^-濃度都處於失常的情況下使 pH 趨向正常。如果體內保留較多的HCO_3^-，尿中排出較多的酸，血液即在高二氧化碳分壓的情況下使 pH 增高趨向正常值。

（周先樂）

呼吸氣體成分（The Composition of Respired Air）

大氣中對人類呼吸有重要性者為O_2，CO_2，N_2及H_2O。稀有氣體為Ar、Ne、He、Kr、Xe 等，對人體無特殊意義，在生理上氣體分析時，其量或濃度咸併入N_2中計算。以O_2、CO_2、及N_2言之，吾人吸入之氣體，其成分甚為勻稱一致。大氣標本自若干地區，或自海平面至相當高處所獲得者，其百分比恒相同。人體內不能儲藏大量之O_2，故必須與其周圍大氣繼續作氣體交換。

外呼吸之主要作用可以自吸入氣（inspired air），呼出氣（expired air）及肺泡氣（alveolar air）之氣體成分之分析中獲知。呼出氣體中O_2減少，而CO_2增加，因之可知，血液按身體需要在外呼吸過程中吸收O_2及放出CO_2。呼出氣體中O_2，CO_2及N_2成分隨呼吸深度及呼吸頻率而改變。但肺泡氣之成分則相當恒定，雖身體需氧量之差別有時甚大，由於呼吸調節甚為完善，故肺泡氣之改變甚微。正常呼吸氣體之成份如下表：

人類在安靜狀況下位於海平面時，乾燥吸入氣，呼出氣及肺泡氣之氣體成分（單位Vol ％ ）

	O_2	CO_2	N_2
吸入氣（inspired air）	20.93	0.03	79.04
呼出氣（expired air）	16.3	4.5	79.2
肺泡氣（alveolar air）	14.0	5.6	80.4

人體在穩定狀況下，每分鐘氧消耗量恆大於二氧化碳產生量，其原因係由於氧在體內除用以氧化含碳物之外，尚用以氧化由食物得來之氫，故雖大部之氧係自呼氣中成CO_2之方式出現，但少部則變為水排出。CO_2呼出量與O_2之吸收量之比稱呼吸交換率（respiratory exchange ratio）（簡稱R）（即新陳代謝中所稱之呼吸商（respiratory quotient）。R在解釋氧消耗量時甚為重要，尤以用所消耗之氧量以推算熱量時為然。

上表中呼出氣中之N_2較吸入氣中之N_2濃度高，但N_2在體內為一惰性氣體，人體既不能製造N_2，亦不消耗N_2，故其絕對量應無改變。其在呼出氣中濃度增高之原因，係由於R值小於1，因之，呼出氣之氣體體積小於吸入氣之氣體體積，N_2之濃度於是增高。在R值等於1時，吸入氣與呼出氣中N_2之濃度應相同；R值愈小，則呼出氣與吸入氣中N_2濃度之相差愈著。（姜壽德）

呼吸率 （Respiratory Rate） 亦稱呼吸頻率 （Respiratory Frequency or Frequency of Breathing）

即每分鐘呼吸次數。正常成年男子每分鐘約12 至18次。女子略多。孩童每分鐘呼吸次數較多。發熱時呼吸率快。呼吸器疾病在呼吸道阻力增加者，呼吸頻率慢；病變至肺泡彈性減低者，呼吸頻率增加。（姜壽德）

呼吸深度 （Depth of Respiration）

即潮氣容積之大度。潮氣容積大者，每次呼吸進出肺之氣量大，即呼吸之深度大。（姜壽德）

呼吸控制 （Respiratory Control）

在一聯繫反應（coupled reaction）中呼吸鏈（respiratory chain）上氧化氫而放出能量之作用與氧化性加燐氧基作用（oxidative phosphorylation）二者關係極為密切。其中某一作用停止時，另一作用亦不再進行，故為互相控制之氧化作用，稱呼吸控制。下列各狀況都可控制此二種作用之進行速度：有無酵解物（substrate），二燐酸腺苷酸（adenosine diphosphate 簡稱ADP），氧氣，以及呼吸鏈（respiratory chain）之容量。（黃至誠）

呼吸動作對循環系統之影響 （Effect of Respiratory Act on Circulation）

吸氣時較呼氣時心跳快，此因吸氣時迷走神經之作用減低所致。呼吸性不整脈與atropine可消失。呼吸動作能引起胸腔內壓之改變，影響心輸出量及血壓。即吸氣時胸腔壓力減低而引起吸引作用，增加靜脈之回流，而導致心輸出量增加，並血壓也升高。呼氣時即心輸出量減小，而且血壓也下降。（黃廷飛）

呼吸鏈 （Respiratory Chain）

細胞漿內之線粒體（mitochondria）之內膜（inner membrane）上有一連串之接融劑（catalysts），即核苷酸二燐吡啶（diphosphopyridine nucleotide）（DPN），黃素蛋白（flavoprotein）（Fp），輔酶Q（coenzyme Q）（CoQ），細胞色素 b，c_1，c，a（cytochromes）及細胞色素a_3（cytochrome a_3）（又稱細胞色素氧化酶 cytochrome oxidase）此一連串之接融劑，可使氫原子被氧化成水，故稱呼吸鏈。由糖分解所產生之氫原子即被送到此呼吸鏈上，先由細胞色素 c 自氫原子取出一電子（electron），於是將電子轉移給細胞色素 a，然後再給細胞色素氧化酶，最後轉移給氧及水分子而使變成羥游子（hydroxyl ions）。氫原子被取去一電子後即成氫游子（hydrogen ions），若遇羥游子時即成水分子。於是此氫游子即被氧化。在此整個氧化過程中可有大量之能量放出，而被另一串有聯繫之化學反應——聯繫反應（coupled reactions）所吸收使二燐酸腺苷酸（adenosine diphosphate）形成三燐酸腺苷酸（adenosine triphosphate）而保留能量，以供身體需要時用。下圖為呼吸鏈與聯繫反應間關係之圖解：

$$丁二酸鹽$$
$$\downarrow$$
$$Fp$$
$$酵解物 \rightarrow DPN \rightarrow FP_1 \overset{ATP}{\underset{ADP+Pi}{\rightleftarrows}} FP_2 \rightarrow CoQ \rightarrow Cytb \overset{ATP}{\underset{ADP+Pi}{\rightleftarrows}} CytC_1 \rightarrow Cytc \rightarrow Cyta \overset{ATP}{\underset{ADP+Pi}{\rightleftarrows}} Cyta_3 \rightarrow O_2$$

（黃至誠）

呼吸壓力之測定 （Measurement of Respiratory Pressure）

呼吸肌之作用，使胸膜腔內壓改變，因之肺泡內氣壓發生變化，使肺內壓高於或低於大氣壓，而產生呼氣或吸氣動作。在測定各種壓力時，又有所謂胸腔內外壓力差，肺泡內外壓力差，及氣道上下壓力差，此等數值呼吸生理上頗有意義，並常用以作若干種數據之計算：

胸膜腔內壓力（intrapleural pressure）：

為肺與胸壁間胸膜腔（pleural cavity）內之壓力。正常不拘吸氣及呼氣恆為負壓，其負壓之產生，係由於在安靜呼氣之末，肺之彈性回位力量有使肺縮小而遠離胸壁之趨向，而胸壁之彈性回位則有使胸腔擴大遠離肺之趨勢，故兩者之間產生較大氣壓為低之壓力。用連接水檢壓計之針刺入動物胸壁甚易測定。臨床上為避免氣胸等危險，多用食道內氣球（intraesophageal balloon）置於食道下部以測量胸膜腔內壓力。

肺內壓（intrapulmonary pressure）：

為肺泡內之壓力，吸氣時較大氣壓低，呼氣時則較大氣壓高。吸氣時因吸氣肌之作用及胸壁之彈性使胸腔擴大，由於肺表面之胸膜臟層與胸壁內面之胸膜壁層間粘滑薄層液膜，牽引肺臟向外，肺泡內之氣體因之變稀薄，肺泡內氣壓遂降低。吸氣肌動作停止時，由於肺彈性回位，因之產生高於大氣壓之壓力。在安靜呼氣及吸氣之末，肺內壓爲零，即與大氣壓相等。

胸腔內外壓力差（transthoracic pressure）：

若將被實驗者置於一密閉之呼吸計內，胸壁與呼吸計間之壓力與口腔內之壓力差稱之。在測定肺及胸壁兩者之彈性係數或阻力時，須測定胸腔內外壓力差。

肺泡內外壓力差（transpulmonary pressure）：

爲胸膜腔內壓力與口腔之壓力差。在測定單獨肺之彈性係數或阻力時，須測定此一壓力差。

氣道上下壓力差（transairway pressure）：

爲氣道上部（口腔）與下部（肺泡）之壓力差，在測定氣道之阻力時，須測定此一壓力差。　（姜壽德）

性之分化（Sex Differentiation）

性別在遺傳上由性染色體決定。受精卵在子宮發育成胚。其在姙娠第六週時仍保持中性。這時原始性腺由生殖嵴發育成皮質和髓質二部份。若遺傳上爲男性，則在姙娠第七、八兩週皮質開始退化而髓質發育成睪丸。睪丸內有間質細胞能分泌男性素。若遺傳上爲女性，則髓質退化而皮質發育成卵巢、胚之卵巢無分泌作用。在姙娠第七週胚有兩組原始生殖管，即午非氏管（Wolffian duct）和苗勒氏管（Müllerian duct）。睪丸分泌誘導物質使午非氏管發育成副睪、輸精管、精囊等並使苗勒氏管退化。在女性則苗勒氏管發育成輸卵管和子宮而午非氏管退化。姙娠第八週時，二性的外生殖器則由尿道生殖裂和附近的生殖結節等組成，不分男女。如有男性素的作用則彼等發育成陰莖和陰囊，如無男性素作用則發育爲女陰。性的分化直到出生後之青春期，俟第二性徵皆已出現，才算大功告成。（楊志剛）

性行爲（Sexual Behavior）

內分泌能影響神經系及行爲，性激素是所有內分泌中最具有此明顯作用者。諸如求偶行爲，性交行爲，哺乳行爲等均深受性激素之影響。

閹除性激素分泌器官（睪丸及卵巢），可除掉性激素之分泌。若在幼年期行閹割手術，各種性行爲均受嚴重影響；但若在成年後行閹割手術，則性交行爲仍能完成，不致因缺乏性激素而完全喪失性交能力。閹割後若注射性激素，很多性行爲則爲可恢復正常。

脊髓橫斷之下半身不遂之男性患者，其陰莖仍能勃起，並能射精。此現象證明性交行爲之反射動作主要僅靠脊髓。但完整之性行爲則賴更高之中樞神經完成之。

大腦皮質，皮質下層，下視丘，等均爲影響性行爲之重要中樞，尤其是皮質的嗅叶和顳叶，皮質下之杏仁體核，及下視丘等處。

下視丘之神經組織對性腺之分泌，有管制作用，此管制作用經由腦垂體而完成。　（韓　偉）

性行爲（Sex Behavior）

性交本身是很複雜錯綜的現象，包括一系列的反射反應由脊髓和大腦皮質以下的中央神經系統加以調節和管制，其中以邊緣系統（limbic system）和下視丘最爲重要。神經的管制作用又深受到性激素等內分泌系統的影響，譬如在鼠類雌性祇有在性週期的動情期（estrus）始接受雄性的求愛。

在人類性行爲的管制和協調向大腦皮質集中（encephalization），因此道德、社會、文化等環境因素以及精神、情緒等心理因素亦影響到性行爲，使其更形複雜。內分泌素能調節性行爲需求的強度而不能改變其方向。例如男性同性戀者使用睪丸酮可增強其性慾但不能將其矯正。就生理觀點而論，成功的性行爲在男性必須有勃起，在女性陰道必須有充足的分泌液，以爲潤滑之用。（楊志剛）

性早熟（Sexual Precocity）

普通青春期的開始在女子爲12歲，在男子約爲14歲左右。尚未到正常青春期年齡而性機能提前成熟的現象謂之性早熟。例如女孩子在十歲以前就開始有月經週期。性早熟可分眞假二類。眞的性早熟除了可見性器官的發育，第二性徵出現外並有配子發生。在女子有排卵，在男子有精子發生（spermatogenesis），其發生原因多係體質因素，使腦下腺提前分泌促性腺激素。其他下視丘後部因腫瘤、炎症所引起的病變亦能致之。假的性早熟則僅見性器官和第二性徵的變化而沒有配子發生。腎上腺皮質的腫瘤，和睪丸、卵巢的腫瘤有分泌性激素作用者，在童年則引起假的性早熟。（楊志剛）

性染色體（Sex Chromosome）

細胞分裂時，染色質聚集成塊是爲染色體，人體細胞共有46個染色體。其中二個染色體能決定性別的稱爲性染色體。性染色體有二種，即 x 染色體和 y 染色體。y 染色體決定男性。男性細胞含有 x 和 y 染色體。女性細胞含有二個 x 染色體。在配子發生行減數分裂時，所有卵子均含有一個 x 染色體，但精子則有一半含有 x 染

色體，一半含有 y 染色體。含有 y 染色體的精子使含有
x 染色體的卵子受精，則受精卵含有 x 和 y 染色體，將
來發育成男性。含有 x 染色體的精子使含有 x 染色體的
卵子受精，則受精卵含有二個 x 染色體，將來發育成女
性。y 染色體比 x 染色體小。（楊志剛）

直立姿勢之維持 （Posture）

　　直立姿勢之維持主要靠伸肌抗地心引力反射性之收
縮，配合以屈肌之放鬆。此反射之接受器在肌肉內之
肌梭（muscle spindle）及肌腱之高氏體（Golgi body）中
。當此類接受器因被伸展（stretch）而興奮時，經反射
弧使含該接受器之伸肌收縮。

　　由此類接受器引起之伸肌反射性之收縮雖可在脊髓
動物完成，顯示此反射不必依賴較高級之神經中樞，但
在正常情況下，此反射接受很多高級中樞之興奮或抑制
之信號，如來自大腦皮質，基底神經節，網狀組織及腦
幹，內耳及前庭神經，及其他處脊髓等。（韓　偉）

直血管 （Vasa Recta）

　　近髓質部腎小體的出球動脈在分成許多側枝形成
尿細管周圍微血管網（peritubular capillary net）外
，在錐體（pyramid）內的降支（descending efferent
arteriole）多次分枝形成一些直筒式的血管稱做直血管
，這些血管並伴著海氏彎節降支穿越髓質部及腎乳突
（papilla）在彎節彎曲處回轉再組合成小靜脈（venule）入腎
小葉靜脈（interlobular vein）。

　　這些直血管的降支和升支（descending and asc-
ending limbs of vasa recta（arteriolae rectae））
也是一種逆流機構，作爲逆流交換器，它本身不能締造
腎髓質部的高滲壓性，但可以調節髓質部的高滲壓性。
（畢萬邦）

直接視 （Direct Vision）及間接視 （Indirect Vision）

　　要清楚的看一物，吾人必轉眼使其物像落在網膜中心
窩。此眼球運動爲一半隨意的一半不隨意的。以中心窩
看物體稱爲直接規，以中心窩以外部份看物體稱爲間接
視，色覺及視力在中心窩最大（參閱視力及圓錐體色素
項），夜視能力在網膜周圍部最大（參閱「視紅」）。
（彭明聰）

阿迪生症 （Addison's Disease）

　　此症是因腎上腺皮質不能分泌足夠的皮質激素所引
起。1855 年，由阿迪生（Addison）最先發現。通常是
起因於初發性皮質萎縮，有時候可由於肺炎或癌症的侵
害，損及腎上腺而致使。

　　皮質萎縮可以導致醛固酮分泌減少，鈉的再吸收因
而降低，致使鈉離子、氯離子及水分大量流失，細胞外
液因而減少。又因氫離子不能與鈉互相交換，而引起酸
中毒。當細胞外液減少，則血漿體積必也減少，紅血球
濃度相對增加，心輸出量相對降低，所以病人常因休克
而死。

　　另一方面皮質醇分泌不足，病人不能使血液中葡萄
糖濃度維持正常，且降低蛋白質與脂肪自組織移出，而
降低體內許多代謝機能，此種病人對各種不同的危急，
極爲敏感，甚致極弱的呼吸道傳染病亦會致命。

　　阿迪生病患者皮膚中黑色素沉着明顯出現。此因皮
質醇不足，致使腦下垂體前葉分泌過多的腎上腺皮質促
進素，這種促進素的前13個氨基酸與黑色細胞刺激素相
似，因此患者皮膚色素沉着。

　　此症可由尿中所含 17- 酮類固醇（17-KS）減少而
診斷出來，女性病人幾乎沒有，有些實驗室則用化學方
法檢查尿中含醛固醇及其他皮質激素的多寡去判斷。

　　以少量的礦物質皮質激素處理，身體雖感虛弱，但
生命尚能延續數年，但於缺葡萄糖皮質激素時，病人仍
不免因危急（stress）而死，故治療時，必需兩種激素
混合使用。（萬家茂）

長度常數 （Length Constant）

　　在電生理學上，長度常數與空間常數（space con-
stant）意義相同且常被交換使用。

　　細長細胞如神經肌肉等纖維，其對電之傳導，情形
與海底電纜之傳導至爲相似，在導電性良好之柱狀胞漿
與細胞外液之間，隔以一導電性甚低之胞膜。當胞膜一
點電位改變而未至興奮時，其所引起之電流依一般電傳
導方式向兩端傳導，由於胞膜非絕對絕緣，故電流向兩
端傳導時，除部分爲細胞內電阻消耗外，更有部分於傳
導途中漏過胞膜，是以電位隨傳導距離增長而降低，其
降低情形可以下式表示：

$$V = V_0 \exp(-x/\sqrt{r_m/r_i})$$

　　式中 V 爲於距離電位最初改變點 x 處測得之電位。
V_0 爲最初改變之電位，x 爲測量點與電位最初改變點之
距離，r_m 爲細胞單位長度之膜電阻，r_i 爲細胞單位長度
之內電阻。根據上式，電位降至原高度 1/e 時，傳導之

距離，即長度常數 $\lambda = \sqrt{r_m/r_i}$。（盧信祥）

長效甲狀腺刺激因子 (Long-Acting Thyroid Stimulator, LATS)

此種因子發現於格雷弗氏病人體內，因其對甲狀腺作用之時間較甲狀腺刺激素爲長，能促進腺體的增生，和對碘－131 的攝取，但與下垂體無關。在下垂體中亦無法找出。其在化學性質上，及免疫學性質上亦與甲狀腺刺激素不同。以其可能來自淋巴－上皮系統極可能是一種抗體。（萬家茂）

延腦(延髓) (Medulla Oblongata)

爲位於小腦之腹側，介於橋腦與脊髓間屬於末腦（myelencephalon）之神經組織，其背側面爲第四腦室底。延腦爲重要之自主神經反射中樞，動物體維持生命最重要之循環及呼吸之管制中樞位於其內，故稱爲生命中樞（vital center），許多高度特化之臟器接受器如位於頸動脈竇及主動弓之感壓接受器、頸動脈體（carotid bodies）之化學接受器等分別經由傳入神經直接或間接將神經脈衝傳達延腦之心臟血管及呼吸管制中樞，以維持動物體之心跳、血壓及呼吸於衡定狀態，並藉由呼吸之調節維持血液中酸鹼度之平衡。此外，延腦本身並有接受器存在，已知者有呼吸中樞之化學接受器，可感受血中二氧化碳分壓之變化。其各種中樞之管制與調節十分巧妙而精細，經由各種傳出神經而支配臟器之活動。除循環及呼吸之管制作用外，吞嚥（swallowing）、咳嗽（coughing）、噴嚏（sneezing）、作嘔（gagging）及嘔吐（vomiting）等之反射作用中樞亦在延腦。體神經運動系統之錐體徑（pyramidal tract）大部分在延腦之腹側部左右交叉通過。（蔡作雍）

乳糖酶 (Lactase)

由十二指腸之 Brunner 氏腺及小腸之 Lieberkuhn 氏腺所分泌。消化乳糖成葡萄糖（glucose）及半乳糖（galactose）。（黃至誠）

乳糜小滴 (Chylomicron)

爲脂蛋白（lipoprotein）之一種。脂質（lipids）經小腸消化吸入腸粘膜細胞後較長鏈之脂肪酸（long-chain fatty acids）即再被酯化（esterification）而成新之三甘油脂（triglycerides）、燐脂（phospholipids）及膽固醇酯（cholesterol ester），於是再與粘膜細胞所合成之蛋白質結合成顆粒狀物，稱乳糜小滴而吸收入腸淋巴管進入血液。乳糜小滴之特性及代謝見"脂蛋白"項。（黃至誠）

放出能量的 (Exergonic)

於一氧化或分解性化學反應中，可放出能量，此能量並不轉成熱能而消耗，但爲另一化學反應所吸收利用而製造另一物質。如聯繫反應（coupled reaction）中呼吸鏈（respiratory chain）所產生之氧化反應即爲放出能量的反應。（黃至誠）

怪血 (Blood Chimeras)

Chimera 本爲希臘神話中所云之怪獸，是一個獅頭，羊身，蛇尾且會吐火的奇異動物，甚爲罕見，人體血液亦有一種較爲罕見的例子，即在同一人之血液中同時存着兩種不同血型的血球，故借用其名，稱之爲怪血，該怪血與非同一性雙胎（nonidentical twins）有關，在其循環血液中，有兩種不同抗原的紅血球同時存在，據報告有一對男性雙胎，紅血球有 86％爲 A 型，14％的血球爲 O 型，另外一對女雙胞 O 型紅血球佔99％，而 A 型的血球僅佔 1％，雖然紅血球有 A 及 O 兩種不同的抗原，但血漿內並沒有抗 A 的凝集素存在。怪血發生的原因有以下數點：

1. 二卵雙胎的胎盤在胚胎早期發育時合而爲一，一部分生血物質（hemotopoietic elements）發生交換，分別在對方的血液中，產生互不同型的紅血球，此在動物體內甚爲多見。

2. 造血組織經過人工移植之後，也可以在接受移植者的體內，產生怪血。

3. 異卵雙胎（fraternal twins）在母體內，發生血管吻合時（vascular anastomoses），其中的紅血球或者是血球前身（precursors）偶然的發生移植現象。

4. 一卵接受二精，亦可能出現怪血。（劉華茂）

松果腺 (Pineal Gland)

魚類與兩生類的松果腺含有類似視網膜圓錐狀的感覺細胞，能把光波轉變爲神經衝動。但在哺乳類，松果腺卻已退化。然而乃有人發現青春期遲緩（尤其是女子）與實質性松果腺瘤腫有關，亦即松果腺腫會抑制生殖腺的功能。以松果腺抽取物，能抑制某些動物（鳥）光誘導卵巢生長的作用，可見光對生殖腺之影響是經由松果腺作爲媒介。

胚胎時期，松果腺是由間腦頂部凸出而形成，其實質細胞來自內襯於第三腦室的原始室管細胞，神經膠質則構成其支持構造，雖如此，但分佈於高等動物松果腺的神經並不直接來自腦部；而來自上視丘的神經纖維直接進入腺體內，形成一環（loop），返迴路徑乃絕對側，其源於上頸神經結的交感神經節後纖維，隨血管通到於此。

松果腺之功能並不十分清楚，至今所知，除分泌消黑激素（melatonin ，亦譯黑色細胞收縮素）及與性腺有關外，似乎尙與醛固酮反射分泌有關。（萬家茂）

房室阻滯及束枝阻滯（A-V Block and Bundle Branch Block）

房室結節（A-V node）之纖維之傳導速度較慢，當心房傳來之衝動傳到此處時，通過延遲（conduction delay）。即此處之心肌細胞活動電位小，當通過此處後之心肌細胞活動電位又加大，此表示在 A-V node 衝動有減衰傳導（decrement conduction）之現象。A-V node 心肌纖維之不反應期亦較長。所以較易引起阻滯。房室阻滯分爲不完全及完全阻滯。前者又分第一度及第二度阻滯。第一度阻滯之 P-R 間隔較正常爲長，但心房衝動可傳達心室去。第二度阻滯却心房衝動部分不通過 A-V node ，引起心房及心室跳動有時脫節，亦有兩次性節律（bigeminal rhythm）或三次性節律（trigeminal rhythm）之傳導方式。另外完全房室阻滯是心房衝動完全不通過 A-V node ，心室却有其本身之節律動作，其結果心房及心室跳動完全脫離，並無協調。

束枝阻滯（bundle branch block）是心房衝動經過 A-V node，再通過 His 氏束，再分道左右束枝，最後傳至左右心室各部心肌。當左或右側束枝傳導有阻滯即名謂 LBBB 或 RBBB，在 ECG 各顯示特殊之波型。（黃廷飛）

青春期（Puberty）

出生後生殖系統的發育頗爲遲緩，近乎停頓狀態。但在男孩 14 歲以及女孩 12 歲左右時，腦下腺促性腺激素開始大量分泌，刺激性腺使器官加速生長直到完全成熟。身體各部的發育在此時亦快速進行。這種快速發育的時期稱爲青春期。青春期引發的機轉主要在下視丘部份能分泌釋放因子，釋放因子刺激腦下腺分泌促性腺激素，促性腺激素刺激性腺製造配子及分泌性激素，性激素

刺激性器官的發育。下視丘釋放因子的分泌通常受性激素的抑制 ，童年時下視丘對性激素的抑制作用特別敏感，因此童年時體內微量的性激素禁錮了下視丘，使其不能分泌釋放因子。在青春期下視丘變成對性激素較不敏感，而觸發以上所提的一連串的反應。（楊志剛）

於高空時氧之需要（Oxygen Requirements at High Altitude）

吾人在正常之氣壓下（即在接近海平面之地面上）生活，此時之氧分壓約爲 160mm Hg。如高度漸增，則氧分壓漸低。如吾人進入高空，因大氣壓降低，故必需將吸氣之氧濃度增加，方能維持吸氣之正常氧分壓。如飛機無加壓艙之設備，則飛行員（或空中旅客）應戴口罩或面具，以便吸氧。至於飛行高度與吸氧濃度之關係，如下表所示。如飛行之高度太高，則口罩或面具內尙須增加適當之壓力，藉此維持吸氣之正常氧分壓。

高空之高度與需氧之濃度

高度（呎）	大氣壓力（mmHg）	吸氧之氧濃度（%）
海平面	760	21
5000	632	25
10000	523	31
15000	429	40
20000	349	49
25000	282	62
30000	226	81
35000	179	100
40000	141	100
45000	111	100
50000	87	100

（方懷時）

昏厥（Fainting）

因突然心輸出量減小，血壓下降，結果腦部血流供給不足，即導致暫時喪失意識而引起昏厥，有以下各型。

(1)血管迷走神經性昏厥（vasovagal fainting）；因爲精神性打擊，或其他原因，發生迷走神經作用突然加強，同時橫紋肌血管擴張，心輸出量減小，並且血壓下降，其結果引起昏厥。繼着有反射性心臟血管作用調節出現，所以昏厥後數分鐘內腦部之血流供給回復，即意識也能回復。

(2)頸動脈寶反射性昏厥；頸動脈寶反射過於靈敏，而引起強烈反射性血壓下降導致昏厥。

(3)咳嗽昏厥；有反復咳嗽强烈動作時，胸腔內壓升高而引起靜脈回流減小，心輸出量減小，並且血壓下降即發生昏厥。

(4)站立昏厥（orthostatic syncope）；站立太久，引起下身如脚及腹部靜脈血液冲積，而靜脈血液回流減小，心輸出量減小，血壓也下降，其結果引起站立昏厥。

(5)用力昏厥；停息而用力做事時，能引起心輸出量減小，血壓下降，導致昏厥。大動脈或肺動脈狹窄之患者較易引起用力昏厥。

(6)排尿昏厥；放尿時引起反射性心跳減慢，血壓下降，其結果發生昏厥。有站立性低血壓的人較易引起排尿昏厥。（黃廷飛）

杭納氏病徵（Horner's Syndrome）

Horner 病徵因支配面部的交感神經中斷而出現，包括瞳孔縮小（miosis），眼瞼下垂（ptosis）以及面部潮紅（flushing）等。因支配面部的交感節後纖維（sympathetic post-ganglionic fibers）起自上頸神經節（superior cervical ganglion），而此處又接受循交感神經鏈上升的交感節前纖維（sympathetic pre-ganglionic fibers），凡因病變或手術損及節前或節後纖維時，都可以造成 Horner 病徵。（尹在信）

近視及遠視（Myopia and Hypermetropia）

有人眼球前後為較長或較短，因此靜止時平行光線無法結像於網膜上，在前者結於網膜前面，在後者結於後面。前者稱為近視，後者稱為遠視。前者可用凹透鏡矯正，後者用凸透鏡矯正。（彭明聰）

空間常數（Space Constant）

見 length constant 解釋。（盧信祥）

拉普拉斯定律（Laplace's Law）

伸展性管子之管壁張力（T），管內壓力（P）及管子半徑（r），互相有下式關係。$T=Pr$，當管壁向外擴張之力（F_0）和向內退縮之力（F_I）平衡時，$F_0=F_I$，而 $A=2\pi rL$，A 為管橫切面積，r 為管半徑，L 為管長，因 $F_0=P \cdot A=P\times 2\pi rL$，而 $F_I=T\times 2L$，所以 $2\pi rLP=2TL \therefore T=Pr$。（黃廷飛）

刺激（Stimulate, Stimulation, Stimulus）

stimulate 是動詞，steimulation 和 stimulus是名詞。

stimulus（複數 stimuli）是一種能（energy），任何加之於細胞組織的能，都可以稱之為 stimulus，將這種能施之於細胞組織稱 stimulate。

刺激可以是化學的能，亦可以是物理的能如光、熱、電、機械等。凡能引起細胞組織反應的刺激稱有效刺激（effective stimulus）；不能引起細胞組織反應的刺激稱無效刺激（ineffective stimulus）。最小的有效刺激稱閾刺激（threshold stimulus）。刺激是否有效，與其強度、持續時間以及強度變化之速率，均有密切關係，強度高者，需時較短，反之，強度低者，需時較長。強度變化速率愈高，刺激之效果愈大。變化速率過低時，即使最終強度甚高，時間持續甚長，亦不能成為有效刺激，所以一有效刺激，其強度變率有一最低陡度（minimum gradient）。（盧信祥）

咀嚼（Mastication）

咀嚼運動可粉碎食物，增加食物和消化液的接觸面，以便消化食物。咀嚼運動係由咀嚼肌順序收縮所組成的反射性動作。咀嚼肌使下頜向下，向上，向左右，及向前方運動，除使牙齒粉碎食物外，並使食物更易被唾液所濕潤而形成食團（Bolus）。此外，唇、頰及舌等部分的合作，對咀嚼亦甚重要。

咀嚼之時，門齒用於咬切，犬齒適於撕拉，臼齒用於研磨。據測定，門齒在咬切時可生每平方吋 30-80 磅的力量，而臼齒可達每平方吋 140-160 磅的力量。

咀嚼的意義，不僅在於口腔內的食物被粉碎，並且能反射性地引起許多消化腺如唾液腺，胃腺及胰腺等的分泌活動，給以後的消化過程準備了有利條件。

一般言之，食物在口腔內被咀嚼的時間相當短暫，僅需 15-20 秒。這時食物與唾液混合後所形成的食團，即向舌根方向移動，以便引起吞嚥動作。（方懷時）

味覺（Taste）

味覺之感受器為舌頭上之三種乳頭（梭狀乳頭 filiformis，菌狀乳頭 fungiformis 及葉狀乳頭 foliata）內之味蕾。味蕾大約直徑 50μ，由感受細胞 receptor cell 及支持細胞 supporting cell 造成，如下圖。小的有髓神經及無髓神經分佈於味蕾。一個感覺細胞受多數纖維之分佈（聚合），又一條纖維支配多數細胞（分開 divergence）。微小電極插入味蕾之孔時呈示$-50\sim-95$ mV 之電位差。氯化鈉、氯化鉀、氯化銨、氯化鈣及氯化鎂溶液引起緩慢的正位電位變化 slow positive potential shift 此電位變化，10-15秒後方達最高點。鹽酸及蔗糖亦引起同樣變化。古加因 cocain ，氯化鐵逆轉此電位變化之方向。此緩慢的電位變化爲感受器電位。單一感覺細胞及單一神經纖維對兩種或兩種以上味覺之刺激反應，換言之無絕對性的特殊性。

　　舌前部對甜，後部對苦，緣邊部對酸靈敏。舌前部三分之二之味蕾受鼓索，後部三分之一受咽喉神經，會厭 epiglottis 及 arythenoid cartilage 之味蕾受迷走神經之支配（彭明聰）

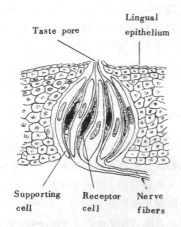

肺之時間常數（Time Constant of Lung）（τ）

　　時間常數在工程上之系統分析（system analysis），係指 y 值遞降至原有數值 $1/e$ 所需之時間而言。肺之時間常數與其通氣速率有關，時間常數短之肺臟通氣速而有效，時間常數長者通氣慢而效率遜。肺之時間常數可仿照電學上時間常數求得

$$\tau = RC$$

此處 τ 爲電路之時間常數，R 爲電阻，C 爲電容。若 τ 爲肺之時間常數，R 爲肺之阻力（pulmonary resistance），C 爲肺之彈性係數（pulmonary compliance），因肺阻力爲 $\dfrac{Pressure}{Flow}$ 或 $\dfrac{Pressure}{Volume/Time}$ ，而肺之彈性係數爲 $\dfrac{Volume}{Pressure}$ ，兩者之乘積爲

$$\frac{Pressure}{Volume/time} \times \frac{Volume}{Pressure} = Time$$

　　由上式可知肺之時間常數由容積（volume）及流量（flow）也可求得，因上式亦可寫作

$$\frac{Pressure}{Flow} \times \frac{Volume}{Pressure} = \frac{Volume}{Flow}$$

　　因此若知某一狀況下之肺容積，及當時之肺通氣量，亦可由此計算，而獲知肺之時間常數。一般常由容積流量曲線（flow-volume curve）上求取，或由肺之容積及通氣量推算，或測定肺彈性係數及阻力而求其乘積，或由多次呼吸肺氮廓淸試驗中推算皆可，由於實驗之方法不同。其數值須經適當之換算。（姜壽德）

肺之瀰散量（Diffusing Capacity of Lungs）

　　氧及二氧化碳在肺泡氣與肺泡壁毛細血管內血液之間，通過肺泡與肺泡毛細血管所形成之薄膜（alveolar capillary membrane）（A-C membrane），在兩側分壓相差每 1 mmHg 下單位時間內所通過之量，稱瀰散量（diffusing capacity）。

　　氣體瀰散過肺泡毛細血管所形成薄膜之量（$\dot{V}x$）與肺泡氣中此一氣體之分壓（P_Ax），及肺泡壁毛細血管中此一氣體之平均壓（$P_{\bar{c}}x$）間之關係，可用下式表之：

$$\dot{V}x = D_Lx \, (P_Ax - P_{\bar{c}}x) \tag{1}$$

D_Lx 爲某氣體（gas x）之瀰散量（D_L）。若 $\dot{V}x$ 爲 ml/min（STPD），P 爲 mmHg，則 D_Lx 爲某一氣體於血液及肺泡氣之間在每 1 mmHg 壓力差之下之瀰散量。

$$D_Lx \, ml/min/mmHg$$
$$= \frac{\dot{V}x \, ml/min \, (STPD)}{P_Ax \, mmHg - P_{\bar{c}}x \, mmHg} \tag{2}$$

式(2)亦可寫作

$$P_Ax - P_{\bar{c}}x = \frac{1}{D_Lx} \cdot \dot{V}x \tag{3}$$

式(3)與 Ohm 氏定律相似

電動差＝電阻×電流

(potential difference) = (resistance × current)

$\dfrac{1}{D_Lx}$ 可模擬爲氣體通過肺泡膜之阻力（resistance）。D_Lx 高時則阻力（$\dfrac{1}{D_Lx}$）低。

　　在安靜狀況下，成年男子之一氧化碳瀰散量（D_LCO）爲 17 ml/min/mmHg， 因瀰散與氣體溶解度成正比，與氣體分子量之平方根成反比，卽

$$\frac{D_LO_2}{D_LCO} = \frac{Sol.O_2}{Sol.CO} \times \frac{\sqrt{MWCO}}{\sqrt{MWO_2}}$$

$$= \frac{0.0244}{0.0185} \times \frac{\sqrt{28}}{\sqrt{32}} = 1.23$$

故

$$D_L O_2 = D_L CO \times 1.23 = 17 \times 1.23$$
$$= 20 \text{ ml/min/mmHg}$$

另一氣體，CO_2，在水中之溶解度大於O_2，故

$$\frac{D_L CO_2}{D_L O_2} = \frac{0.592}{0.0244} \times \frac{\sqrt{32}}{\sqrt{44}} = 20.7$$

換言之CO_2之瀰散量大於O_2約21倍。

　　肺泡氣與肺泡壁毛細血管內血液中氣體之瀰散量，根據Fick's定律知與瀰散膜面積，瀰散膜厚度，及瀰散係數（coefficient of diffusion）有關

$$\frac{dQ}{dt} = -AD\frac{\partial u}{\partial x}$$

$\frac{dQ}{dt}$為單位時間內瀰散量，A為瀰散膜面積，∂x為瀰散厚度，∂u為瀰散兩側氣體濃度差，D為瀰散係數。故在任何疾病致使瀰散膜面積減小，瀰散膜厚度增加，均使瀰散量降低。（姜壽德）

肺泡表面張力 （Alveolar Surface Tension）

　　肺之彈性（ elasticity ）僅部份係由於肺實質之彈力纖維（elastic fibers in the lung parenchyma ）形成，與彈力纖維同等重要之物質係被覆於肺泡表面之液膜（surface film ），此種液膜係由肺泡細胞（alveolar cell ）所分泌，有減低肺泡表面張力及防止液體自肺泡壁毛細血管滲入肺泡之作用。其中有效成分稱表面張力物質（surfactant），屬燐脂類（phospholipid），其主要物質為 dipalmitoyl lecithin。其減低肺泡表面張力之作用，由研磨之肺組織、或肺之洗出液，用Clements' surface balance 可以測得。近年亦用測定dipalmitoyl phosphatidyl choline 之合成，以鑑定肺泡表面張力物質之作用。

　　肺泡表面張力物質之作用，在將動物之肺先後充以生理鹽水及充以空氣，並分別測定其容積及壓力，作成容積壓力曲線時，可顯見其不同。同一肺容積，在充以生理鹽水之肺臟，所測得之壓力僅及充氣肺之一半。因生理鹽水消除肺泡表面張力，故所測得之壓力為純由彈力纖維之作用；充氣肺所得之壓力為彈力纖維與肺泡液膜兩者作用之結果；兩壓力容積曲線之差所得之壓力容積曲線則純屬於肺泡液膜所呈表面張力之作用。

　　肺泡張力物質由於其所呈減低表面張力之作用，在呼氣時可以防止肺泡塌縮（collapse of lungs ）。若缺乏肺泡張力物質，由於其表面張力大，肺泡變小，因之甚易塌縮。初生嬰兒之透明膜樣變性疾病（hyaline membrane disease ），咸認為係由於肺泡表面張力物質不足（surfactant difficiency）所致，此等病人肺泡表面張力甚大，肺泡因之塌縮。類似之變化見於心臟外科手術，由於體外血液循環特殊供氧設備引起。動物實驗亦見於一側肺動脈結紮。一側支氣管完全阻塞及兩側迷走神經切斷，吸入15％CO_2 及長期應用純氧（100 ％O_2）等。（姜壽德）

肺泡氣公式 （Alveolar Air Equation ）

　　由於吸入氣在肺內分佈並不均勻，尤以疾病時為甚，因之，欲由任一部份肺泡獲得代表全部肺泡之氣體，甚為困難，但由計算可以獲得此一數值。例如肺泡氧分壓（$P_A O_2$ ）可用下式計算而得

$$P_A O_2 = P_I O_2 - P_A CO_2 \left(F_I O_2 + \frac{1 - F_I O_2}{R} \right)$$

$P_I O_2$ 為吸入氣中之氧分壓，在海平面為（ 760 − 47）之 20.93 ％，即 149 mmHg。$P_A CO_2$為肺泡氣之CO_2分壓，一般假定與動脈血二氧化碳張力（$PaCO_2$）相同，後者其易測得。括弧內為矯正數值，在 R （呼吸氣體交換比例）等於1.0 時，矯正值為1.0，即不需矯正。

　　平常 R 值小於1.0 （即氧之吸收大於二氧化碳之排泄），因之，呼出氣量略小於吸入氣量。此一矯正數值在計算肺泡氣之分壓時不可忽略。例如R 為0.8 時

$F_I O + (1 - F_I O_2) / R = 0.2093 + (1 - 0.2093) / 0.8$
$= 1.2$。倘若R＝1.0，$PaCO_2$＝ 40 mmHg 則$P_A O_2$＝109 mmHg ；若R＝ 0.8，$P_A CO_2$＝40 mmHg，則$P_A O_2$＝101 mmHg。

　　肺泡氣公式之推演如下：
其理論根據，係以人體新陳代謝中既不產生 N_2 ，亦不用 N_2。在穩定狀況下，每分鐘自吸氣進入肺泡之 N_2，與由呼氣離開肺泡之 N_2，其量相等，以式表之為

$$V_{AI} (1 - F_I O_2 - F_I CO_2)$$
$$= \dot{V}_{AE}(1 - F_A O_2 - F_A CO_2) \qquad (1)$$

此一公式係基於肺內僅存有O_2，CO_2，及 N_2 一事實。因之三種氣體之百分濃度相加恒為1.0，是故 $1 - FO_2 - FCO_2$ 必與 F_{N_2} 相等。此處肺泡通氣量（ $\dot{V}_A$ ），因氣體交換率（ R ）＜或＞1.0，故在吸氣及呼氣稍有不同，乃以 $\dot{V}_{AI}$ 及 V_{AE} 表示之。因 N_2 之分子數在吸入氣與呼出氣相等，然因吸入氣與呼出氣量有差異，故 F_{N_2} 在

吸入氣與呼出氣自然不同。

將式(1)重新排列，若在空氣中呼吸，F_ICO_2可以不計，則得下式

$$\frac{\dot{V}_{A_I}}{\dot{V}_{A_E}} = \frac{1-F_AO_2-F_ACO_2}{1-F_IO_2} \quad (2)$$

矯正數值中，須知$\dot{V}_{O_2}$及$\dot{V}_{CO_2}$。氧消耗量（$\dot{V}_{O_2}$）相當於自吸氣進入肺泡之氧量減去自呼氣中離肺泡之氧量，亦卽

$$\dot{V}_{O_2} = \dot{V}_{A_I}\cdot F_IO_2 - \dot{V}_{A_E}\cdot F_AO_2 \quad (3)$$

二氧化碳之排泄量（$\dot{V}_{CO_2}$）因吸入氣中無CO_2，故與呼出之CO_2相等卽

$$\dot{V}_{CO_2} = \dot{V}_{A_E}\cdot F_ACO_2 \quad (4)$$

呼吸氣體交換率（R）$=\dot{V}_{CO_2}/\dot{V}_{O_2}$　(5)

將式(3)及式(4)代入(5)得

$$R = \frac{\dot{V}_{A_E}\cdot F_ACO_2}{\dot{V}_{A_I}\cdot F_IO_2 - \dot{V}_{A_E}\cdot F_AO_2}$$
$$= \frac{F_ACO_2}{(\frac{\dot{V}_{A_I}\cdot F_IO_2}{\dot{V}_{A_E}}) - F_AO_2} \quad (6)$$

將式(2)代入式(6)

$$R = \frac{F_ACO_2}{(\frac{1-F_AO_2-F_ACO_2}{1-F_IO_2}) F_IO_2 - F_AO_2} \quad (7)$$

或

$$F_ACO_2 = R(\frac{F_IO_2}{1-F_IO_2} - \frac{F_IO_2\cdot F_AO_2}{1-F_IO_2}$$
$$-\frac{F_IO_2\cdot F_ACO_2}{1-F_IO_2} - F_AO_2) \quad (8)$$

乘開後移項得

$$F_AO_2\cdot\frac{R\cdot F_IO_2}{1-F_IO_2} + R\cdot F_AO_2 = \frac{R\cdot F_IO_2}{1-F_IO_2}$$
$$-\frac{R\cdot F_IO_2\cdot F_ACO_2}{1-F_IO_2} - F_ACO_2 \quad (9)$$

左邊提出F_AO_2得

$$F_AO_2 = \frac{\frac{R\cdot F_IO_2}{1-F_IO_2}}{R(\frac{F_IO_2}{1-F_IO_2}+1)} - \frac{\frac{R\cdot F_IO_2\cdot F_ACO_2}{1-F_IO_2}}{R(\frac{F_IO_2}{1-F_IO_2}+1)}$$
$$-\frac{F_ACO_2}{R(\frac{F_IO_2}{1-F_IO_2}+1)} \quad (10)$$

又因

$$\frac{\frac{R\cdot F_IO_2}{1-F_IO_2}}{R(\frac{F_IO_2}{1-F_IO_2}+1)} = F_IO_2 \quad ; \quad (11)$$

$$\frac{\frac{R\cdot F_IO_2\cdot F_ACO_2}{1-F_IO_2}}{R(\frac{F_IO_2}{1-F_IO_2}+1)} = F_IO_2\cdot F_ACO_2 \quad ; \quad (12)$$

$$\frac{F_ACO_2}{R(\frac{F_IO_2}{1-F_IO_2}+1)} = F_ACO_2\cdot\frac{1-F_IO_2}{R} \quad (13)$$

故

$$F_AO_2 = F_IO_2 - (F_IO_2\cdot F_ACO_2)$$
$$-(F_ACO_2\cdot\frac{1-F_IO_2}{R}) \quad (14)$$

或

$$F_AO_2 = F_IO_2 - F_ACO_2(F_IO_2+\frac{1-F_IO_2}{R}) \quad (15)$$

任何氣體之濃度（Fx），可改寫爲分壓（Px），換言之亦卽 $Fx = Px/(P_{B-47})$，故上式亦可作

$$P_AO_2 = P_IO_2 - P_ACO_2 + (F_IO_2 + \frac{1-F_IO_2}{R}) \quad (16)$$

（姜壽德）

肺泡及動脈血氣體張力差度（Alveolar Arterial Gradient or Alveolar Arterial Difference）

包括氧、二氧化碳及氮三種氣體之張力差度。

肺泡及動脈血氧張力差度（alveolar-arterial O_2 differce）簡稱$A-aDO_2$：爲肺泡氣及動脈血液氣體氧張力之差度。吸入氣爲空氣時，正常健康個體$A-aDO_2$約爲4-11mmHg。吸入氣中氧分壓增加時，約在肺泡氣氧張力至150mmHg時，$A-aDO_2$增至20—35mmHg；吸入氣爲純氧時，$A-aDO_2$約爲35mmHg。$A-aDO_2$主要由於下列兩因素生成：(1)瀰散(2)靜脈血混流，包括通氣血流量比之分佈不均勻在內。正常個體在空氣中呼吸時，肺泡氣氧分壓約爲100mmHg時，瀰散之限制已不存在，$A-aDO_2$約爲8mmHg。主要爲不均勻之通氣血流量比（3.5mmHg）及靜脈血混流（4.5mmHg）（參考下圖）。

肺泡及動脈血二氧化碳張力差度（alveolar-arterial CO_2 difference）：簡稱$a-ADco_2$。爲肺泡氣及動脈血液氣體二氧化碳張力之差度。瀰散及靜脈血混流

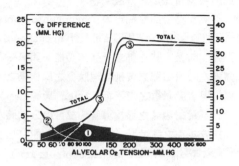

對a-ADco₂ 幾無顯著影響，反之，不平均之通氣血流量比對a-ADco₂ 之影響甚大。正常健康個體在空氣中呼吸a-ADco₂ 約為1mmHg。

肺泡及動脈血氮張力差度（alveolar-arterial N₂ difference）：簡稱a-AD$_{N2}$。爲肺泡氣及動脈血液氮氣張力之差度。主要爲由不平均之通氣血流量比引致，正常健康個體在空氣中呼吸時，其a-AD$_{N2}$ 約爲4mm Hg。（姜壽德）

肺容量（Lung Capacity）

有四。爲二個以上肺容積之和。

肺活量（vital capacity）：爲用力吸氣後，再用力呼氣所能呼出之最大氣量。爲吸氣儲備容積，潮氣容積及呼氣儲備容積三者之和。正常成年男子約爲4,000 ml，其量與身高成正比。女子之肺活量比男子者低。年老時肺活量減少。由年齡及身高依公式推算所得之肺活量稱預測肺活量（predicted vital capacity）。

肺總量（total lung capacity）：爲用力吸氣之末，肺內所存留之氣量。爲吸氣儲備容積、潮氣容積呼氣儲備容積及肺餘容積四者之總和。正常成年男子約爲5,000 ml。

吸氣容量（inspiratory capacity）：爲正常安靜呼氣之末，用力吸氣，所能吸入之氣量。亦卽潮氣容積與吸氣儲備容積之和。正常成年男子約爲2,500 ml。

功能肺餘量（functional residual capacity）：爲正常安靜呼氣之末，肺內餘留之氣量。亦卽呼氣儲備容積與肺餘容積二者之和。正常成年男子約爲2,500 ml。功能肺餘量亦卽肺之彈性力與胸壁之彈性力相平衡時之肺容量，故功能肺餘量已往亦稱平衡容量（equilibrium capacity）。（姜壽德）

肺容積（Lung Volumes）

爲肺之解剖測量數值。有四，卽潮氣容積（tidal volume）、吸氣儲備容積（inspiratory reserve volume）、呼氣儲備容積（expiratory reserve volume）及肺餘容積（residual volume）。前三者可用肺量計（spirometer）測定，肺餘容積則可以用氣體稀釋法測出。

潮氣容積（tidal volume）：以前稱潮氣（tidal air），卽呼吸深度（depth of breathing）。爲呼吸週期中呼出或吸入氣體之量。安靜呼吸時，每次呼吸進出肺之氣量約爲500 ml。運動時潮氣容積增加，潮氣容積大卽呼吸深；潮氣容積小卽呼吸淺。

吸氣儲備容積（inspiratory reserve volume）：以前稱補吸氣（complemental 或 complementary air）。爲安靜吸氣之末再用力吸氣，所能吸入之最大氣量。正常成年男子約爲2,000 ml。

呼氣儲備容積（expiratory reserve volume）：以前稱補呼氣（supplemental air）或儲氣（reserve air）。爲安靜呼氣之末再用力呼氣，所能呼出之最大氣量。正常成年男子約爲1,500 ml。

肺餘容積（residual volume）：以前稱餘氣（residual air）。爲用力呼氣後，餘留於肺內之氣量。正常男子約爲1,000 ml。肺餘容積在若干呼吸器官疾病時顯著增加。（姜壽德）

肺通氣量（Pulmonary Ventilation）

呼吸系統之主要功能爲維持肺泡氣及動脈血液內氧氣及二氧化碳張力之正常。爲維持此一功能，則有賴乎肺之通氣動作，吸氣時新鮮空氣入肺，呼氣時肺泡氣出肺，其換氣率稱爲肺通氣量。

總通氣量（total ventilation）：亦稱每分鐘呼吸量（minute volume of breathing）：卽安靜呼吸時每分鐘進出肺之氣量，爲潮氣容積（每次呼吸進出肺之氣量）與呼吸頻率（每分鐘呼吸次數）之乘積。設潮氣容積爲500 ml，呼吸頻率爲每分鐘16次，則兩者之乘積爲每分鐘8,000 ml，是爲肺總通氣量。

無效腔通氣量（dead space ventilation）：每次呼吸進出肺之氣量約爲500 ml，但其中之一部約150 ml左右通過無效腔（dead space），由於無效腔無氣體交換作用，故每分鐘通過無效腔之氣量稱無效腔通氣量，正常爲無效腔容積與呼吸頻率之積。每分鐘約2,400 ml。但由於氣體通過無效腔時，其前端並非齊頭並進，故實際上每次呼吸之氣量卽小於無效腔容積，仍有部分氣體進入肺泡，作有效之氣體交換。

肺泡通氣量（alveolar ventilation）：通常指每分鐘通氣量減去無效腔通氣量，即有效通氣量，或到達肺泡有氣體交換作用之通氣量，正常健康青年男子約每分鐘4,000 ml 。若肺泡通氣量小於每分鐘4,000 ml 則有動脈血液氧張力降低，二氧化碳張力上升及血液酸度增加，此時稱通氣不足（hypoventilation）；反之，若肺泡通氣量大於每分鐘4,000 ml ，則有動脈血液二氧化碳張力下降及血液鹼度增加與血氧張力升高，此時稱通氣過多（hyperventilation）。（姜壽德）

肺量計（Spirometer）

為英國醫師 Hutchinson 於 1846 年設計，用以測量肺量之儀器。百餘年來迭經改良，目前應用者，附有記錄用裝置（如圖）。除可以記錄肺量如肺活量、吸氣容積、吸氣儲備容積、呼氣儲備容積及潮氣容積外，並可記錄呼氣或吸氣時之氣流速度，以及安靜呼吸時每分鐘進出肺之氣量，與用力呼吸時每分鐘進出肺之最大氣

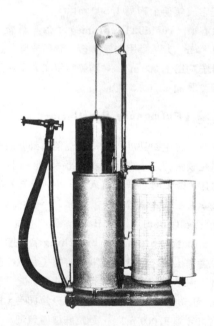

量。若於呼氣徑絡中加裝二氧化碳吸收劑，也可用以測每分鐘氧消耗量，由此可以推算基本新陳代謝率（basal metabolic rate）。

肺量圖（spirogram）：為用肺量計記錄所得之圖。

肺量測定術（spirometry）：應用肺量計，以作各種肺量、呼氣及吸氣氣流速度，安靜或用力呼吸每分鐘進出肺氣量測定之方法。

支氣管導管肺量測定術（bronchospirometry）：應用二個肺量計或支氣管導管肺量計（bronchospirometer）記錄左肺及右肺之肺量、通氣功能、與氧吸收情形，以判斷左肺及右肺之各別生理狀況之操作稱之。應用於支氣管導管肺量術之導管稱 Carlen 氏導管，為具有二個管腔及封閉氣球之橡皮導管，故可以分別將左肺及右肺連接於各別之肺量計，以記錄左右兩肺各別之肺量圖，合稱支氣管導管肺量圖（bronchospirogram）。由支氣管導管肺量圖分析，全部肺活量及氧消耗量之55%來自右肺，45%來自左肺。（姜壽德）

肺循環（Pulmonary Circulation）

成人肺動脈之平均血壓約 15 mmHg （心縮壓 25 mmHg，心舒壓 10 mmHg ），占體系統循環動脈平均血壓之 1/6 － 1/7 ，而肺毛細管壓約 6 － 8 mmHg （楔壓 wedge pressure），在心房壓力約 4 mmHg。肺動脈至左心房之平均壓力差別約 10 mmHg 左右。肺循環抵抗較小，占體系統循環抵抗之 1/10 － 1/11 。肺毛細管血壓較血漿膠質壓為低，結果其濾過力較吸收力為小，即肺胞內較為乾燥。肺血量占全身血量之 10%，其中之 25% 含在肺毛細管區域內，大約有 60 ml/m² （體表面積）之血量。肺毛細管總面積約 50 － 70 m² 血流通量肺毛細管之時間在身體安靜時約 0.75 秒，而在運動時即 0.35 秒，在此時間內肺毛細管內之血流之氣體交換完畢。肺臟小血管有自主神經之支配，大體上交感神經刺激引起肺小血管縮小，而副交感神經刺激却引起肺小血管擴大。肺臟內亦有伸展受容器（stretch receptor）可感受肺臟伸展之刺激，而引起反射性肺血管抵抗之改變。肺小血管抵抗亦受化學物質之影響。即血液欠氧，二氧化碳增加， pH 減小等能引起肺血管抵抗增加。乙醯膽鹼（acetylcholine ）能擴大肺小血管，而腎上腺素却引起其縮小。（黃廷飛）

胃之神經支配（Innervation of the Stomach） 外來及內在神經 （ Its Extrinsic and Intrinsic Nerves ）

支配胃之外來神經有二：一為迷走神經，另一為內臟神經，後者屬於交感神經。此二種外來神經之作用比較複雜，須視胃當時的機能情況而定。一般說來，迷走神經的衝動可增加胃壁的緊張性及促進胃運動，交感神經則抑制之。但如胃已經呈現極度的緊張時，刺激迷走

神經亦可使胃之緊張性及運動減弱；反之，倘胃壁已經很鬆弛時，刺激交感神經也可加強其緊張性及運動之能力。

切斷迷走神經後，胃即擴張，缺乏緊張性，蠕動亦減弱，因而胃之出空變慢。注射 atropine 也抑制胃之運動，並降低其緊張性。切斷交感神經之結果則相反：胃之緊張性與運動之能力均略增加，故胃之出空時間也稍縮短。一般言之，交感神經對於胃緊張及運動之影響力較迷走神經微弱。

食物對於胃壁之機械刺激，也可局部地通過胃壁內之神經結構（即內在神經）而作用於平滑肌。離體之胃已與外來神經失去聯繫後，仍能呈現節律性之收縮及緊張性。

內在神經分布於由食道中段開始至肛門為止之絕大部分的消化管壁內。內在神經包括 Auerbach 氏神經叢（Auerbach's plexus）與 Meissner 氏神經叢（Meissner's plexus）。前者位於肌肉層之間，後者位於胃（或腸）黏膜下層。胃腸之蠕動，需要健全之內在神經，尤其是 Auerbach 氏神經叢。

由中樞神經系統高級部位傳來之衝動，亦可顯著影響胃壁肌肉之緊張性及蠕動運動。例如吾人於進入餐廳後，胃之運動即呈劇烈之改變；又當情緒激動時或吃厭惡之食物時，胃之緊張性及運動均見減低。凡此種種，均可顯示大腦皮層在調節胃之運動機能中，亦具有相當重要之作用。（方懷時）

胃蛋白酶 （Pepsin）

由反射及胃激素（gastrin）刺激胃之主細胞（chief cell）及壁細胞（parietal cell）所分泌，平時並不活動，稱胃蛋白酶原（pepsinogen），可經鹽酸在酸度pH 1.0-2.0狀況下活化而消化蛋白質成腺（proteoses）及腖（peptones）。（黃至誠）

胃腸血流 （Gastrointestinal Blood Flow）

夠胃腸血流分布（體重 15 kg）

器　官	重　量（gm）	心輸出量百分率（%）	血流量（ml）	灌　流　率（ml／100gm／min）
胃	100	1·9	50	50
小　腸	270	6.5	180	70
大　腸	50	1·6	40	80
胰　臟	30	0.7	18	60
膽　囊	2	0.04	1	40

胃及腸子之血管有交感神經之支配，含有縮小及擴大纖維分布。epinephrine 及 norepinephrine，angiotensin 能引起其血管縮小。ATP，CO_2增加，O_2 欠少，或 pH 減低能引起其血管擴大。安靜時夠之胃腸血流見上表。（黃廷飛）

胃腸氣體 （Gastrointestinal Gas）及去氮 （Denitrogenation）

人類胃腸中所含氣體之量，各人不同。大概言之，約為 1300 ml 。這些氣體之來源有三：

(1)由口嚥下。

(2)由消化過程中產生。

(3)由血液內之氣體擴散至胃腸。

消化道內之氣體，其中氮佔 59.4 % ，二氧化碳佔 10.3 %，氧佔 0.7 %，沼氣（methane）佔 29.6 %。因其含有沼氣，故有人偶然欲抽煙點火而同時正巧噯氣 belching）之際，發現噯出之氣可以燃燒而頗覺好奇。上述各氣體之百分比，並非穩定不變，可因食物之種類及食後之時間而不同。今僅舉 Ruge 氏就肉食為主（meat diet）之受檢者，分析其由肛門排出之氣體（主為結腸中之氣體），其百分率如下表。

氣體種類	肉　食　後		
	24 小　　時	48 小　　時	72 小　　時
二氧化碳	13.6 %	12.5 %	8.5 %
沼　　氣	37.4 %	27.6 %	26.5 %
氫	3.0 %	2.1 %	0.7 %
氮	46.0 %	57.9 %	64.4 %

由上表觀之，胃腸內之氣體，其中以氮最多，沼氣次之，氫雖少，但可增加胃腸氣體之可燃性。

在臨床上有不少患者，其消化道內含有過量之氣體。此時腸壁過度擴大，致腸管呈許多袋狀之膨大部，十分痛苦，嚴重時可威脅生命。一般言之開腹手術後，患者之腸管內常貯積相當量之氣體而一時不易排出。名醫 Mayo 氏早年曾謂：內科醫師頸上常掛聽診器，外科醫師之口袋中最好常備導管（暗示必要時應將患者腸管內之氣體用導管排出）。可知患者胃腸內儲有大量氣體，並非罕見。故患者於手術後如能自動放屁，乃一好現象。

至於胃腸內氣體之自然排出，亦有三種出路：

(1)由口吐出（噯氣）。

(2)由肛門排出。

(3)胃腸內之氣體，如各該氣體之分壓高於血液中各該氣體之分壓時，則胃腸內之氣體即可擴散至血液中。

我們已知胃腸內之氣體以氮爲最多（見上表），在平時不易自胃腸擴散至血液，因血液中亦含有相當量之氮（主爲物理的溶解）。但如將血液內之氮分壓降低時，則胃腸內之氮即易擴散至血液中，然後由肺排出。如使患者呼吸純氧數小時，將血中之氮趕去。此種現象，稱爲去氮。此時血中之含氮量極少，其氮分壓必極低（遠較胃腸內氣體之氮分壓爲低）。由於雙方氮分壓之差異，此時胃腸內之氮即擴散至血液。因此消化道內之含氣量大減，腹中氣脹之痛苦，遂即消失。（方懷時）

胃結腸反射（Gastrocolic Reflex）、十二指腸結腸反射（Duodenocolic Reflex）及集團運動（Mass Movement）

食物入胃，將胃擴張之後，此時胃部之內在神經亦即 Auerbach 氏神經叢興奮，此興奮自胃沿小腸傳至結腸之內在神經，結腸之 Auerbach 氏神經叢相繼興奮，致反射性的引起結腸動作之加强。此種現象，稱爲胃結腸反射。

食物自胃入十二指腸後，十二指腸之內在神經因之興奮，已如前述。此種興奮沿空腸及廻腸而至結腸，乃反射性的導致結腸運動之增强。此種現象，稱爲十二指腸結腸反射。

結腸的運動，平常比較緩慢，但有時出現一種動作較强且推進很快的蠕動，稱爲集團運動。此種集團運動，通常開始於橫結腸，可推動一部分大腸內容至降結腸或至乙狀結腸（骨盤結腸）。集團運動每日僅出現三或四次，且常見於進食之後，每次都可能因食物殘渣（糞便）的進入直腸而引起欲排便的感覺。

食物入胃或自胃進入十二指腸，每可引起胃結腸反射或十二指腸結腸反射。吾人於進食後常可引起結腸之集團運動。故上述兩種反射，諒可導致結腸的集團運動。（方懷時）。

胃運動的型式（Types of Gastric Motor Activity）及胃內壓（Intragastric Pressure）

使受檢者於空胃時吞下一由薄橡皮膜製成的小氣球，後者連一細橡皮管通出口外，以便與水檢壓計相連接，當氣球在胃內受壓縮時，球內的空氣就推動水檢壓計的浮標，浮標的移動可記錄於記錄鼓上。由此種氣球法不但能記錄胃運動之曲線，且可記錄胃內壓。至於胃運動之曲線，可分爲三個型式如下：

第一型式：胃之動作較弱，每次收縮及弛放共持續

18-22 秒之久，故每分鐘約有三次較弱之胃運動。此時胃內壓稍低於 5 cm H_2O。

第二型式：胃運動之頻率與第一型式者相同，但其動作稍强，此時胃內壓約在 10-50 cm H_2O 之間。

第三型式：胃運動較第二型式更强，且胃內壓亦更上升。此時胃運動曲線之底線亦見升高，表示此時胃肌之緊張性亦顯著增高。

除上述之氣球法外，如同時以 X 射線活動攝影術記錄胃運動，知第二型式之胃運動以推進（propulsion）動作爲主，而以混合（mixing）之動作爲副。第一型式之胃運動，則與第一型式者相反，乃以混合動作爲主，推進動作爲副。至於第三型式之胃運動，不常出現。（方懷時）

胃激素（Gastrin）

食物擴張胃時可刺激胃粘膜，尤其竇部（antral portion）分泌此胃激素，於是爲胃吸收進入血管，被送至胃分泌腺，刺激壁細胞（parietal cell）分泌胃酸（分泌增加八倍）。對主細胞（chief cell）之刺激力則較小，故僅可使酵素之分泌增加二至三倍。（黃至誠）

神經元（Neuron）

神經元爲神經的單位，即一完整神經細胞。神經元之形狀，視神經種類不同而異，以脊髓運動神經元爲例，一神經元包含神經細胞體與神經纖維兩部，神經細胞體爲細胞彭大部分，多角形，直徑約 70 微米（micron），中有一圓形核，核周圍有甚多核蛋白顆粒，可用鹼基染料着色，形似虎斑，稱虎斑體（tigroid bodies）或尼氏小體（nissl bodies）。神經纖維爲神經細胞體向外延伸部分，依形狀不同分樹狀突（dendrites）與軸突（axon）兩種。樹狀突數目不等，基部較粗（約 5－10 微米），後迅速分枝變細，全長約 1 mm。軸突多僅一支，纖維較長，初離胞體之基部呈錐形，稱軸突丘（axon hillock），軸突纖維開始較小，及離細胞體 50-100 微米後逐漸變粗且開始有髓鞘包圍（其他神經纖維亦有無髓鞘者），通常分佈於身體各部之神經幹即由軸突組成。神經元之功能爲傳導興奮。（盧信祥）

神經內分泌系統對生殖的管制（Neuro Endocrine Control of Reproduction）

生殖在產生新個體以延續種族的長久存在，爲達此目的必須有：

第一項：生殖器官的成熟，使性交成為可能。性成熟的
　　　　開始期稱為青春期（puberty），其發生時間
　　　　受到下視丘的管制。在人體下視丘的某些病變
　　　　會導致性早熟。

第二項：正常的配子發生，供給精子和卵子。下視丘分
　　　　泌釋放因子，促使腦下腺分泌促性腺激素，作
　　　　用於睪丸的曲細精管和卵巢的卵泡，管制精子
　　　　發生和卵子發生。

第三項：包括性交在內的性行為，使卵子受精是為孕育
　　　　下一代個體的起點。性交本身是由一連串的反射
　　　　所組成，由中央神經系統調節之。在人體其管
　　　　制向大腦皮質集中（encephalization），因此
　　　　深受心理等因素的影響。兎類性交後引起神經
　　　　內分泌的反射，腦下腺前葉分泌促性腺激素而
　　　　排卵。人類性交亦有類似的神經內分泌反射，
　　　　腦下腺後葉分泌催產素使子宮收縮，在授乳的
　　　　女性，催產素作用於乳腺外之平滑肌使其收縮
　　　　，可見到乳汁外流。（楊志剛）

神經生理學 (Neurophysiology)

　　研究神經系統（nervous system）之生理學，稱
為神經生理學。單細胞低等動物之生命活動，如應激性
（irritability）、運動性（motility）以及對環境之適
應均以簡單之原生質（protoplasm）行之。水螅（hy-
dra）及海蜇（jelly fish）等水生腔腸動物（aquatic
coelenterates）開始具有原始之神經結構，其外質層中
有簡單特化之感覺細胞，體內有神經網（nerve net）
，然其神經網中之聯會（synapse）以電流（electrical
）方式傳遞神經脈衝，故其傳導漫無特定方向，亦缺乏
管制之中心。扁渦蟲（planaria）頭部內具雙葉狀之塊
狀神經結構，稱為腦（brain）或頭神經節（head
ganglion），為動物神經系統中樞化（centralization）
之始。動物越進化，由中樞化而腦化（encephalization
），於是具有發達的腦部來掌理更高之生理功能，其神
經細胞之特化（specilization）越完全，各司不同性質
之功能，而且細胞間之聯會傳遞（synaptic transm-
ission），逐漸發展成為化學性（chemical），以此方
式之傳遞方式，可以規定脈衝（impulses）之方向，使
神經之傳導規律化、特定化。由爬蟲類（reptiles），
而鳥類（birds）進化到哺乳類（mammals），不但具
有發達之腦，而且其嗅覺區之舊皮質（paleopallium）
區域逐漸減少，而發展廣大之新皮質（neocortex or

neopallium），以綜合管制意識階段（conscious level
）之高級神經生理功能。

　　神經系統分為中樞神經系統（central nervous
system）：包括腦（brain）及脊髓（spinal cord）；
周邊神經系統（peripheral nervous system）：包
括腦神經、脊神經以及自主神經（autonomic nerves）
。體神經掌理體表之感覺以及骨骼肌之隨意運動，自主
神經則管制內臟（心肌、平滑肌及腺體）之不隨意運動
。

　　神經系統之基本單位為神經細胞或稱神經原（ne-
uron），感覺神經原（sensory neuron）之末梢特化
成各種接受器（receptors）分別接受外界及內在之刺
激。刺激之信號經由傳入纖維（afferent fibers）傳至
中樞調節機構（central integrative mechanism）
，中樞為分化詳盡之神經組織，它可管制調節種種反射
功能，經綜合調節後之信號，經由運動神經原（motor
neuron）之傳出纖維（efferent fibers）帶到作用器
（effectors）而產生反應。此種由刺激而產生反應之途
徑稱為反射弧（reflex arc），乃神經活動之最基本單
位。高等動物尤其是人類因具有發達之新皮質，不但有
反射功能，更具有種種意識階段的高級功能，如替境反射
（conditioned reflex）、情緒（emotion）、行為（
behavior）、學習（learning）、記憶（memory）等。

　　動物體之身體各種系統無一不受神經系統的管制，
而此神經系統隨動物之進化，為應付增加之變化及需要
更發達成為一完整而複雜之系統，然而其種種功能之管
制調節却在錯綜複雜中有其特定而規律之生理活動，研
究神經系統上述種種複雜之生理統稱為神經生理學。
（蔡作雍）

神經肌肉纖維的電纜特性 (Cable Properties of Nerve and Muscle Fibers)

　　神經與肌肉細胞都屬細長形細胞，在正常生理環境
中，細胞外為導電性良好的細胞外液，細胞內的胞漿，
導電性亦良好，此兩良導體之間隔以一層電阻甚高的胞
膜（螃蟹神經膜電位約為 5000 ohm-cm^2，蛙骨骼肌細
胞膜電位約為 4000 ohm-cm^2）。此情形與海底電纜甚
相似，故存在於海底電纜的電學問題亦存在於神經肌肉
纖維，此類問題如外電阻、內電阻、膜電阻、膜電容以
及由此導出的其他問題如時間常數，長度常數等，對了
解神經肌肉生理均甚重要。（盧信祥）

神經傳遞物質 (Neurotransmitter Agents)

神經脈衝（nerve impulses）由一神經原經過聯會（synapse）處，傳遞至另一神經原或作用器（effectors）——即肌肉或腺體細胞——之方式有電流性（electrical）及化學性（chemical）兩種。前者即神經脈衝如電流般直接傳過空隙及阻力較小之聯會，某種魚類及鳥類之神經傳遞已證明有此種方式存在。哺乳動物之神經傳遞尚不能肯定有電流性者，故神經傳遞之方式可能全部假居間化學物質（chemical mediator）之作用。當神經脈衝達到聯會前神經原（presynaptic neuron）之末梢，藉離子之作用而分泌某種特定化學物質。此種化學物質作用於聯會後細胞膜（postsynaptic membrane）之上，使聯會後之神經原及作用器發生去極化作用（depolarization）而產生動作電位，由此間接完成脈衝傳遞之作用。居間之化學物質稱為神經傳遞物質。此類物質有多種，如乙醯胆胺（acetylcholine）、新腎上腺素（norepinephrine），度巴明（dopamine）、組織胺（histamine）、塞拉多寧（serotonin）等。乙醯胆胺為全部自主神經節、神經肌肉接合，全部副交感神經節後纖維及小部份交感神經節後纖維之傳遞物質；新腎上腺素則為大部份交感神經節後纖維之傳遞物質。大部份之聯會，尤其是中樞神經系統中之傳遞物質尚未十分明瞭，上述物質均可能為中樞神經系統中不同聯會之神經傳遞物質。（蔡作雍）

神經膠質細胞（Glial Cells）

神經膠質細胞被認為是中樞神經系統中之"支持組織"（supporting tissue）。以形態可分為三種：

(1)星狀大膠質細胞（astrocyte，又稱 macroglia）。其細胞體較大，有很多樹狀突起，有的突起延伸至血管或軟腦膜。此類膠質細胞係外胚層細胞分化而來。

(2)寡樹狀突膠質細胞（oligodendroglia），較上述細胞略小，樹狀突亦較少。此類細胞亦由外胚層分化而來。

(3)小膠質細胞（microglia）。由中胚層細胞分化而來，很似變形的吞噬細胞，胞體小，樹狀突少。

膠質細胞可產生自發性的原生質移動現象，以致其樹狀突及細胞膜有"運動"現象，此"運動"現象可促進神經細胞與細胞間液間之物質交換。（韓　偉）

神經聯會（Synapse）

指二神經細胞（神經原）或神經原與作用器之間相接之處。上一神經原之脈衝（impulses）在此接合處可藉電流性（electrical）或化學性（chemical）之方式影響下一神經原或作用器之膜電位（membrane potential），進而抑制或激發其動作電位（action potential），具此作用之神經接合處稱為神經聯會（過去亦有譯為：胞突纏絡、神經接合、神經交接等）。聯會之方式可能為一神經原之軸突末梢與另一神經原之樹狀突相會，稱軸索樹突聯會（axodendritic synapse），亦可能為一神經原之軸索與另一神經原之細胞體相聯會，稱軸索胞體聯會（axosomatic synapse）。聯會前神經纖維（presynaptic fiber）之末梢擴大形成終鈕（terminal buttons）或聯會小球（synaptic knobs），與聯會後神經原或作用器（postsynaptic neuron or effector）相接融，終鈕或聯會小球內有許多聯會小囊（synaptic vesicles），神經傳遞物質（參見neurotransmitter agents），即自此小囊中分泌，藉化學物質之作用而改變（抑制或激發）聯會後神經原或作用器之動作電位，此種神經脈衝之傳遞方式稱為化學性傳遞（chemical transmission），為動物體聯會傳遞中最常見之形式。神經脈衝如電流般直接越過聯會之方式稱為電流性傳遞（electrical transmission），某種魚類及鳥類之聯會可見此種傳遞方式，在哺乳動物中則鮮見此種方式存在，可能全部或大部份假化學性之傳遞方式。（蔡作雍）

神經纖維對刺激的調整（Accommodation of Nerve Fiber to Stimulus）

使用閾下刺激（subthreshold stimulus）刺激神經纖維，神經纖維雖不致興奮，但其興奮性則發生重大改變，若閾下刺激時間短暫，則纖維興奮性增高，此時若施予另一刺激，可用較平常有效刺激較低之強度引起興奮，此乃因刺激綜合（summation of stimulation）的結果。若閾下刺激維持時間較長，則纖維的興奮性逐漸降低，此時若施予另一刺激，欲使刺激有效，其強度必須逐漸增高，這種細胞因受長期閾下刺激致興奮性逐漸降低的現象，稱為細胞對刺激的調整。調整發生的原因，至少有下列三點：

一、刺激引起胞膜去極化的能力因刺激時間增長而減低。

二、胞膜去極化過久，胞膜鈉攜帶者（sodium carrier）部分由靜止經致活再經減能而呈不活動，故胞膜對鈉離子的透過性不易再增高。

三、神經纖維胞膜對鉀離子的透過性因胞膜去極化而增高，鉀離子透過性增高後，胞膜不易再因刺激進一步去極化。（盧信祥）

紅血球 (Erythrocytes or Red Blood Cells)

紅血球爲雙凹形的圓盤，邊緣較中央爲厚，人的紅血球直徑大約有 7.5 微米（micron 即千分之一毫米），約厚 2.0 微米，比重爲 1.092～1.095，正常男子在每一立方毫米血液中約有紅血球五百四十萬左右，女子在每一立方毫米血液中祇有紅血球四百八十萬上下，每個紅血球外面圍以一層薄膜，厚約 10～20 微微米，佔紅血球全部重量的 2－5%，由基質蛋白（stromatin），血型物質以及脂質所構成，膜之內面即紅血球內，則含有血紅素（hemoglobin），佔全部重量的 33%，除此之外，尚有許多酵素、色素、胺基酸、礦物質以及一些代謝產物，製造紅血球的器官隨年齡不同而有所差異，胎兒在卵黃囊、肝、脾等處製造之，小孩全身骨骼之骨髓腔都可以製造血球，成人則僅有肋骨胸骨等扁平骨及長骨之上端未被脂肪浸潤之紅骨髓才有造血機能，如成人之骨髓因某種原因發生壞死或纖維化之後，不能生成血球，其肝及脾臟亦可以造血，凡此均稱之爲骨髓外造血（extra-medullary hematopoiesis），正常之紅血球壽命約 120 天，衰老的紅血球在網狀內皮系統內破壞，旋由新生的紅血球以補充之。（劉華茂）

紅血球生成 (Erythropoiesis)

任何原因足以減少組織細胞之氧運送時，將導致體內紅血球數目之增生，例如生血後之貧血，高空缺氧，許多循環系統病變而致血流變慢，他如運動員常因運動時之組織缺氧，其紅血球亦較一般人士爲高，易言之，組織細胞缺氧即刺激紅血球生成之原動力，但紅血球之形成受血中一種名叫紅血球生成素（erythropoietin）的荷爾蒙所管制，後者又稱紅血球刺激因子（erythropoietic stimulating factor），是一種醣蛋白，分子重約在 25,000 與 45,000 之間，在體內組織缺氧時則產生之，大量之紅血球生成素係在腎臟中產生，小量的亦可在肝中形成，彼作用於骨髓，使紅血球在發生之各個階段中容易成熟，最主要作用於骨髓中的幹細胞（stem cells），使之分化爲成血細胞（hemorytoblasts），迅即形成嗜鹼性紅血球母細胞（basophile erythroblast），此時開始合成血紅素，逐漸轉變爲多色紅血球母細胞（polychromatophile erythroblast），蓋血紅素愈來愈多之故，此時血紅素含量漸多，核則漸小，稱之爲幼紅血球（normoblast），最後血球中之血紅素濃度已達到正常（約 33%），核亦自行溶解而消逝，即成熟的紅血球，但成熟的最初幾天，仍可見到血球中有顆粒與細絲，稱之爲網狀紅血球（reticulocyte），此種血球大多存在於骨髓中，平時循環血液中不會超過千分之五。（劉華茂）

紅血球脆性 (Erythrocytes Fragility)

紅血球膜乃一半透性膜，水份以及若干小分子物質可以自由出入，但大分子則不易透過，紅血球膜對電解物游子的通透能亦具選擇性，正游子如鈉鉀則不易穿過，負游子如氯等則反是，故溶液中電解質可控制分水之進入血球，如將氯化鈉配成千分之九的濃度，因其滲透壓等於血漿與血球的滲透壓，紅血球在其中既不會脫水又不會吸水，而仍能保持原來形狀，此謂之等張溶液，濃度較此爲高的叫高張溶液，較此爲低的叫低張溶液，血球在高張溶液中因失水而縮小，在低張溶液中則又因吸水而脹大，在低張溶液中的紅血球，當破裂以前，它的體積可脹得很大，一方面因爲紅血球是雙凹體的圓盤，祇需變成圓球，體積即可加大兩倍半而不致加大它的表面面積，另一方面則是因爲細胞膜能受相當張力而不致破裂，這種不破裂的性能，各血球不同，通常人血大部份紅血球在千分之四氯化鈉溶液中發生溶解，一小部分在更濃氯化鈉溶液中即已起溶解，另一小部分則非至溶液被稀釋到千分之四以下不起溶解，這即所謂紅血球脆性是也，例如溶血性黃疸病患者之血液中，阻力較小的紅血球數目大增，在循環血流中極易破裂，導致大量溶血。（劉華茂）

紅血球增多症 (Polycythemia)

所謂紅血球增多症係指紅血球數目之增加，血紅素含量超過正常，或者是一單位血液中紅血球比值特別增高，大別之分兩類：即絕對性紅血球增多症與相對紅血球增多症，前者指循環血液中之紅血球總量增加，血液黏滯性亦大增，後者乃是血漿變濃後容量減少，紅血球總量仍然正常。上二類亦可將之分爲原發性紅血球增多症及續發性紅血球增多症，茲分述如下：

1.原發性紅血球增多症：又稱眞性紅血球增多症或 Vaquez-Osler 病，原因不知，發生於中老年人，小孩甚爲少見，脾常腫大，可能因骨髓之過度增生，不僅紅血球及血紅素過量，白血球及血小板數目亦大增，全血量增加後致血流變慢，血細胞易在血管內形成栓塞，但又不能有效形成血塊（ineffective clot formation），招致出血。

　　2.續發性紅血球增多症：此種患者白血球及血小板數都正常，使紅血球數目因血液變濃而相對增加，通常可發生在嘔吐，嚴重熨傷，大量出汗或極度脫水之人，尤以心臟病患兒童，如肺循環有分流存在，則動靜脈血混合而降低氧飽合量，骨髓經常受到此種缺氧的刺激，導致紅血球增多症。（劉華茂）

胞內電阻（Interior Resistance）

　　電生理學所謂之胞內電阻，通常指在細長細胞依長軸測得的縱向電阻（longitudinal resistance）。胞內電阻常以兩種方式表示，一爲細胞單位長度之內電阻，習慣以r_i代表；另一爲單位橫剖面積單位長度之內電阻，習慣以R_i代表，兩者可依下式互變

$$r_i = \frac{R_i}{\pi \rho^2} \qquad \rho\text{ 爲細胞半徑}$$

　　龍蝦與螃蟹神經之R_i約爲 60 ohm-cm ，蛙骨骼肌之R_i約爲 200 ohm-cm。（盧信祥）

胞飲作用（Pinocytosis）

　　胞飲作用是物質運送的另一種方式，首先在阿米巴發現，其後在其他細胞也見有同樣的現象。生物體內許多細胞都能進行胞飲作用。比較明顯的如胃腸道的上皮細胞、腎小管的壁細胞、肝臟內的吞噬細胞（kupffer cells）、毛細血管壁的內皮細胞、以及白血球，成纖維細胞（fibroblasts），巨噬細胞（macrophages）與某些癌細胞等。胞飲作用是細胞漿外層漿膜變動的結果。由於一部份漿膜內陷成孔道，與其接觸的物質分子落入孔道中，即被其兩側的僞足（pseudopod）包圍。繼而成爲胞飲體（pinosomes），與漿膜表面分開，游離在胞漿中。有些物質能使某些特殊細胞引起胞飲作用。例如有些學者利用 amoeba proteus 作實驗，發現蛋白質，氨基酸，鹼性染料和鹽類物質都能使其引起胞飲作用；而核酸，碳水化合物則否。鹽類物質中，陽離子較陰離子強。陽離子中鈉、鉀、鎂的作用又較鈣強。

　　實驗證明引起胞飲作用物質的分子能使一部份漿膜結構的韌性降低，該部漿膜因而內陷。有些實驗結果顯示能引起胞飲作用的物質在接觸到漿膜以後，形成孔道以前，先使該部漿膜的電阻力（electrical resistance）降低了約五十倍。又有些實驗顯示 amoeba proteus

漿膜外面附着有長約 1000 - 2000 Å ，寬於 60 Å 的毛狀結構，其化學成份爲帶陰電子的黏液多糖體（muco-polysaccharides ），所以能與陽離子以及其他可引起胞飲作用的物質分子結合，然後再使漿膜內陷形成孔道或胞飲體。

　　進行胞飲作用在形成孔道與胞飲體過程中需要能量。此外，漿膜與物質分子結合時，可能與物質在漿膜內外的濃度沒有固定的關係，這與活性運送（active transport）的情況相似，可是胞飲作用並不是一種單純的活性運送，它是生物體內一種非常重要而特殊的生理功能。許多大分子的物質如蛋白質、脂肪、內分泌素，及腺體分泌物，能夠順利的通過細胞膜進行物質交換，都是以胞飲作用的方式完成的。（周先樂）

胞膜時間常數（Time Constant of Cell Membrane）

　　細胞膜具有電容（capacitor）與電阻（resistor）之特性。因此，當以外加電流改變膜電位時，必須先經過充電的遲延始能使電位改變達到最高與穩定，當外加電流停止，膜電位復原亦須經過放電之遲延，使電位改變到達最大值之 1/e（1/2.718 或 36.8%）所須之時間稱爲胞膜時間常數。時間常數之大小與胞膜電容電阻之大小呈正比，其間關係可由下式表示

$$T_m = R_m \cdot C_m$$

　　T_m爲時間常數，R_m爲單位面積胞膜電阻，C_m爲單位面積胞膜電容，不同細胞的胞膜時間常數不同，神經纖維約爲 0.7～5msec.，心肌細胞約爲 2～40msec.。時間常數愈大，刺激的時間綜合（temporal summation）機會愈多。（盧信祥）

胞膜導電性（Conductance of Membrane）

　　在生理情況下，透過胞膜的電流實乃離子流，故所謂胞膜導電性，乃指一離子在某一電位影響下透過胞膜的容易程度，此與離子透過性（permeability）一詞相似而不相同，透過性是指某離子在某一濃度差之影響下透過胞膜的容易程度。胞膜導電性常隨膜電位不同而改變，例如神經胞膜對鈉、鉀離子流的導電性，即可因胞膜去極化而增高。導電性之測定較透過性之測定容易，一般均以按歐姆定律測得的胞膜電阻的倒數，代表胞膜導電性。導電性的高低，與細胞的興奮性及興奮情形均有密切關係。（盧信祥）

胞體蛋白酶（Kathepsin）

可使細胞中蛋白質分解成氨基酸（amino acid）之酵素。（黃至誠）

前列腺素（Prostaglandin）

由脂肪酸（fatty acid）所成之化合物。精液中含量甚豐，其他如肺、腦等組織中亦含之。可分爲 PGE_1（1α, 15 dihydropy-9 keto-prost-13-enoic acid

$$HOOC^1—(CH_2)_3—\overset{5}{CH}=CH—CH_2$$
$$\overset{20}{CH_3}—(CH_2)_4—CH(OH)—CH=\overset{13}{CH}$$

）及 PGE_2（與 PGE_1 極相似，但第9碳上爲 dihydroxy 根）。可作用於平滑肌而使血管擴張，抑制腺嘌呤成環酶（adenyl cyclase 見本名及 free fatty acid 中圖解）而抑制脂肪組織之分解。大腦皮質，小腦及脊髓之神經末梢可放出此物質而改變神經興奮速度。（黃至誠）

前走（行走）動作（Locomoter Activity）

日常生活中之運動如走路，通常均由反射動作完成，此類反射爲複雜連續且具韻律性之動作，其最基本之反射却與維持直立姿態之反射有關，如伸肌之伸展反射（stretch reflex）。

由於前進之動作必須依賴各肢體之配合運動，故此種反射動作牽涉及很多組之肌肉。各組肌肉縮舒及各肢體屈伸之配合，除有賴脊髓之反射中樞外，較高之神經中樞亦深具影響力。以貓爲例，若在延髓之上橫切其腦幹，其四肢肌肉無力，完全喪失自發之運動；但若僅施以較高之去大腦手術，（在四叠體及視神經交叉之前橫切），貓能自動由坐姿起立行走，其前進之動作相當正常，一直到它碰到障礙後才顯出其前進動作之失常。此時貓之四肢仍在作行走運動但頭却抵住障礙無法前進。

較高等動物如猴，完整之前進動作有賴更高之中樞，如僅有視丘以下之腦幹，其前進動作似完全喪失。（韓偉）

前電位（Prepotential）

見 pacemaker potential。（盧信祥）

胎兒循環（Fetal Circulation）

胎兒循環系統有胎盤經路之存在，及肺循環似乎無功用，而且左右心房徑卵圓孔（foramen ovale）有交通，並且肺動脈及大動脈經動脈導管（ductus arteriosus）交通，因此動脈血及靜脈血有混合現象。當出生後，胎盤失掉，而卵圓孔及動脈導管不久閉塞，而且大小循環路徑分別清楚。胎兒，新生兒，及成人之循環機能之變化如下：

	胎兒	新生兒	成人
靜脈壓	IVC>LA	IVC<LA	IVC<LA
動脈壓	PA>A	PA<A	PA<A
卵圓孔	開	閉	閉
動脈導管	開	閉	閉
臍帶血管	開	閉	閉
肺血管抵抗	高	低	低
心室輸出量	L>R	L>R	L=R

IVC：下腔靜脈，　PA：肺動脈，　A：大動脈
LA：左心房
L：左側，　R：右側　　　　（黃廷飛）

胎盤促性腺激素（Chorionic Gonadotropin）

胎盤促性腺激系爲母體懷孕後由胎盤所分泌的激素，是一種含醣的蛋白質。懷孕第六週後分泌大量增加，到第十六週後尿中此激素的排泄量才行減低，一直保持到分娩。胎盤促進性腺激素的主要功能在刺激黃體增生，並促進黃體分泌女性素（estrogen）和黃體素（progesterone）。

胎盤促性腺製劑用於男性，能刺激睪丸分泌睪丸酮（testosterone），故常用於治療隱睪症。（楊志剛）

胎盤催乳激素（Chorionic Growth Hormone-Prolactin）

最近發現一種新的激素，叫做胎盤催乳激素（human placental lactogen），自懷孕第五週起由胎盤分泌，其分泌隨着懷孕的過程而增加。它是一種小分子的蛋白質，分子量在二萬與三萬之間。主要功用能促進乳腺的成熟和肥大。它與生長激素相似之處爲促進細胞生長和抑制胰島素的作用，使葡萄糖不容易進入細胞內。

胎盤催乳激素可使鴿子的嗉囊分泌嗉囊乳，也可使鼠類的黃體分泌女性素和黃體素。（楊志剛）

配子發生（Gametogenesis）

配子包括雄性的精子和雌性的卵子。配子發生亦包括了精子發生和卵子發生。精子發生將詳於精子發生項下，此處祇討論卵子發生（Oögenesis）。

原始生殖細胞經過一連串的增生而分化成卵母細胞（Oöcyte）在出生時二個卵巢共有約五十萬個初級卵母細胞。在成人期每月有一個卵成熟而排卵。在排卵前初級卵母細胞減數分裂成爲次級卵母細胞和第一極體。次級卵母細胞在受精後分裂爲卵子和第二極體，卵子染色體數目爲卵母細胞之半，即二十三個。（楊志剛）

配糖酶（Glucosidase）

由十二指腸之 Brunner 氏腺及小腸之 Lieberkühn 氏腺所分泌。消化配糖成葡萄糖（glucose）。（黃至誠）

食物之攝取（Food Intake）

單細胞動物食物之攝取是直接經由其細胞膜將環境中之營養物質藉各種傳遞方式（如滲透，擴散，主動傳遞 active transport，吞噬 pinocytosis）納入。高等動物體內每個細胞獲得其能量亦不外藉這些方式，但因其細胞並非直接與外界接觸，故必須有健全之攝取食物之機轉，方能生存。正如一出生卽會呼吸一樣，初生兒天生卽有吮吸及下嚥之本能，此吮吸反射及下嚥反射之中樞均在延髓。此二反射爲食物攝取之最基本機轉。

成人食物之攝取較複雜，色、香、味、意（心裡想到）均可引起攝食之連續動作，包括走向食物所在地，拿起食物，放入口中，咀嚼，嚥下等。

食物入口後所引起之分泌，消化，吸收，及分佈至體內各需用細胞之過程則不在此項內討論。

控制食物攝取量之中樞位於下視丘。（韓　偉）

食道內壓（Intraesophageal Pressure）

食道之肌肉通常頗鬆弛，食道中段之內壓與胸腔之內壓甚爲接近，故一般呼吸生理學者，常測定食道中段之內壓以表示胸腔內壓。在安靜之呼吸時，食道中段之內壓常低於大氣壓，常介乎 — 5 至 — 10 mmHg 之間，即呼氣時稍低於大氣壓，吸氣時其內壓更低。

食道中段之內壓爲負壓，已如上述。但在咽與食道之聯接處（pharyngoesophageal junction），其骨骼肌經常收縮，故此處之內壓較高，通常較大氣壓高15至23 mmHg。又在胃與食道下端間之括約肌（gastroesophageal sphincter），其內壓亦爲正壓，常較胃內壓高 5 mmHg。由此觀之，食道中段之內壓雖爲負壓，但其上端及下端之某部，其內壓則爲正壓。此兩處之正壓，成爲食道之障礙關口（又名障壁 barrier），藉此防止胃內容物倒流至口腔，對消化之功能方面，亦有相當之貢獻。（方懷時）

勃起、遺精和射精（Erection, Emission and Ejaculation）

陰莖內含有三條柱狀勃起組織，係由海棉狀的靜脈竇所組成，外圍以管狀腱膜，通常陰莖在弛緩狀態。有性慾時副交感神經之一的勃起神經興奮，引起陰莖內小動脈舒張，海棉狀組織因充血而腫脹，壓迫到靜脈而使血液回流受阻，則陰莖增大而變硬，此現象謂之勃起。

當性行爲達到高潮時，由腰脊髓第一第二節來的下腹神經（交感神經之一）將訊號傳到生殖器官而引起遺精。此爲射精的前奏，它包括平滑肌的規律性收縮將精液移至尿道後部。

然後有規律性的神經衝動自荐脊髓第一節第二節沿陰部神經到球海棉體肌，導致該骨骼肌有規律性的收律，而將精液射至體外，謂之射精。（楊志剛）

勃朗納氏腺（Brunner's Glands）

主要在幽門（pylorus）及 Vater 乳突間十二指腸壁上之腺體。由食物及迷走神經（vagus nerve）刺激分泌。可保護十二指腸免受胃液消化。（黃至誠）

氨基胜酶（Aminopeptidase）

由十二指腸之 Brunner 氏腺及小腸之 Lieberkühn 氏腺所分泌。消化多胜（polypeptides）及氨基酸（amino acid）成簡單之胜及氨基酸。（黃至誠）

氨基酸（Amino Acid）

爲蛋白質之主要成份。每一氨基酸均含有一羧根（carboxylic acid 即—COOH）及一氨基根（amino group 即—NH_2）連接在同一碳上形成 $R-\overset{NH_2}{\underset{}{C}H}-COOH$ 之分子式。體內蛋白質含約廿三種氨基酸。其中十種，身體自身不能製造，或者製造量不夠，必需依賴食物中攝入，故稱重要氨基酸（essential amino acids）。另十三種則身體可自行製造，不需依賴食物，故稱非重要氨基酸（non-essential amino acids）。所謂非重要氨基酸只是指食物之供應不太重要而言。對供作合成蛋白質之原料言，則重要性相同。非重要氨基酸之合成先製造酮酸（alpha keto acid），例如焦葡萄酸（pyruvic acid）等，然後再由轉氨基酶（transaminase）自體內儲量甚多之另一氨基酸轉移一氨基根（amino group）至酮酸而形成一新氨基酸。（黃至誠）

胜（Peptide）

為蛋白質分解時之中間產物。由二個或以上之氨基酸（amino acid）結合而成。其中一個氨基酸之氨基根（amino radical）於去一氫原子後即與另一氨基酸之羧根（carboxyl radical）結合。此羧根即有一氫氧根（hydroxyl radical—即 OH^-）放出而與氨基根放出之氫結合成水。此種結合即稱胜聯結（peptide linkage）。此可由下式代表之：

$$R-CH-COOH + R'-CH-COOH \longrightarrow$$

$$\begin{array}{c} NH_2 \\ | \\ R-CH-CO \\ | \\ NH \\ | \\ R'-CH-COOH \end{array} \quad + H_2O$$

新生成之胜仍有一氨基根及羧根，故可再與另二個氨基酸聯結。最後可由甚多氨基酸連成一串，稱胜鏈（peptide chain），亦稱多胜（polypeptide）。（黃至誠）

促卵泡成熟素（Follicle stimulating Hormone）

促卵泡成熟素英文簡稱 FSH，由腦下腺前葉的嗜鹼性細胞分泌，屬於一種醣蛋白。它作用於卵巢促使卵泡成熟，作用於睪丸內的曲細精管促進精子的形成。下視丘分泌一種釋放因子由靜脈到腦下腺前葉，控制促卵泡成熟素的分泌。在月經週期中血中促卵泡成熟素的濃度以及每日由尿排泄促卵泡成熟素的量亦呈週期性的變化，婦女停經後，血中和由尿排泄的促卵泡成熟素大量增加。（楊志剛）

幽門括約肌（Pyloric Sphincter）及胃出空時間（Gastric Emptying Time）

在胃與十二指腸間存在着明顯而較厚的平滑肌，稱為幽門括約肌。由於此種顯著括約肌的存在，因而使過去一些生理學者都認為胃之出空主要受幽門括約肌所管理，並以為此括約肌經常緊閉的。祇作間隔而短期的開放，容許排出少量之胃內容。但以 x 射線或檢胃鏡直接觀察人胃的幽門，或在動物幽門附近做成腸瘻管，然後舉行實驗觀察，始悉幽門括約肌並不具有充分的作用以管制胃內容的通過。幽門關閉時，胃內容固然不能通過，但也常見幽門開放，而胃內容並不通過。如用外科手術切去幽門後，胃的出空速度並不受到明顯的影響。

近來一般生理學者認為，幽門括約肌的活動與其鄰近的幽門竇（pyloric antrum）及十二指腸冠（duodenal cap）的活動是相一致的。每當胃蠕動波前面的舒張波到達幽門時，幽門即開放，而當其後面的收縮波到達幽門時，幽門即關閉。但並非每個蠕動波到達幽門時，都能有胃內容排出。幽門括約肌的存在，對於防止十二指腸內容的逆流入胃，具有相當的貢獻。

胃內容向十二指腸移行，尚決定於幽門兩邊（胃內與十二指腸內）的壓力差。當胃內壓高於十二指腸內壓時，胃內容即由胃排出。胃的緊張性收縮與蠕動是產生胃內壓的根源，因而也是促進胃出空的原動力。

胃內容的狀態也可影響胃出空時間的長短。食物必須與胃液充分混合，成為半流體或流體的狀態後，才易通過幽門而進入十二指腸。胃出空時間尚因食物的性質而異。一般說來，若食物是純粹碳水化合物（即醣類），在胃內停留的時間約為一小時左右，若為蛋白質，約停留 2～3 小時，若為脂肪，則須停留 4～5 小時以上。人類日常的食物都是各類混合的，胃出空時間約為 3～4 小時左右。總之胃出空時間之長短，常與胃運動的能力成反比。胃出空時間愈短，表示胃運動的能力愈強。否則，反之。此外，食物的量亦可影響胃出空時間。如食物的量較多，則胃出空時間也較長。（方懷時）

冠狀動脈血流（Coronary Blood Flow）

身體安靜時冠狀動脈血流量約 65～70 ml/min/100 gm。其測定法利用 N_2O 吸入法。將呼吸 N_2O（15%）－O_2（21%）－N_2（64%）混合氣體10分鐘，並在 1,3,5 及 10分各間隔抽取動脈血（正肘動脈）及冠狀靜脈竇內靜脈血，而分析血內 N_2O 濃度，依下式計算求算其血流量。

$$F = \frac{100 \times V_s}{\int_0^t (A-V)_{N_2O} \, dt}$$

F：冠狀血流量（ml／mim／100 gm）

V$_s$：N$_2$O 吸及 10 分後，冠狀靜脈竇血 N$_2$O 濃度（Vol％）

A：動脈血 N$_2$O 濃度（Vol％）

V：冠狀靜脈竇血液內 N$_2$O 濃度（Vol％）

t：時間（分）

冠狀血流影響因子有(1)心臟收縮或寬息所引的機械效果。卽在心縮期心肌張力增加而壓迫冠狀動脈，結果減小冠狀動脈血流減少，反之在心舒期，冠狀血管血流却增加。(2)冠狀動脈神經支配。交感神經刺戟冠狀動脈壁平滑肌 α 及 β 受容器，前者使血管縮小，後者却引起擴大作用，而 β - 受容器之作用較 α - 受容器大，結果交感神經刺激引起冠狀血流增加，副交感神經刺激引起冠狀動脈擴大，但作用不顯著。(3)局所代謝產物之影響。血流欠氧，二氧化碳增加或 pH 減低引起冠狀動脈擴大。(4)心肌工作增加或動脈平均血壓升高，心臟冠狀動脈血流增加。（黃廷飛）

急性腎上腺皮質機能不全（阿迪生氏危機）

（Acute Adrenocortical Insufficiency; Addisonian Criss）

急性腎上腺皮質機能不全的原因有(1)傳染病，創傷等危急（stress）至使腎上腺出血或血栓而引起，(2)當心皮質酮固醇用於治療而於停止給予時，(3)切除腎上腺腫瘤後引起，及(4)抗凝血素利用時而產生之併發症等，此時腎上腺皮質激素大量減低而有乏力，精神混亂，不安，嘔吐，腹部或脊柱前角疼痛之症狀；進而循環瓦解，逐漸不省人事，繼而可能死亡。

危急之當時，皮質激素之分泌量高於平時之十倍，而將皮質中之貯藏減至最少。故其後會產生暫時性的腎上腺皮質機能不全。很多病人於手術後恢復期間會發生休克卽為一例。此時宜用適量的皮質醇，足夠的電解質濃液或全血以對抗脫水與休克，亦需有六碳糖以補充其血糖過低。（萬家茂）

活性運送（Active Transport）

活性運送是生物體內許多物質經過細胞膜的一種特殊運送方式，其特徵有下列數點：(1)活性運送的過程中須要供應能量，能量的來源是從一些特殊物質代謝時所產生的；(2)活性運送易受藥物的影響，由於進行活性運送須要能量，所以凡是能夠影響細胞代謝的因素都會改變活性運送的情況，例如缺氧以及使用二硝基酚（din-itrophenol）或氰化物後，物質的活性運送都會有顯著的改變；(3)活性運送能維持膜二側濃度的差異，如以半滲膜將濃度不同之二液體分開，由於物質濃度的差異，高濃度物質的擴散率大於低濃度物質的擴散率，當膜二側的濃度相等時，才達到平衡狀態；在活性運送的過程中，雖然上述的現象仍然存在，但是活性運送不但能克復因濃度差異而產生的擴散作用，並且還能夠把某些物質繼續不斷的從低濃度的一面運送到高濃度的一面，以維持膜二側濃度的差異；(4)活性運送能維持一定的運送量（flux），被動方式的物質運送量是和膜二側的濃度、電位、或壓力差異的大小成正比，活性運送的運送量則不受上述因素的影響，只要物質的代謝率恆定，就能維持一定的運送量。

細胞膜內活性運送進行的程序以及能量使用的方式，由於研究技術上的困難，目前還不能直接的用實驗來證明。不過，從一些間接的證據已經演化出很多有關的假說，來解釋活性運送可能的機轉。其中以遞送器（carrier）假說較受重視。許多學者認為活性運送的完成是由於細胞膜內遞送器的作用。被運送物質的分子（A）在細胞的一側，先與細胞膜內的遞送器（C）結合成（AC），（AC）由膜的一側擴散至他側，並分解成（A）與（C），（A）擴散到膜外，（C）則返回原處繼續作用。（A）與（C）的結合是一種普通的反應。（AC）在細胞膜內由一側擴散至他側，可能因為膜二側（AC）濃度的差異，是一種普通的擴散方式。（AC）的分解通常與細胞內另一反應關連，並可能是高能量化合物轉變成低能量化合物（ATP→ADP＋E）的反應，釋放出能量供進行（AC）分解作用時的需要。（AC）分解成的（A）與（C）又都依照擴散的一般原理，通過細胞膜或返回原處。由於這些步驟的繼續進行，所以物質的分子能由細胞膜的一側被運送到細胞膜的另一側。遞送器假說雖可解釋物質在細胞膜內活性運送的現象，但遞送器是什麼物質？它有什麼特性？它在細胞膜內如何擴散？能量的反應又如何的參與到物質的運送反應？以及運送的方向如何決定等問題，雖也有不同的假說分別予以解釋，但都沒有肯定的結論。目前的研究工作仍在尋求更完善的解釋。（周先樂）

面神經與中間神經（Facial Nerve and Nervus Intermedius）

為第七對顱神經，在橋腦下緣側部伸出，以第八對顱神經與小腦小葉相隔。其中包含下列纖維：一、細胞在膝狀神經節（ganglion geniculi），其周圍枝隨面神經而分佈，其中樞枝經中間神經進入孤立束核(nucleus solitarius) 而終止，司顏面深部感覺。二、細胞也在膝狀神經節，其周圍枝經鼓索和舌神經到舌頭前三分之二的味蕾，其中樞枝經中間神經而終止於孤立束核，司味覺。三、纖維起源於上涎核（nucleus salivatorius superior），經中間神經、面神經、鼓索和舌神經到達頷下神經節，由此發出節後纖維支配頷下和舌下唾液腺的分泌。四、纖維由面神經運動核內細胞發出，經面神經而終止於顏面和頭皮的淺部肌肉，以及薄頸肌、雙腹肌後腹與莖舌骨肌等。（尹在信）

便秘（Constipation）

正常人每一兩天或兩三天排便一次。如較此更長的時間尚未排便，即爲便秘。

正常人的直腸對糞便的壓力刺激，具有一定的閾值（參閱排便動作），當其達到此閾值時，即可引起便意。但如對此感覺經常予以制止，則直腸對糞便的壓力刺激漸漸失去正常的敏感性，遂使閾值提高。糞便如在大腸中停留太久，因被吸過多之水份而變得更爲乾硬，結果便不易將糞塊排出。這些現象，可說是導致便秘的極普通之原因。此外，下述各種因素，亦易引起便秘。

(1)食物中缺少纖維素，亦即缺少構成食物殘渣（糞便）之原料。

(2)情緒不安或憂慮，因而刺激交感神經。交感神經興奮，可制止腸管運動（參閱腸管運動之神經支配）。

(3)不常運動，腹內壓缺少變動，致腸管之運動，隨之降低。

(4)平時無按時排便之習慣，並未建立良好之條件反射（conditioned reflex）。（方懷時）

重極化，再極化（Repolarization）

細胞靜止時，胞膜有極化現象（polarization），胞膜兩邊之電位差約爲 60－90 毫秒，胞內爲負，胞外爲正。細胞每次興奮，胞膜即去極化（depolarize）使胞膜電位突然降低，或甚而呈胞內爲正，胞外爲負的相反極化狀態，這種去極化或相反極化狀態維持時間甚短，胞膜隨即開始回復至原來靜止時之極化狀態，這種胞膜由去極化狀態回復至原來靜止時之極化狀態的經過，稱爲重極化或再極化。重極化歷時之長短，隨細胞種類不同而異，短者如神經纖維爲時僅 1－2 毫秒，或甚至不達 1 毫秒；長者如心肌細胞可達 300－400 毫秒。重極化之最基本原因爲胞膜對鈉離子的透過性於興奮後再度降低。胞膜對鉀離子的透過性增高，亦有助於胞膜重極化，有時因鉀離子透過性增高，使胞膜於興奮後短時呈過度極化現象（hyperpolarization）。（盧信祥）

負極阻斷（Cathodal Block）

神經纖維傳導，乃神經纖維順序逐點去極化興奮的結果，神經纖維任何一點不能興奮，傳導至此即不能繼續前進而遭阻斷。細胞興奮乃胞膜對鈉離子的透過性增高，鈉離子由胞外向胞內移動的結果。根據間接之證據，胞膜對鈉離子的透過性增高，乃因膜中之"鈉携帶者"（sodium carrier） 因胞膜電位降低，由靜止狀態（resting state）變爲活動狀態（activated state）的結果。鈉携帶者的性質甚特殊，每次變活動後，很快即被減能（inactivated）而喪失活動力，經減能後之鈉携帶者欲再度活動，必須先回復靜止狀態，恢復靜止狀態只有在胞膜重極化後始能達成，換言之，胞膜如繼續呈去極化狀態，則膜內之鈉携帶者永遠呈減能狀態而無法活動。當將電極置神經纖維表面通以電流，則負極附近之胞膜呈去極化現象，如電流較強，則於通電期間，負極附近部去極化過甚，其鈉携帶者大部或甚至全部呈減能狀態而失去興奮性，故興奮波傳至此無法繼續前進，是謂負極阻斷。由於負極阻斷是由於胞膜去極化，鈉携帶者遭減能的結果，故負極阻斷又稱去極化阻斷（depolarization block）或減能阻斷（inactivation block）。（盧信祥）

後餘電位 （After Potential）

神經細胞動作電位中，尖峯電位(spike potential)後之餘波，通稱後餘電位。習慣上稱重極化未至靜止膜電位（resting potential）高度部分爲負後餘電位（negative afterpotential）；過度極化或重極化超過靜止膜電位高度部分稱正後餘電位（positive afterpotential）。負後餘電位出現期間，細胞的興奮往往較平常高，正後餘電位出現期間，細胞之興奮性較低。後餘電位之出現乃由於胞膜興奮後，對離子之透過性尚未完全復原所至。（盧信祥）

柏諾利氏定律（Bernoilli's Law）

剛性管子內軸流（axial flow）之總能依照下式計算：

$$E = PQ + mgh + \frac{mv^2}{2}$$

E：總能，dyne-cm，　P：管內壓，dyne/cm²

Q：流量，cm³/sec，　v：速度，cm/sec，

m：液體重量，gm，　g：地引力恒數，980cm

/sec²，　h：液體高度，cm，

上式 P×Q 是壓力能，mgh 為重力能，此兩項即位能（potential energy），而 $\frac{mv^2}{2}$ 為動能（kinetic energy），即在管子之口徑較大處其位能較大，而其處之動能較小。反之管子小處之位能減小而動能較大。但不論管子大小，在各處之位能及動能總和即總能（E）即無差。（黃廷飛）

胡賽現象 （Houssay Phenomenon）

此為阿根廷生理學家 B. A. Houssay 所發現的。即因切除胰臟所導致的糖尿病可由腦下腺的切除而使糖尿病減輕或消失。此現象首先在青蛙發現，繼而見於包括人類在內的其他動物。胰臟切除的動物或糖尿病患者，血糖升高而有糖尿，當腦下腺切除後血糖恢復到正常值，糖尿現象也消失。祇要食物供給充足，血糖可以維持在正常值左右，糖尿病在腦下腺切除後，血糖恢復正常，主要是因為生長激素來源斷絕和腎上腺皮質類固醇分

泌減少所致，生長激素和腎上腺皮質類固醇皆有增加血糖的作用。（楊志剛）

枸櫞酸環 （Citric Acid Cycle）

亦稱 Krebs 氏環或三羧酸環（tricarboxylic acid cycle）。為碳水化合物，脂肪及數種氨基酸被氧化成二氧化碳及水必經之十次循環性化學反應。葡萄糖分解成焦葡萄酸（pyruvic acid）後即從細胞漿進入線粒體（mitochondria）。於是去二氧化碳而成乙醯輔酶 A（Acetyl-coa）。後者即與枸櫞酸環化學反應之最後產物草醋酸（oxaloacetic acid）化合而成枸櫞酸（citric acid）進入枸櫞酸環發生十次反應，最後又產生一草醋酸而與乙醯輔酶 A 化合成枸櫞酸再作循環。脂肪酸（fatty acids）之最後被氧化亦需經乙醯輔酶 A 而進入枸櫞酸環，每一循環即可將草醋酸中二個碳原子氧化而成二個二氧化碳分子，並消耗一個乙醯基以重製草醋酸作再循環之用，同時消耗三個水分子，產生八個氫原子。這氫原子即由 DPN（diphosphopyridine nucleotide 核苷酸二燐吡啶，亦稱 NAD，詳解見 DPN 項）結合成 DPNH 而傳送入呼吸鏈（respiratory chain）

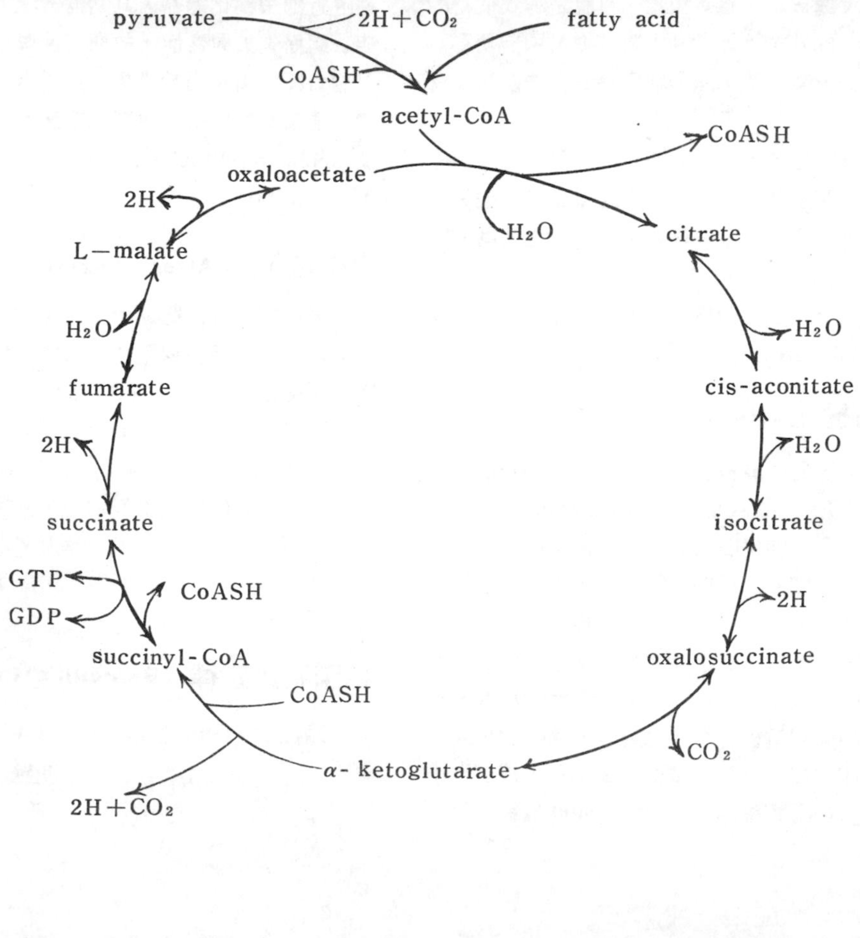

被氧化產生能量以製造三燐酸腺苷酸（adenosine triphosphate 簡寫 ATP）。總計每一葡萄糖分子經 Embden- Meyerhot 徑路至枸櫞酸環而入呼吸鏈全部代謝成二氧化碳及水後可產生卅八個 ATP 分子，亦即儲存 288,800 卡能量。枸櫞酸環中之化學反應可以上圖代表之。

其中自 citrate 至 oxalosuccinate 均含有三個羧酸根（COOH）故枸櫞酸環又稱三羧酸環（tricarboxylic acid cycle）。（黃至誠）

核苷（Nucleoside）

見核蛋白（nucleoprotein）。（黃至誠）

核苷酸（Nucleotide）

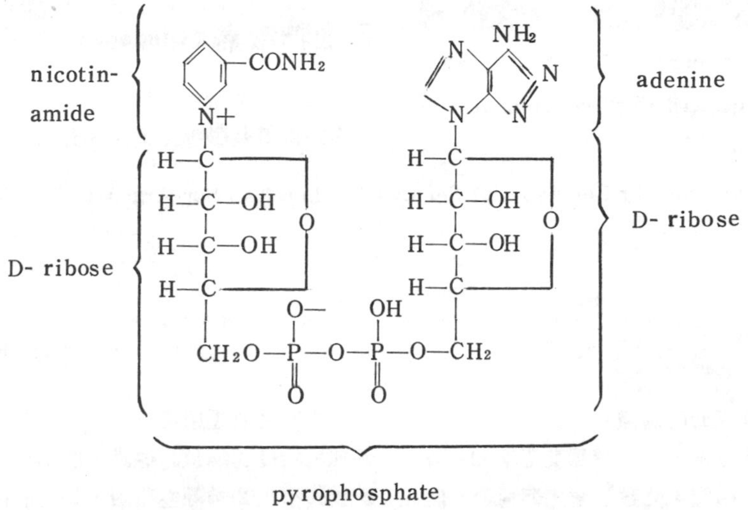

氧化型之核苷酸二燐吡啶（DPN或NAD）

個分子的燐酸，一分子腺嘌呤（adenine）結合而成。（黃至誠）

核苷酸三燐吡啶（Triphosphopyridine Nucleotide, TPN）

亦稱燐酸二核苷酸腺嘌呤菸草醯胺（nicotinamide dinucleotide phosphate 簡寫 NADP）。較核苷酸二燐吡啶（diphosphopyridine nucleotide）多含一燐酸分子。此燐酸與接 adenine 之 ribose 的第二個碳相結合（見 diphosphopyridine nucleotide 之結構式）。TPN 之功能與 DPN 相似，亦在傳送氫及電子。二者並可互相變換。糖分解經單燐酸六碳糖徑（hexose monophosphate pathway）時其需要之去氫酶皆需要 TPN 作輔酶。（黃至誠）

見核蛋白（nucleoprotein）。（黃至誠）

核苷酸二燐吡啶（Diphosphopyridine Nucleotide, DPN）

亦稱二核苷酸腺嘌呤菸草醯胺（nicotinamide adenine dinucleotide 簡寫 NAD）。為一種輔酶（coenzyme），協同去氫酶完成傳送電子至呼吸鏈（respiratory chain）之其他酶上以產生能量。在傳送電子過程中，先是由酵解物將之還原，於是由相合之電子接受物將之再氧化（見 cytochrome，respiratory chain）。其他氧化還原作用如糖分解過程中及枸櫞酸環（citric acid cycle）循環反應時亦需含 DPN 之去氫酶，DPN 被還原後即成 DPNH（NADH）。DPN 是由菸草醯胺（niacinamide）與二個分子的核酸糖（D-ribose）及二

核苷酶（Nucleosidase）

由十二指腸之 Brunner 氏腺及小腸之 Lieberkühn 氏腺所分泌。消化核苷成嘌呤基（purine bases）或嘧啶基（pyrimidine bases）物質及燐酸，五碳糖（pentose）。（黃至誠）

核蛋白（Nucleoprotein）

為細胞核中之主要物質。由核酸（nucleic acid）及數個鹼性蛋白分子如組織蛋白（histone）及魚精蛋白（protamine）結合而成。核酸亦稱多核苷酸（polynucleotide），為甚多核苷酸（mononucleotide）由燐酸鹽連結而成。核苷酸由嘌呤鹽基（purine base）及

嘧啶鹽基（pyrimidine base）二類物質與醋栗糖（ribose）或去氧醋栗糖（deoxyribose）合成之核苷（nucleoside）再加燐酸（phosphoric acid）而成。內含醋栗糖之多核苷酸（核酸）稱醋栗糖核酸（ribonucleic

acid簡寫RNA），內含去氧醋栗糖之多核苷酸稱去氧醋栗糖核酸（deoxyribonucleic acid簡稱DNA）。此RNA與DNA對遺傳控制蛋白質之合成上極為重要（見RNA及DNA各字解釋）。核蛋白，核酸，核苷酸，核苷及嘌呤或嘧啶間之關係，可以下表代表之：

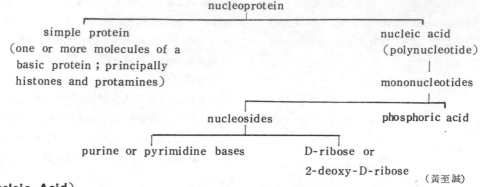

nucleoprotein

simple protein
(one or more molecules of a
basic protein ; principally
histones and protamines)

nucleic acid
(polynucleotide)

mononucleotides

nucleosides　　　phosphoric acid

purine or pyrimidine bases　　　D-ribose or
2-deoxy-D-ribose

（黃至誠）

核酸（Nucleic Acid）

見核蛋白（nucleoprotein），去氧醋栗糖核酸（deoxyribonucleic acid）及醋栗糖核酸（ribonucleic acid）各字解釋。（黃至誠）

高血糖激素（Glucagon）

高血糖激素是由胰臟的 α 細胞所分泌，分子量3450，由29個氨基酸連接而成，其結構如下：

His Ser Glu Gly Thr Phe Thr Ser Asp Tyr Ser Lys Tyr Leu Asp Ser Arg Arg Ala Glu Asp Phe Val
NH_2　　　　　　　　　　　　　　　　　　　　　　　　　　　　　　　　　NH_2

Thr Asp Met Leu Try Glu
NH_2

其分泌可能是受血糖濃度降低的刺激。

主要作用是促使肝糖分解，使其變為葡萄糖 -1- 磷酸，進而成為葡萄糖 -6- 磷酸，終致游離出葡萄糖，使血糖昇高。其主要作用在使環球腺嘌呤核苷單磷酸（cAMP）的產生增加，進而使磷酸脂化酶之系統致活而導致以上之變化。（萬家茂）

高血壓症（Hypertension）

高血壓是因為末梢血管抵抗有長久繼續增加之狀態，年青成人安靜時血壓超過 150/90mmHg，尤是心舒壓上升卽有高血壓。

原發性（或本態性）高血壓占高血壓患者之絕對大多數（約 90−95％）。其原因尚未清楚。其進展速度緩慢，而能持久多年不惡化者卽所謂良性高血壓。反之其進展惡化較快，而在短短幾個月～ 1,2 年內發生急激惡化終於引起心臟衰弱，卽稱謂惡性高血壓。

二次性（或續發性）高血壓之原因較明白，但此種

只占所有高血壓患者之少數（約 5−10％）。由於以下各種原因可能導致高血壓，卽(1)心臟血管有毛病，如大動脈狹窄。(2)神經性原因，如長期精神緊張，中樞神經系統乏血，或頸動脈竇反射有關。(3)內分泌性原因，如腎上腺髓質腫胞（pheochromocytoma），或腎上腺皮質機能亢進，如Cushing氏症候群，或 aldosterone 分泌過剩，有 Na^+ 蓄積。(4)腎性高血壓，因腎臟乏血，引起Juxtaglomerular apparatus 分泌 renin 進入血流，作用於血漿內之高血壓朊原（angiotensinogen），發生高血壓朊（angiotensin），作用於血管管平滑肌，引起其縮小。angiotensin 亦可刺激 aldosterone 之分泌，引起 Na^+ 蓄積。原發性高血壓之原因還沒明白，但以上多種原因有不同程度重加引起之可能性。高血壓之後果，能引起心臟負擔增加，止於衰弱，血管硬化，腦卒中，腎乏血，腎臟機能障害等等。（黃廷飛）

高空病（Altitude Sickness）

吾人如在高處，因缺氧而呈現各種症狀，有人稱之爲高空病，有人稱之爲高山病（mountain sickness），二者稍有不同。如吾人利用飛機上升，上升之速度甚快（例如上昇之速度爲每分鐘一千呎左右），無需肌肉之勞動，此時因缺氧而引起之症狀，稱爲高空病。另一方面，吾人如利用肌肉之勞動爬登高山，上升之速度較慢，此時所產生之症狀，稱爲高山病。爲了想瞭解人體僅因缺氧而引起之症狀（無肌肉勞動之因素混雜其中），故記述高空病之自覺症狀（subjective symptoms）如下表。呈現自覺症狀之頻率，可因飛行之高度而異。

高空飛行時呈現之自覺症狀（表中自上而下順序表示呈現自覺症狀之頻率）

高空 12000 呎 （3656 公尺）	14000 呎 （4267 公尺）	16000 呎 （4877公尺）
瞌睡	頭痛	頭痛
頭痛	呼吸不均勻	呼吸不均勻
呼吸（快慢深淺）不均勻	瞌睡	心理上的障礙
倦怠（Lassitude）	心理上的障礙	欣快症
疲勞	倦怠	瞌睡
心理上的障礙	疲勞	倦怠
欣快症（euphoria）	欣快症	疲勞

如在 15000－18000 呎（4572－5486公尺）之高空停留半小時，除上述症狀外，並呈現記憶力薄弱，注意力減弱，一般感覺遲鈍，協調運動變差，不易辨別是非，過份自信，如同輕度酒醉後之個性改變及視力減退等現象。此外，唇，舌，口腔黏膜，指甲床，耳垂及面部

高空缺氧之程度與死亡例數之關係

高　度（呎）	死亡例數
17000－20000	2
20000－22000	4
22000－24000	6
24000－26000	11
26000－28000	23
28000－30000	13
30000－31500	11
未記錄高度	5
總　　計	75

之皮膚尚出現青紫色（發紺 cynosis）。如上升之速度太快，各自覺症狀更爲明顯。一般受檢者於出現上述症狀後，往往不知缺氧之危險性。有少數受檢者，雖未出現明顯之上述症狀而忽然神智不清而陷入昏睡，嚴重者可引起死亡。下表以高度表示缺氧之程度與因缺氧而引起死亡例數之關係。（方懷時）

高空適應（Altitude Acclimatization）

如停留高空，或居住高地，體內即引起一連串的變化，經過若干時日，對於此高度的環境漸能習慣。此種現象，稱爲高空適應。

經過高空適應以後，通氣率比在地面時增多，因此可提高肺泡內之氧分壓，維持氧之供給，避免受到缺氧的害處。由於通氣率增加，血液與肺泡內之氧分壓雖漸增高，但二氧化碳之分壓則漸降低。二氧化碳分壓如果減低，能擾亂血液中碳酸與重碳酸鹽（carbonic acid and bicarbonate）之比率，使血液鹼性增加。於是腎臟減少酸的排洩，藉此保持血液酸鹼反應的穩定。

在高空適應尚未完成以前，一方面由於二氧化碳分壓減低可使呼吸中樞得不到適宜的刺激，另一方面由於氧分壓降低可刺激呼吸中樞。這兩個對抗因素常可引起間歇性的呼吸（即 Cheyne-Stokes 氏呼吸）。自高空適應以後，由於血液能維持酸鹼性的穩定，故能使呼吸之頻率恢復原狀。

在循環機能方面，主要是血液運輸氧的能力顯著增加。血液之分配也起了相當之變化，即使最需要血液的器官能優先充分分配到血液。此時心跳亦較快。在高空適應初期，心臟的輸出量加多。後來因紅血球數目增加，心臟的輸出量又回復到平地上的數值。紅血球增加，血紅素隨之加多，因此氧之運輸工具也增多。在高空之環境下，血液雖然不易飽和氧，但血液中之總氧量却相對增加。某登山隊於 10000 呎高度時，其血紅素量平均爲 14.9g/100ml（即每 100ml 血液中有 14.9g 之血紅素），以後逐漸登高，其血紅素量可增至 20.3g/100ml。又如在阿根廷之 Tucuman，其高度爲 1300呎，當地居民之血紅素量平均爲 16.1g/100ml。該國之 Mina Aguilar，其高度爲 14700 呎，該地居民血紅素之平均值則增至 19.4g/100ml。此血紅素之增加，顯示紅血球數之增多。例如在 Tucuman 之居民，每 1mm³ 之血液中有五百三十一萬個紅血球。但在 Mina Aguilar 之居民，其紅血球數爲 6150000/mm³。但紅血球之產生，爲一緩慢之程序，需時數週。完全之高空適應（complete acclimatization），需時更久。其所需時間與上昇之高度有密切之關係，見下表。

完全之高空適應所需之時間

高　度		時　間
公　尺	呎	星　期
6000	19700	11 — 12
5000	16400	9 — 10
4000	13100	5 — 6
3000	9800	3 — 4

經過高空適應以後，肌肉中之肌紅素含量也增多，因此肌肉中的氧運輸隨之增加，加以組織對於血氧的利用率也逐漸增多，故血液經過組織以後有更多的氧被組織所攝取。此種情形，可能與肌紅素的增加有關。但另一方面，有些學者未能證明實驗動物（例如犬及田鼠）遭受缺氧可以引起肌紅素之增加。因此，對於此一問題，尚待更多的實驗加以證明。

高空適應後，其代謝率，生長，體重，消化以及生殖機能等均無甚變化。（方懷時）

氧之毒作用 （Oxygen Toxicity or Oxygen Poisoning）

實驗證明正常犬置於一大氣壓純氧（100％O_2）之環境內，70小時內即死亡，發現早期之病變為肺泡壁之損傷，透明樣變性之生成，並可能亦與肺泡表面張力物質有關，因之發生肺充血，液體滲出及肺水腫等。人類健康良好者在100％O_2中呼吸數小時肺彈性係數（lung compliance）並無顯著之變化，瀰散量（diffusing ca-

$$ \text{酵解物} \rightarrow \text{DPN} \rightarrow F_{P_1} \overset{\text{ATP}}{\underset{\text{ADP}+P_i}{\longleftrightarrow}} F_{P_2} \rightarrow C_0Q \rightarrow \text{Cyt b} \overset{\text{ATP}}{\underset{\text{ADP}+P_i}{\longleftrightarrow}} \text{Cyt } C_1 \rightarrow \text{Cyt C} \rightarrow \text{Cyt a} \overset{\text{ATP}}{\underset{\text{ADP}+P_i}{\longleftrightarrow}} \text{Cyt } a_3 \rightarrow O_2 $$

（丁二酸鹽 → F_P）

（本圖詳解見呼吸鏈 respiratory chain）
至於由氫原子氧化而促成加燐氧基作用之確實步驟則尚不甚明瞭。初步瞭解有二種可能；由化學反應來完成或由化學滲透反應（chemiosmotic reaction）來完成。前者為無機燐酸鹽（Pi）先與氧化還原所生之產物以高能鏈（high energy bond）連結，然後帶此高能鏈與二燐酸腺苷酸結合而成高能量之三燐酸腺苷酸。後者為氫原

pacity）須在純氧中呼吸9小時以上方見其影響，肺活量約在純氧中24小時後降低。最先能感覺之不適為胸骨下不舒及疼痛。此種感覺與氧壓及濃度有關，用50％O_2在一大氣壓無此胸痛出現，用100％但總壓僅及半大氣壓亦無不適感覺。長時間應用一大氣壓之純氧除胸痛外，尚有疲倦、手足麻木、關節疼痛、食慾消失、惡心、嘔吐等。

吸入純氧在高於一大氣壓時，則見更嚴重之中樞神經系統症狀。其嚴重程度則視氧壓及應用時間長短而異。一般在2大氣壓時2小時即有嚴重之症狀，如面色蒼白、惡心、暈眩、無力、頭腦不清、喉頭梗塞感覺，及情緒方面之改變，判斷力喪失、嗜眠，最後發生如癲癇大發作之驚厥。氧中毒之詳細生理機轉現尚在研究中，若干人認為，係由於體內多種酵系統受高氧壓之抑制致成。（姜壽德）

氧化性加燐氧基作用 （Oxidative Phosphory-lation）

在細胞漿中之線粒體（mitochondria）之內膜（inner membrane）上，有一由很多接觸劑（catalysts）所構成之呼吸鏈（respiratory chain），可使糖及脂肪酸等產生之氫原子氧化成水而發出能量。在此同時有另一個化學反應亦在進行；二燐酸腺苷酸（adenosine diphosphate）與無機燐酸鹽作用而成三燐酸腺苷酸（adenosine triphosphate），作用時可吸收自呼吸鏈所發出之能而儲藏在三燐酸腺苷酸內。此由氫原子氧化而促成之增加燐氧基之反應即稱氧化性加燐氧基作用。此可由下列圖解表示之：

子在呼吸鏈中為接觸劑取去一電子後即成氫游子，於是被推出線粒體中之聯繫膜（coupling membrane）外。因膜內外氫游子數之不同，即造成一化學電位差，由此可促成氧化性加燐氧基作用。（黃至誠）

氧化酶 （Oxidase）

促進自酵解物（substrate）中取出氫之酵素。其

特點爲在作用中僅可利用氧原子作其所取出氫原子之接納者。酵素中均含銅。大部酵素之作用產物爲水（H_2O），但尿酸酶（uricase）及一胺氧化酶（monoamine oxidase）之作用產物爲雙氧水（H_2O_2）。細胞色素氧化酶（cytochrome oxidase）卽屬於產生水之氧化酶。（黃至誠）

氧化還原電位差 （Redox Potential）

於氧化還原反應中，反應質之放出或吸收能量與其所放出或接受之電子數成比例，故由氧化還原時電位差之改變來測定之。氧化還原電位差（E_0）之測定爲將氧化還原電位與氫電極電位相比較。氫電極於 pH 0時其氧化還原電位差爲 0.0 伏特（volt）。但通常測定生物體內氧化還原電位差（以 E_0' 表示）時 pH 爲 7，故氫電極之電位差爲 −0.42 伏特。（黃至誠）

氧氣治療 （Oxygen Therapy）

氧氣治療常被用於各種原因之缺氧（anoxia 或 hypoxia），一般多經鼻導管（nasal tube）、面罩（face mask）、氣管內導管（cuffed endotracheal tube）、氧氣帳（oxygen tent）、間歇加壓呼吸裝置（intermittent positive pressure breathing）及各種呼吸器（respirators）給予。氧氣吸入後對身體的生理影響如下：

1. 對血氧之影響：健康個體在安靜狀況下，設大氣壓（P_B）爲 760 mmHg，肺泡氣 CO_2 分壓（P_ACO_2）爲 40 mmHg，肺泡氣之水蒸汽壓力（P_AH_2O）爲 47 mmHg，則在肺泡內及血液與組織中之氮氣全部被沖出後，肺泡氣之氧分壓（P_AO_2）必爲 673 mmHg。動脈血氧分壓（P_AO_2）約爲 640 mmHg。因生理的靜脈血混流（physiological shunt）之關係，動脈血氧分壓恆小於肺泡氧分壓。純氧吸入可增加動脈血氧飽和度（S_aO_2）至 100 %，（因此所增加之動脈血氧含量約 0.6 vol %）及增加溶解之氧約至 1.9 ml（每 100 ml 血液增加 1.6 ml），動脈血氧分壓增加 540 mmHg。

2. 對體內氮氣之影響：純氧吸入時，吸入氣中之 N_2 降至零，結果肺泡內 N_2 迅速減少，因之，混合靜脈血中之 N_2 逸入肺泡，而組織中之 N_2 進入靜脈血，最後 N_2 完全自身體內排除。氮氣自體內消失之速率可因肺有局部通氣不良或身體中某部組織血液供應量過低而延緩。

3. 對二氧化碳之影響：組織、血液及肺泡內之氮氣來自吸入之空氣，故在吸入純氧時。氮氣可自體內完全

排除；但二氧化碳因來自組織細胞之新陳代謝，故吸入純氧並不能使組織、血液及肺泡內二氧化碳完全排出。然若吸入純氧致每分鐘通氣量增加，則當然可影響 PCO_2。理論上吸入氧氣可干擾二氧化碳之運輸。在正常狀況下，血液流經組織時，若干氧合血紅素卽變爲還原血紅素。還元血紅素鹼度較氧合血紅素強，在單位血液中可接受較多之二氧化碳。吸入純氧時，氧合血紅素解離較少，故在組織中生成較少之還元血紅素，因之，與血紅素結合之二氧化碳量減少。此種影響，可增加溶解形態之二氧化碳，使 PCO_2 上升。在給予一大氣壓純氧時，其影響尚不顯者，然若給予純氧且爲三大氣壓，則溶解在動脈血中之氧達 6 vol %，此時溶解之氧已超過組織之需要量，將無氧合血紅素轉變爲還元血紅素，組織中二氧化碳之吸收將受影響，因之，組織中之 PCO_2 將上升甚多。

4. 對呼吸之影響：在健康個體吸入氧對於呼吸之立卽效應爲每分鐘呼吸次數，潮氣容積及每分鐘通氣量之略減，然其影響輕微（約3%）短暫（2～3分鐘）。其影響大約由於動脈血氧分壓增加所引起。由此所致成之通氣量降低引起動脈血二氧化碳分壓上升，刺激延髓中呼吸中樞，使呼吸漸復正常。此後每分鐘上升約較正常高10%，其理由不明，但可能(1)由於氧合血紅素不易變成還元血紅素，CO_2 不易被血液吸收，呼吸中樞細胞之 PCO_2 增加。(2)吸入之氧，發生如一般刺激劑之作用，刺激下呼吸道。(3)動脈血氧分壓增高之結果，引起呼吸中樞局部血管收縮，因之，局部血流量減少，若細胞新陳代謝仍屬正常，結果將引起 PCO_2 增加。

5. 對循環之影響：吸入純氧減低每分鐘心跳次數約 5 %，心搏出量約 10～15 %，其原因大約爲頸動脈體與主動脈體之反射作用。對血壓則無一定影響。若干器官之血管，如腦、冠狀血管及肺血管則收縮。氧對肺血管之效應較爲複雜。若肺先有缺氧現象，則純氧使肺血管擴張；正常肺，在氧分壓由正常突增至極高時，可使肺血管收縮。

6. 對紅血球生成之影響：低血氧能刺激骨髓，增加紅血球之新生成，爲一熟知之事實。因之咸信血氧增高可抑制骨髓之造血能力。然正常個體用純氧2～3日，體內紅血球之數值並無變化。惟此種現象並不能作爲可靠之證據，由於紅血球之壽命長達 120 天，故吸入純氧卽使有抑制骨髓紅血球生成之作用，亦難以在2～3日內自循環紅血球之數量上窺見其作用。在鐮刀狀血球貧血（sickle cell anemia）之患者，紅血球之壽命甚短

，在吸入純氧後，可以測得紅血球數量減少。（姜壽德）

氧債（Oxygen Debt）

動物生存所需的能量，主要得自氧化。氧化供應身體能量的方式為先將能量儲存於高能量物質，即供應能量以合成高能量物質如三燐酸腺苷酸（adenosine triphosphate, ATP)等，當動物細胞活動需要能量時，再分解這些高能量物質以取得能量，所以身體可以在短時間內使用大量能而不必受氧化速度限制。動物身體在穩定狀態時，單位時間內需要的氧與所釋出的能量成正比，體內高能量物質的分解與合成保持平衡，當一旦能量釋出突然增高如劇烈運動時，氧化因受速度限制無法配合，故在這一段時間內，身體高能量物質分解的速度超過合成的速度，分解合成不平衡的結果使體內高能量物質減少，身體為了補充這些高能量物質，於運動停止後仍大量需要氧的供應，這種身體因一時需要過多能量，有待以後氧化補充的情況謂之氧債。（盧信祥）

缺氧之分類（Classification of Hypoxias）

缺氧之分類法甚多，有的分類過於繁雜，現僅述簡單而常被採用者，將缺氧分為四類如下。

(1)動脈血液缺氧（hypoxic hypoxia）

導致動脈血液缺氧，原因甚多，如呼吸道阻塞，肺泡氣內之二氧化碳聚積，呼吸中樞因受刺激，致呼吸變深而慢。如呼吸道之阻塞不除，呼吸中樞即因連續刺激而漸疲勞，呼吸於是變淺而快。呼吸淺快，肺泡氣體之交換不充分，動脈血液於是缺氧。休克時期之淺呼吸，支氣管炎，肺臟水腫及氣喘等，亦可造成此種缺氧。

如高度太高，空氣稀薄，吸氣之氧量不足，血液氧量即低，此時如紅血球及血色素不能增加，正常生活即不能維持。當吸氧氣量不足之際，呼吸即行加深，肺泡之二氧化碳於是減少，血液之氧分解亦隨之減少。

吸氣中如有毒氣，肺泡之表面變厚，其滲透性因之減低。此時肺泡之氣體交換受到阻礙，動脈血液無法飽和氧氣，乃呈缺氧之現象。又如血液流經肺臟太快，血色素飽和氧之機會亦可減少。劇烈運動時之缺氧，一部份之原因可能由於血液流經肺臟太快所致。

(2)貧血缺氧（anemic hypoxia）

血紅素不足，或血液攜帶氧能力減少，血液內之氧量遂低，乃引起貧血缺氧。不論原因為何，凡單位血量內，血紅素比量減少，即為貧血。貧血是否一定引起缺氧，則隨情況而異。如安靜時不嚴重之貧血患者，其血

中之氧尚能應付組織之需要，並無缺氧之現象。但如彼從事操作或不太劇烈之運動，此時組織之需氧量增加，血液中氧量不夠應付，貧血缺氧，於是出現。如貧血缺氧之程度加深，患者雖不操作，亦無法避免缺氧之現象。此種情形，較為嚴重。

吾人均知血紅素與一氧化碳之親和力，較與氧者強兩三百倍。空氣內微量之一氧化碳，可使許多血紅素與之結合。如百萬份空氣中含有 233 份一氧化碳，血液之一氧化炭飽和程度，可達33％。故一氧化碳中毒，極易引起貧血。吾人均知煙藥中之煙草素（nicotine）對人體有害，但吾人常忽略吸煙時可產生一氧化碳。故吸煙稍多，即可導致貧血缺氧。據Mcfarland 氏及其同事之報告，吸一支香煙即可使血液中之一氧化碳增加1.5％。如連吸三支香煙，則可使血液中之一氧化碳增加4.5％。此時所引起之缺氧程度，約與吾人於高空8000呎時所遭受之缺氧程度相同。連續吸煙已能引起貧血缺氧，如在室內無煙囪之爐中燃燒生煤，其所產生一氧化碳之量甚多，其危險性不難想像。一般言之，一氧化碳中毒，如血液飽和至 60 ～ 80 ％，人即死亡。

一氧化氮，亦能與血紅素成不堅固之化合物，而為血液缺氧之另一誘因。惟一氧化氮係刺激性甚強之氣體，一經發覺，即可逃避，或不至於大量進入體內。

(3)積血缺氧（stagnant hypoxia）

血液之質量正常，血紅素又能與適量之氧結合，惟血液流經組織太慢，以致氧與血紅素雖可在組織大量離解，仍不能滿足組織之氧需要量。此種現象，稱為積血缺氧。

心臟疾病，種類甚多，凡能減低循環效率者，如心瓣受障，心肌衰弱，及先天性心隔缺陷等，此時血液之循環不正常，如再稍加操勞，則氧之供給無法應付組織之需要。大多數之心臟病例，往往可導致積血缺氧。

毛細管受傷或中毒，如組織毒，或毒蛇之分泌物可使毛細管舒張，此時血流緩慢，血液滯積其中，甚易引起積血缺氧。

(4)組織中毒缺氧（histotoxic hypoxia）

組織細胞如遇酒精，矴化物（cynide）、蟻醛（formaldehyde）、麻醉劑及醋酮（acetone）等，可使其中毒，遂抑制組織細胞之呼吸。此時動脈血液之氧量及氧分壓雖屬正常，但組織不能如常利用。此種現象，稱為組織中毒缺氧。

一氧化碳，因其與血紅素之親和力甚大，故可引起貧血缺氧，前已記述。但一氧化碳尚能抑制組織細胞之

氧化酶，致組織不易利用氧，故一氧化碳亦可引起組織中毒缺氧。

　　導致組織中毒之物雖然很多，其中以蛻化物最為有效，通常每公斤體重注射 1.5～2.0 mg 之蛻化物，即可使被巴比妥麻醉之狗（barbitalized dog)呈現明顯之組織中毒缺氧。（方懷時）

缺氧之抵抗（Resistance to Hypoxia）

　　缺氧可引起高空病，嚴重者可引起死亡（參閱高空病）。不少學者曾以人體或實驗動物研究如何可增強對於缺氧之抵抗力。此種研究，不僅對於航空醫學上，且對臨床醫學上均甚重要。下列因素，可影響缺氧之抵抗力。

　　(1)關於內分泌方面：

　　摘除腎上腺或腦垂體可降低缺氧之抵抗力。李卓皓及 Herring 二氏報告，適量之促腎上腺皮質素（adrenocorticotropin 即 ACTH）可略增缺氧之抵抗。Sobel 及 Sideman二氏認為腎上腺皮質素亦有同樣之作用。

　　切除甲狀腺或施用可抑制甲狀腺功能之藥物（例如硫硫thiourea 及硫尿嘧啶thiourecil 等）均可增進缺氧之抵抗力。但促甲狀腺素（thyroid stimulating hormone 簡稱TSH），甲狀腺素（thyroxine）及二硝基酚（dinitrophenol）則可降低缺氧之抵抗。胰島素（insulin)可引起低血糖，亦可使缺氧之抵抗力減弱。

　　(2)與中樞神經有關之藥物：

　　二苯乙內醯腺鈉(diphenylhydantoin sodium)可略增缺氧之抵抗力。大量之酒精（ethyl alcohol）導致麻醉狀態時亦有同樣之作用。至於可卡因（cocaine）之作用，則未確定。有謂大量之可卡因可抑制O_2之抵抗，小量則無效。安非他明（amphetamine）之作用亦不肯定，有謂此種藥物可促進人類及大白鼠之缺氧抵抗，有謂此藥並無此效。

　　(3)溫度及濕氣：

　　體溫過低（hypothermia）之時，耗氧量較少，故可增加缺氧之抵抗。由各種動物試驗（大白鼠，小白鼠，天竺鼠，松鼠，幼犬及成年犬等）均證明體溫過低有此作用。反之，如體溫過高（hyperthermia），因耗氧量增加，故缺氧之抵抗力隨之減弱。

　　不少學者認為潮濕之空氣可使小白鼠及大白鼠對於缺氧之抵抗力增強。何以有此現象？尚未確悉。此種研究，對臨床醫學上相當重要。如潮濕之空氣確可增強缺氧之抵抗，則早產嬰兒（premature infants）遭受缺氧

之際，應注意濕度之調節。

　　(4)維他命（vitamine）：

　　菸草醯胺（niacinamide）可增加缺氧之抵抗力，但菸草酸（niacin）及丙種維他命之作用則不甚確定，有謂此種維他命無效，有謂可促進缺氧之抵抗。如鼠類之食物中缺乏戊種維他命，可降低缺氧之抵抗力。如攝取此種維他命，則可使缺氧之抵抗力顯著增強。

　　(5)紅血球數目：

　　如於人及實驗動物之靜脈內注入大量之紅血球，即可顯著增強缺氧之抵抗力。但此種抵抗力之增強，亦有其限度。如受檢者進入 31000～40000 呎之高空，此時輸入紅血球則不能再增加缺氧之抵抗力。

　　如長期施用適量之氯化鈷（cobalt chloride），可使紅血球數目增多，故亦可促進對於缺氧之抵抗。

　　上面雖提及不少方法可增強缺氧之抵抗，但其效不大，祇能增加數千呎之耐高度。最有效之方法為吸入氧氣或乘備有加壓艙（pressurized cabin）之飛機，藉此避免缺氧之威脅。（方懷時）

缺氧之程度（Degree of Hypoxia）

　　表示缺氧之程度，方法甚多，現僅記述比較常用者如下：

　　(1)以氧之百分率（percentage of oxygen）表示：

　　在海平面空氣之含氧百分率約為21％，有不少研究者常使受檢者呼吸低於 21％之氧，例如10％或8％之氧，藉此表示缺氧之程度。凡其百分率愈低，表示缺氧之程度愈為嚴重。

　　但據Stevens 氏報告，在七萬二千呎之高空，空氣之含氧百分率仍為 21％。Dittmer 及 Grebe 二氏謂在三十萬呎之高空，空氣中仍有20％之氧。故如以氧之百分率表示缺氧之程度，不甚合理。此法雖不合適，惟沿用已久，迄今猶未棄用。

　　(2)以氧分壓（partial pressure of oxygen)表示：

　　在海平面之空氣中，氧百分率約為 21％（正確之百分率為 20.96％）。在海平面之大氣壓為 760mmHg，則其氧分壓應為 159mmHg（760×0.2096）。如在一萬八千呎之高空，其大氣壓為 380mmHg，故其氧分壓應為80mmHg（380×0.2096）。凡氧分壓愈低，則缺氧愈為嚴重。

　　(3)以高度或氣壓（altitude and atmospheric pressure）表示：

　　為方便起見，以高度呎（foot）或公尺（meter)表

示，高度愈高表示缺氧愈厲害。亦有人以氣壓，例如毫米汞高（mmHg）或每平方吋磅（pound per square inch，簡稱p.s.i.）表示。氣壓愈低，表示缺氧愈嚴重。此法應用甚廣，詳見下表。

高　度　與　氣　壓			
高　度		氣　　壓	
呎	公尺	毫米汞高	每平方吋磅
0	0	760.0	14.70
1000	305	733.0	14.17
2000	610	706.6	13.66
3000	914	681.0	13.17
4000	1219	656.4	12.69
5000	1524	632.4	12.23
6000	1829	609.0	11.78
7000	2134	586.4	11.34
8000	2438	564.4	10.91
9000	2743	543.2	10.50
10000	3048	522.6	10.11
11000	3353	502.6	9.72
12000	3658	483.2	9.35
13000	3962	464.6	8.98
14000	4267	446.4	8.63
15000	4572	428.8	8.29
16000	4877	411.8	7.96
17000	5182	395.4	7.64
18000	5486	379.4	7.34
19000	5791	364.0	7.04
20000	6069	349.2	6.75
21000	6401	334.8	6.47
22000	6706	320.8	6.20
23000	7010	307.4	5.94
24000	7315	294.4	5.70
25000	7620	282.0	5.45
26000	7925	269.8	5.22
27000	8230	258.2	4.99
28000	8534	246.8	4.77
29000	8839	236.0	4.56
30000	9144	225.6	4.36
31000	9449	215.4	4.17
32000	9754	205.8	3.98
33000	10058	196.4	3.80
34000	10363	187.4	3.62
35000	10668	178.7	3.46
36000	10973	170.4	3.29
37000	11278	162.4	3.14
38000	11582	154.9	2.99
39000	11887	147.6	2.85
40000	12192	140.7	2.72
41000	12497	134.2	2.59
42000	12802	127.9	2.47
43000	13106	122.0	2.36
44000	13411	116.3	2.25
45000	13716	110.9	2.14
46000	14021	105.7	2.04
47000	14326	100.8	1.95
48000	14630	96.0	1.86
49000	14935	91.6	1.77
50000	15240	87.3	1.69
51000	15545	83.2	1.61

（方懷時）

缺氧痙攣 （Hypoxic Convulsions or Altitude Convulsions）

嚴重之缺氧，常可引起骨骼肌之痙攣。此種現象，稱為缺氧痙攣。因為此種痙攣常出現於升入高空之際，故又名高空痙攣。有些實驗動物，例如天竺鼠及大白鼠（rats），雖遭受嚴重之缺氧而致死，死前並不出現缺氧痙攣。但小白鼠（mice）及兔子，甚易出現缺氧痙攣，人類亦然。

當嚴重缺氧之時，腦部之電氣活動（即動作電流，action current）常被抑制。抑制之次序：終腦（telencephalon）最先，間腦（diencephalon）次之，中腦（mesencephalon）更次，後腦（metencephalon）之電氣活動最後才被抑制。至於橋腦、延腦及脊髓之網狀結構（reticular formation）的電氣活動則不因嚴重之缺氧而被抑制。若將此等網狀結構毀壞，則不能再出現缺氧痙攣。因此吾人可推知，缺氧痙攣乃當上述網狀結構之正常活動不再受前述高級神經組織之抑制後即可出現。

吾人如遭受缺氧之際，常經下列數期。

(1)不重要期（indifferent phase）：

如自地面升至高空10000呎，對人體並無多大關係，亦無不良影響，故稱為不重要期。

(2)代償期（compensatory phase）：

如自10000呎之高空升至15000呎，此時身體各部，尤其是呼吸與循環系統，必需作適當之調節，方能順利應付缺氧之威脅。

(3)窘迫期（phase of distress）：

如自15000呎再升至20000呎之高空，此時身體各部雖盡力調節，但調節機構亦不易勝任，致不能充分代償，乃呈嚴重之高空病。

(4)危急期（critical phase）：

如自20000呎再升至25000呎，此時缺氧極嚴重，身體幾無調節能力，往往於此時出現高空痙攣（缺氧痙攣），呼吸及循環即將停止。

研究耐高度（即對於缺氧之抵抗能力），往往觀察實驗動物是否很易達到危急期。如很易達到危急期，即表示該實驗動物對於缺氧之抵抗力很差。因缺氧痙攣很易被觀察到，且缺氧痙攣必在危急期出現，故高空痙攣之閾值（altitude convulsion threshold，即出現痙攣時之高空高度或大氣壓力）在航空生理學上常被用作測定耐高度時之指標。（方懷時）

缺氧（Hypoxia）與窒息（Asphyxia）

缺氧與窒息兩個名詞，常散見於各書刊中，有時二者之意義混淆不清，Gellhorn 與 Lambert 兩氏曾強調二者之意義甚不相同。

所謂缺氧，即體內（尤其是血液內）之含氧量不足。至於窒息之際，體內之含氧量雖亦減少，但肺泡內及血液中同時尚伴有二氧化碳之聚積。

根據上述之解釋，吾人即可了解：如某人進入高空，即可遭受缺氧，如某人跌入河中，因不會游泳而淹斃，或某人之口鼻被塞而悶死，則此人乃因窒息而死。淹斃及悶死之時，其血液中氧量減少，同時二氧化碳量增加。（方懷時）

胰島素（Insulin）

胰島素是由胰臟內蘭氏小島的 β- 細胞所分泌的一種激素，由五十一個氨基酸組成，分為A、B二條，A鏈有 21 個氨基酸，B鏈有30個，其間在A－7及B－7，與A－20及B－19的位置上有二個雙硫鏈，另外在A鏈6 到11位置亦有一雙硫鏈，其結構式如下：

```
                    Nth     S━━━━━━━━━━━━━S
                     |      |             |
Gly· Ileu· Val·Glu·Glu·Lys·Cys·Thr·Ser·Ileu·Cys·Ser·Leu·Tyr·Glu·Leu·Glu·Asp·Tyr·Cys·Asp
 1    2    3    4   5   6   7   8   9   10  11  12  13  14  15  16  17  18  19  20  21
                             |                                                S
                             S                                                |
                             |                                                S
                             S                                                |
Phe Val Asp Glu His Leu Gys Gly Ser His Leu Val Glu Ala Leu Tyr Leu Val Cys Gly Glu Arg Gly
                                                                              Thr Lys Pro Thr Thr Phe Phe
                                                                               31  30  29  28  27  26  25
```

人的胰島素

但各種動物在A鏈的第8，9，10三個位置上的氨基酸不同：

動物	氨基酸位置 8	9	10
牛	Ala	Ser	Val
豬	Thr	Ser	Ileu
羊	Ala	Gly	Val
馬	Thr	Gly	Ileu
鯨魚	Thr	Ser	Ileu
兔子	Thr	Ser	Ileu
人	Thr	Ser	Ileu

胰島素在生物體的作用是影響醣類、脂肪及蛋白質的代謝，當胰臟被切除，血糖即告增加，肝醣減少，而且細胞不能有效地使葡萄糖變為脂肪及蛋白質，過多的糖份就隨尿排出，是謂糖尿。然而患糖尿病者，其胰島素之減少，在於其功能衰退。衰退之原因很多，而且與體質之遺傳有關。非僅如此，當胰島素不足時，則脂肪與蛋白質乃做為生物能量的來源，致使鈉流失，並導致細胞脫水，血壓過低，而無足夠血流到大腦，引起昏迷，嚴重時會致命。（萬家茂）

胰島素測定（Insulin Assay）

胰島素在血中量甚微，很難測定，一般常用的方法有四種：⑴老鼠血糖下降術——完好的老鼠因體內某些腺體有抗胰島素的作用，對胰島素不敏感，故需先作ADHA處理，所謂AD代表四氧嘧啶（alloxan）引起糖尿病。H乃是去腦下腺之意。A即去腎上腺之意。再測血糖下降而表示出胰島素的作用。⑵橫隔測定法——其原理是胰島素能刺激橫隔吸收葡萄糖，因此將老鼠橫隔與葡萄糖液一起培養後，測定葡萄糖之耗量或橫隔肌內積存肝糖的含量即可。⑶脂肪組織測定法——使老鼠附睪脂肪與含 C^{14} 的葡萄糖培養，加入未知量胰島素，測其所釋出的 C^{14}，再和胰島素標準液相比較即可。⑷放射性免疫測定法——為Yalow與Berson所倡，一般是把豬或牛的胰島素注入天竺鼠內，以產生抗胰島素血清，抗體與胰島素相連，並以 I^{125} 或 I^{131} 把胰島素作記號，用已知濃度而無放射性的胰島素與抗體—I^{131}—胰島素相混，則 I^{131}—胰島素被取代下來而求得一條標準曲線，當未知濃度之胰島素亦能與抗體—I^{131}—胰島素構成和標準曲線相平行的另一條曲線時，就可求出胰島素的含量。（萬家茂）

胰蛋白酶（Trypsin）

由胰臟製造分泌之酵素。自胃來之酸性食糜（chyme）刺激十二指腸產生胰酶激素（pancreozymin）轉而刺激胰臟產生濃而含酵素高之液體，內含胰蛋白酶原（trypsinogen）。先為不活動狀態，經腸分泌之腸活素（enterokinase）使成胰蛋白酶而活動化，在鹼性 pH 7.9 狀況下將蛋白質，脲（proteoses）及腖（peptones）消化成多胜（polypeptides）及雙胜（dipeptides）。（黃至誠）

胰酶激素（Pancreozymin）

由上段小腸黏膜所分泌。蛋白質經胃消化成脲（proteose）及腖（peptone）後進入腸中，可刺激腸黏膜分泌此激素。胰酶激素亦由腸吸收入血，轉而刺激胰臟分泌黏性液體，內含大量消化酵素。（黃至誠）

胰凝乳酶（Chymotrypsin）

自胃來之酸性食糜（chyme）刺激十二指腸產生胰酶激素（pancreozymin）而刺激胰臟（pancreas）分泌胰凝乳酶原（chymotrypsinogen）入腸，經亦由胰來而活化之胰蛋白酶（trypsin）使之活化成胰凝乳酶，在 pH 8.0 狀況下使蛋白質，脲（proteoses）及腖（peptones）消化成多胜（polypeptides）及雙胜（dipeptides）。其特點為對乳蛋白之消化力特強。（黃至誠）

消化道之長度（Length of Digestive Tract）

消化道包括口腔，咽，食道，胃，小腸及大腸。上述各部，其中以小腸為最長。各種動物之腸管長度，並不相同。一般言之，草食動物之腸管最長，約為身長之25倍。肉食動物較短，約為身長之 4—8 倍。人類為雜食動物，其坐高（sitting height）相當於其他動物之身長。人類之坐高與腸管長度之比率如何？尚無定論。

上述草食及肉食動物之腸管長度，多由屍體解剖時測定，其結果並不準確。因動物死後，腸肌之緊張性消失，其長度遠較其未死前為長。根據Blankenhorn，Hirsh 及 Ahrens 氏等之報告，將一細長小管由受檢者之鼻孔經咽咽送入食道。因消化道有向前推進之能力，故經相當時間後，該管之前端遂由肛門出現。此時該管所佔之長度，即表示自鼻腔及消化道之全長（即鼻至腔門之長度）。該管上附有尺寸之記號，再輔以 x 射線之不斷測驗，故可隨時測得消化道各部之長度。由下表所示，可知人類之小腸長度僅為2.77公尺，此項數字遠較一般解剖書上所記述之小腸長度為短。表中之各項數值，祇代表美國人之消化道長度。吾國人之膳食，以米食為主，且所食之量較多。膳食之習慣（食物之質量）既與美國人有異，故吾國人之腸管長度諒與美國人不同。此外，精神興奮，可影響腸肌之緊張性。故情緒之劇變，諒可影響腸管之長度。

消化道各段之長度

各　　段　　長　　度	平均值cm	界距cm
自鼻至肛門	451	394～500
自鼻至胃之幽門	63	51～ 74
自鼻至十二指腸之末端	86	64～100
自鼻至廻盲瓣	341	295～411
十二指腸	22	18～ 26
空腸至廻腸	255	206～318
結腸	110	91～125

（方懷時）

消化道各器官活動之合作及完整性

（Coordination and Integration of the Activity of Alimentary Cannal）

消化過程是一個完整的過程，不僅消化器官各部分之間有相互的機能聯繫，而消化器官之運動機能與消化腺之分泌機能亦是緊密的聯繫著。食物在口腔內的咀嚼與吞嚥，可反射性地引起食道以下消化器官活動之變化：胃的接受性鬆弛，胃液及胰液等的反射性分泌。食物入胃，可以反射性的引起小腸及結腸運動的增強。胃酸進入小腸，可引起胰液及小腸液的分泌。含脂肪的食物自胃進入小腸，尚可引起膽囊收縮，致膽汁能順利進入小腸。因此，消化道上部的活動對於其下部的活動，具有重要的影響。

此外，消化管的下部對於其上部也具有影響。牽引直腸，可反射性的抑制唾液之分泌。十二指腸內食物的質和量對於胃之運動及分泌機能具有明顯的抑制影響。擴張廻腸或結腸，都可減弱胃之運動。

由以上例證，顯示消化器官的活動是一個整體性的活動，它是在中樞神經系統的主導作用下由神經性及液遞性因素的調節而實現其各部之功能。

有關消化器官的整體性活動的調節中樞及其活動的機制的問題，所知不多。它是一個特殊的機能性機構，不僅使消化機能協調，也是週期性饑餓感與尋食行為的發起者。（方懷時）

消化道推進速率（Rate of Proqress Through Diqestive Tract）

測定消化道之推進速率，方法甚多，但各有其缺點，似不能代表食物於消化道內被推進之正常速度。通常使受檢者攝取硫酸鋇，然後以 x 射線測檢。但硫酸鋇本身在胃腸內推進之速度常較一般食物推進者為慢。又有人使受檢者吞入適量之玻璃細珠（glass beads）此玻璃細珠小如砂粒，然後測定自吞食後至排便後在糞便中可檢得玻璃細珠所需之時間。因玻璃細珠遠較一般食物為重，故所測得之時間，不能代表一般食物自口腔排至肛門之正確時間。此外，尚有人以木炭粉（ powdered charcoal ）或靛卡紅（indigo carmine ）測定在消化道內推進之速度。此種方法，亦有其利弊之處。大概言之，一般食物在消化道各部所需停留之時間如下。

(1)自咽（吞嚥開始）至賁門：流體食物約需 3 ～ 4 秒，固體食物需 6 ～ 8 秒。

(2)在胃內停留之時間（胃之出空時間）：流體食物需五分鐘左右，固體食物約需 3 ～ 4 小時（碳水化合物之食物約需 1 － 2 小時，蛋白質者約需 2 ～ 3 小時，脂肪者約需 4 － 5 小時），常因食物之質及量之不同而異。

(3)在小腸內停留之時間：流體食物約需 4 ～ 5 小時，固體食物約需 12 ～ 15 小時。

(4)在大腸內停留之時間：約需十小時或以上。

一般言之，食物自口腔移至肛門所需之時間，各人並不相同，約需1～3天。食物在小腸內推進之速度，各段亦不相同。如以木炭粉與樹膠混合物測定在蟾蜍小腸內推進之速度，灌入胃部之該混合物，於30分鐘後在小腸內可向前推進8.4cm，於60分鐘後可向前推進10.3cm，於90分鐘後可向前推進 11.3 cm。如果蟾蜍小腸各段之推進能力相等，灌入胃部之木炭粉與樹膠混合物於30分鐘後既可在小腸內向前推進8.4cm，於90分鐘後應向前推進25.2 cm，而非僅 11.3 cm。此實驗之結果，顯示小腸上部之推進速度遠較其下部者為快。上述結果與代謝階梯之現象相符合（參閱代謝階梯）。（方懷時）

消黑激素（Melatonin）

這種激素在松果腺內合成，又名N—乙醯—5—甲氧—吲哚乙胺，能使兩生類皮膚變淡，此因使黑色細胞內的黑色素收縮，有阻止黑色細胞刺激素的作用，同時亦有阻止腎上腺皮質刺激素（ACTH）的作用，其構造式如下：

$$CH_3O \overset{}{\underset{N \atop H}{\bigcirc\!\!\!\!\bigcirc}} CH_2\!-\!\underset{NH}{\underset{|}{CH}}\!-\!\underset{O}{\underset{\|}{C}}\!-\!CH_3$$

（消黑激素）　　（萬家茂）

脊震（Spinal Shock）

在所有脊椎動物當脊髓橫斷以後有一段時期脊髓反射發生嚴重抑制，這種現象稱為脊震或脊髓休克。隨後反射漸次回復，而且呈過度反應。脊震期間的長短視各種族大腦運動功能集中化的程度而定，在蛙類只有數分鐘，在貓、犬約數小時，在猴便持續數天，在人則至少二星期。

脊震的原因不明。有認為是脊髓運動細胞失去了由興奮性下行徑路而來的緊張性衝擊所致，但此說不能解釋脊震的消失。脊髓運動細胞對化學物質過敏而回復反應，即所謂 “去神經過敏（denervation hypersensitivity）” 〔見去神經過敏條〕是一可能。

在人類脊震過後首先出現的反射常為下肢對毒害刺激的微屈與內收，有的病人膝跳先回復。如無加雜情況，脊髓橫斷與反射活動開始回復的間隔約為二週。當反射達到過盛時，病人因刺激而發生橫斷以下肢體的全部反射，包括排便與排尿反射，稱總體反射（mass reflex）。（尹在信）

脊髓（Spinal Cord）

為中樞神經除開腦（brain or encephalon）外之部份。在延腦之後，位於脊柱內之細長形組織。其長度較脊柱為短，上起自第一頸椎，下至第三腰椎，但其分節之數目與脊椎相同，有七頸節、十二胸節、五腰節及五荐節，每一節發出左右一對脊神經，分別經相對名稱脊椎之上椎間孔而出脊柱。脊髓內部白質在外，灰質在內。灰質呈蝴蝶狀，分成腹、背及中側三角，腹角（ventral horn）為運動神經原所在之處，此種運動神經原與上級中樞之下行高階神經原及周邊肌梭、皮膚等處接受器之傳入神經原互相聯會而構成各種反射弧；其神經軸突形成脊神經之腹根（ventral root），源發體運動神經支配相對體節之骨骼肌。背角（dorsal horn）為傳入（感覺）神經自背根（dorsal root）進入脊髓之處。但感覺神經原（sensory neuron）之兩極細胞體（bipolar cell）則位於脊髓外之背根神經節（dorsal root ganglion）。此種細胞之一極伸展於其所支配之皮膚、肌肉、關節、內臟等，為各器官接受器之傳入纖維。另一極至背根傳入背角之後，一部份不交換神經原而直接至同側白質之上行徑路，一部分交換另一感覺神經原再引至對側之上行徑路。中側角（intermediolateral horn）為自主神經交感節前神經原（sympathetic preganglionic neuron）所在之處。在外之白質包含許多上下行之徑路，上行徑路主要為脊髓視丘徑（spinothalamic tract）上行感覺視丘到達腦皮質感覺區（sensory cortex），下行徑路則為運動系統，包括錐體束（pyramidal tract）、外錐體束（extrapyramidal tract）及小腦脊髓束（cerebellospinal tract）等等。故脊髓為體感覺及運動系統之重要通路，亦為周邊交感神經系統之起源處。

切斷脊髓之後，動物有一段「脊震（spinal shock）」時間，此時脊反射消失，經過一段時間之後，反射反而呈現加強現象。自主神經亦有類似脊震之現象，例如切斷脊髓後，血壓立即下降，但過一段時間之後，可以慢慢回升，周邊血管並有某種程度之反應存在。脊震時間之長短與腦化（encephalization）之程度成正比，大腦愈發達之動物，脊震之時間愈長，因平時脊髓受高級中樞之影響或管制，腦化程度越深，對脊髓之管制越甚，故脊髓一旦失去與上級中樞之聯繫即無法維持平時之活動，必待相當時間之後，本身之獨立功能方能出現。（蔡作雍）

脊髓反射（Spinal Reflex）

日常生活中大部份之動作均係反射動作，即不須大腦思考而完成之動作。最簡單之反射動作如手觸燙熨斗立即縮回即一例，其他如呼吸，走路，下嚥等等亦係反射動作。反射動作之完成主要靠脊髓，故稱脊髓反射。

反射通常由反射弧完成之，含五部份：

感覺接受器　receptor
傳入神經　　afferent nerve
聯會　　　　synapse
傳出神經　　efferent nerve
作用器　　　effector organ

以手觸熨斗為例，其感覺接受器有痛覺接受器，其傳入神經為較細之c-纖維，其聯會分兩組，一組至屈肌運動神經細胞使其興奮，另一組至伸肌運動神經細胞使其受抑制，傳出神經即屈肌之運動神經，作用器乃屈肌。

較複雜之反射如下嚥，其反射徑路較複雜，牽涉之聯會及作用器亦較繁，不另述。（韓偉）

脊髓神經（Spinal Nerves）

由脊髓兩側成對發生，以脊髓部位之名而名，計有頸脊髓神經八對、胸脊髓神經十二對、腰脊髓神經五對，荐脊髓神經五對以及尾脊髓神經一對，共計三十一對。每條脊髓神經由背根和腹根所構成。背根內為傳入神經，細胞單極，位於脊神經節（spinal ganglion），其軸索分叉成周圍枝及中樞枝。腹根為傳出神經，細胞在脊髓灰白質前角。在胸脊髓神經以及第一、二對腰脊髓神經的腹根尚含有自灰白質側角細胞所發生的交感神經節前纖維，後與主幹分離形成白交通枝入交感神經節，由此發生節後纖維成灰交通枝再併入脊神經。第二，三，四對荐神經腹根含有自灰白質側角細胞而來的副交感神經節前纖維。（尹在信）

脂蛋白（Lipoprotein）

為各種脂質（lipids）與蛋白質結合成之顆粒。脂質大多為非極化物質（non-polar substance），故不能溶於具極化性之水中。但磷脂（phospholipids）則例外，其一端雖為非極化之脂質，但另一端則具有極化特性，故可作為橋樑，一端與非極化脂質如三甘油脂（triglycerides）及膽固醇（cholesterol）結合，另一端則與極化物質如蛋白質結合，於是形成一可溶於水之極化顆粒，即脂蛋白。脂質藉此即可溶於血液而輸送全身。與脂質結合之蛋白質有三種：A（或 α），B（或 β）及C蛋白，其所含氨基酸量，尾部氨基酸及免疫化學性（immunochemical behavior）均有所不同。只含A蛋白之脂蛋白稱 α-lipoprotein，只含B蛋白者稱 β-lipoprotein，兼含A及B蛋白質者稱乳糜小滴（chylomicron），而含A，B及C三種蛋白者稱 β 前脂蛋白（pre-β lipoprotein）。用電泳分析（electrophoresis）時 α-lipoprotein 走得最快，pre-β lipoprotein次之，β-lipoprotein 較慢，chylomicron 則停在原處不動。又因各種脂蛋白所含各種脂質量不同及蛋白質量不同而使其密度（density）不同，故用超速離心器（ultracentrifuge）可將之分成high-density lipoprotein（密度 1.063—1.21，即 α-lipoprotein），low-density lipoprotein（密度 1.006—1.063，即 β-lipoprotein），very low-density lipoprotein（密度 < 1.006，即chylomicron 或pre-β lipoprotein）。細胞之一切膜狀物質亦由脂蛋白構成。除chylomicron 是由腸黏膜細胞製造外其他各種脂蛋白均由肝臟製造，輸入血液。（黃至誠）

脂蛋白脂酶 （Lipoprotein Lipase）

專分解血中脂蛋白而使其中脂肪酸進入組織之酵素。此酵素存在於毛細管壁之內皮細胞（endothelium）中，由肝磷脂（heparin）將之分離入血而發生作用。（黃至誠）

脂質酶 （Lipase；Steapsin）

由胰臟分泌。自胃來之酸性食糜（chyme）刺激十二指腸產生胰酶激素（pancreozymin）而刺激胰臟產生此酶。由膽鹽在 pH 8.0 狀況下使之活化，作用於脂肪，使消化成脂肪酸（fatty acids），單甘油脂（monoglycerides），雙甘油脂（diglycerides）及甘油（glycerol）。（黃至誠）

氣流速率（Flow Rate）

肺之最大通氣量決定於二因素：一為容積因素，即用最大力量能自肺逼出之氣量，亦即肺活量或稱最大一次呼氣量（maximal stroke volume）；一為速度因素，即能將此一氣量逼出之最快速度。而此一速度則決定於氣體流經氣道時所遭遇之阻力及當呼吸時肺及胸壁形態改變時之阻力兩者。肺活量之測定而無時間限制者，對於呼吸道阻塞所致之阻塞性通氣不足（obstructive ventilatory insufficiency）並無意義。故臨床上常用分時肺活量（timed vital capacity）或稱用力呼氣量（forced expired volumes），最大呼氣速率（maximal expiratory flow rate）及呼吸中部最大氣流速度（maximal mid-expiratory flow）以測定呼吸道有無阻塞及阻塞之程度。此三種呼氣速率在肺功能測定時常用之。

分時用力呼氣量或分時肺活量（0.5，0.75，one，two and three second forced expired volume or timed vital capacity）（簡作 FEV_t 及 $FEV_{0.5}$，$FEV_{0.75}$，$FEV_{1.0}$，$FEV_{2.0}$ and $FEV_{3.0}$）：被檢查者作深吸氣，直到肺到達最大吸氣（即肺總量）之位置，然後用力及用最大速度呼出相當於其肺活量之氣體於一可以記錄呼氣量及時間之儀器內。若用肺量計（Spirometer），則應用快速度之記錄鼓。正常健康個體能在半秒內呼出其肺活量之 68％，在 0.75 秒內呼出 77％，一秒內呼出 83％，二秒內 94％，三秒內 97％。

最大呼氣速率（maximal expiratory flow rate）（簡稱MEFR）：在深吸氣至肺總量後，再用力呼氣，呼氣之最大速率可以用肺量計（Spirometer），或 Wright 最高呼氣速率計（Wright peak flow meter）測得。正常健康個體約為 340 ± 110 L/min。

呼氣中部最大氣流速率（maximal mid-expiratory flow）（簡稱MMF），（亦作 $FEV_{25\%-75\%}$）：在習用肺量計記錄深吸氣後，再用力呼氣，在呼氣記錄上 1/4 及下 1/4 兩點所連成之斜線，通過相距一秒之兩直線計算所得之 L/sec 或 L/min 數值，正常約為 260 ± 70 L/min。

最大吸氣速率（maximal inspiratory flow rate），（簡稱MIFR）：被檢查作深呼氣，直至肺到達最大呼氣（即肺餘容積）之位置，然後用力及用最大速度吸氣。用肺量計（Spirometer）於快速記錄紙可以

測出吸氣時最大之氣流量，是為最大吸氣速率。正常約
為 240±60 L/ min。（姜壽德）

氣體定律 （Gas Law）

　　根據氣體分子模型，氣體可視由不斷運動且運動極
速之分子群所組成。此等分子具有動能，當分子相互間
發生碰撞或與容器壁發生碰撞時，則改變運動方向，並
對容器之壁發生撞力，是即壓力。瀰散為混合氣體中，
各個氣體分子不斷運動之結果，個別氣體分子之繼續運
動使濃度局部差別減低。在氣態，氣體分子與分子間之
距離大，分子與分子相互間之吸引力小，由於其分子
之不斷運動，故氣體能完全充滿容器，而產生壓力。在
液態，則因分子與分子間之距離較小，互相間之吸引力
較大，故液體依容器而異其形。

　　氣體之行為遵從下列數簡單定律及原理：Boyle 氏
定律謂在溫度一定時，氣體壓力與容積成反比。用氣體
動力論解釋，在容積減小時，單位容積內氣體分子數增
加，由於分子運動之結果，分子撞擊容器壁之次數因之
增加，故壓力增高。反之反是。Charles 定律則謂，在
容積一定時，氣體壓力與溫度成正比，在溫度增加時，
分子運動速率增加，容器壁受分子撞擊之次數增多，壓
力因之增高。Avogadro' 氏原理謂同溫度、同壓力之
同容積不同氣體，含有同數目之氣體分子。此一原理為
以容積法（volumetric method）測定各種混合氣體
中不同氣體成分之理論基礎。合併 Avogadro' 氏原理與
Boyle 及 Charles 氏定律得理想氣體定律（ideal gas
law）如下

$$PV = nRT$$

上式中 P 為氣體壓力，V 為氣體容積，n 為氣體分子數
，T 為絕對溫度（0℃＝273.15°A），R 為一常數。
在壓力以一大氣壓為單位，容積為克分子氣體體積在標
準狀況下為 22.4 liters，n 為一克分子，T 為 K＝
273.15°A 時，R＝0.082 atm-l/mole-K。理想氣體
與此一數值稍有偏差，但在常溫時偏差極小，用以計算
呼吸氣體之成分及壓力，仍相當可靠。

　　氣體分壓定律（Dalton's law of partial pres-
sure）：混合氣體中，個別氣體所產生壓力稱分壓，個
別氣體分壓之總和等於其總壓力，此即氣體分壓定律。
個別氣體之分壓可由混合氣體成分計算而得。Dalton
氏定律與理想氣體定律可以使吾人聯想，混合氣體中各
別氣體之分壓，與總壓力及氣體克分子比例之乘積相等
，在大氣壓等於 760 mmHg，乾燥空氣中之 P_{O_2}，P_{CO_2}

，及 P_{N_2} 為

$$P_{O_2} = 760 \times 0.2093 = 159 \text{ mmHg}$$
$$P_{CO_2} = 760 \times 0.0003 = 0.228 \text{ mmHg}$$
$$P_{N_2} = 760 \times 0.7903 = 600.7 \text{ mmHg}$$

在呼吸生理學，習慣上氣體濃度係用 volume ％作單位
。Avogadro 氏定律顯然指出在一混合氣體中，克分子
濃度百分比（mole％）與容積百分比（vol％），其數
字相同。

　　水蒸氣壓力（vapor pressure），（簡作 P_{H_2O}）
：肺內空氣除 O_2、CO_2 及 N_2 外，尚有水蒸汽。水蒸汽
亦遵從 Dalton 氏定律產生水蒸汽壓力（P_{H_2O}）。氣
體與液體接觸時，由于液面水份之蒸發，故水蒸汽分子
不斷逸入氣體，氣體內水蒸汽分子不斷增加，直至由液
面蒸發之水分子，與由氣體返回液體之水蒸汽分子相同
時為止。又因液體溫度增加時，水分子蒸發之速率加快
，故溫度增加時，氣體中水蒸汽之分壓亦上升。肺內空
氣溫度為 37℃，故肺泡氣之 P_{H_2O} 應為 37℃之飽和蒸
汽張力，即 47 mmHg。呼吸氣體成分一般以乾燥氣體
表示，故自氣體成分計算氣體分壓時，應先自總壓力減
去 P_{H_2O}，若乾燥肺泡氣中之 CO_2 為 5.6％，在大氣壓
為 760 mmHg，其 $P_A CO_2$ 應為

$$P_A CO_2 = (760 - 47) \times 0.056 = 40 \text{ mmHg}$$

　　氣體溶解度定律（Henry's law of solubility of
gases）：在溫度一定時，溶解於液體中氣體之量，與
氣體之分壓成正比。在平衡時，單位時間內氣體分子進
入液體之數目與液面逸出之數目相等。液面氣體分壓改
變時，平衡狀態亦遂即產生改變。但在平衡狀態下，在
氣態與在液態中之氣體分壓恒相等。欲測定液體分壓，
必須測定與液體已呈平衡狀態之氣體分壓，或由與液體
呈平衡狀態時，混合氣體之成分及總壓力計算之。
（姜壽德）

氣體體積矯正因素（Volume Correction Factors）

　　常用者有實驗當時室溫及大氣壓及水蒸氣飽和氣體
體積（volume at ambient temperature, pressure,
satuated with water vapor）（即 V_{ATPS}），標準
狀況及乾燥之氣體體積（volume at standard temper-
ature, pressure, and dry gas volume）（即 V_{STPD}）
及體內狀況及體溫水蒸氣飽和之氣體體積（volume at
body temperature, pressure, saturated with water
vapor）（即 V_{BTPS}）：

呼吸生理學對於實驗室中所計量之氣體體積所給予之矯正。一般係將每分鐘氧消耗量（oxygen consumption）及二氧化碳排出量（carbon dioxide production），由實驗當時室溫及大氣壓及為水蒸汽飽和（即ATPP）之氣體體積，矯正為標準狀況及乾燥（即STPD）之氣體體積；對於肺容積（lung volumes）、肺容量（lung capacities）及各種氣流速度（flow rates），則將實驗當時室溫及大氣壓及為水蒸氣飽和（ATPS之氣體體積矯正為體內狀況及體溫為水蒸汽飽和（即 BTPS之氣體體積，此等矯正使各種試驗結果有一固定而便於比較的標準。

標準狀況及乾燥之氣體體積矯正（standard temperature, pressure and dry volume correction）：所謂標準狀況及乾燥之氣體體積矯正，係將實驗當時室溫及大氣壓及為水蒸汽飽和（ambient temperature pressure, saturated with water vapor）（即ATPS）之氣體體積，根據 Boyle-Charles 定律，換算成標準狀況（Standard condition）及乾燥（dry）時之氣體體積。其換算按下式：

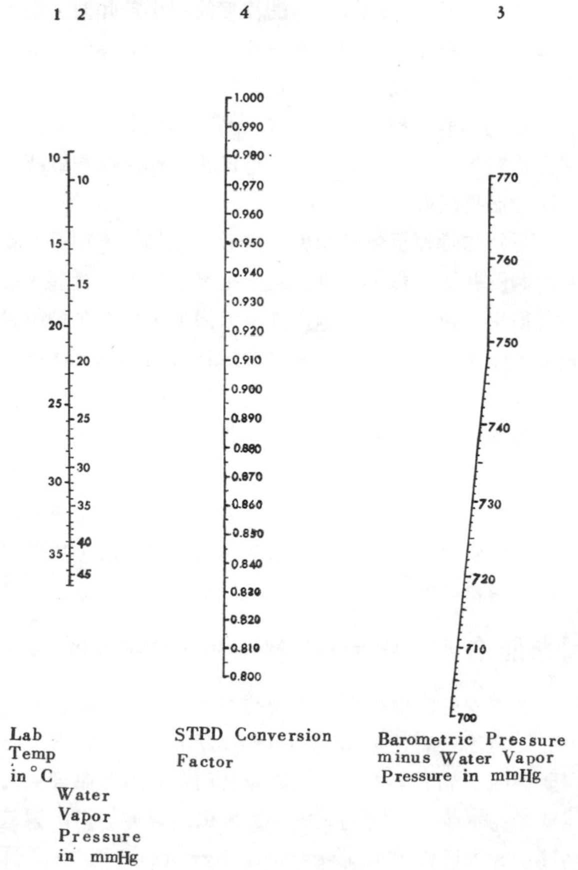

$$V_{STPD} = V_{ATPS} \times \frac{P_B - P_{H2O}}{273 + T} \times \frac{273}{760} \tag{1}$$

上式中 V_{STPD} 為標準狀況及乾燥之氣體體積，V_{STPD} 為實驗當時室溫及大氣壓下之氣體體積，P_B 為當時大氣壓，P_{H2O} 為當時室溫飽和蒸汽張力，T為當時室溫，760 為標準大氣壓。

上式之計算過於繁雜費時，一般多用標準狀況氣體體積換算表及檢索圖。

圖中所列數字，係將當時室溫一公升（1,000 ml）氣體減縮為標準狀況（0℃，760 mmHg）並乾燥之氣體體積。例如室溫 25℃，大氣壓764 mmHg，查上圖得氣體體積換算因數（conversion factor）0.892。即在25℃室溫，764 mmHg 大氣壓下，一公升（1,000 ml）之氣體體積，矯正為標準狀況並乾燥之氣體體積，應為 0.892 公升。

檢索圖之 1 2 3 及4 刻度尺係用以直接求得氣體體積換算因數。應用此檢索圖不須計算尺或查表，迅速即可獲得氣體體積換算因數，刻度尺1 為當時室溫或肺量計上溫度計所示之溫度，2 為相當於刻度1 上溫度時之飽和蒸汽張力，3 為當時大氣壓減去當時室溫飽和蒸汽張力之壓力耗水柱數值，4 為標準狀況並乾燥之氣體體積換算因數。

體內狀況及體溫水蒸汽飽和之氣體體積矯正（body temperature, pressure, saturated with water volume correction）：所謂體內狀況及體溫為水蒸汽飽和氣體體積矯正，係指氣體在肺內實際所佔之體積。此等矯正係將實驗當時室溫及大氣壓下（ATPS）所測得之氣體體積，用 Boyle-Charles定律，換算成為體內狀況（body condition）之氣體體積。例如某一被檢查者之肺活量為4 公升，若不用BTPS因數矯正，在冬季室溫低時，與夏季室溫高時，所測得之肺活量，雖在體內所佔體積為同一數值，但必因氣體之熱漲冷縮而引致甚大之差別。　BTPS 矯正因數，即將此一差別矯正，使之不拘冬夏，所得數值均為肺內實際所佔體積。其換算係按下式：

$$V_{BTPS} = V_{ATPS} \times \frac{P_B - P_{H2O}}{P_B - P_{H2O} \text{ (at 37℃)}} \times \frac{273 + 37}{273 + T} \tag{2}$$

上式 V_{BTPS} 為矯正為體內狀況之氣體體積，V_{ATPS} 為實驗當時室溫及大氣壓之氣體體積，P_B為當時大氣壓，P_{H2O}為當時室溫之飽和蒸汽張力，P_{H2O}（at 37℃）為

1 2　　　　　　4　　　　　　　　3

10 —　　　— 10
　　　　　　　　　　　　　　　　— 770
15 —
　　　— 15
20 —
　　　— 20　　　　　　　　　　— 750
25 —
　　　— 25　　　　　　　　　　— 740
30 —
　35
　40　　　　　　　　　　　　　— 730
35 —
　45　　　　　　　　　　　　　— 720

Lab Temp in °C

Water Vapor Pressure in mmHg

STPD Conversion Factor

Barometric Pressure minus Water Vapor Pressure in mmHg

體溫時之飽和蒸汽張力（等於 47 mmHg），273 為絕對溫度，37℃ 為體溫，T 為室溫（或肺量計上溫度計所示溫度）。

在公式(2)中，大氣壓之（P_B）之影響甚小，例如室溫 22℃，在大氣壓為 770 mmHg，760 mmHg，及 750 mmHg，其換算因數分別為 1.09033，1.09089，及 1.09146。因大氣壓為 770 mmHg 與 750 mmHg，其氣體體積換算因數與大氣壓 760 mmHg 者相差甚小，故在當時大氣壓與 760 mmHg 相距不大時，可以大氣壓為 760 mmHg 計算。Comroe 及 Kraffert 並作成一表，為目前各呼吸生理學家所公認及通用之BTPS矯正因數，此表被一般醫院中肺功能實驗室所採用。原表僅列室溫 20℃ 至 37℃，為適合室溫較低地區實驗室，下表係將室溫範圍擴大至室溫 1℃，並將計算因數作成小數點下五位數。

Temperature (℃)	BTPS Factor	Temperature (℃)	BTPS Factor
1	1.19817	21	1.09634
2	1.19320	22	1.09089
3	1.18827	23	1.08538
4	1.18332	24	1.07981
5	1.17837	25	1.07417
6	1.17343	26	1.06846
7	1.16845	27	1.06269
8	1.16347	28	1.05683
9	1.15848	29	1.05090
10	1.15346	30	1.04487
11	1.14842	31	1.03876
12	1.14336	32	1.03255
13	1.13828	33	1.02624
14	1.13316	34	1.01983
15	1.12802	35	1.01329
16	1.12285	36	1.00665
17	1.11763	37	1.00000
18	1.11239		
19	1.10708		
20	1.10174		

上表中所列數字係將當時室溫一公升（1,000 ml）氣體矯正為體內狀況並為水蒸汽飽和之氣體體積。例如室溫為22℃，查表得 1.09089。即在22℃時，一公升氣體，矯正為體內狀況時應為 1.09089 公升。設某一被檢查者在22℃時測得其肺活量為 3,700 ml，其在肺內所佔氣體體積應為 $3,700 \times 1.09089 = 4,036.29$ ml，或 4.03629公升。（姜壽德）

骨骼生理（Physiology of Bone）

骨骼是一種活的組織，由蛋白質基質及礦物鹽沉積於基質上構成。基質中有97％是膠原蛋白（collagen），使骨骼具有很強的韌性，另外 3％包括黏液蛋白（mucoprotein），軟骨素硫酸鹽（chondroitin sulfate）及琉璃糖羧基酸（hyaluronic acid）。礦物鹽中主要是鈣及磷酸鹽，並進而形成結晶的複合鹽，其分子式是 $[Ca_3(PO_4)_2]_3 Ca(OH)_2$，叫羥化磷灰石（hydroxyapatite），結晶格子是 $600 \overset{\circ}{A} \times 40 \overset{\circ}{A}$。此外，尚有少量的鈉、鉀、鎂及碳酸鹽等。

骨骼之形成：頭骨是由膜性骨片骨化而成，長骨則是先形成軟骨，再骨化成硬骨，所謂骨化即礦物鹽沉積，造骨細胞（osteoblast）先分泌膠原蛋白，而後骨鹽沉積，鈣與磷酸之沉積是先形成磷酸一氫鈣（$CaHPO_4$），然後鈣，$PO_4 \equiv$ 及 OH^- 再逐漸加入，最後才形成羥化磷灰石。這與 $CaHPO_4$ 的溶解積有關，一般是 3.4×10^{-6}，當鈣與 $HPO_4 \equiv$ 的濃度乘積小於此值，則不沉積，且已沉積的鹽類還會再度溶解，大於此值，則磷酸鈣自溶液中（細胞外液）結晶而沉積下來。

骨骼中有一種破骨細胞（osteoclast），能分泌酵素把基質溶解，使鈣與磷酸游離出來，進入細胞外液，此謂骨骼再吸收。

正常的骨骼沉積作用與再吸收作用的速率相等，破骨細胞侵蝕了一塊，造骨細胞必定又在別的位置形成新的骨面，它會隨破骨細胞之加多而增加，小孩在發育過程中，血液中鹼性磷酸酯酶（alkaline phosphatase）濃度高，可使磷酸鹽自有機化合物分離，在造骨細胞的表面局部增加，有利於沉積；骨折，則受傷部位之造骨細胞極為活躍，便於修復。

骨骼之生理現象亦受內分泌素之控制其如生長激素，副甲狀腺素等，並與鈣及磷酸鹽之代謝有關（請參閱各該項條目之解釋）。（萬家茂）

骨骼肌血流（Skeletal Muscle Blood Flow）

身體安靜時橫紋肌血流量約有 2—9 ml/100 gm/min。運動時能升至 40 ml/100 gm/min。橫紋肌血流量影響因子如下；(1)局部代謝產物引起肌肉之血管擴大。運動完畢後，肌肉內欠氧，二氧化碳增加，pH 減低皆能引起反應性充血（reactive hyperemia）。(2)肌肉之血管受交感神經腎上腺激素性纖維（adrenergic fiber）及膽鹼性纖維（cholinergic fiber）之支配。前者刺激α—受容器，引起肌肉血管收縮，而其刺激β—受容器即引起血管擴大。膽鹼性激素性纖維釋放 acetylcholine 引起肌肉血管擴大。(3)肌肉機械之作用。橫紋肌收縮持久時，最初靜脈被壓住，因此靜脈血流增加，但同時動脈亦受肌肉收縮力之壓住，動脈血流暫時減小。當肌肉收縮持久後，因局部代謝物產生，而增加其血流（見圖A）。若肌肉反復收縮寬急動作時，每次收縮即靜脈之流出量增加，而當肌肉寬急即其靜脈血流減小。相反的，動脈血流即在肌肉收縮時減小，其寬息時即增加，並有局部代謝產物之影響，運動完畢後暫時肌肉血流仍然增加（見圖B）。（黃廷飛）

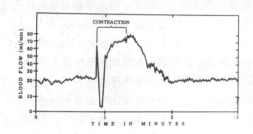

圖A：短時間肌肉維持收縮時之血流變化

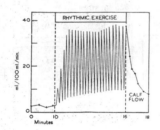

圖B：腓腸肌反復收縮時血液變化

骨髓（Bone Marrow）

　　這是子宮外生活期內唯一造血的器官，身體內任何骨骼皆有骨髓，可說說一個很大的器官，一至六歲小孩，其全部紅骨髓重量約為 1,000 ～ 1,400 公克，六至廿歲時雖一部分長骨已被黃髓脂肪所取代，但紅髓重量並無改變，約 1,200 ～ 1,500 公克，紅髓中約有50%的活性造血組織（active hematopoietic tissue）可以進行造血，70公斤體重的成人，全部髓腔約 2,600 ～ 4,0

00 c.c.，相當體重 3.4 ～ 5.9 %，上文已談到造血作用祇限於紅骨髓、黃骨髓不過是脂肪而已，成人之紅骨髓祇限於扁平骨，如椎骨；胸骨；肋骨；顱骨；骨盆，然而小孩幾全為紅骨髓，七歲已可由顯微鏡證明紅骨髓轉變為黃骨髓，到了十四歲，則肉眼亦可分辨，所有長骨的紅骨髓都變為脂肪，二十一歲以後，所剩下來的紅骨髓不過近側端一小部骨骺（epiphysis）而已，紅骨髓裏最多的是髓細胞，次為正常芽細胞（normoblast），二者之比約為三比一，髓芽細胞或巨芽細胞（megaloblast），則甚少見，骨髓中大約有四分之三的細胞分化後形成白血球，僅僅是四分之一的細胞成熟後成為紅血球，但是在循環血液中的紅血球數目却較白血球多出五百倍，其所以如此，可能是因為白血球壽命太短（約兩週），而紅血球的生命特長（約120天）的原故。

（劉華茂）

能，能量（Energy）

　　以完成工作之一種力量及功能。這包括推進活動，克服阻力及改變物理狀況所需之一切力量，以及促進化學作用所需之能量。依產生能之方式可分能為：

　　1.結合能（binding energy）為陽電子（proton）與中子（neutron）結合成一原子核時所放出之能量。

　　2.生物能（biotic energy）為有生命之物質才能產生及利用之能。

　　3.化學能（chemical energy）為化學作用時所產出或供應化學作用時所需之能。

　　4.動能（kinetic energy）為活動時所產生或供應活動所需之能。

　　5.核子能（nuclear energy）為在原子核分裂或結合時所產生之能。

　　6.潛能（potential energy）或位能（energy of position）為物質靜止時潛伏着之能。

　　7.太陽能（solar energy）為太陽所放出之能。生物主要依化學作用，將食物，水，空氣及太陽能轉變成化學能以維持一切新陳代謝作用（metabolism）。諸如動物之肌肉收縮，腺體分泌，神經及肌纖維膜內外電位之改變，細胞內物質之合成及分解，以及腸胃道之吸收皆需此化學能。

　　8.自由能（free energy）為食物被全部氧化後放出之能，以△F 代表。其單位為Calories/mol of food。（黃至誠）

韋伯定律 （Weber's Law）

據 Weber 當一對感覺器之刺激增加或減少時，其增加強度（△I）必需與原來強度（I）成一定比例方可覺得增加或減少。以重量判斷爲例，手上先有50公克重量時加重至55公克方有加重之感覺，若先有 100 公克重量時加重至 110 公克方有加重之感。Fechner以數學公式 S＝k log I＋c 表示此定律。S爲感覺，I爲刺激強度，k 及 c 爲常數。以此公式表示此定律稱爲 Weber-Fechner定律。近年來對本定律有不少批評，批評之一謂此定律不能應用於全部感覺，視覺，聽覺及皮膚感覺可應用此定律，但其他感覺無法應用此定律，批評之二謂雖視覺，聽覺及皮膚感覺可應用此定律，刺激強度微弱或強烈時無法適用此定律，換言之只能在一定範圍內之刺激強度可適用此定律，批評之三謂 S 與 I^a 成正比並非照 Weber-Fechner所說與刺激強度之對數成正比。
（彭明聰）

韋伯檢查 （Weber's Test）

音叉放於前頭正中線上並閉塞一側外耳道時，聲音在閉塞側較大並偏于閉塞側。中耳炎或外聽道閉塞病人聲音在患側大，內耳病人在正常側大。其理由爲音叉之振動經過骨傳導傳至外聽道使外聽道之空氣振動，此振動因外耳閉塞，此側外聽道振動大。（彭明聰）

逆流機構 （Countercurrent Mechanism）

人和一些哺乳類可以分泌量少而極濃的尿，同時知道腎小體海氏彎節愈長者則對尿的濃縮能力亦愈大。現在我們知道腎臟各部組織的滲透壓濃度不同，髓質部外層向髓質部內層，組織滲透濃度有遞增的趨向，而以髓質部最深處腎乳突附近最高。各層間有滲透壓濃縮階差（osmotic gradient），可以用Wirtz 氏所提出的學說，是由於逆流機構倍增器（countercurrent multiplier）的緣故。

逆流機構中海氏彎節的升支，它的管壁細胞較爲特殊，這些細胞對鈉鹽有主動運送能力而吸收，但水分子却很不容易通透。因爲鈉鹽因主動運送而吸收到間際組織(interstitum)後，間際組織的滲透壓濃度就變高，順次按濃度差自由擴散到降支的濾液內，降支濾液內的水則擴散到高滲壓的間際組織去，結果降支內濾液滲透壓濃度逐漸增高，在濾液通過海氏彎節端點後，再進入升支。所以鈉鹽就陷在彎節的管腔或組織間一再的反覆迴轉，造成髓質部的高滲壓（medullary hyperosmolarity）假如各段升支都有這樣的效應，就可使髓質部外層到最內層腎乳突間逐級滲透壓階差（gradient）得以維持。亦就因爲這個緣故，不問有或沒有抗利尿激素存在，濾液進入遠球尿細管起首一段時總是低滲液。

集尿管則作爲逆流機構的滲透物質交換器（osmotic exchanger），從遠球尿細管進入集尿管的濾液是等滲液，如有抗利尿激素存在時，集尿管壁對水分子的通透性很高，所以集尿管內的濾液和高滲性的間際組織取得滲透壓濃度的平衡，所以經由這逆流機構，使集尿管再吸收的水量增加，增高了尿的滲透壓濃度，同時尿量變少。

和逆流機構倍增器並行的是直血管（vasa recta）這是一種逆流機構交換器（cauntercurrent exchanger），由於這一型式的血管並存，可以減輕髓質和腎乳突過分散失滲透壓活性物質（osmotic active substance）在直血管微血管的動脈端，鹽分擴散入血管內，微血管內血液的滲透壓隨血流進入海氏彎節深部而遞增。當血液離開高滲壓地帶時。其滲透壓濃度再逐漸減低。血液流入直血管時是等滲液，當流出時血液的滲透壓稍大於平常的血漿濃度是 325 mOsm．/升，全部的反應是帶去了一些鹽分，但沒有帶走相當量的水，因爲髓質部的血流甚緩慢，所以不致減輕，髓質部各層的滲透壓濃度差。**保持逆流倍增器的生理作用。**（畢萬邦）

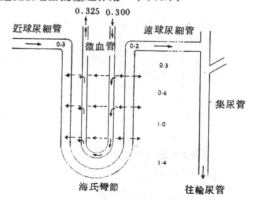

尿生成中的逆流機構

逆蠕動 （Antiperistalsis）

大腸是消化管最末的一節，它的長度遠較小腸爲短。小腸雖可吸收很多的水份，但大腸能繼續吸收尚未爲小腸所吸收的水份，所以大腸的水分吸收量十分可觀。

大腸雖有很明顯的蠕動，但有時出現與蠕動相反方向的運動，稱爲逆蠕動。因爲大腸很短，此種逆蠕動可延緩大腸內食物殘渣的向下移行，對於充分吸收水分確有很大的貢獻。（方懷時）

剖分腦（Split Brain）

剖分腦的手術是將左右大腦半球的聯合部分切開，包括視神經交叉、胼胝體、以及前後聯合等。手術以後，一側眼的視覺只到達同側的腦，除非假道某些皮質下的連接，不可能到達他側。R. Sperry 最早研究此手術對學習和記憶的影響。大腦經剖分以後，就成了兩個分離的腦。如果訓練動物用一側眼解決一個視覺問題，例如在紅黃兩種顏色中選擇黃色的方塊，成功以後再測驗他側眼時，動物對所學到的一無所知。更有進者，他眼可授以與先前完全相反的問題，例如改令選取紅色的方塊。這樣左右大腦半球各自爲政，互不相涉。在經剖分腦手術的人也是一樣，正常人如令同時一手畫圓一手畫方，極感困難，但經手術的人便可優爲之。（尹在信）

胸內氣容積（Thoracic Gas Volume）

爲胸腔內氣體容積。一般稱由人體體積計（body plethysmograph）所測得之胸腔內氣體容積。健康個體由人體體積計所測得之胸腔內氣體容積與由氣體稀釋法所得之胸腔內氣體容積相同，但在肺囊腫等疾病時，氣體稀釋法所測得之胸腔內氣體容積常小於由人體體積計所測得者。（姜壽德）

迷走神經（Vagus Nerve）

爲第十對顱神經，由延髓後外側溝在舌咽神經之下伸出，包含下列纖維：一、起源於頸靜脈神經節（ganglion jugulare），其周圍枝經耳枝分佈於外耳皮膚，中樞枝進入三叉神經脊髓束而終止於其核，傳遞一般感覺。二、起源於節狀神經節（ganglion nodosum）內細胞，其周圍枝廣泛分佈於咽、喉、氣管、食道，以及胸腹臟器，其中樞枝進入延髓孤立束（tractus solitarius）而終止於其核，司一般內臟感覺之傳遞。三、起源於節狀神經節內細胞，周圍枝經內喉神經分佈於會厭部的味蕾，中樞枝進入孤立束而終止於其核，司味覺之傳遞。四、纖維來自延髓迷走神經背運動核（dorsal motor nucleus），進入胸腹部內臟迷走神經叢的自律神經節，由此發生極短之節後纖維支配內臟的運動。五、纖維起自疑核（nucleus ambiguus），終止於咽與喉之肌層，支配運動。（尹在信）

容易性擴散（Facilitated Diffusion）

在物質藉遞送器（carrier）的幫助而運送的過程中，有時需要酶的催化作用或供應能量才能進行，有時僅靠細胞膜二側濃度的差異就可以完成。物質藉遞送器之助，由高濃度的區域擴散到低濃度的區域，其過程稱容易性擴散。如葡萄糖在消化道中的運送是。（周先樂）

廻盲瓣（Ileocecal Valve）

廻盲瓣與幽門括約肌一樣，乃是由加厚之環形肌所組成。它的主要功用如下。

(1)可阻止小腸內容太快的流入大腸，以便食物在小腸中有充分的機會被消化與吸收。

(2)可阻止大腸內細菌極多的食物殘渣倒流回小腸。因爲小腸的吸收能力遠較大腸爲強，所以阻止食物殘渣的倒流至小腸，對身體有益。（方懷時）

時值（Chronaxia, Chronaxy）

見Strength-duration curve。（盧信祥）

浦頃野移動（Purkinje Shift）

在明亮處其明度曲線luminosity curve 之最高在 555 mμ，換言之在 555 mμ 處看得最亮。在暗處其明度曲線之最高在 507 mμ 如下圖，因此由明亮處進入暗處時看得最亮之光譜部位由 555 mμ 移轉到 507 mμ。此現象稱爲Purkinje移動。夜視明度曲線與以眼球內媒質之光線吸收修正後之視紅之吸收光譜一致。因此可說與夜視有關之感光物質爲視紅。日視與圓錐體色素有關，明視明度曲線可能爲三種圓錐體色素之積聚吸收光譜曲線所造成者。在中心窩以0.2毫米直徑之光線測定光譜明度曲線後修正眼球內媒質及黃斑之黃色素之吸收並以quantum作標準表示時，其曲線與日視明度曲線一致。Granit以微小電極放於明適應網膜上以各種光譜之光線照射網膜時，發現有感受器由每一種光波興舊而其最高靈敏度在 560 mμ。Granit稱此感受器爲dominator

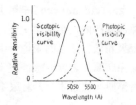

receptor。此感受器之明度曲線與日視明度曲線一致。
（彭明聰）

浮腫（Edema）

　　毛細管濾過作用異常亢進，或有淋巴管阻滯，導致過多組織液蓄積於組織間隙，而引起浮腫。下列各情況能引起浮腫；(1)靜脈壓上升，引起毛細管壓升高。(2)aldosterone 分泌增加或鈉攝取過多而引起組織液內鈉蓄種。(3)血漿蛋白質含量減低。(4)毛細管壁透過性增加，如受histamine 或細菌毒素作用引起。(5)淋巴管阻塞如filariasis 引起的浮腫或象皮症（elephantiasis）。
（黃廷飛）

格雷弗氏病（Grave's Disease）

　　爲甲狀腺功能亢進的病症。其特徵在突眼，甲狀腺腫和甲狀腺毒症三者同時存在。病因並不知其詳，但已確知血中出現長效甲狀腺刺激因子，且具遺傳及家族性。病人的親屬皆可能有較高的碘 - 131 攝取能力。而在這些人雖然甲狀腺素分泌增加然而分解亦增加，故能維持平衡。

　　病人之甲狀腺較正常者大 $2\frac{1}{2}$ 倍－4 倍甚至10倍。腺腫爲瀰散性且對稱。錐體葉亦行增大。組織學之觀察，可見腺泡膠質幾乎完全消失。而上皮細胞肥大且增生過盛。碘的攝取量較正常爲高。

　　由於甲狀腺功能過高，循環系統功能加速，並有運動性的呼吸困難，精神不寧，易於興奮，情緒不穩，肌肉衰弱，下肢有局部水腫，突眼，體重減輕等症狀。（萬家茂）

射精（Ejaculation）

　　男性性行爲高潮時精液排出生殖器之現象謂之"射精"。射精是一種反射現象，引起此反射之刺激通常來自龜頭處之觸覺神經末梢，再經由內陰部神經（internal pudendal nerve）傳至脊髓。脊髓之反射中樞再將此衝動傳出，先是經由腰部脊髓處之交感神經，沿下腹神經（hypo - gastric nerves）至睪丸、副睪、輸精管、儲精囊、攝護腺等處之平滑肌，使之發生韻律式的收縮，以致精蟲及精液被排至內尿道管中；第二步是由脊髓反射中樞經由腰薦部之副交感神經，沿內陰部神經至陰莖根部之骨骼肌，使之收縮乃將尿道中之精液"射"出體外。（韓偉）

恩滕及馬玉豪夫氏徑路（Embden - Meyerhot Pathway）

　　葡萄糖分解時有二條徑路。本徑路即爲其中之一。於細胞漿中進行之。葡萄糖經加燐氧基作用成glucose - 6 -phosphate 後即經此徑路而轉變成果糖 -6- 燐酸基（fructose-6-phosphate），最後分解成三碳糖（trioses）而成焦葡萄酸（pyruvic acid）而進入枸櫞酸環（citric acid cycle）並被氧化成二氧化碳及水，每一分子葡萄糖經此徑路須發生十個階段的化學作用，最後產生二分子的焦葡萄酸及二分子的三燐酸腺苷酸（adenosine triphosphate 簡寫ATP）其中儲有1,400 卡的能量，同時並放出四個氫原子，氫原子則由核苷酸二燐吡啶（diphosphopyridine nucleotide 簡稱DPN ）帶至線粒體（mitochondria）內膜上之呼吸鏈（respiratory chain） 產化產生能量。（黃至誠）

純粹的血漿和分離的血漿（True Plasma and Separated Plasma）

　　這是用於血漿滴定曲線的二個不同情況。純粹的血漿是指血液在絕對無氣體存在的情況下將血漿與血球分開。因此，血漿在分析以前，二氧化碳並沒有喪失。如果爲研究血液的緩衝能力而必須改變液體中二氧化碳的分壓（P_{CO_2}）時，其改變必須在分析血漿以前完成。分離的血漿是指血液在P_{CO_2}發生任何變化以前將血漿與血球分開。分離的血漿之 pH 和HCO_3^-的濃度並不影響血紅蛋白的緩衝能力，所得的變化完全是血漿緩衝作用的結果。（周先樂）

倒轉伸長反射（Inverse Stretch Reflex）

　　當肌肉受到牽拉時，便因伸長反射（stretch reflex）而發生收縮。在某種限度內，牽拉愈重，反射收縮的強度也愈大。但當牽拉的張力夠大時，收縮便突然中止而肌肉發生弛緩。這種對強力牽拉而起弛緩的反應稱爲倒轉伸長反射，或自發性抑制（autogenic inhibition）。這種反射的接受器是高爾基腱器（Golgi tendon organ），爲在腱鞘之間呈網狀分佈的結節狀神經末梢。當肌肉受過度牽拉時，此接受器發生興奮，神經脈衝傳入中樞，經一個或多個抑制性中間神經原的媒介後，作用於支配原來受牽拉肌肉的運動神經原，解除其興奮而使肌肉鬆弛，因Golgi 腱器與肌纖維成串聯的關係，故無論在肌肉作被動伸展或主動收縮時都受到牽引而興奮，其興奮閾較肌梭爲高。倒轉伸長反射的功用

似在保護肌肉，使不致因强力牽拉而崩裂。（尹在信）

恐懼（Fear）

恐懼反應可由刺激淸醒動物的下視丘（hypotha
lamus）或杏仁核（amygdaloid nuclei）而引起。但
經杏仁核破壞以後，動物雖處於正常可引起恐懼的情況
，恐懼反應及其隨伴的自律神經與內分泌變化仍不致發
生。例如猴類本來是怕蛇的，但經手術切除兩側顳葉以
後，便不再怕蛇，甚至會抓起往嘴裡放。據人類實驗的
報告，刺激下視丘的某些部位可引起極大的恐慌。（尹
在信）

PH值與氫離子濃度（pH and Hydrogen Ion Concentration）

溶液中氫離子的活性（activity）是決定該溶液酸
度的要素，通常以$a_H{}^+$表示之。純水的$a_H{}^+$約爲10^{-7}
。依照慣例，如溶液的$a_H{}^+$大於10^{-7}爲酸性溶液，如小
於10^{-7}則稱爲鹼性溶液。在人體內$a_H{}^+$的範圍是從鹼
性胰液的 0.000,000,03 到酸性胃液的0.13。爲了使$a_H{}^+$
的廣大範圍易於表達起見，溶液的酸度通常用以10爲底
的負對數表示之，即$pH = -\log a_H{}^+$。在應用方面，某
溶液中氫離子的活性可用電位的測量推算之。在非常稀
釋溶液中，氫離子的活性（$a_H{}^+$）就等於氫離子的濃度
（〔H^+〕）。在較濃縮溶液中，$a_H{}^+$常較〔H^+〕爲小
，但二者之間有一定的關係，即$a_H{}^+ = f$〔H^+〕。式中f
代表活性係數，其數值常小於一，必須用實驗方法測定
之。

血液中氫離子的活性係數不知道，但由於它的濃度
很低，可視之爲非常稀釋的溶液。因此，它的活性係數
可認爲接近一；而且在多數的生理情況下，也不致有很
大的差異。根據這個假設，上段所寫的$pH = -\log a_H{}^+$
可改寫如下：

$$pH = -\log (f \, 〔H^+〕) = -\log 〔H^+〕$$

胃液是所有體液中，其活性係數不等於一的溶液。當胃
液的 pH 等於一時，其氫離子的活性係數約爲 0.810。
因此，該溶液的氫離子活性是0.10，而其氫離子濃度則
爲$0.10/0.810 = 0.124$ Eq/ℓ。正常動脈血的 pH 值約
爲7.41，而其氫離子濃度約爲3.9×10^{-8} M/ℓ，由於pH
值和氫離子濃度所用的刻度不同；前者以對數爲準，後
者以數學爲準，所以 pH 值的間隔雖相等，而氫離子濃
度的間隔則不相等，其差異可從下表見到：

pH 值	氫 離 子 濃 度
6.90	126×10^{-6} M/ℓ
7.00	100×10^{-6} M/ℓ
7.10	79×10^{-6} M/ℓ
7.20	63×10^{-6} M/ℓ
7.30	50×10^{-6} M/ℓ
7.40	40×10^{-6} M/ℓ
7.50	32×10^{-6} M/ℓ
7.60	25×10^{-6} M/ℓ
7.70	20×10^{-6} M/ℓ
7.80	16×10^{-6} M/ℓ

當初使用 pH 的原意主要是便於化學實驗中所用的
廣大氫離子濃度範圍，即〔H^+〕從 1 M/ℓ到10^{-}
，或pH 從 0 到14。不過，動物生存範圍內的〔H^+〕並
不廣，約在20×10^{-6} M/ℓ 到 160×10^{-6} M/ℓ之間，
或pH從6.8 到7.7之間。（周先樂）

視力（Visual Acuity）

接近之兩點能判別作兩點之能力稱爲視力。視力越
大能判別兩點之距離越小。因離眼之遠近不同，能判別爲
兩點之距離不同，視力無法以兩點之實際距離表示。若
以視角（兩條視軸所造成之角度）表示，物體離眼之遠
近無關，並且視角亦可應用於網膜，因此以能判別兩點
之最小視角之倒數表示視力。兩光點在網膜中心窩上結
像而能判別爲兩點需要受刺激之兩個圓錐體中間有一個
未受刺激之圓錐體之存在。此時之視角爲 50″（約 1′）
，相當于一個圓錐體之寬度（4μ）。此爲視力表所用視
標以1′作單位之理由。判別兩條線時 10″就能分別。視
力在中心窩最大而間接視時小，其關係如下圖。此原因
爲中心窩全爲圓錐體，並且圓錐體在中心窩排着甚緊，
而且圓錐體與神經節細胞連結之比例爲1:1，越到網膜
之週圍部，圓錐體之密度越小並且數個圓錐體及圓柱體
連結于一個神經節細胞，因此分解能力（ resolution

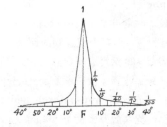

F表示中心窩中心窩視力算1小時 離開中心窩10 部位之視力
1/15，40°部位之視力 1/200

power）低。視力雙眼視較單眼視大，年老時視力減低。在暗處視力減低，尤其直接視無法看出而間接視之視力較好，此爲在暗處之視力由圓柱體擔任之故。

（彭明聰）

視丘 （Thalamus）

爲間腦（diencephalon）之最大神經組織。位於第三腦室之側，後聯合，下視丘及內囊（internal capsule）之間。在解剖上，視丘受其內縱走分叉之纖維束，稱爲內髓板（internal medullary lamina），分割成爲前（anterior）、內（medial）、中（central）及側（lateral）四部。但由發生學、解剖學及生理功能之立場，視丘分成三部：(1)上視丘（epithalamus），(2)背視丘（dorsal thalamus）及(3)腹視丘（ventral thalamus）。視丘爲身體各種感覺，除嗅覺外，輸入腦皮質之轉送站（relay station）或投射門（projection gate）。上視丘之功能可能與嗅覺系統有關，但其對於嗅覺之功能則不甚明瞭。雖然嗅覺之傳入脈衝直接投射至嗅覺皮質區（rhiencephalic cortex），但一部份之纖維確實投入上視丘及背視丘之前部，然而嗅覺之感知並不必依賴此部份。多數學者有將上視丘另劃一部，不歸於視丘。腹視丘之功能及投射亦未完全明瞭，其內部之網狀核（reticular nuclei）可能屬於不特定投射系統之一部份。總括言之，視丘內有許多小核，依其功能可分成兩種：(1)視丘網狀系統或不特定投射核（thalamic reticular system or nonspecific projection nuclei）：包括腹視丘之網狀核、背視丘之中線核（midline nuclei）及層間核（intralaminar nuclei）等，可能尚包括上視丘。此種核羣接受網狀激發系統（reticular activating system）之輸入，投射散佈於新皮質（neocortex）各部份不特定區，司廣泛輔助性反應（diffuse secondary response）及網狀激發系統之醒覺作用（alerting effect）。(2)特定投射核（specific projection nuclei）；背視丘之大部份核羣，依其功能，再分成三級：a. 特定感覺轉送核羣（specific sensory relay nuclei）——包括背視丘腹底部（ventrobasal portion）之核羣，轉送體感覺信息至中央後回（或稱3,1,，2區）之感覺腦皮質；及後部（posterior portion）之內外膝狀體（medial and lateral geniculate bodies）分別轉送聽覺及視覺脈衝至上顳回（spperior temporal gyrus）或稱41, 42 區之聽覺皮質及枕葉17區之視覺皮質。b. 傳出管制機構核羣(nuclei concern-ed with efferent control mechanisms)——與運動功能（motor funcion）有關之核，接受基底核（basal ganglia）及小腦（cerebellum）之輸入，投射至中央前回（4,6區）之運動腦皮質（motor cortex）；並包括前部核羣，接受乳突體（mamillary body）之輸入，投射之迴緣皮質（limbic cortex），成爲迴緣環路之一部分，與情緒（emotion）及新近記憶（recent memory）有關。c. 具複雜或高級綜合功能之核羣（nuclei concerned with complex or high-order integrative functions）——爲背視丘背外部（dorso-lateral portion）核羣，投射至皮質聯繫區（association areas），主要與語言功能有關。（ 蔡作雅 ）

視紅（Visual Purple or Rhodopsin）

動物在暗處經過若干時後取出其網膜，則見網膜呈深紅色，但將此網膜照光時，則變成黃色後再變爲無色。深紅色爲圓柱體內之感光物質視紅之顏色。視紅存在於圓口類至人類之圓柱體內但不存在於圓錐體內。因此視紅不存在於中心窩亦不存在於無圓柱體之網膜如畫鳥及爬蟲類之網膜而且在圓柱體發達之網膜如夜鳥之網膜有大量之視紅。視紅可用洋地黃皂苷（digitonin）由圓柱體抽出後在試管內測定其吸收光譜，亦可利用由網膜反射出微弱光線測定其吸收光譜。哺乳動物之視紅之最高吸收在 502 mμ，若以眼球內媒質如晶狀體，玻璃狀液之光線吸收修正，其最高吸收變爲 507 mμ 而與夜視明度曲線（scotopic luminosity curve）之最高一致。此表示夜視有關之感光物質爲視紅。

視紅之化學構造爲蛋白質（稱爲暗視質 scotopsin）與網膜素（ retinene)結合者。網膜素爲維他命 A 醛並爲 11-cis 異性體。光線照射視紅時，網膜素變爲11-trans 異性體稱爲明視紅 lumirhodopsin，此後暗視質變質稱爲異視紅 metarhodopsin，然後暗視質網膜素間鏈裂斷則網膜素與暗視質分離。分離後之網膜素由醇脫氫酶 alcohol dehydrogenese 及輔酶 co-enzyme DPN-H 之作用還元變爲維他命A。以上反應只由視紅變爲明視紅需要光線。視紅之再生時 11-trans 網膜素需變爲 11-cis 網膜素，此反應需要酵素及能量。11-cis 網膜素與暗視質結合變爲視紅不需要能量。（ 彭明聰 ）

視神經 （Optic Nerves）

爲第二對顱神經。

由構造和發生的觀點，它並不是眞正的周圍神經，而是腦本身的神經徑路。在視網膜（retina）中的錐與桿細胞，因感光而發生脈衝，經雙極細胞介遞到節細胞的樹狀突，信息再由節細胞的軸突傳出。軸突集中後在視盤（optic dise）的部位向後急彎，離開眼球形成視神經。左右視神經相互交會，在腦下腺之前交叉，是為視神經交叉（optic chiasma）。由視網膜顳側所起的纖維不交叉，終止於同側的外膝狀體（lateral geniculate body），被蓋前核（pretectal nucleus）以及四疊體上丘（superior colliculus）等處。由視網膜鼻側所起的纖維交叉，終止於對側的上列部位。通常由眼球到視神經交叉的部分稱為視神經，視神經交叉以後稱視徑（optic tract）。（尹在信）

視野（Visual Field）

注視眼前之一點，不動眼球以間接視，能看到之範圍稱為視野。測定視野之器具稱為視野計。兩眼視野同畫在一紙時，示於下圖，實線為右眼視野，點線為左眼視野，兩視野大部份相重疊（斜線部份），兩視野不重疊部份表示只能以一眼所能看到之範圍。視野被眼球週圍，如鼻樑擋住一部份，故鼻樑突出之歐美人之視野較亞洲人之視野內方狹小。正常人之視野上方50度，下方70度，內側65度，外側100度。單眼視時相當於視神經乳頭部無法感受光線，因此此部稱為盲點，但雙眼視時由另側眼補償而無盲點。

對色光之視野較白光之視野窄，其中黃藍最廣，紅次之，綠最窄。（彭明聰）

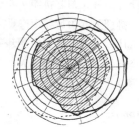

副甲狀腺或稱甲狀旁腺（Parathyroid Gland）

人體副甲狀腺為扁平之卵形，位於甲狀腺副葉近中緣的背側，分上下兩對，長 6～8 毫米，寬 3～4 毫米。每一個副甲狀腺外有一結締組織組成的囊，並侵入將腺體隔成很多葉，成人的副甲狀腺有主細胞與嗜酸性細胞之分，前者是分泌副甲狀腺素的細胞；而嗜酸性細胞

要到四歲與七歲才開始出現，青春期後，其數目會增加。

在胚胎時期，哺乳類的副甲狀腺是來自第三、四對咽喉囊（pharyngeal pouches）的背面部分，而兩生類，爬蟲類，及鳥類則來自腹面部分。魚類則沒有副甲狀腺。兩生類有二對，爬蟲類與鳥類也有二對，在哺乳類，人類及貓、狗、兔、馬、天竺鼠、負鼠具二對，但鼠、猪、鼴鼠、海豹、及地鼠（shrew）等僅一對。

副甲狀腺能分泌副甲狀腺素，其功能請參閱副甲狀腺素，磷酸鹽代謝，鈣的代謝各條。（萬家茂）

副甲狀腺素（Parathyroid Hormone；PTH）

副甲狀腺素為單鏈多胜鍵，分子量 8500-10000，由 74-81 個氨基酸構成；其分泌受血液中鈣離子的控制，當鈣減少，副甲狀腺素即告增加，反之則減少，當血中鈣離子的濃度高到 13 毫克/100 毫升以上，副甲狀腺素就不再增加。磷酸鹽過多時，因會降低鈣含量，而間接刺激副甲狀腺素之分泌；減少亦會刺激分泌。

副甲狀腺素的主要功能是維持血中鈣之恒定。使骨骼的鈣游離到血液去，降低腎臟近曲小管對磷酸離子的再吸收，而增加了焦磷酸鹽、鈉、鉀、氯及碳酸氫鹽之排除，並減少鈣、鎂、銨及氫離子的排除，並能促進小腸吸收鈣。除此之外，尚能改變粒腺體，細胞膜對雙價離子的通透性。也影響鈣與 PO_4 進入粒腺體的運送，並以磷酸鹽的形式存在粒腺體內。一般來說，副甲狀腺素的作用是經由環狀嘌呤基單磷酸而產生作用。（萬家茂）

副甲狀腺機能亢進（Hyperparathyroidism）

初發性副甲狀腺機能亢進是由於腺體瘤腫或增生所致，因此分泌過多的副甲狀腺素，此時，血鈣濃度即使很高，也不能依迴饋作用而抑制激素的分泌。

副甲狀腺素過多，致使腎小管細胞之功能發生改變，$PO_4^{\equiv}$, K^+, Na^+ 流失，而 Ca^{++}、Mg^{++}、H^+ 保留下來，故血中鈣增加，$PO_4^{\equiv}$ 減少；使存於骨骼的 Ca、Mg、檸檬酸及磷酸游離進入血液；小腸亦增加吸收鈣及磷酸鹽之能力，於是骨骼之形成受到抑制，骨質疏鬆。

患者的症狀有：腎疼痛，腎石血尿，背痛，長久性骨痛。胃腸因鈣質過多而引起厭食、惡心、嘔吐、便秘、腹痛，或有十二指腸潰瘍。精神錯亂，反應遲緩，幻覺。失眠，頭疼。鈣過多，致肌肉弱化，吞嚥困難，心率不整，疲勞，體重減輕，多尿與煩渴亦很常見。

後發性機能亢進是補償性腺體增大所致。又維他命

D 的缺乏，胃腸或腎病，而使食物中的鈣與 $PO_4^{\equiv}$ 不能吸收，因而血鈣與血磷即降低，促使副甲狀腺素分泌增加，於是鈣自骨骼游離，由於缺鈣而軟化，故最初的病徵是軟骨病，治療只需在食物中加入適量的維他命 D 及足夠的鈣與 $PO_4^{\equiv}$ 即可。（萬家茂）

副甲狀腺機能衰退（Hypoparathyroidism）

即副甲狀腺不能或減低分泌其激素；引起的原因有①於切除甲狀腺時，不慎將副甲狀腺亦切除或損壞；②特發性機能不足；常發生於孩童，而女孩發生機會較多，為男孩的二倍，且與家族遺傳，念珠狀菌病的感染有關，出生後不久之小兒驚風可能就是因為副甲狀腺機能暫時不足的緣故。

副甲狀腺機能衰退，則血鈣減少，磷酸離子增加，尿中含鈣的量增加，所有這些皆與副甲狀腺素對骨骼、腎臟及小腸的作用有關。當細胞外液的含鈣降低，神經與肌肉呈過份興奮狀態，最初末端麻木、刺痛、手腳嘴唇有僵硬之感，繼則手足搐搦，最後喉部痙攣，全身強烈搐搦而死。在搐搦發生之前，精神方面情緒不穩，敏感，憂慮，抑鬱，狂亂等。長期慢性機能不足，又不治療，顯得精神遲鈍。宜以高鈣低磷之食物，並參以大量的維他命 D 和少量的鎂，如是手術後所引起的機能不足，尚需加入適量副甲狀腺素。

假副甲狀腺機能衰退（ pseudohypoparathyroidism），是一種遺傳病，病徵與前述相同，且此時腺正常或略有增生現象。（萬家茂）

副神經（Accessory Nerve）

為第十一對顱神經，由延髓後外側溝第九第十對神經之下以及脊髓第一至五或六頸節側面以多數小根伸出，含有下列纖維：一、源自迷走神經背運動核（dorsal motor nucleus），出延髓後以副神經內枝與迷走神經會合，共同終止於副交感神經叢，節後纖維支配胸腹內臟器的運動。二、一部分起源於疑核（nucleus ambiguus），出延髓後以副神經內枝與迷走神經會合，共同分佈於咽與喉的橫紋肌，支配吞嚥運動。一部分起源於脊髓開始五或六個頸節的前灰白柱側部細胞，以副神經的脊髓根上升，經其外枝而終於斜方肌與胸鎖乳突肌，支配頭肩之運動。（尹在信）

排尿（Micturition）

排尿的動作根本上是一種反射動作。

當膀胱內尿體積逐漸增加到達 350～400 毫升時，膀胱壁上的張力感受器被伸張而興奮，由骨盆神經將興奮傳入薦髓中樞，由運動神經細胞傳出的興奮亦是經由骨盆神經下達迫尿肌，使迫尿肌收縮，當內壓增至 20-40 厘米水柱的壓力時，尿道內括約肌弛張，同時尿道外括約肌的收縮受到抑制，尿即迫出體外到膀胱內容物完全出空為止。排尿的動作尚包括數處肌肉協調式的收縮，膈肌及腹肌的收縮以增加腹腔壓力。另外膀胱放空後，尚有射尿肌的收縮將尿道中的尿泄去。可見排尿包括有隨意的動作和反射的動作在內。

排尿動作尚受脊髓以上，神經中樞促進或抑制的影響。將脊髓橫斷，薦髓中樞與脊髓以上的神經中樞突然分隔時，膀胱迫尿肌收縮欠好，括約肌不舒張，所以膀胱脹得很大，排尿不良。可見高級中樞對排尿動作的影響是很大的。在橋腦前部有促進排尿的中樞，如果在四疊體（superior and inferior colliculus）間橫斷，則膀胱內的尿量只要有正常量一部分時便有排尿反射。此外在中腦有一抑制中樞，在下視丘後部有一促進中樞，在大腦皮質則又有一抑制中樞。（畢萬邦）

排卵（Ovulation）

人類排卵有一定的週期性。約四星期一次。女子在青春期（約十四歲）開始排卵，直至停經（約四十七歲）止。每四星期祇有一個卵泡成熟，一個卵排出。卵泡在卵泡成熟素作用下發育成成熟卵泡。排卵前黃體生成素分泌增加。影響卵泡壁近小斑（stigma）處粒形細胞的活力，並使粒形細胞間的結締組織變性，致卵泡破裂，卵隨卵泡液外流至卵巢外，謂之排卵。卵泡內壓力僅在 15 毫米汞柱左右，排卵並非由於卵泡內壓力的增加。排卵可由測量早晨起床前的體溫改變而測知之。通常體溫在攝氏 36.3 到 36.8 度之間，排卵後體溫上昇 0.3 到 0.5 度。（楊志剛）

排泄（Excretion）

排泄是生物生存的一個普遍的生理現象。由於新陳代謝，體內不斷產生的代謝廢物，必需予以適當的安置始有利於生物個體的生理機能。人體的排泄機能是由數種器官共同完成的。茲分述於下：

(1)腎臟：腎臟分泌尿，排泄代謝廢物，尿量的多寡，濃淡或排泄物質的種類，悉隨個人生理狀況而不同。從而調節體液的容積（volume）和成分（composition）等等。

(2)皮膚：皮膚內的汗腺分泌汗液，雖然出汗主要是為了調節體溫，但一部分新陳代謝廢物，水及礦物質亦由汗液中排泄。

(3)肺：呼出氣中所含二氧化碳甚多，所以吾人常改變呼吸率排除二氧化碳，以調節血液的酸鹼度。

(4)肝臟：肝臟分泌膽汁，膽汁所含的物質，一部分有助於食物的消化吸收；一部分則為排泄物，如膽綠質（biliverdin）和膽紅質（bilirubin）等膽色質。

(5)腸：腸能排泄膽汁中之殘餘物，排遣腸內未經消化但經細菌發酵的食物殘渣。（畢萬邦）

排便（即排糞）（Defecation）

排便動作係反射動作，一部份是隨意的，一部份是不隨意的。一般認為欲大便的感覺只是當食物殘渣被大腸之集團運動推進至直腸，並對直腸壁的機械感受器產生一定的擴張刺激時，方能引起。

人類的直腸內平時沒有食物殘渣。正常人的直腸對壓力刺激相當敏感。當壓力達到一定之閾值時（約20～50 mm Hg），即可引起便意。

內肛門括約肌的收縮，可阻止糞便之排出。內肛門括約肌係由環形肌組成，而外肛門括約肌則由橫紋肌組成。直腸與內肛門括約肌均受骨盤神經與腹下神經之支配。前者興奮時可使直腸收縮，內肛門括約肌舒張；後者興奮時，其效果則相反。外肛門括約肌受隱神經支配，可隨意舒縮。

當排便動作進行時，結腸與直腸的收縮伴以肛門括約肌的舒張，即可將糞便擠出體外。與此同時，膈肌與腹肌的收縮，導致腹內壓增高，亦有助於糞便之排出。至於提肛肌之收縮，可助糞便擠出肛門，並防止直腸粘膜向外翻出。因此，排便時需要一連串平滑肌與橫紋肌的同時收縮。這種複雜動作的出現，有賴於中樞神經系統內各級中樞包括腰薦部脊髓內低級排便中樞的協調。

排便可隨意志而延遲。排便時一系列的橫紋肌均參加活動，在受驚嚇之際，有時可引起腸蠕動增強而導致不合時宜之排便。此外，對排便動作，尚可建立人工的條件反射。在日常按時排便的習慣中，同樣亦含有條件反射的成分。上述所及，顯示大腦皮層也常參加這種複雜的協調性之排便動作。（方懷時）

通氣之分佈（Distribution of Ventilation）或稱吸入氣在肺內之分佈（Distribution of Inspired Gas）

吸入定量之氣體，若全部肺臟各個肺泡所得之量相等，則稱均勻之分佈（uniform distribution）或稱均勻通氣（even ventilation）；若全部肺臟各個肺泡所得之量不等，則稱不均勻之分佈（non-uniform distribution）或稱不平均通氣（uneven ventilation）。即令在正常健康之個體，吸入氣在肺內之分佈並不均勻，換言之，全部肺臟各個肺泡在一次吸氣中所得吸入氣量並不均等。在直立位置，由於重力作用，當安靜呼氣之末期，肺底部份之肺泡，其大度恒小於肺尖部份之肺泡，因之，在吸氣時，肺底部份之肺泡，由於膨脹程度較大于肺尖部份之肺泡，故所得吸入氣較多。近年用輻射性氙（radioactive xenon），可以準確測得肺臟各部由肺尖至肺底之通氣分佈情形。疾病時，由於支氣管之阻力或肺泡之彈性改變，吸入氣在肺內分佈不均勻之程度，益形嚴重。醫院中之肺功能實驗室，常用氮氣廓清試驗或氮氣平衡法，以測定通氣不均勻分佈之程度。

氮氣廓清試驗（nitrogen washout test）：一般用多次呼吸氮氣廓清試驗（multiple breath nitrogen washout）：在安靜狀況及開式呼吸裝置下令被檢查者在氧氣中呼吸 7 分鐘，每次呼氣則收集於大氣量計內。每次呼氣之量由氣量計之記錄裝置記錄之，氮氣濃度則由氮氣計分析並作成記錄。在 7 分鐘實驗完了時之肺泡氮氣濃度，一般稱為氮氣排空率（nitrogen emptying rate），亦稱肺內氣體混合指數（index of intrapulmonary mixing）。在正常健康個體，在氧氣中呼吸 7 分鐘，實驗完了時，肺泡氮氣濃度恒低于 2.5%。在嚴重之不平均通氣時，則此一數值大於 2.5%。若以呼氣中氮氣濃度至 1%為終點，則稱氮氣廓清時間（nitrogen washout time），正常健康個體約 3～5 分鐘。肺泡氮氣廓清至 2%，每公升功能肺餘量之通氣率稱肺氮廓清指數（lung clearance index），此一數值正常在10以內。多次呼吸氮氣廓清試驗並可以分析通氣較快及較慢部份（compartment analysis）之大小比率及通氣率。

氦氣平衡試驗（helium equilibrium test）：在安靜狀況及閉式裝置中，令被檢查者在含氦氣之混合氣體中呼吸，正常健康個體約須 3～5 分鐘，儀器中與肺內之氦氣濃度即達平衡。有嚴重之通氣分佈不均勻時，此一測驗所需之時間加長。（姜壽德）

通氣公式（Ventilation Equation）

由 CO_2 排出量（$\dot{V}_{CO_2}$）及肺泡二氧化碳分壓（P_A CO_2）以推算肺泡通氣量，或由 CO_2 排出量（$\dot{V}_{CO_2}$）

及肺泡通氣量（$\dot{V}_A$）以推算肺泡二氧化碳分壓（$P_A CO_2$）。

　　呼氣中之CO_2係來自肺泡氣，單位時間內離開肺泡進入呼氣中之CO_2量（$\dot{V}_{CO_2}$）必與同一時間內肺泡通氣量（$\dot{V}_A$）與肺泡氣中CO_2之濃度（$F_A CO_2$）之乘積相等。亦即

$$\dot{V}_{CO_2} = \dot{V}_A \times F_A CO_2$$

或

$$\dot{V}_A = \frac{\dot{V}_{CO_2}}{F_A CO_2}$$

在上式中$\dot{V}_A$及$\dot{V}_{CO_2}$應在同樣狀況及同一單位。但標準狀況$\dot{V}_{CO_2}$為 STPD，$\dot{V}_A$為 BTPS，且$\dot{V}_{CO_2}$為 ml/min，$\dot{V}_A$為 l/min，若欲同時將$F_A CO_2$改為$P_A CO_2$，則須將$\dot{V}_{CO_2}$乘以（$\frac{310}{273} \times \frac{760}{P_B - 47}$），由 STPD 改為 BTPS；再除以 1,000，使由 ml 變為 liters；$F_A CO_2 \times (P_B - 47)$等於$P_A CO_2$，故上式變為

$$\dot{V}_A = \frac{\dot{V}_{CO_2} \times \frac{310}{273} \times \frac{760}{P_B - 47} \times \frac{1}{1000}}{\frac{P_A CO_2}{P_B - 47}}$$

或

$$\dot{V}_A (l/min)(BTPS) = \frac{\dot{V}_{CO_2}(ml/min)(STPD) \times 0.863}{P_A CO_2}$$

一般在不穩定狀況，$\dot{V}_{O_2}$較$\dot{V}_{CO_2}$為恒定，因

$$R = \frac{\dot{V}_{CO_2}}{\dot{V}_{O_2}} \quad 或 \quad \dot{V}_{CO_2} = \dot{V}_{O_2} \times R$$

故上式亦可作

$$\dot{V}_A = \frac{\dot{V}_{O_2} \times R \times 0.863}{P_A CO_2}$$
　　　　　　　　　　　　　　　　（姜壽德）

通氣血流量比 （Ventilation/Perfusion Rate, $\dot{V}_A/\dot{Q}$）

　　肺泡通氣率約為每分鐘 4,000 ml，由右心室搏出往肺臟之血液量每分鐘約為 5,000 ml。故通氣血流量比約為 $4.0/5.0 = 0.8$。若通氣血流量比降低，則動脈血之氧張力下降及二氧化碳張力上升；反之，若通氣血流量比上升，則動脈血之氧張力上升及二氧化碳張力下降。理想之通氣血流量比，為全部肺臟每個肺泡之通氣血流量比皆為 0.8，若肺泡通氣量為每分鐘 4,000 ml，而全部至無血液灌注之肺泡；又若右心室輸往肺臟之

血液量為 5,000 ml，然全部灌注至無通氣之區域，則雖肺泡通氣量及輸往肺臟之血流量比正常，仍無氣體交換可言。用輻射性氣體研究肺各部之通氣及血流量，已可使通氣血流量比在正常肺各部之推算達一相當可靠之程度，圖為由 West 計算所得健康正常個體在坐位時之可能通氣血流量比分佈（$\dot{V}_A/\dot{Q}$ distribution）。

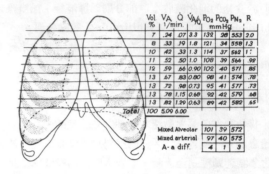

Vol %	$\dot{V}_A$ l/min	$\dot{Q}$	$\dot{V}_A/\dot{Q}$	P_{O_2} mmHg	P_{CO_2} mmHg	P_{N_2} mmHg	R
7	.24	.07	3.3	132	28	553	2.0
8	.33	.19	1.8	121	34	558	1.3
10	.42	.33	1.3	114	37	562	1.1
11	.52	.50	1.0	108	39	566	.99
12	.59	.66	0.90	102	40	571	.85
13	.67	.83	0.80	98	41	574	.78
13	.72	.98	0.73	95	41	577	.73
13	.78	1.15	0.68	92	42	579	.68
13	.82	1.29	0.63	89	42	582	.65
Total	100	5.09	6.00				

Mixed Alveolar	101	39	572
Mixed arterial	97	40	575
A-a diff.	4	1	3

　　　　　　　　　　　　　　　　（姜壽德）

通氣血流量比公式 （Ventilation-perfusion Ratio Equation）

　　每分鐘自肺泡氣排出之二氧化碳量即 $\dot{V}_{CO_2}$，吸入氣中無CO_2時，按通氣公式（ventilation equation）為

$$\dot{V}_{CO_2} = \dot{V}_A \cdot P_A CO_2 \cdot K \tag{1}$$

式中$\dot{V}_A$為呼出之肺泡通氣量，$P_A CO_2$為肺泡CO_2分壓，K 為一常數。

　　每分鐘自肺泡壁毛細血管進入肺泡之二氧化碳即$\dot{V}_{CO_2}$，按 Fick 原理為

$$\dot{V}_{CO_2} = \dot{Q} \cdot (C\bar{v}CO_2 - CaCO_2) \tag{2}$$

式中$\dot{Q}$為心搏出量（cardiac output），$C\bar{v}CO_2$為混含靜脈血中CO_2含量，$CaCO_2$為動脈血中CO_2含量。

　　在穩定狀態，自肺泡氣排出之CO_2量，應等于自肺泡壁毛細血管進入肺泡之CO_2量，亦即

$$\dot{V}_A \cdot P_A CO_2 \cdot K = \dot{Q} \cdot (C\bar{v}CO_2 - CaCO_2) \tag{3}$$

或

$$\frac{\dot{V}_A}{\dot{Q}} = \frac{C\bar{v}CO_2 - CaCO_2}{P_A CO_2 \cdot K} \tag{4}$$

　　在體溫 37℃，$\dot{V}_A$為 liters/min（BTPS），$C\bar{v}CO_2$及$CaCO_2$為 vol% in（STPD），$1/K$ 為 0.863，故上式可寫為

$$\frac{\dot{V}_A}{\dot{Q}} = \frac{0.863(C\bar{v}CO_2 - CaCO_2)}{P_A CO_2} \tag{5}$$

或

$$\frac{\dot{V}_A}{\dot{Q}} = \frac{0.863 \cdot R \cdot (CaO_2 - C\bar{v}O_2)}{P_ACO_2}$$

（姜壽德）

通氣耗氧當量（Ventilatory Equivalent for Oxygen 簡作 V_EO_2）

所謂通氣耗氧當量係指人體每用 100 ml 所須之通氣量，若每分鐘用氧量（$\dot{V}_{O_2}$）為 250 ml，每分鐘通氣量（$\dot{V}$）為 8 l/min，則 $V_EO_2 = (8/250) \times 100 = 3.2$ l/100 ml。此值之倒數乘以 100，即 $(1/3.2) \times 100 = 31.25$，亦即自每公升通氣量中所獲得氧之 ml（上例為 $250/8 = 31.25$ ml/l），稱氧移除率（rate of oxygen removal）。

由通氣耗氧當量及氧移除率：(1)可藉以推知過度通氣係由於每分鐘耗氧量增加或由於肺部疾病，例如在運動，高熱，及甲狀腺功能過高之際，每分鐘通氣量隨每分鐘用氧量並行增加，故氧移除率接近正常。在肺部疾病時，組織新陳代謝及每分鐘用氧量約仍正常，但由於動脈血氧分壓之低降及其他有關呼吸反射之結果，每分鐘通氣量常增加，在此種情形下，通氣耗氧當量上升，氧移除率下降。(2)可藉以估量肺血液循環量是否適當。若每分鐘通氣量及氣體瀰散量正常，則在肺吸收氧氣量（即每分鐘耗氧量）增加時，當可藉以推知通過肺毛細血管之血流量增多。（姜壽德）

動作電位（Action Potential）

動作電位是指細胞興奮時，胞膜電位（membrane potential）所起的變化，其過程包含去極化（depolarization）與重極化（repolarization）兩部。動作電位去極化的速度，隨細胞種類不同由每秒數伏特至每秒數百伏特。去極化速度高時，形成所謂尖峯（spike）現象。重極化之速度一般較去極化速度慢。由去極化頂點復原所須之時間，隨細胞種類不同自 0.5 毫秒至數百毫秒不等。重極化異常緩慢的細胞如心臟蒲金氏纖維等，膜電位於重極化過程中維持於接近 0 的高度相當長時間，形成所謂高原（plateau）狀態。興奮去極化的原因，主要是胞膜對鈉離子的透過性突然增高，細胞外高濃度的鈉離子迅速向細胞內移動，致胞膜原有的極化情況發生改變，胞膜電位由原來接近鉀平衡電位（potassium equilibrium potential，約 95 mV，胞內為負）一變而為接近鈉平衡電位（sodium equilibrium potential，一般神經細胞約為 40 mV，胞內為正）。去極化後之重極化，乃由於胞膜回復對鈉離子的不透過性以及胞膜

對鉀離子的透過性增高。（盧信祥）

動脈血壓之生理的變動（Physiological Variation of the Arterial Blood Pressure）

1.與年齡及性別有關，中國人各年齡男女之血壓值如下：

年 齡	男		女	
	心縮壓	心舒壓	心縮壓	心舒壓
15～19	112	65	108	65
20～29	115	72	107	70
30～39	117	73	115	76
40～49	129	84	129	79
50～59	141	88	140	84
60～65	154	89	171	93

青少年期（13～15 歲）及更年期（45～50 歲）之女性較男性其血壓稍高。

2.體重增加，血壓也高，3.姿勢，卧位比坐位，坐位比立位，血壓較高，各差5mmHg左右。4.呼吸動作，即吸氣時血壓稍升。5.運動時血壓升高。6.晝夜變動，即上午較下午，血壓為低，而且睡眠中，血壓低。7.精神緊張血壓升高。8.外界溫度升高，血壓稍低。9.人種、職業可能有關。（黃廷飛）

動脈波（Arterial Pulse Wave）

心室收縮後，大量血液進入大動脈，突然其內壓增加，引起大靜脈管壁之波動，此波動以快速傳至末稍小動脈壁時，因此處抵抗大，其波動無法前進，反而向心倒回。血管壁之波動從血管外或管內可以記錄其脈波。所謂動脈波看其發生部位分為中心性動脈波（如大動脈波），中間動脈波（如正肘動脈波）及末稍動脈波（如橈骨動脈波）。動脈波有上行及下行兩脚，而在下行脚再有波動，是大動脈半月瓣閉塞時發生的波動引起。此小波動在末稍動脈波較明顯，即為重波（dicrotic wave）。這個 dicrotic wave 可能因在末稍動脈處有前進波及倒回波重和所引起的。年青成人之動脈波之傳導速度，在大動脈波有 4～5 m/sec，股動脈波即 8～10 m/sec，末稍動脈波有 12～15 m/sec，有動脈硬化即其動脈波傳導速度却變快。（黃廷飛）

動眼神經（Oculomotor Nerves）

為第三對顱神經，在中腦的大腦脚之間伸出，包

含三種纖維：一、大部分由同側，小部分由對側動眼神經核的細胞所發生，支配提瞼肌以及球外眼肌，包括上直肌、下直肌、內直肌與下斜肌等，只上斜肌與外直肌除外，分別由滑車神經及外旋神經所支配，都司眼球的運動。二、由在動眼神經核之前的 Edinger-Westphal 核發出，終止於睫狀神經節（ciliary ganglion），由此發出的節後纖維支配眼球內的睫狀肌與虹彩的環行肌，司視象與光線的調節。三、由球外眼肌傳入的本體受納纖維（proprioceptive fibers），司傳遞眼肌所受張力的情況，再經運動纖維發生反射性的運動。（尹在信）

動機（Motivation）

動機一詞泛指由產生行為的直接原因所形成的一種內部狀態。無論學到的或遺傳的行為都有其動機，一般稱之為驅力（drives），故有醒驅力、睡驅力、饑驅力、渴驅力、性驅力、攻擊驅力、逃避驅力等等名詞。但這些驅力究由什麼來決定呢？尚難以置答。在較高等動物想是下列種種因素交互作用的結果：動物的一般健康、內分泌素、中樞神經的綜合活動、感官刺激以及以往的經驗等等。這些因素對行為決定的重要性因行為的型式和動物的種類而異，例如簡單的行為如膝跳反射多由感官刺激而引起，但動物的生殖行為主要受性激素所支配；又如性激素之於性驅力對人類就不如對貓犬等來得重要，而感官刺激，大腦活動和學習等却是構成人類性驅力的主要因素。

就目前所知，在哺乳動物管制行為驅力的主要機構在大腦的下視丘。其中有對於各種驅力產生興奮或抑制的中樞存在。某一種驅力的喚起必有其下視丘的興奮性中樞受到液遞或神經的影響而發生活動；而同一驅力的減低或滿足必由於其抑制性中樞的活動或興奮性中樞的靜息。如此興奮性與抑制性中樞互為制衡而決定驅力的消長。多數學者不同意"中樞"的說法，但仍不失為一種簡單的解釋。試以進食為例：當下視丘有關饑餓的興奮性中樞因受某些影響例如養分的空乏而發生活動時，動物的饑餓驅力便隨之增強，所引起的行為甚為廣泛，包括學到的和本能的成分。於是動物最初顯得不安，然後四處漫遊，終於變成有組織的覓食行為。如果找到食物而吞食以後，牠的行為便會起徹底的改變，覓食行為中止，其他行為如求偶，築窩、抹臉或睡覺等代之而興。由此可見，當一種驅力所激發的行為達到生物性的目標以後，這種驅力的強度也就減低，動物次一行為如何便看當時其他驅力中何者佔優勢來決定。有時動機行為的目標並不如飲食的明顯，但都有助於個體內部穩定的維持，例如逃避疼痛為免於傷害，又如性交、營巢與育幼等為緜延種族。一言以蔽之，都是為滿足密織於動物神經系統的生物性需求，以保持"勻衡狀態（homeostasis）"（見「勻衡狀態」條）。（尹在信）

細胞色素（Cytochrome）

為一種厭氣去氫酶（anaerobic dehydrogenase），含有鐵質，其功能為將黃素蛋白（flavoprotein）上之電子傳送給細胞色素氧化酶（cytochrome oxidase 亦稱 cytochrome a_3）。在傳送電子時其中之鐵即發生氧化還原作用而成 $Fe^{+++} \rightleftharpoons Fe^{++}$ 之循環反應。細胞色素可分為 b, c_1, c, a。由之連成呼吸鏈（respiratory chain）而傳送電子，產生能量。其與各酵解物，核苷酸二燐吡啶（diphospho pyridine nucleotide 簡寫 DPN），一核苷酸黃素（flavin mononucleotide 簡寫 FMN），二核苷酸腺嘌呤黃素（flavin adenine dinucleotide 簡寫 FAD）及細胞色素 a_3 間之關係圖解於下：

```
glutamate        succinate
malate           α-glycerophosphate
isocitrate       ↓
                 FAD
  ↓              ↓
DPN→FMN→CoQ →Cytb→Cytc₁→cytc→cyta→cyta₃→O₂

FAD              ETF*
 ↑               ↑
lipoate          FAD
 ↑               ↑
pyruvate         Acyl—CoA      *ETF = electron-transferring flavoprotein
α-ketoglutarate
```

（FMN, FAD 及 ETF 之詳解見黃素蛋白 flavoprotein 項）。（黃至誠）

細胞色素氧化酶　（Cytochrome Oxidase）

亦稱細胞色素 a_3（cytochrome a_3），動植物細胞內均含之。爲線粒體（mitochondria）內膜（inner membrane）上之呼吸鏈（respiratory chain）中最後一個酵素。細胞內之酵解物（substrate）由去氫酶使氧化後產出電子，再由此色素細胞氧化酶攜帶傳送給氧。在傳送電子過程中，此酵素所含之鐵即發生循環之氧化還原作用，亦即 $Fe^{++} \rightleftharpoons Fe^{+++}$。（黃至誠）

細胞膜內外物質的運送（Membrane Transport）

活細胞有一個重要的生理特性，它就是能維持許多物質在細胞膜的兩側有不同的濃度。細胞失去這種特性以後，凡是能通過細胞膜的物質，其濃度在膜的兩側將相等。活細胞的這種生理特性是因爲細胞膜具有一些特殊的功能。換言之，細胞膜是管制細胞內外物質運送的重要因素。

細胞內所進行的各種化學反應，需要繼續不斷的供應原料。同時，細胞內各反應的產物或無用的物質，也需要經常的移走。這種供應和移走的步驟，就是細胞膜內外物質的運送。此外，某些物質的運送也是細胞功能的一種表現。例如肌肉和神經細胞運送鈉離子和鉀離子在電能和化學能方面所引起的改變，直接的影響到這些細胞動作電位的產生與傳播。

每種物質通過細胞膜時有其一定的速率。這種速率是由二個因素來決定的。第一個因素是使物質運送動力的大小。例如細胞膜內外的壓力差，電位差，以及物質的濃度差等。第二個因素是細胞膜對該物質的通透度（permeability），而物質通過細胞膜的難易度，則隨運送的方式而定。物質通過細胞膜的方式很多，比較重要的有(1)擴散（diffusion）(2)活性運送（active transport）和胞飲作用（pinocytosis）等。（周先樂）

細胞膜電位（Membrane Potential）

細胞膜兩邊因離子分配不平衡而有一電位差，在正常情況下，細胞因膜內負離子較多，膜外正離子較多，故此電位差亦膜內較負，膜外較正，這種現象稱極化現象（polarization）。極化的程度，亦即膜兩邊電位差的大小，稱膜電位。膜電位隨細胞的種類不同而不同，同時

亦隨細胞的活動情形不同而異。細胞靜止時的膜電位稱靜止膜電位（resting membrane potential）。一般動物細胞靜止膜電位的高低，與鉀離子在膜內外的分配情形關係甚大。換言之，大多數細胞的靜止膜電位主要由鉀離子的平衡電位決定。根據文獻，一般可興奮組織的細胞靜止膜電位，最低可至 28 mV，最高可達 100 mV，最常見者爲 60-90 mV 之間，習慣上，此等數字之前均冠以一負號（如 -90 mV）以示膜內電位較負之意。細胞興奮時，膜電位發生改變，形成所謂動作電位（action potential），此時膜電位突然降低，是謂去極化（depolarization）。去極化的程度，主要由細胞內外鈉鈣兩種離子的分配情形決定，其中尤以鈉離子的關係最大，故去極化的結果，往往使細胞在短暫時間內，膜內外的極化情形與細胞靜止時相反，即膜內爲正，膜外爲負。這種膜電位在細胞興奮前後的變化，乃由於胞膜對鉀鈉兩種離子的透過性不同所致。細胞靜止時，胞膜對鉀離子的透過性高，故膜電位接近鉀離子的平衡電位（potassium equilibrium potential）；細胞興奮時，胞膜突然在短暫時間內對鈉離子的透過性增高，故在此短暫期間，膜電位接近鈉離子的平衡電位（sodium equilibrium potential）。（盧信祥）

基底神經節（Basal Ganglia）

基底神經節位於大腦半球之深部，含尾狀核（caudate nucleus），豆狀核殼部（putamen）及蒼白球（globus pallidus），杏仁體核（amygdaloid nucleus），及帶狀核（claustrum）。

神經核之間爲白質，係神經纖維，主要者有額叶皮質與視丘間之纖維，額叶皮質至橋腦之纖維，尾狀核至豆狀核之纖維，大腦運動區皮質至脊髓之長纖維，額叶皮質至紅核之纖維，視丘至皮質之纖維，大腦皮質及尾狀核至小腦間之纖維等。

藉刺激及破壞等實驗已知基底神經節與骨骼肌之收縮及直立姿態之維持有密切關係。（韓偉）

基電流（Rheobase）

見 strength-duration curve 解釋。（盧信祥）

基礎代謝率（Basal Metabolic Rate, BMR）

代謝爲生物所具特性之一，此即將能量貯藏及將之釋放而利用之過程。而代謝率則表示此過程中熱釋放之

速率。人類在舒適的溫度下（一般認爲須在 16.7℃ 以上 30.5 ℃以下），經過一夜安靜的休息，其後不進食，不作激烈運動。心情祥和平臥時所測得的代謝率是謂基礎代謝率。此時所產生的熱只能用以供給呼吸，循環及保持體溫。而熱量之消失則主要經由皮膚，因此消失之量將與體表面積成正比。爲維持體溫之恒定，消失率增加時，勢必增加代謝以補充之。所以測定熱量消失之情況可以推測代謝率。而氧之消耗量即可用以推測熱量消失（或稱釋放）之情形。蓋一公升氧之消耗相當於 4.825 仟卡熱之釋放。體表面積計算之公式在中國人舉如下（以平方米計）：

體表面積＝0.0061×體高＋0.0128×體重－0.1529
若某人體重面積爲 1.5 方米，於上述情況下測得一小時耗氣 15 公升則其基礎代謝率爲 15×4.825÷1.5 ＝48.3 仟卡／方米／小時。

情緒，生理狀況，年齡，運動程度和許多激素都可影響基礎代謝率。以甲狀腺激素爲明顯，因而此代謝率可以幫助甲狀腺功能的診斷。（ 萬家茂 ）

終板（ End-plate ）

終板是骨骼肌纖維與運動神經末梢在功能上發生連繫之處，屬肌細胞膜之一部，運動神經興奮時，其興奮即由此傳至肌細胞。終板膜與運動神經之間，一般相信有一空隙存在，故興奮由運動神經末梢傳至肌纖維，並非直接電傳導而需經過下列步驟：

1. 運動神經興奮傳至末梢，末梢釋放醋膽素（acetylcholine）。

2. 醋膽素彌散至終板與終板之醋膽素接受器作用使局部胞膜對鈉與鉀離子之透過性增高。

3. 鈉離子透過性增高，終板膜去極化形成所謂終板電位（end-plate potential）。

4. 終板電位出現使其周圍之胞膜亦去極化。去極化達閾電位（threshold potential） 高度時，即引發動作電位（action potential）。

5. 作用後之醋膽素被終板處之膽素酯酶（cholinesterase）破壞，終板膜對鈉、鉀離子之透過性囘復正常，終板電位消失。

終板雖屬肌細胞膜之一部，但其性質與普通肌細胞膜稍有不同，即其含有大量醋膽素接受器，故對醋膽素之作用甚敏感，終板之數目，通常每一肌細胞祇有一處，但在長的肌細胞，其數目有多至 2－3 處者。
（盧信祥）

終板電位（ （End-plate Potential ）

骨骼肌細胞終板（end-plate） 處之胞膜對醋膽素（acetylcholine）之作用甚敏感，醋膽素（平常由運動神經末梢釋出）作用於終板胞膜可使其對鈉鉀兩種離子的透過性增高，鈉鉀離子透過性增高的結果，胞膜去極化是謂終板電位，終板電位之大小，決定於醋膽素之多寡，故其出現並非全或無（all-or-none） 現象。終板電位出現，則終板與附近肌細胞膜之間產生局部電流，局部電流使附近肌胞膜亦去極化，去極化若達閾電位（threshold potential） 之高度則引起肌細胞興奮。（盧信祥）

強直，肌肉強直收縮 （Tetany ）

肌細胞接受有效刺激之刺激時，胞膜先興奮產生動作電位，然後肌原纖維滑動引起收縮，有些肌肉如骨骼肌，其細胞動作電位維持時間甚短（通常在10毫秒以下），而收縮維持時間甚長（隨肌肉種類不同可長至 100 毫秒），故細胞不待收縮舒張完全，其興奮性即已完全恢復而可接受另一次刺激產生第二次收縮，時間相隔甚短的兩次或兩次以上收縮合併產生較大張力的情況稱收縮綜合（summation of contractions） ，連續多次收縮的綜合使收縮張力繼續維持於較高高度的情況稱強直（tetany），如刺激頻率不高，強直收縮曲線不能維持穩定於一高度而呈波浪狀時稱不完全強直（incomplete tetany）。（盧信祥）

強度時間曲線 （Strength Duration Curve ）

生理學之強度時間曲線，乃一表示有效刺激（effective stimulus） 強度與持續時間關係的曲線，通常可用以代表受刺激的細胞組織的興奮性。

一刺激是否能引起反應，即是否有效，不但決定於刺激的強度，同時亦決定於刺激持續的時間，刺激強度愈高，需要刺激持續時間愈短，反之刺激強度愈低，需要時間愈長，但強度時間均有一最低限，若時間短於此限，則無論刺激強度爲何，均不能引起興奮；同樣，如刺激強度低於此限，則無論刺激持續時間爲何，亦不能引起興奮。表示最低有效刺激之強度與時間關係曲線，即謂之強度時間曲線，若以電流爲刺激，曲線之最低點，即能引起興奮所需之最低電流稱基電流（rheobase），以基電流強度刺激組織能引起反應所需之時間稱利用時間（utilization time，亦有以有效刺激之時間最低限為利用時間者），以兩倍基電流之強度刺激，能引起反應所需之時間稱時值（chronaxia 或 chronaxy）。過去一般相信時值可代表受刺激組織之興奮性，今知其不可靠，故此字目前已少見使用。（盧信祥）

張力時間指數 (Tension-Time Index)

張力時間指數是動脈平均血壓（mmHg）×心縮期時間 (sec)。下圖斜線部分等於此指數。心臟每分氧氣消耗量和張力時間指數有正比關係。（黃廷飛）

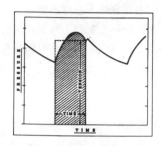

張力時間指數　　矩形等於斜線部位，即表示張力時間指數

淋巴液形成 (Formation of Lymph)

組織液內之較大分子或過剩液體被淋巴液吸收。淋巴管內有瓣膜，不引起逆流現象，而只向心方向流動。淋巴管系統有多處淋巴結節存在。淋巴節產生淋巴球，並其網狀內皮細胞有吞噬作用。淋巴液含有電解質、蛋白質、酵素、內分泌物、代謝產物及淋巴球。其組成近似血漿但其蛋白質含量較低。飯後腸管之淋巴液脂肪含量多，而呈乳白色。末梢淋巴液含有淋巴球數目數百／mm³，而胸管內淋巴液內其數目多即 8,000 — 12,000／mm³。末梢淋巴管內壓為 1 mmHg，較組織壓（10 mmHg）為低。胸管內壓有 15mmHg ，而受胸腔呼吸動作影響。淋巴液之流量亦受呼吸動作，淋巴管壁之動作及橫紋肌之動作影響。其流量在胸管約 1·38 ml／kg／hr 。 24 小時內，有血漿蛋白總量之 50 — 100 ％ 流入淋巴管後，又回到靜脈血內去。一天約有組織液 4—5ℓ 流入淋巴管後，回到靜脈血，因此淋巴液回流於靜脈，對維持血管內血量有極大關係。（黃廷飛）

蛋白結合碘量 (Protein Bound Iodine PBI)

為測定甲狀腺功能方法之一，且為最常用者。此係指血中有機結合碘化物的測定量，並不等於血液中甲狀腺激素的量。然而甲狀腺激素的量約佔此測量的 90 — 95 ％ ，故仍可作為甲狀腺激素的指數。其正常含量約為 3.5 — 8.0 微克／100 毫升（mcg ／100 ml），低於此範圍乃為機能過低，高於此範圍乃為機能亢進。

碘化物之給于及甲狀腺刺激素，動情素之作用於治療可使PBI 值增高，而甲狀腺刺激素腎上腺皮質固酮（corticosterone），雄性素，抗甲狀腺藥物，腎病及肝硬能使 PBI 之值下降。三碘甲狀腺原胺酸用於治療時亦能降低 PBI 之值。（萬家茂）

產生動脈血液缺氧之方法 (Methods for Producing Hypoxic Hypoxia)

各種缺氧，其中以動脈血液缺氧較為重要，故僅述產生此種缺氧之方法如下：

(1)利用反覆呼吸器（rebreather）：

先使受檢者之口與某一相當大之容器相連，以鼻夾夾住其鼻，任其反覆呼吸，則容器內空氣中之氧，漸為受檢者所消耗。容器內之氧，既漸減少，則受檢者漸漸遭受缺氧。若容器中含有 60 Liter 之空氣，經受檢者反覆呼吸三十分鐘，則該容器中之氧百分率，將由百分之二十一降至百分之七左右。此時受檢者所遭受缺氧之程度，約與受檢者在高空 28000 呎所遭受之缺氧情況相似。容器中必須備有能吸收二氧化碳之物質，以免二氧化碳之聚積。

(2)將空氣或氧被氮稀釋（dilution of air or oxygen by nitrogen）：

此法之主要目的，在設法減少受檢者吸入氣中的氧。要減少氧的百分率，我們常用氮稀釋。由稀釋的程度，可以推知引起缺氧的程度。

(3)利用低壓室（decompression chamber ）：

所謂低壓室，並非為一密閉之低壓室，而為一流通空氣之低壓室。低壓室之一端與抽氣之唧筒相連，藉此抽去該室內之空氣，另一端開一小孔，以便空氣進入。故室內之空氣頗為新鮮，不易聚積二氧化碳。該室空氣之進出量，並不相等。被抽出之空氣量必須多於進入該室之空氣量。二者相差愈大，引起缺氧之程度亦愈顯著，同時室內之壓力亦愈低。

(4)利用人工氣胸(artificial pneumothorax)：

在動物試驗中，有時可利用人工氣胸的方法，以便研究缺氧。此法雖可應用於貓兔，但有相當之缺點。因如利用此法，該動物已非在正常之情況下生活，故欲解釋所得之試驗結果，必須特別謹慎。又應用此法，不易

調節該動物所遭受缺氧之程度。

(5)使動物呼吸不暢（restriction of influx of atmospheric air）：

以氣管插管放於實驗動物的氣管內，若插管之口徑夠大，動物呼吸通暢，當不致引起缺氧。如插管之口徑太小，空氣就不易自較小之管口進入肺內，即可引起缺氧。插管口徑之大小，與引起缺氧之程度適成反比。應用此種方法，雖可減少空氣進入肺內而引起缺氧，但肺泡中二氧化碳之排出量亦同時減少，致引起二氧化碳之聚積。嚴格言之，此法並非單純引起缺氧，而易引起窒息，故不合適。

上面所提到的五種研究方法，其中以上述第五種方法最差，第四種方法亦不理想，其理由已於敍述各種方法時加以說明。以前常有人利用反覆呼吸器研究缺氧，於試驗進行之時，該器內所含之氧量必隨呼吸之持續而逐漸下降，因此缺氧之程度逐漸加重，無法維持同樣程度之缺氧，是爲此法之缺點。近來較常用者爲上述之第二及第三法，惟利用低壓室之方法更較普遍。（方懷時）

假半陰陽（Pseudohermaphroditism）

性腺只有一種但外部性器官形狀混亂的狀況謂之。分爲女性假半陰陽和男性假半陰陽兩種。

女性假半陰陽者，體內性腺爲卵巢，子宮及輸尿管發育正常，僅外部生殖器官雌雄難辨。發生原因是受到男性素分泌過多的影響，如腎上腺皮質異常分泌過多的男性素或者是孕婦在懷孕時服用大量的男性酮等。如果在妊娠第十二週以後受到男性素的影響，則只有陰蒂肥大，別無異常。如果在妊娠第十二週以前受到男性素的影響則可見到泌尿生殖寶的存在，即尿道沒有完全與陰道分開。由於男性素分泌增加，患者有男性化現象。

男性假半陰陽者，其性腺只有睪丸，重者其生殖器官酷似女性，有陰道但爲一盲管，無子宮及輸卵管。呈女性體型，睪丸隱於腹腔內。輕者有男子乳房發育，隱睪及尿道下裂。（楊志剛）

貧血（Anemia）

正常紅血球，其形狀大小數目幾乎有一定的，如果是大小不均，或者是形狀不一致，數目不夠多甚至於染色體不正常，凡此都可能是貧血的象徵，貧血的原因雖多，但大別可分爲原發性與續發性兩大類，屬於原發性的原因之一是由於造血作用的減退，例如肝臟內造血因素的缺乏，以及鐵質平衡的失調，血球破壞太多也可以

引起原發性貧血，他如苯中毒更可以引起再生不能性貧血（aplastic anemia），長期使用綠黴素（chloromycetin）於特別敏感的人亦可引起再生不能性貧血，屬於續發性貧血的原因更多，如急性出血六分之一到五分之一後，則暫時出現低血色素小血球性貧血（hypochromic microcytic anemia），但經過一個半月可完全恢復，如因胃潰瘍、痔瘡或惡性瘤腫所引起的反復惡性盆血，也同樣地引起低血色素小血球性貧血，慢性腎小球炎可以抑制骨髓細胞之造血活動，引起貧血。

嚴重貧血患者，血之黏滯性降低，使末梢血管內之血流阻力減少，最後使心搏出量增加，貧血後亦可導致組織缺氧，使其內血管擴張，心搏出量益形增加，心臟所作之功愈來愈多，如病人在靜止時尚可應付，一旦病人進行運動，心臟之負荷更大，甚易引起急性的心臟衰竭。（劉華茂）

移位痛（Referred Pain）

內臟有痛時其相對節之皮膚亦感覺痛，如胃痛時腹上部 epigastrium 之皮膚亦痛，闌尾炎（appendicitis）時腹部下右方皮膚亦痛。也有離開內臟之皮膚痛之情形如心絞痛時左手內面感覺痛，膽囊炎時右邊肩胛部皮膚感覺痛。內臟痛時離開內臟之皮膚痛稱爲移位痛。此現象可由兩種學說說明：一爲聚合投射學說（convergence-projection theory）。據此學說由內臟到脊髓之向心性纖維與由皮膚來的痛覺向心性纖維在脊髓內與同一神經細胞聚合共同作神經聯會後經過脊髓視丘束到視丘。換言之由內臟來之痛覺傳導路與由皮膚來之痛覺傳導路雖未進脊髓前分開，進入脊髓後爲同一傳導路，因此內臟受刺激引起痛覺時，在中樞無法分別判斷此痛之刺激是由內臟來或由皮膚來。另一說明法爲促進作用，平時來自體壁的對脊髓內神經細胞的閾下刺激，抵達脊髓後消滅而不繼續上傳，如此時內臟也傳來神經衝動，因該衝動可降低脊髓視丘神經元之興奮閾值，使來自體壁的閾下刺激得因前者興奮性之提高而上達腦部。如聚合投影學說能單獨說明移位痛，用 procain 局部麻醉後可使疼痛消失，然很厲害之疼痛局部麻醉後仍會出現，輕度疼痛則可完全消失。故聚合投影學說及促進作用兩者均爲移位痛之原因，內臟與皮膚之關係如刺激內臟神經在後中央回 postcentral gyrus）可記錄出電位變化，但事先或同時又刺激軀幹感覺神經可抑制內臟傳入之神經衝動，但在中樞神經系統何處抑制衝動尚不清楚。針灸可治療疼痛之原因可能由此種中樞抑制之原理來說明，過去有人使

用芥子膏刺激皮膚以減輕他處之疼痛亦可由此種中樞抑制原理來說明。（彭明聰）

麥芽糖酶（Maltase）

由十二指腸之 brunner 氏腺及小腸之 Lieberkühn 氏腺所分泌，消化麥芽糖成葡萄糖（glucose）。
（黃至誠）

袋狀現象 （Haustration）

大腸之混和運動，主由分節收縮（segmental contraction）完成。此種混合運動，乃與小腸之分節運動相似，惟大腸之分節收縮較小腸之分節運動緩慢。分節收縮，能將大腸分成若干大袋，故稱為袋狀現象。經片刻後，收縮鬆弛，而新收縮又在不同之地點發生。此種分節收縮，每將大腸之內容切成較小之塊，或使其滾轉，俾腸內容之另一部份暴露於腸壁，致使大腸內容有充分之機會與腸壁接觸，以利吸收。（方懷時）

斜視 （Strabismus）

吾人注視物體時需要雙眼肌肉動作有精密之協調及視線之適當聚合才能使物像落在相應點。雙眼視軸不能交叉於所欲注視之點稱為斜視。眼球肌肉之先天性異常，長期視覺器官之缺陷，眼球動作協調之障礙都會引起斜視。（彭明聰）

眼球震盪 （Nystagmus）

1.廻轉眼球震盪：廻轉身體或頭部時雙眼慢慢的向廻轉相反之方向動，但每到某一階段雙眼迅速的轉回，然後再慢慢的向廻轉相反方向動。其慢動作由迷路之神經衝動產生，快動作由腦幹之中樞產生。停止廻轉時眼球震盪方向與廻轉時相反。要觀察廻轉眼球震盪，試者坐在廻轉椅，固定頭部（因頭位置不同所產生震盪方向不同），廻轉速度為每 15 — 20 秒10次時，眼球震盪最明顯，震盪維持時間最長。正常人水平眼球震盪廻轉停止後維持約 30 — 40 秒，若20秒以下時不正常。廻轉停止後注視近物時，眼球震盪維持時間縮短。震盪方向以快動作之方向命名之。

破壞一側迷路時兩眼之震盪強度及維持時間不同但以後由代償作用變為相同但尚較正常人短。破壞兩側迷路時無眼球震盪。發生廻轉性眼球震盪時有種種自覺症狀如眩暈、噁心、嘔吐等。廻轉停止後尚有繼續在同方向廻轉之感覺而週圍之物像向相反方向廻轉之感覺，並且

難于保持身體平衡而身體易向廻轉方向倒。

2.溫熱性眼球震盪：向外聽道灌注溫水或冷水時，靠近鼓膜之外（水平）或前半規管壺腹 ampulla 內之內淋巴溫度改變引起內淋巴之對流引起眼球震盪。溫水為 42 — 45°C，冷水為27°C度為適當。使用 27°C 冷水時 45 — 90 秒後，18°C 冷水時 20 — 30 秒後開始眼球震盪而維持 90 — 150秒。使用冷水，頭固定于直位時引起向反對側之混合水平及廻旋性震盪，震盪方向使用溫水時與使用冷水時相反。

3.電流性眼球震盪：陽極放于乳嘴突起部，陰極放于反對側手掌而通 2 — 5 mA 直流電時引起向反對側之混合水平及廻旋性震盪。（彭明聰）

情緒（Emotion）

情緒行為的控制中樞主要在大腦皮質（cerebral cortex）、緣系（limbic system）、下視丘（hypothalamus）、以及網狀組織（reticular formation）。下視丘所發動的情緒行為常趨極端，但大腦皮質及緣系加以調和與抑制而產生正常的情緒反應。

情緒反應是肌肉，自律神經和內分泌腺等活動之結合。在情緒高張狀態有明顯之臟腑反應，因此這些反應之測量，如血壓、心率、出汗及呼吸等常用作情緒行為之指徵。測謊器（lie detector）便是此一原理的實際應用。

在內分泌腺之中，腎上腺（adrenal glands）、盾狀腺（thyroid gland）與腦下腺（pituitary gland）對情緒反應特別重要。腎上腺髓質的分泌素支持並加強交感神經系統對情緒的作用。腎上腺皮質素在個體對逆境的適應方面有決定性的影響。盾狀腺素管制代謝，當情緒激動之時其分泌增加使體內步調加速。腦下腺居內分泌腺之首席，對其他分泌腺有廣泛之影響；其與情緒特別有關者為與腎上腺皮質和盾狀腺間之交互作用。

最早有關情緒生理的理論爭點在身體情緒反應與情緒經驗孰先孰後。James-Lange 理論主張身體反應發生在情緒經驗之前；Cannon-Bard 理論則認為兩者同時發生而以下視丘為樞紐。Papez-MacLean 理論強調緣系構造在情緒之重要性，Lindsley 理論又將重心移到網狀組織，提出覺醒與情緒狀態的密切關係。（尹在信）

陰道週期 （Vaginal Cycle）

女性素能促進陰道上皮角化。完全角化的細胞沒有細胞核，細胞大而透亮。在助孕素的影響下，陰道分泌

大量的黏液，並有少許有核的上皮細胞脫落及大量的白血球滲出。在鼠類，由陰道塗片檢查，可以很清楚地看到求偶週期（estrous cycle）中陰道細胞的變化。在人類此變化不甚明顯。一般而論在排卵前由於女性素的作用，角化細胞特別多，角化細胞內並含有肝糖顆粒等。在排卵後陰道角化細胞消失而黏液增加。在青春期以前及停經以後，因缺少女性素的刺激作用，陰道壁變薄，不含有角化細胞，主要看到白血球和黏液。（楊志剛）

涎澱粉酶（Ptyalin）

亦稱唾液澱粉酶（salivary amylase），由唾液腺經食物刺激後分泌，作用時須氯離子及酸度 pH 6.6－6.8，作用於澱粉而產生麥芽糖（maltose）。（黃至誠）

清醒狀態 （Wakefulness）

中樞神經之活動狀況決定清醒或昏睡。在正常情況下，清醒與昏睡均各有其特殊之腦電波型，藉研究清醒型腦電波之發生及消失，可略知與清醒狀態之維持有關之腦組織。

腦幹中之網狀組織（reticular formation）所傳送至大腦皮波幅低，頻率高之腦電波是引起清醒狀態之重要因素，若所發出之衝動為波幅高頻率低型，則引起昏睡狀態。

網狀組織所傳出之興奮波主要來自感覺神經，（但也有一部份是網狀組織自發的），不同之感覺神經對清醒狀態之影響不一致，如視覺之作用甚微，而皮膚之感覺神經則作用甚強。

不僅僅網狀組織、下視丘、視丘、大腦皮質等均對於清醒狀態之維持有密切關係，其中尤以大腦皮質中可引起清醒狀態之部位，當刺激這些部位時，可將昏睡中之動物弄醒。（韓　偉）

淨擴散（Net Diffusion）

如以滲透膜（細胞膜亦同）將二種不同濃度的液體分開，則膜二側液體內的各分子都可互相擴散。有的分子從膜的一側擴散到膜的他側；同時，也有許多分子從膜的他側擴散到膜的一側。二個方向的分子擴散率不一定完全相同。雙方向擴散率的差，稱為淨擴散。物質經過細胞膜擴散的情形也是一樣。依擴散率的定義，物質因擴散經細胞膜的速率是由該物質在細胞膜內外的濃度差以及細胞膜對該物質的滲透度來決定的。

淨擴散＝通透度×（細胞內濃度－細胞外濃度）

如所得結果為正數，係指該物質由細胞內向外擴散；如所得結果為負數，則指該物質由細胞外向細胞內擴散。如某物質在細胞內外的濃度相等，其分子雖不停的進出細胞，而淨擴散等於零。（周先樂）

帶醯基蛋白（Acyl Carrier Protein ACP）

為合成脂肪酸（fatty acids） 必須之輔酶（coenzyme）、分子量9100，含有硫氫基（sulthydryl group）。乙醯基（acetyl）、丙二醯基（malonyl）及醯基（acyl）先與其硫氫基結合然後再進行脂肪合成。已合成之脂肪酸亦先與此ACP之硫氫基結合然後合成甘油脂（glycerides）及膽固醇酯（cholesterol ester），這硫氫基與輔酶A（coenzyme A）所含者相同，亦由硫乙醇胺（thioethanolamine）構成。（黃至誠）

腎小球分泌器 （ Juxta-Glomerular Apparatus）

腎小球的入球動脈在進入鮑氏囊處，動脈管壁的中層（media）和外膜（adventitia）的細胞結構改變，和平滑肌細胞不同，核多呈圓形而非長圓形，細胞質內有許多的顆粒而不是肌原纖維（myofibril），染色的特性也不同。這群細胞圍着入球動脈的管壁成為一個環（cuff）稱做腎小球分泌器（juxta- glomerular apparatus 或 polkissen），認為是一種內分泌的器官，它的分泌物是腎高血壓酶（renin），從形態學上的改變和機能上的影響來看，有許多事實，可以說明腎高血壓酶是由腎小球分泌器的細胞所產生的。腎高血壓酶的濃度在腎小球分泌器細胞內最高，又在人這部分細胞顆粒化（granulation）的程度和腎高血壓酶的作用力相關。如果這部分細胞過度肥大（hypertrophy），會有高血壓，並且採用免疫法也證明腎高血壓酶是在這些分泌細胞內造成的，因為用帶有螢光染料（fluorescent dye）的抗腎高血壓酶血清，表明抗體主要吸坿在分泌細胞內的顆粒上面。因為腎高血壓酶間接調節 aldosterone 的分泌，所以在膳食中鹽分受限制時，腎小球分泌細胞質內變得顆粒化表示分泌量增高，反以鹽分攝取過量時，細胞質內顆粒稀疏。

因為動脈管的內彈力層（internal elastic lamina）已消失所以分泌細胞和內皮細胞（endothelium）或微血管中的血液極為接近，所以腎小球分泌器可能是對壓力感受的組織，亦是分泌內分泌的組織。

就在腎小球分泌器的鄰近，遠端尿細管的管壁內也有一群特化的細胞環，這些細胞是長柱形而非通常立方形的管壁細胞，細胞核大而明顯，稱做密斑（macula densa）。密斑和 polkissen 組成腎小球分泌器，但分泌細胞只指 polkissen 而言，密斑的功能是什麼，還沒有眞正的證明。（畢萬邦）

腎小球的過濾 （Glomerular Filtration）

過濾是尿生成中的第一個步驟。

當血液流到絲球體時，因爲絲球體微血管膜和鮑氏囊管壁所組成的薄膜是一種具有細孔（millipore）的生物膜，膜的一邊是微血管，血壓很高，膜的另一邊是鮑氏囊，囊內壓甚低；所以腎小球好像一個過濾器，由於膜兩邊的壓力差，液體即經薄膜濾出，流入尿細管。這種濾過液便是"初成尿"。這種初成尿純粹是靠過濾生成的，有許多的證明，早在 1924 年 Richard 氏等將極微細的玻管插入鮑氏囊內，分析兩棲類腎小球濾過液的成分；又 1941 年 Walker 等人以相同的方法用之於哺乳類，兩者均證實腎小球濾過液祇是血漿的超濾過液（ultra-filtrate），濾過液內除了沒有蛋白質，脂質等大分子的物質外，其餘的成分，無論結晶質或溶解的有機物的濃度都和血漿中該物質的濃度相同，雖然濾過液中 Cl^- 較血漿中稍多，這可能是董南氏平衡（Donnan's equilibrium）的緣故。同時濾過液的滲透壓等物理性質也和血漿一樣。利用動物試驗推測濾膜上的細孔大約是 75～100 Å，像分子量 3500 的血漿白蛋白（plasma albumin）是可以通過濾膜的，祇是濾過來的血漿白蛋白平常都在近球尿細管完全被再吸收，所以最後在尿液中看不到血漿白蛋白。分子量是 6800，游離的血紅素也可以濾過腎小球，所以有時會有血紅素尿（hemoglobinuria）另外以不帶電的物質如糊精（dextrin）100 Å 大的分子也可以通過濾膜。

腎小球濾過的液量和濾過壓成正比。如以 P_f 代表有效濾過壓，P_b 代表絲球體微血管內的壓力。P_0 代表血漿蛋白質分子所產生的滲透壓，P_c 代表鮑氏囊內的壓力，則 $P_f = P_b - P_0 - P_c$。根據 1951 年 Winton 氏的測定 P_b 約爲平均動脈血壓的百分之七十卽 70mmHg（毫米水銀柱高），P_0 是 25mmHg，P_c 以電子壓力儀或以輸尿管最小抗流壓（minimum ureteral counterpressure）約等於 15mmHg，則 P_f 等於 30mmHg。雖 P_b，P_c 均爲概數，但是可見 P_b 若減小，則有效濾過壓亦減小，實際上亦是如此，如因爲出血，血壓下降時，便停止腎小球的過濾作用變成無尿（anuria），又如靜脈灌流濃

的膠體溶液（polyvinyl pyrrolidone）增加 P_0，導致無尿，增加鮑氏囊內抗流壓亦可使過濾停止。（畢萬邦）

腎小球的擴散 （Glomerular Diffusion）

腎小球微血管壁和尿細管上皮細胞層所合成的薄膜是大家所認爲的腎小球過濾膜，但是根據近代對這層薄膜的研究，認爲它的基膜（basement membrane）是連續的一層膜，在電子顯微鏡下無法看到有"孔"（pore）的結構；所以有人認爲腎小球的濾過液是由擴散而成的，並非由於所謂整體的濾過（bulk filtration）。

這種基膜可以比作是由包埋在一層膠樣物質裡面的許多小纖維（fibril）所編織成的一種濾紙。這種膠樣物質是黏多醣（mucopolysaccharide）。在水化的膠體（hydrated gel）內，組成分鬆鬆的連在一起，形成無數的孔道（channel）水及小分子的溶質很容易擴散越過孔道，它們彼此的擴散性（diffusivity）幾乎相同，只有較大的分子，當它的質粒越大時，擴散性越小，就很難通過濾膜了。這些迂迴曲折的孔道並非固定的，但是消失後可以重新形成。

根據這一點，如果在薄膜兩邊，增加靜水壓（hydrostatic pressure）的時候，就增加了水分子及溶質分子的電化位能（electrochemical potential）所以便增加了分子在膜內的擴散性。

另有一些事實，像許多腎臟患疾者，他們的基膜腫脹（swelling）或變性時，以致於纖維絲分開來，使得比正常還大的質粒也可以通過腎小球的濾膜，造成蛋白尿（proteinuria）。總之認爲基膜才是決定質粒從微血管管腔進入鮑氏囊內的重要基本因素。（畢萬邦）

腎小球濾過率 （Glomerular Filtration Rate, GFR）

單位時間內腎小球的濾過率，可以按腎清除觀念求得。某物質(x)如果在濾過腎小球後，不被尿細管再吸收，亦沒有分泌，則該物質每分鐘濾過腎小球的量，應當和每分鐘由尿排出的量相等。如以 F_x 代表物質的腎小球的濾過率（毫升／分）以 P_x 代表該物質在血漿中的濃度（亦卽該物質在濾過液中的濃度）（毫克／毫升），U_x 代表尿中該物質的濃度（毫克／毫升），V 代表每分鐘產生的尿量（毫升／分），則 $F_x \cdot P_x = U_x \cdot V$，$F_x = U_x V / P_x$。像菊醣（inulin）甘露醇（mannital），硫代硫酸鈉（sodium thiosulfate）都是可以用來測定腎小球濾過率的物質。根據用這些物質測定正常人腎小球的濾過

率是每分鐘125±20毫升，其中可能有6％的誤差，雖然重複測定其濾過率仍有此變異。

　　腎小球濾過率與年齡，性別，體重，體面積有關，尤以後者最爲密切，但在正常人頗爲恒定。生理狀況下，尿量之改變並非是腎小球濾過率有何改變而是尿細管再吸收改變所致。（畢萬邦）

腎小體 （Nephron）

　　每個腎是由一百萬到一百廿五萬個小單元組成的，這個小單元稱做腎小體。這些腎小體基本構造相似，機能上亦大致相似。每個腎小體包括腎小球（renal corpuscle）或稱馬氏體（Malpighian body），直徑平均100μ（微米），充血時肉眼可及。腎小球又可分爲絲球體（glomerulus）和飽氏囊（Bowman's capsule）兩部，前者是毛細血管簇（capillary tuft），後者是尿細管（uriniferous tubule）的起始部。尿細管順次可分爲近球尿細管（proximal convoluted tubule），海氏彎節（Henle's loop），此節又分降支（descending limb）和升支（ascending limb）二段，遠球尿細管（distal convoluted tubule）。下接集尿管（collecting duct）。通常所指的腎小體不包括細集尿管在內，因爲就形態學上來說，集尿管和尿細管發生的來源不同，又後者是尿生成的主體，前者居於次要地位，祇不過是尿的導管（urinary circuit），但就近來研究，已知尿的濃縮，酸鹼的平衡，分泌H⁺或K⁺以攝回體內缺乏的Na⁺，都是在這個部分進行的，所以就生理功能而言，集尿管應該是腎小體單元的一部分。

　　腎小體因分佈的部位不同，可分爲皮部腎小體（cortical nephron）和近髓部腎小體（juxta-medullary nephron），皮部腎小體位於皮質部外側$\frac{2}{3}$內，它們的海氏彎節很短，有的甚至沒有細節（thin segment）段，若有彎節延伸到髓質部的，則有各種長短程度不同的彎節，近髓部腎小體位於腎臟皮質部內側$\frac{1}{3}$內，它們的海氏彎節較長，視深入髓質部的深度不同而長短不一，其中有的彎節甚至深達腎乳突（papillae）。腎臟內這二

種腎小體的比例大約是7：1。又皮部腎小球的入球動脈較粗，出球動脈較細，但近髓部腎小體的出球動脈可能和它的入球動脈一樣粗或甚至還要粗一些。

　　兩種腎小體所受到的血流也不同，所以生理上也有不同，已知在哺乳類，長海氏彎節的數目，和彎節的長度與腎小體總長度之間的比例，和動物濃縮尿的能力有關，在乾旱沙地的動物只有長彎節的腎小體。（畢萬邦）

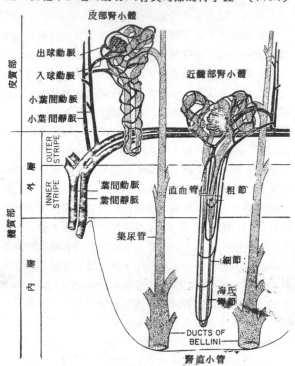

皮部腎小體與近髓部腎小體及其血液的供應

腎上腺皮質刺激素 （Adrenocorticotropic Hormone, ACTH）

　　由腦下垂體前葉所分泌，爲直鏈多胜鏈，含39個氨基酸，分子量4500，其構造請參閱色素細胞刺激素（MSH），各種動物ACTH之不同仍在於第25～33的九個氨基酸上，茲例舉如下：

牛類	1～20	Lys 21	Val 22	Tyr 23	Pro 24	Asp 25	Gly 26	Glu 27	Ala 28	Glu 29	Asp 30	Ser 31	Ala 32	Glu 33	Ala 34	Phe 35	Pro 36	Leu Glu Phe 37 38 39
猪類	1～26							Ala 27	Glu 28	Asp 29	Glu 30	Leu 31	Ala 32	Glu 33	34～39			
羊類	1～24					Ala 25	Gly 26	Glu 27	Asp 28	Asp 29	Glu 30	Ala 31	Ser 32	Glu 33	34～39			
人類	1～24					Asp 25	Ala 26	Gly 27	Glu 28	Asp 29	Glu 30	Ser 31	Ala 32	Glu 33	34～39			

雖然如此，但其活性却相同。現已能用人工方法合成完整的ACTH，不過只需前23個氨基酸，就具ACTH的功能。

　　ACTH的分泌受下視丘分泌物質的控制，亦受血液中皮質酮廻饋作用的調節。下視丘所分泌的物質稱之爲釋放激素。此激素經下視丘－下垂體門脈系統而至下垂使之產生ACTH。ACTH刺激腎上腺皮質之束狀細胞層，使之產生葡萄糖皮質激素，而使網狀細胞層產生雄性激素在兩生類亦能使球狀細胞層產生醛固酮。

　　漢尼斯及波拆特（Haynes-Berthet）認爲ACTH乃刺激皮質細胞內之腺嘌呤成環酵素（adenyl cyclase）促使三燐酸腺苷酸（adensine triphosphate）變成環狀單磷酸腺苷酸（cyclic adenosine monophosphate）進而賦活磷酸轉化酶，促進肝醣分解，而產生還原性於鹼醯胺、腺嘌呤、雙核苷酸、磷酸鹽（NADPH）。這種輔酶才是皮質激素產生過程中所必需的。

　　ACTH能使腎皮質細胞中DNA及RNA的增加亦已有確定的證明，這種增加意味着某些酵素的增加，而這酵素的增加，方能促使腎上腺皮質激素的增加。（萬家茂）

腎高血壓酶－高血壓素系（Renin-angiotensin System）

　　腎高血壓酶是由腎小球分泌器（juxta-glomerular apparatus）所分泌的一種蛋白酶，這種酶在胎盤可能亦能產生。腎小球分泌器細胞質內的顆粒化（granulation）常被認爲是腎高血壓酶分泌的指標。腎高血壓酶本上是一種蛋白質，無色的擬球蛋白（pseudoglobulin）分子量約爲5000，化學結構尚未確定，不透析，能溶於乙醇和丙酮液內，常溫下在中性或弱鹼性溶液內較穩定，加溫至攝氏56度時原有作用消失。它在循環中的半銳期爲80分鐘。

　　正常血漿內沒有腎高血壓酶，當腎缺血（ischemia），或由於失血而入球動脈血壓降低，減低脈搏，血量減少，血液缺Na時便促使分泌腎高血壓酶，這時腎靜脈血中腎高血壓酶的活性很高。

　　腎高血壓酶本身沒有使動脈血壓上升的作用，而是它分泌到血液裡以後，使血漿中的一種球蛋白（α_x globulin）亦稱高血壓素元（angiotensinogen或hypertensinogen）分解，釋出高血壓素I（angiotensin I）這是一種含有十個胺基酸的多胜物（Asp－Arg－Val－Tyr－Ileu－His－Pro－Phe－His－Leu）分子量爲

2750。高血壓素I也沒有使血壓上升的作用，或者說只有極微弱的作用力。高血壓素I再經血漿內的轉化酵素（converting enzyme），將二個C-terminal amino-acid除去，成爲8個胺基酸的高血壓素II（Asp－Arg－Val－Tyr－Ileu－His－Pro－Phe），這才是使動脈血壓上升的物質。

　　高血壓素實際上不只是高血壓素II，而是一系化學同類物。現在高血壓素II已經有人工合成的產品，對熱尚穩定，可溶於水或乙醇，可透析，生理作用是使血管收縮，血壓上升，是目前已知的加高血壓物質中作用最強的一種，如以重量計，它的作用力是正腎上腺素（nor-epinephrine）的4～8倍，含1毫克氮的高血壓素II定作50000單位。

　　由於腎高血壓酶及高血壓素II所造成的高血壓和腎上腺素（epinephrine）的結果不同：周圍血流不會顯著的減少，不會減低皮膚溫度，不減低心輸血量。

　　高血壓素II尚有其他生物作用力，有催生效應（oxytocic effect），尤其重要的它是刺激腎上腺皮質分泌aldosterone的物質，亦能促進腎上腺酮（corticos-terone）的分泌。

　　高血壓素在體內會被高血壓素酶（angiotensinase）破壞而失去作用，在腸黏膜，紅血球，腎，肝內都有那種酶。（畢萬邦）

腎清除率（Renal Clearance）

　　腎清除率只是一種數學上的概念，用來說明腎臟的機能。腎臟對某物質的排泄量，不用一般所採用的絕對單位，例如每分鐘有多少克重的某物質被腎清除了，却是以此種物質在單位時間內的排泄量所占的血漿體積作標準，所以一物質的清除率是以每分鐘有多少體積血漿內所含的物質被腎清除了。所說的多少體積也是一個理論上的數值，因爲並不是眞正有那麼多體積血漿裡面所含有的物質被清除，實質上是一個較大體積的血漿內所含有的物質受到不完全的清除。因爲任何物質無法在一次通過腎小體時便完全清除掉。

　　根據定義，某物質(x)的腎清除率（C_x）應等於該物質的排泄量除以該物質在血漿中的濃度（P_x），如U_x代表該物質在尿中的濃度，V代表每分鐘的生成尿量，則

$$C_x（毫升/分）=\frac{U_x \cdot V}{P_x}\left(\frac{毫克/毫升 \cdot 毫升/分}{毫克/毫升}\right)$$

　　每一種物質的腎清除率不同，同時有些物質它的腎清除率也不是恒定不變的。這是因爲有些物質在腎小球

濾過後會有再吸收或分泌或兩種情形都有的緣故。一種物質的排泄量（$U_x \cdot V$）應與該物質在腎小球的濾過量（$F_x \cdot P_x$）（F_x 代表濾過率）和該物質在尿細管再吸收（T_x）之差或分泌（T_x）之和相等

$$U_x \cdot V = F_x \cdot P_x \pm T_x$$

若該物質在尿細管有再吸收則 $U_x \cdot V = F_x \cdot P_x - T_x$；若該物質在尿細管還有分泌，則 $U_x \cdot V = F_x \cdot P_x + T_x$。若 $T_x = 0$ 即該物質在腎小球體濾過後沒有再吸收也沒有分泌，在這種特殊情形下

$$U_x \cdot V = F_x \cdot P_x , \quad F_x = \frac{U_x \cdot V}{P_x} = C_x$$

所以腎小球濾過率和腎清除率相等。像菊醣（inulin）露醇（mannital）等，正常的人不問血漿中該物質的濃度如何，它們的腎清除率是不變的每分鐘 125 毫升。至於像葡萄糖的腎除率是零，尿素的腎清除率是 70 毫升／分，是因為這些物質在腎小球濾過後有再吸收的緣故，像 PAH 的腎清除率是 660 毫升／分，這是由於尿細管還有分泌的緣故。

　　凡物質的腎清除率小於每分鐘 125 毫升者，當該物質在血漿中的濃度增高時，這種物質的腎清除率就增大，但以每分鐘 125 毫升為極限。若物質的腎清除率大於每分鐘 125 毫升者，當血漿內這種物質的濃度增高時它的腎清除就逐漸減低，亦漸近於每分鐘 125 毫升。（畢萬邦）

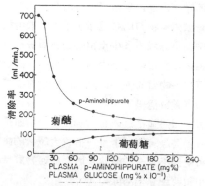

血漿中 P–Aminohippurate（毫克%）

血漿中葡萄糖濃度（毫克% × 10^{-1}）

腎循環系的血壓　（Pressures in Renal Circulatory System）

　　腎循環各段的血壓及血流阻力可以從附圖看出，與體內其他器官的血液循環所不同的是，它的微血管壓極高，雖然腎微血管壓沒有直接測定過，間接估計它的壓力在 60～70 毫米水銀柱左右，這部分的壓力雖然深受入球動脈和出球動脈的影響，但通常情形下，入球動脈和出球動脈的口徑，阻力相當配合，所以經常保持絲球體微血管內壓力相當的穩定，從而腎小體的濾過率亦很穩定。（畢萬邦）

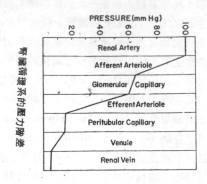

腎臟（Kidney）

　　腎臟有左右二個，位於腹腔背側脊柱的兩旁，形似扁豆，重約 300 公克，占體重的 0.4%；但單位時間內的血流量占心輸血量的 $\frac{1}{4}$，若以每克組織計，則每分鐘的血流量 4 毫升，豐足的血流，超過了實際上腎臟新陳代謝的需要，由此可知它在生理上的重要性了。腎臟的生理機能是多方面的，它不僅是主要的排泄器官，亦是調節體內環境恒定的器官，後者尤為重要。數種功能分述如下：

　　(1)調節體液的體積和成分：吾人體液的體積和成分極為恒定，如飲水量，自食物吸收或食物分解而產生的水分過多時，又從食物吸收的無機鹽過多時，皆由尿中泄出。

　　(2)調節體液的滲透壓：保持體液體積和成分恒定，亦便是保持體液滲透壓恒定。

　　(3)排泄新陳代謝的廢物：由蛋白質新陳代謝而產生的尿素（urea）肌酸酐（creatinine）及硫、磷化合物，由核蛋白新陳代謝而產生的尿酸（uric acid），由紅血球破壞而生的尿色素（urochrome）及尿膽色素（urobilin）等，大部分由腎排泄。

　　(4)調節血壓和血量：腎臟缺血（renal ischemia）時，引起腎小球分泌器（juxta-glomerular apparatus）產生腎高血壓酶（renin），輾轉產生高血壓素而使血壓上升，高血壓素順次調節腎上腺皮質激素 aldosterone 的分泌，以保留體液內的鈉鹽，調節血量。

　　(5)產生紅血球生成素（erythropietin）：在缺氧時

，腎臟分泌紅血球生成素，促進造血，這樣的反應在腎切除後便喪失。

(6)體液酸鹼平衡的調節：由於膳食或新陳代謝產生過多的酸或鹼時，腎臟能適度排泄過多的酸或鹼。（畢萬邦）

腎臟內血流的分佈（Distribution of Blood Flow within Kidney）

腎臟各部的血流是很不平均的。用隋性氣體清除法（inert gas "washout" technic），將 ^{85}K（氪 krypton），$^{133}X_e$（xenon）這些可溶於脂質的小分子，先使組織飽和，然後觀察這些放射性物質移去（removal）的速率，以為測定血流的方法，這些放射性物質移去的速率和腎臟各部尿細管周圍微血管（peritubular capillary）內的血流成正比。結果發現皮質部（cortex）的血流是每分鐘每克組織約 4 毫升，占腎全部血流的四分之三。鄰近髓質的皮質部（juxtamedullary cortex）和髓質部外層（outer medulla）的血流是每分鐘每克組織約 1.25 毫升，占腎全部血流的五分之一。髓質部內層（inner medulla）血流更少，只占腎全部血流的二十分之一。髓質部內層，尤其在腎乳突區，血液供給極少，這和腎逆流機構（countercurrent mechanism）濃縮尿液的生理關係密切。根據在動物試驗，假如吃鹽分多的食物時，皮部腎小體的濾過率增加，近髓部腎小體的濾過率減低，如果吃鹽分少的食物時，則皮部腎小體的濾過率減低，近髓部腎小體的濾過率增加，因為皮部腎小體的海氏彎節較短，和近髓部腎小體來比的話，它是一種散失鹽分的器官，近髓部腎小體的海氏彎節極長，是保留鹽分的器官。由此可見改變腎臟血流的分佈就影響鈉鹽的排泄。所以循環的調節就成為腎小體機能的一個重要決定因素。（畢萬邦）

腎臟的血流（Renal Blood Flow）

單位時間內通過腎臟的血流很大，超過它新陳代謝的需要。血流的大小可以採用 Fick 氏原理而測定，根據 Fick 氏原理，一器官在單位時間內攝取（或產生）某物質量應等於該物質在動脈血和靜脈血中濃度之差與器官所通過的血流之乘積。根據這個原理，測定血流只要用一種腎臟所不會產生或代謝的物質，可以完全不顧該物質是由何種步驟來排泄的。設 $U_x \cdot V$ 代表某物質的排泄量（毫克 / 分），RA_x, RV_x 順次代表該物質在腎動脈和腎靜脈血漿中之濃度（毫克 / 毫升），則腎臟全部血漿流率（total renal plasma flow TRPF）（毫升 / 分）可以左式算出：$TRPF = \dfrac{U_x \cdot V}{RA_x - RV_x}$。測定腎血漿流率最常用的，有 para-amino-hippuric acid,（PAH）diodone 等，這些物質在適當濃度範圍內，通過腎臟時，不僅在腎小體濾過，又經尿細管細胞分泌，所以利用這些物質的排泄率可以測定腎血漿流率。假如在血漿一次通過腎臟組織時，該物質即能完全抽取而清除者，則 $RV_x = 0$，所以有效腎血漿流率（effective renal plasma flow ERPF）（毫升 / 分）可簡成下式：$ERPF = \dfrac{U_x \cdot V}{RA_x}$，如以 PAH 作為測定物質，正常人體腎臟對 PAH 的抽取只有 90% 亦即 $RV_{PAH} = 0.1 \times RA_{PAH}$，PAH 抽取率（extraction ratio, E_{PAH}），

$$E_{PAH} = \frac{RA_{PAH} - RV_{PAH}}{RA_{PAH}} = 0.9 \text{。所以}$$

$$ERPF = \frac{U_{PAH} \cdot V}{RA_{PAH}} = \frac{U_{PAH} \cdot V}{RA_{PAH} - RV_{PAH}} \cdot \frac{RA_{PAH} - RV_{PAH}}{RA_{PAH}}$$

$$= TRPF \cdot E_{PAH} = 0.9 \, TRPF$$

正常人腎血漿流率為每分鐘 660 毫升。

因為血漿在血液內所占的體積百分比為 55%，紅血球體積百分比（hematocrit, Hct）為 45%。在已知腎血漿流率時，可以計算腎臟總血流率（total renal blood flow, TRBF）

$$TRBF = TRPF \times \frac{1}{100 - Hct} \times 100$$

正常人腎臟總血流率為每分鐘 1200 毫升。

腎臟血流對腎臟的機能影響是很大的，因為腎臟血流量改變時，腎小體濾過率也改變，便會影響鈉鹽及水的排泄。（畢萬邦）

最大自願通氣量（Maximal Voluntary Ventilation　MVV）

令被檢查者用力作速而深之呼吸 12 秒鐘，測量 12 秒內之最大通氣量，換算成每分鐘之最大通氣量，單位為 L/min。呼吸頻率及每次進出肺之氣量，可以令被實驗者自由選擇。若呼吸過深，則因時間及能量上之不當消耗，反不能獲得最大數值。我國一般健康成年男子之最大自願通氣量約為 120～150 L/min。最大自願通氣量之大小，與呼吸肌之力量，肺與胸壁之彈性阻力，呼吸道氣流阻力，及組織之滯性阻力有關。最大呼吸量（maximal breathing capacity）（簡稱 MBC）為每分鐘呼吸量之最大值，現專用以指由運動或吸入高濃

度之 CO_2 刺激結果所得之每分鐘通氣量。（姜壽德）

最大呼氣流量容積曲線（Maximal Expiratory Flow-Volume Curve MEFV Curve）或簡稱流量容積曲線（Flow-Volume Curve）

肺量圖係將時間記于坐標之 x 軸及將肺容積記于 y 軸所得之記錄圖，最大呼氣流量容積曲線係將肺容積記于坐標之 x 軸及將最大呼氣流量記于 y 軸所得之記錄。由此可以顯示肺容積與最大呼氣流量之關係，近年在臨床上有逐漸被推廣應用之趨勢。

最大呼氣流量容積曲線之具最大意義，係基于肺容積之大小事實上可以決定呼氣流量。肺泡為富彈力作用之組織，其彈力纖維在解剖上可視為一端起于胸膜臟層，而他端止于胸腔內之氣管外壁，吸氣之際，氣管因受此一彈力組織之牽引而擴大；呼氣時，肺彈性回位力減

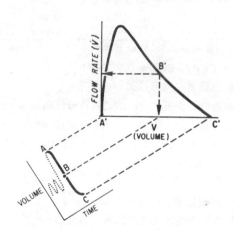

小，且因胸腔內壓增加，氣管內腔變狹窄，阻力增大，呼氣流量減少。一般言之，在肺活量之下半部之流量容積曲線，決定于下部呼吸道之物理特性；但在肺活量之上半部之流量容積曲線，與呼吸肌用力之大小及呼吸道上部之阻力有關。（姜壽德）

最大運送量（Transport Maximum Tm）

腎小球濾過液內的各種物質在經過尿細管時可能會被再吸收，也可能有分泌，或既有再吸收也有分泌，隨物質的種類和尿細管的位置而定，再吸收和分泌只是物質運送的方向相反而已，凡單位時間內，物質運過尿細管的最大量稱做該物質的最大運送量（Tm）試以葡萄糖為例說明之。

葡萄糖是生理上極重要的物質，在血漿中有一定的濃度（P_G）。在生理情形下，腎小球濾過的葡萄糖，可

以全部再吸收所以葡萄糖的腎清除率是零毫升（$C_G = 0$），因葡萄糖的濾過量（F_G）是與血漿內葡萄糖的濃度成正比，所以當血漿中葡萄糖濃度升高時，F_G 超過了尿細管的再吸收限度，尿中即有葡萄糖出現。當 P_G 愈大，由尿中泄去的量更多。因為單位時間內濾過量（F_G）和單位時間排泄的量（E_G）之差即為每分鐘的吸收量。結果發現當每 100 毫升血漿中含葡萄糖 $350\sim2200$ 毫克李，每分鐘尿細管吸收一定量的葡萄糖，這便是腎尿細管對葡萄糖的最大吸收量簡作 Tm_G，每人的 Tm_G 相當穩定，正常男性每 1.73 平方米的體面積每分鐘吸收葡萄糖 375 毫克，同樣情形的女性為 303 毫克（♂：375mg/ min/ 1.73M^2，♀：303mg/ min/ 1.73M^2）。糖尿病患者其 Tm_G 仍正常。（畢萬邦）

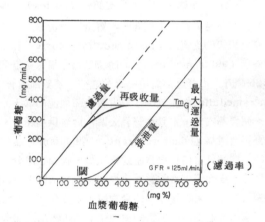

最終共同徑路（Final Common Path）

支配骨骼肌之運動神經細胞是所謂的最終共同徑路。此種神經細胞位於脊髓前角，接受多方面傳入之神經興奮及抑制消息，（包括由反射弧傳入神經所傳入的，其它感覺末梢傳入神經所傳入的，以及由較高級神經中樞所傳入的消息），最終由此運動神經細胞將消息綜合而藉動作電位經其軸突將興奮波傳至其所支配之骨骼肌細胞而引起收縮。由於所有神經消息最終均經由此細胞及其軸突傳至肌肉，故此細胞被稱之為最終共同徑路。（韓偉）

無效腔（Dead Space）

呼吸器官有氣體通過，但無氣體交換作用之部份稱之。

解剖無效腔（anatomical dead space）：指氣道容積而言。氣道在終末氣管枝以下部份現肺泡，故在

終末氣管枝以上部份之氣道，在呼吸氣體通過時，無氣體交換作用，此部份之通道，稱解剖無效腔。

肺泡無效腔（alveolar dead space）：指因病變失去氣體交換功能，而僅有通氣作用之肺泡而言。此等肺泡與終末氣管枝以上部份之氣道相同，有通氣作用，而無氣體交換之功能。此外，通氣量大于血液流過量之肺泡，此一過大之通氣量，爲無效通氣，觀念上此肺泡之一部份亦爲無效腔。

生理的無效腔（physiological dead space）：肺內全部有通氣作用，而無氣體交換功能之部份，合稱爲生理的無效腔。故生理的無效腔包括解剖無效腔與肺泡無效腔。在正常健康生理狀況下，生理的無效腔與解剖無效腔相等。此處所指“生理的”，係因生理的無效腔，常由呼吸生理學家測定之故。（姜壽德）

無效腔效應（Dead Space Effect）

通氣血流量比（$\dot{V}_A/\dot{Q}$）較高之肺泡，即肺毛細血管流過血液過少或通氣量過高之肺泡，理論上其中通氣之一部份與無效腔相當，故稱無效腔效應。在肺動脈變窄，或肺動脈栓塞或血栓見之。（姜壽德）

無覺症（Agnosia）

某些大腦損傷的病人即使感官正常却不能用來辨識對象，這種缺陷稱爲無覺症。通常可分爲四類：一、立體無覺症（astereognosis），病人不能用手感覺物體的形狀、重量和質地等。二、聽無覺症（auditory agnosia），聞聲而不知其義。三、視無覺症（visual agnosia），不能察知事物、顏色或空間等意義。四、自我體表無覺症（autotopognosis），病人不能認識肢體，分不清左右或不辨身體與周遭的關係。（尹在信）

黃素蛋白（Flavoprotein）

爲去氫酶之補物（prosthetic group），有三種：一核苷酸黃素（flavin mononucleotide 簡寫FMN），二核苷酸腺嘌呤黃素（flavin adenine dinucleotide 簡寫FAD）及傳送電子黃素蛋白（electron transporting flavoprotein 簡寫ETF）。酵解物在線粒體之內膜上由二條路進入呼吸鏈（respiratory chain）而被氧化產生能量。氧化還原電位差（radox potential）較負性的酵解物爲經含FMN之去氫酶作用而進入呼吸鏈。而氧化還原電位差較陽性的酵解物則經含FAD之去氫酶作用而進入呼吸鏈。在乙醯輔酶A（acyl-CoA）被去氫酶作用時更需ETF才能將其電子傳送到呼吸鏈中。其間之連繫見細胞色素cytochrome項下圖解。（黃至誠）

黃斑（Macula Lutea）

在網膜內視神經乳頭部往顳側約4毫米處有一小斑呈黃色稱爲黃斑。其位置在眼球後極，其形狀爲圓形或其長軸在水平之橢圓形。其中央部圓錐狀凹下去稱爲中心窩。此部之視細胞全爲圓錐體，並且視細胞以外各層甚薄，爲網膜中視力最強之部位。黃斑，圓柱體缺乏部及中心窩之範圍各爲直徑1～3毫米，0.8毫米及0.24～3.0毫米，視角4～12度，3.05度及55～70分。由中心窩越到網膜週圍部其視細胞圓柱體數目越多。在中心窩圓錐體與神經節細胞之比例爲1：1，但在網膜週圍部數個圓錐體及數個圓柱體連于一個神經節細胞並且越到週圍部聚合（convergence）越厲害。此構造之差別引起中心窩與網膜週圍部之機能之差別，則中心窩視力最大，而週圍部視力差，但夜視能力好並且聚積功效好。

用鈷青色玻璃片放于眼前看上空白雲時在視野內可看到與黃斑一致之陰影。此爲通過玻璃片進來短波長光線被黃斑之黃色色素吸收之緣故。（彭明聰）

黃體（Corpus Luteum）

黃體是卵巢內黃色的腺體。成熟卵泡排卵後，由卵泡的膜細胞（theca cell）及粒性細胞（granulosa cell）增生而成。如果卵受精而植入子宮，則黃體繼續發育而增大稱爲眞黃體，如果卵未受精則黃體在排卵後第八天開始退化，萎縮而成爲白體。

黃體的發育和分泌受腦下腺的黃體生成激素和催乳激素的管制。黃體細胞質內含有油脂顆粒故細胞呈黃色，黃體分泌女性素和黃體素二種內分泌素。（楊志剛）

黃體生成激素（Luteinizing Hormone）

是由腦下腺前葉的嗜鹼性細胞所分泌的促性腺激素之一，它協助卵泡成熟素使卵泡成熟，在排卵前黃體生成激素分泌突然增加而引起排卵，黃體生成激素在卵巢主要的功用是使破裂的卵泡形成黃體並刺激黃體分泌女性素和助孕素。黃體生成激素又稱促間質細胞激素，因爲它刺激睪丸間質細胞之發育並促進間質細胞分泌睪丸酮，黃體生成激素是醣蛋白，分子量約爲三萬。黃體生成激素的分泌受下視丘後部的管制，該處的病變抑制黃體生成激素的分泌。男性去勢後黃體生成激素分泌即

增加，此增加可被睪丸酮所抑制。（楊志剛）

發紺（Cyanosis）

血液缺氧之時，唇，口腔黏膜，面部，耳垂及指甲床等處每易呈現青紫色。此種現象，稱爲發紺。發紺之程度，雖不易以一定之數值表示，但爲缺氧現象之重要指標。

毛細管內之血液，含有氧合與還原血紅素（oxy-hemoqlobin and reduced hemoglobin）。二者比例正常，皮膚及表皮組織即呈正常之顏色，致無發紺之現象。如還原血紅素多而氧合血紅素少，則皮膚或黏膜即呈青紫色。有時局部或一般循環太慢，氧合血紅素分解較多，故發紺現象亦可出現。又如血液對於氧之飽和不夠，氧合血紅素亦隨之減少，發紺當然不能避免。一般言之，如毛細管內之還原血紅素超過 5g/100ml 之時，即易呈現發紺。

通常發紺之步驟如下：

(1)皮膚及黏膜由正常顏色漸漸變爲淡青紫色。

(2)然後呈現明顯之青紫色。由(1)至(2)之步驟，可快可慢。

(3)終因循環效能減退，皮膚及黏膜呈現灰色或灰白色。

如血液內二氧化碳缺乏，氧合血紅素即不能如常分解，組織即不能攝取氧。此時雖可引起缺氧，但因血液內尚含有多量之氧合血紅素，故皮膚及黏膜不呈發紺之現象。嚴重之貧血病人，因其血紅素過少，而不能使還原血紅素之值高於 5g/100ml ，則不能出現發紺。反之，如紅血素增多（polycythexemia）之患者，則較易呈發紺。一氧化碳中毒時，因血紅素與一氧化碳結合後呈櫻紅色，可將發紺時之青紫色遮蓋，故不易發現發紺之現象。又血紅素因某種毒物而變爲變性血紅素（methemoglobin）之時，變性血紅素之顏色也不易與發紺時之青紫色分辨。此外，硫血紅素（sulfhemoglobin）之顏色亦難與發紺現象辨別。（方懷時）

發動電位（Generator Potential）

發動電位是指感覺神經末梢接受適當刺激時局部發生的去極化（depolarization）現象。感覺神經末梢依種類不同，接受不同種“能”（energy）的刺激而去極化。此種去極化與產生動作電位之去極化不同，發動電位之去極化屬局部性與等級性，即去極化僅限於接受器部分，其程度亦可因刺激之強弱有大小之分。發動電位

去極化如達相當高度足以使相鄰之神經纖維胞膜去極化至閾電位（threshold potential）時，神經纖維即興奮。參閱感受器電位及發動電位。（盧信祥）

單一紅血球之絕對數值（Absolute Corpuscular Values）

1. 單一紅血球之平均體積（mean corpuscular volume）

簡稱MCV，可按下一公式求之，即

$$MCV = \frac{1000 c.c. \text{ 血液中之紅血球體積數}}{1 mm^3 \text{ 血中之紅血球數目（以百萬爲單位）}}$$

$$= \frac{hematocrit \times 10}{5} = \frac{450}{5} = 90 \mu^3 \text{（立方微米）}$$

2. 單一紅血球之平均血色素（mean corpuscular hemoglobin）

簡稱MCH，依下一公式得之，即

$$MCH = \frac{1000 c.c. \text{ 血中之血紅素克重}}{1 mm^3 \text{ 血中紅血球之百萬數}}$$

$$= \frac{hemoglobin \times 10}{5} = \frac{150}{5} = 30 rr gm.$$

（微微克）

3. 單一紅血球血色素之平均濃度（mean corpuscular hemoglobin concentration）

簡稱MCHC，有如下式：

$$MCHC = \frac{100 c.c. \text{ 血內紅血球體積（c.c.）}}{100 c.c. \text{ 血內血紅素克數}} \times 100$$

$$= \frac{15}{45} \times 100 = 33\%$$

（劉華茂）

單核巨細胞及血小板（Megakaryocytes and Platelets）

紅骨髓內有一種很大的細胞，直徑約40微米，故稱之爲單核巨細胞或巨核球，核分葉且呈不規則之圓形，胞漿可伸出許多偽足，斷裂之後即形成血小板，或稱血栓細胞（thrombocytes），如用 Leishman 氏法將之染色，可見到血小板爲一圓形或卵圓形之小體，直徑約2.5微米，胞漿略帶藍色，且有紅紫色顆粒，如有染料沉澱其上，則類似細胞核之外觀。

常人每立方毫米之血液中約含血小板數目二十五萬

至五十萬之間，骨髓性白血病或Hodgkin氏病，互核球及血小板都增加，反之如骨髓受感染或大量愛克斯光照射，上二者都會減少，但亦有骨髓內互核球並不減少，因不能成熟爲血小板，僅僅是後者減少而已，血小板的壽命，通常祇有4～9天，都是在脾內被破壞，脾臟切除後，血小板數目即增加，脾功能亢進（hypersplenism）者，血循環中幾乎找不到血小板。

血液流至體外，血小板分裂並釋出凝血活素，後者與其他因子共同作用，使血液凝固，並使血塊緊縮，血小板亦含有多量的serotonin，去甲基腎上腺素及腎上腺素，組織胺以及核醣核蛋白等物質，血管壁受傷時，serotonin使局部血管收縮，防止出血，血小板內之肝醣亦有助於血塊形成。（劉華茂）

絨毛（Villi）及絨毛收縮素（Villikinin）

小腸是吸收的主要部位，人類小腸之表面積初僅3300 cm²，因其黏膜具有環狀皺折，遂將小腸之面積增加三倍（10000cm²）。小腸黏膜另擁有大量指狀突起的絨毛，因而構成了小腸之廣大吸收面積（ 100000 cm²）。絨毛的表面是形成小腸黏膜面之基本部分。每一條絨毛的周圍是一層柱形之上皮細胞。每一上皮細胞之上又有甚多之微絨毛（microvilli），將小腸之吸收面積更爲增多，較最初之面積增加六百倍，乃將小腸之總面積增至2000000 cm²。

絨毛內部有平滑肌纖維，神經叢，毛細血管，毛細淋巴管等組織。淋巴管與毛細血管乃營養物質輸入體內之重要徑路。淋巴管縱貫於絨毛之中央，稱爲中央乳糜管，當它通到黏膜下層時，即與這裡的淋巴管叢滙合。淋巴管具有豐富之活瓣，淋巴液只能向大淋巴管流動而不能倒退。當絨毛之平滑肌纖維縮短時，中央乳糜管之淋巴即被擠壓外流。

絨毛之毛細血管來自一或二條小動脈管，當後者進入絨毛後，即分散爲毛細血管網，然後再滙入黏膜下層之小動脈。

不在消化時，絨毛縮小，並無動作。消化時由於血流與淋巴流的增加，絨毛肥大起來，並各自進行節律性的收縮運動。這些運動可以推進絨毛內部之血流及淋巴流，並常改變與腸內容的接觸面，以利吸收。

以機械刺激，刺激絨毛根部，能使絨毛收縮，這可能由於刺激了支配絨毛平滑肌的Meissner氏神經叢所致。絨毛運動似亦受化學刺激的調節。如將由腸黏膜內提出的一種物質注射於血液內，即可引起絨毛運動。此種物質被認爲可能是導致絨毛運動的一種激素，稱爲絨毛收縮素（villikinin）。當鹽酸溶液輸入小腸時，即可引起絨毛收縮素之生成。（方懷時）

賁門（Cardia）及接受性鬆弛（Receptive Relaxation）

從構造上看，人類之賁門括約肌通常並不明顯。從機能上講，賁門却具有一定的括約肌作用。馬之賁門有較爲明顯之環形平滑肌。賁門之主要功用，在阻止胃中之食物進入食道。

當不吞嚥時，賁門的緊張性甚高，經常是閉縮狀態。食團自咽進入食道後，食道即引起蠕動。在蠕動波之前，食道平滑肌弛緩，因賁門之平滑肌纖維係與食道者相連，所以蠕動波將到賁門時，賁門即行開放，此時胃之緊張性亦下降，以便容納來自食道之食物，此種現象，稱爲接受性鬆弛。

刺激迷走神經及交感神經，可改變賁門之緊張性。其改變之情形，每視當刺激時賁門括約肌緊張程度之不同而異。一般言之，刺激迷走神經，可降低賁門括約肌之緊張性。刺激交感神經，可使賁門括約肌之緊張性增高。（方懷時）

賁門失弛緩性（Achalasia）及去神經定律（Law of Denervation）

在正常之情況下，當食團自咽進入食道後，食道即出現蠕動波，此蠕動波將到賁門時，賁門即行開放，以便由食物所形成之食團自食道進入胃內。然在某種病態之情況下，此時賁門部之平滑肌並不暫時鬆弛，則食物不易由食道進入胃內，致食物在食道內停留較久，此種現象，稱爲賁門失弛緩性。賁門既因失去弛緩性而不易開放，嚥下之食物即在食道內聚積，食道乃被擴大，故稱爲大食道（megaesophagus）。

引起賁門失弛緩性之原因，大概由於食道之下端缺乏Auerbach氏神經叢（Auerbach plexus）或此項神經叢變性，此時食道之下端不易出現蠕動波，賁門之接受性鬆弛（receptive relaxation）遂不出現，故食物不易自食道進入胃內。近以電子顯微鏡之研究，知賁門失弛緩性之同時，常隨伴食道迷走神經纖維之脂肪變性及食道平滑肌呈萎縮之現象。

Cannon氏曾發現，如將某組織（或器官）之神經切除以後，此組織對於化學刺激之感受性（sensitivity of chemical stimulation）即見增高，此種現象，稱爲去神經定律。

　　凡正常人經肌肉注射 5～10 mg 之 methylcholine
（此係類副交感神經興奮劑　parasympathomimetic
drug）對食道並無任何影響，但如將此種藥物注射於賁
門失弛緩性之患者，其食道即呈持久而強烈之致痛收縮
。此種現象，實爲去神經定律之良好說明。因爲此時患
者之食道下端對化學刺激特別靈敏，小量之 methylcho-
line 雖對正常之食道並無作用，但對於缺乏 Auerbach
氏神經叢之食道，即可使其出現強烈之致痛收縮。
（方懷時）

痛（Pain）

　　皮膚可因損傷或承受過度的理化能量而引起痛的經
驗。皮膚表面由精細刺激可引起疼痛之點稱爲痛點（
pain spot），可一一圖繪表示。身體各部痛點分佈之
疏密頗不一致，例如鼻尖雖多溫點與觸點但只有少數痛
點。其他感覺在人出生之時已發育健全，甚至在胎兒期
已有功能，但痛覺閾在胎兒期及出生時特高，這可能爲
防止胎兒在生產過程中遭受過分痛苦的一種生物性適應
。在三、四天的嬰兒痛閾已顯示急遽下降，故男嬰的包
皮環切術都在出生後及早無麻醉施行。

　　痛的接受器（receptor）與痛點的位置一致，大都
爲裸露的神經末梢。肢體的痛覺徑路爲由脊神經感覺神
經原經後根進入脊髓，在後角轉換神經原，橫過對側，
集成側脊髓視丘束（lateral spino-thalamic tract）
上行，到達視丘（thalamus）的腹後外核（ventro-
postero-lateral unclues）。顏面的痛覺徑路爲由三
叉神經感覺神經原進入三叉神經脊髓核，轉換神經原後
橫過對側，隨側脊髓視丘束上升，終止於視丘的腹後內
核（ventro-postero-medial nucleus）。由腹後內及
腹後外核再發出纖維投射於大腦皮後中央廻的感覺區。

　　痛覺徑路雖如上述，但在日常經驗中有快痛與慢痛
之別，受傷後先有立即銳痛，繼之以持久性的鈍痛，並
伴有情緒擾亂以及蒼白、出汗等自主神經反應。原來痛
覺的傳導有兩種纖維，一種有髓鞘，較粗，傳導速度快
，故產生快痛；一種無髓鞘，甚細，傳導速度慢，且分
枝進入腦幹的網狀組織（reticular formation），擴
大並持續其影響，故產生慢痛及其他反應。

　　一般感覺並不需要大腦皮感覺區的存在，尤以痛覺
爲然。大腦皮的功能只在痛的辨別與解釋。因痛而起的
情緒反應雖取決於經驗，但也與痛的本身密切有關，據
研究這種有關痛的情緒因素在視丘痛覺徑路的連結。視

丘的損傷可引起對痛刺激的過度反應，稱爲視丘病徵（
thalamic syndrome）。在另一方面，如切斷額前葉
（pre-frontal lobe）〔見額前葉條〕與視丘之間的連
結，與痛相伴的不快情緒便告解除。

　　內臟的痛覺接受器分佈較疏，但中空器官可因局部
化學刺激或痙攣發生劇痛，並引起噁心、嘔吐及其他自
主神經反射。內臟痛覺的傳導經由交感與副交感的傳入
纖維，並由某種機構投射到肢體感覺神經所支配的體表
，即所謂轉介痛（referred pain）。

　　引起痛覺的媒介一般相信是一種液遞化學物質。以
bradykinin 灌注清醒犬的脾臟，已知可產生顯著的疼
痛反應，包括吠叫與掙扎。請參閱 "痛覺"。（尹在信）

痛覺（Pain）

　　痛覺爲保護身體之功能。對身體有害之因素均引起
痛覺而無適當刺激亦無適應，無空間的積聚（spatial
summation）但有時間的積聚（temporal summation）。

1. 皮膚痛覺

　　感受器爲不具任何球形或盤形之神經末端 naked
nerve ending，痛覺之數目每平方厘米 100 至 200 個
全身 3,500,000 個，其傳導神經爲 Aδ 纖維（Ⅲ群）及
C 纖維（Ⅳ群）。產生的痛覺尖銳的而局部性的，短時
間之刺激可引起兩個繼時的痛感而其潛伏期與上述二種
纖維之傳導速度之差符合。古加因最先使痛覺消失，尤
其 C 纖維之傳導最先消失。窒息時痛覺最後消失，尤其
C 纖維之傳導最後消失。

2. 深部痛覺

　　在肌肉，腱及關節發生。產生之痛覺不鋒利，而不
易指出其確實部位。其產生原因，一爲缺血 ischemia
如 Berger 氏病，烏腳病，二爲骨骼肌持久的收縮如
Kernig 病徵。

3. 內臟痛

　　此種痛有兩種，其一由體壁漿膜發生的，第二由內
臟本身發生的。其原因一爲中空內臟如腸，膽囊及膀胱
突然的膨脹伸縮或充實內臟如脾，腎之被膜膨脹伸張，
二爲痙攣尤其隨缺血時明顯如腦血管之痙攣產生頭痛
、脚之痙攣，三爲內臟之缺氧如心絞痛 angina，其四
爲機械的刺激如腦膜之牽引或變形。

　　內臟痛之向心性纖維大部份經過交感神經進入脊髓
，一少部份經過副交感神經如咽喉——咽喉神經，食道
氣管——迷走神經，大腸下部，尿道，子宮頸及陰道—
骨盤神經，一部份經過軀幹神經如橫隔膜神經進入脊髓

。此爲去除交感神經，或切除交感神經節可治療內臟痛之理由。

痛覺之傳遞物質因注射 K^+，5HT，ATP，醋酸膽鹼或組織胺 histamine 於皮膚內時均可引起痛覺，一時被視爲痛覺之傳遞物質，但現在不被採納。林可勝博士注射 $15\mu g/kg$ bradykinin 於狗脾動脈內時引起痛覺。皮膚之三重反應 triple reaction 之灌流液含有分解蛋白質之酵素及多肽 polypeptide，此物質與 bradykinin 相似而產生血管擴張及痛覺，稱爲 neurokinin。對組織有害之刺激在組織產生 neurokinin，或肌肉長期收縮時由缺氧細胞產生 neurokinin 而 neurokinin 刺激痛神經末端。請同時參閱 "痛"。（彭明聰）

換新時（Turnover Time）

換新之物質量相當於某一特定範圍內所含該種物質之總量時所消費之時間稱換新時。但因新進入物質之一部份，於未將舊物質全部換新前即已隨舊物質排出該範圍之外，故雖然新進入物質總量已相當於該範圍所含舊物質之總量，卽在到達換新時後該範圍內仍有37％舊物質，僅有63％爲新物質。（黃至誠）

換新率（Turnover Rate）

某一物質在某一特定之範圍內換新之速率。而此特定範圍內所含該種物質量則在穩定狀態（steady state），卽新進入及排出該範圍之物質在相等之狀態。（黃至誠）

軸突（Axon）

見 neuron 解釋。（盧信祥）

軸索反射（Axon Reflex）

動物體中一種最簡單，不經過聯會（synapse），亦不需到達中樞調節機構之反射。軀體感覺神經之兩極細胞體存在於脊背根神經節，中樞極傳入神經徑路入中樞神經，才梢極在其支配皮膚之途中，分出側枝支配小動脈。軸索反射之反射弧（reflex arc）乃由皮膚之接受器經由感覺神經末梢往上傳，其脈衝到達分叉之處後，藉反向傳導（antidromic conduction）作用，由側枝下行傳至小動脈血管，而引起血管反應。此反射在生理上所表現之例爲三重反應（triple response）中之散紅反應（flare reaction）。所謂三重反應，卽用火柴棒（尖物）重劃皮膚之後，約10秒之內，所劃之處

呈現潮紅，爲紅色反應（red reaction）；數分鐘後，發生局部疹塊（wheal）狀水腫及潮紅擴散（flare）。初期出現潮紅之紅色反應乃因微血管受壓力刺激而擴張之現象，隨後發生之疹塊水腫則爲微血管及小靜脈通透性增加的結果，散紅反應則由於軸索反射而致小動脈擴張。三重反應乃皮膚受傷之正常生理反應，不因切除交感神經而消失。但散紅反應則不發生於局部痳醉後之皮膚，亦不見於皮膚經切除其支配之神經日久而萎縮者。然如將皮膚之支配神經於分叉之上切斷或痳醉阻斷，或將背根神經節切除，馬上重劃皮膚（不待其神經末梢發生萎縮後），此反應依然存在，可見此反應依賴皮膚與小動脈間之軸索分枝，但不依賴中樞，其神經脈衝之傳導完全在軸索之間，故稱爲軸索反射。反向傳導之神經脈衝可能使小動脈附近之神經末梢分泌或激活一種蛋白解酶，以到局部產生 kinins 之物質使血管擴張而形成散紅反應。（蔡作雍）

等長收縮（Isometric Contraction）

見 Contraction 解釋。（盧信祥）

等張收縮（Isotonic Contraction）

見 Contraction 解釋。（盧信祥）

鈉鉀唧筒作用（Sodium-Potassium Pump）

所謂鈉鉀唧筒作用，是指動物細胞膜主動將鈉離子由細胞內運送至胞外，同時將鉀離子由細胞外運至胞內。由於這種作用，細胞內外鈉鉀兩種離子的濃度有很大的差別，卽胞內鉀離子濃度高於鈉離子濃度，胞外鈉離子濃度高於鉀離子濃度。這種離子濃度差的維持，對細胞興奮性的維持甚爲重要。由於鈉鉀唧筒作用是一種主動運送作用，故其進行必須消耗能量，能量供應一旦停止，鈉鉀唧筒作用亦卽停止。（盧信祥）

鈉携帶者（Sodium Carrier）

鈉携帶者乃一用以解釋胞膜對鈉離子透過性改變的假想物。根據假說，胞膜內有一定數量鈉携帶者，視膜電位高低不同，呈靜止（resting）、活動（activated）與不活動（inactivated）三種狀態存在。在一定限度內，膜電位愈高，鈉携帶者呈靜止狀態之數量愈多，靜止狀態的鈉携帶者不能携鈉離子透過胞膜。胞膜電位降低，靜止鈉携帶者卽致活而呈活動狀態，膜電位降低愈甚，致活呈活動狀態的鈉携帶者愈多，活動狀態

鈉携帶者數目愈多，胞膜對鈉離子的透過性愈高。胞膜重極化可使鈉携帶者囘復靜止狀態，若胞膜維持於去極化狀態，則鈉携帶者經致活呈活動狀態後很快卽經減能而呈不活動狀態，一經減能變爲不活動，其携鈉離子透過胞膜的能力卽喪失。利用此假說，胞膜各種活動現象均可獲得解釋，例如胞膜電位必須迅速降至閾電位（threshold potential）高度始能引起興奮去極化，是因胞膜電位降至此高度時，經致活呈活動狀態之鈉携帶者數量始增高至足使鈉離子進入胞內之速度超過鉀離子漏出胞外的速度，因此引起正囘饋的鈉離子透過性不斷增高，胞膜繼續去極化。又如胞膜電位過低，胞膜興奮性喪失是因大部分鈉携帶者已呈不活動狀態之故。

（盧信祥）

第二性徵（Secondary Sex Characteristics）

　　成年男女二性性別的特徵除了性腺和性器官所謂第一性徵（primary sex structure）不同以外，在性徵官以外的部份也有差異，此謂之第二性徵。男子第二性徵源於男性素的影響，譬如在成年男子頭髮髮線由額部兩側向後退隱，重者可見禿髮（baldness）。聲帶增長變厚致聲音低沉。面有鬍鬚，胸部及四肢有粗而多的體毛。皮厚色深，皮下脂肪少。肌肉骨骼發達致身高體重，骨盆呈漏斗形致臀部較狹。反之成年女子頭髮髮線一如兒童、沒有退隱。聲音仍如童聲尖而細。體毛少，皮膚柔軟且富皮下脂肪。骨盆寬大但體型較矮小。

（楊志剛）

散光（Astigmatism）

　　角膜之縱的彎度與橫的彎度不同，因此光線無法在網膜上結像。可用圓柱狀透鏡（cylindrical lens）矯正。

（彭明聰）

鈣的代謝（Calcium Metabolism）

　　鈣質乃經由小腸吸收而進入血中，血清含鈣量正常時約爲 10 mg/100ml（嬰孩及兒童稍高），約 55～60％成離子存在，其餘 40～45％則與血清蛋白相結合。其自腸壁之吸收受各種因子之影響，舉凡維他命 D 及副甲狀腺素，具促進吸收之能力。而鹼性或脂肪過多，食物中鈣/磷 之比偏高，切除副甲狀腺均將妨礙其吸收。而血中鈣量視(1)腸的吸收能力，(2)骨骼再吸收，(3)尿糞排泄及骨骼沉積而定。鈣之進出血液變化雖大，但其含量總是維持恒定。

　　人體體內含鈣量比其他任何一種陽離子均來的多，成人平均含 1200～1400 克，其中 99％沉積於骨骼，12克是在柔軟組織及細胞內，血液及細胞外液含量還不到 1 克。如是，可見鈣離子的濃度在體液裏將很低，雖然濃度很低，但所扮演的角色却很重要。不論神經肌肉的興奮性，膜的滲透性，酵素的活性，凝血之現象等，無不需 Ca^{++} 之存在。血鈣在生物體內需維持常量，往往因微小的變動，亦導致不良的反應。其如痙攣，卽因體液內鈣離子過低所致。又如試驗離體蛙心中，已知缺鈣時心臟舒張，而過多時則連續收縮。鈣之對心臟作用且與鎂及鉀離子相拮抗。（萬家茂）

普阿休氏定律（Poiseuille's Law）

　　剛性管軸流（axial flow）之壓力勾配（$\triangle P$），流量（Q）及抵抗（$\frac{8\ell\eta}{\pi R^4}$）有下式互相關係，

$$\triangle P = Q \times \frac{8\ell\eta}{\pi R^4}$$

　　$\triangle P$：壓力勾配，$dynes/cm^2$，
　　Q：流量，ml/sec，R：管子口徑，cm，
　　ℓ：管子長度，cm，　η：液體黏稠度，poise.

上式表示若流量（Q）不變，而 R 減半，卽抵抗（$= \frac{8\ell\eta}{\pi R^4}$）增加 16 倍，而 $\triangle P$ 亦增加 16 倍。若是上式抵抗不變，而流量（Q）加倍卽 $\triangle P$ 只增加一倍。可知管子口徑之改變，能引起 $\triangle P$ 之很大變化。上式亦可大抵上應用於體內血管內之流量，血壓及抵抗之關係卽簡化爲血壓＝血流量×抵抗。而且血管口徑大小，對血壓有極大的影響。

上式 η 是液體黏稠度；$\eta = \frac{\tau}{\dot{\gamma}} = \frac{F/A}{\triangle v/\triangle y} = \frac{dyne/cm^2}{cm/sec/cm}$

$= dyne/cm^2/sec = gm \cdot cm^{-1} \cdot sec^{-1} \cdot$

　　τ：應力（shear force）$= F/A$，
　　F：卽 Force, dyne；A：area, cm^2
　　$\dot{\gamma}$：應變（shear stress）$= \triangle v/\triangle y$，
　　$\triangle v$：速度，cm/sec，$\triangle y$：離心距離，cm.

卽 η 之單位與 $gm \cdot cm^{-1} \cdot sec^{-1}$，卽 poise 表示。水之在 20℃ 約 0.01 poise，正常血液在 37℃ 之 η 有 0.04 poise，血漿之黏稠變爲水之 1.8 倍。血球比率（hematocrit）增加，其血液黏稠度卽增加，

末稍血管抵抗爲 $R = \dfrac{P_1 - P_2}{Q}$　P_1 及 P_2 爲血壓勾配，而 $1mmHg = 1332 dyne/cm^2$ ，Q 爲流量，ml/sec，R 之 absolute unit 即用 $dyne-sec-cm^{-5}$ 。爲了簡便 R 亦用末梢抵抗單位（P.R.U.）表示，即 $R = \dfrac{P\ in\ mmHg}{Q\ in\ ml/min}$ 表示，例如血壓 $100\ mmHg$ ，心輸出量 $4500 ml/min$ 即 $R = \dfrac{100}{4500} = 0.022\ P.R.U. = \dfrac{10 \times 13.6 \times 980}{75} = 1640 dyne-sec-cm^{-5}$. （黃廷飛）

惡性貧血 （Pernicious Anemia）

紅血球的成熟需維他命 B_{12} ，後者之吸收靠胞飲作用（pinocytosis），因胃液中的內因素（intrinsic factor）可促進胞飲作用而有助於維他命 B_{12} 之吸收，如胃黏膜因某種原因而萎縮，或胃在手術時切除太多，都可以使內因素分泌減少，紅血球不能成熟，血液中出現甚多的巨初紅血球（megaloblasts），即所謂惡性貧血。內因素乃一種黏液多醣質（mucopolysaccharide）或黏液多肽質（mucopolypeptide），分子重約 50,000，其所以能促進 B_{12} 吸收之機構可能如下，最初內因素與食物中之維他命 B_{12} 牢牢結合，防止胃腸中之消化酶予以消化，其次是因爲維他命 B_{12} 與內因素結合之故，容易附着於胃腸黏膜細胞膜上，再自此而進入擔任胞飲作用的囊泡（vesicles），大約 4 小時之後，維他命 B_{12} 才脫離結合，以無約束的方式進入血液，最後大量貯存於肝，待骨髓造血需要時才慢慢地釋放出去，欲維持正常紅血球成熟所需之維他命 B_{12} 總量，每天尙不到一微克（microgram），而肝內貯藏維他命 B_{12} 之量實達百倍於此，即使數個月沒有吸收 B_{12} 的人，亦不致於立即出現患性貧血，惡性貧血患者血液中出現較大紅血球，單一紅血球之平均體積是 $110 \sim 140 \mu^3$ ，色指數較高，紅血球壽命略短，此外尙出現許多異形血球，例如卵圓形多色性及有核紅血球，每一立方毫米之血液僅 $1 \sim 2.5$ 百萬個紅血球，每 $100\ ml$ 血液中僅 $4 \sim 9$ 克的血紅素。（劉華茂）

溫度感覺 （Temperature Sense）

皮膚及黏膜對溫度之靈敏度不是均一的，而是點狀。此種點越多感覺越靈敏。溫點每平方厘米 $0 \sim 3$ 個，全身 16,000 個，冷點每平方厘米 $6 \sim 32$ 個，全身 150,000 個，冷點分佈於皮膚較表面。乳頭、胸部、鼻、上膊之前面及腹部，對溫度變化最靈敏，身體露出部份不靈敏。前額對冷很靈敏但對溫不靈敏。

傳導溫度感覺之神經纖維爲 δ 纖維，其傳導速度每秒 $3 \sim 15$ 公尺，冷纖維在 $12 \sim 37\,^{\circ}C$ 之間發出神經衝動而 $20\,^{\circ}C$ 以下時發出衝動數目最多，溫纖維在 $25 \sim 45\,^{\circ}C$ 之間發出神經衝動而 $37\,^{\circ}C$ 時發出衝動數目最多，普通皮膚溫度爲 $33 \sim 34\,^{\circ}C$ ，皮膚溫度 $33\,^{\circ}C$ 以上時，溫纖維之神經衝動數目增加，冷纖維神經衝動數目減少，皮膚溫度 $45 \sim 47\,^{\circ}C$ 時溫纖維停止發出神經衝動，冷纖維再開始發出神經衝動而有冷感，此稱爲奇異冷感 paradoxical cold sensation 。 皮膚溫度超過 $45\,^{\circ}C$ 時有熱感，超過 $45\,^{\circ}C$ 時有痛感，此爲刺激痛感受器之緣故。

皮膚溫度 $20 \sim 40\,^{\circ}C$ 之間有明顯的適應，此範圍外時一直有溫度感覺。雖度 $1 \sim 2\,^{\circ}C$ 之差，很快的溫度變化產生溫度感覺：每秒 $0.001\,^{\circ}C$ 溫度上昇爲溫感受器之刺激閾，每秒 $0.004\,^{\circ}C$ 溫度下降爲冷感受器之刺激閾。（彭明聰）

黑素粒收集素 （Melatonin）

爲松菓體（pineal body）所分泌的內分泌素。其化學結構已經明瞭。係由血管收縮素（serotonin）經加乙醯作用和甲基作用而成。其功用能使蝌蚪皮膚色素細胞的黑素小粒收集在一起，因而皮膚的顏色變淺。在鼠類受到光的刺激，可經由交感神經徑路而抑制黑素收集素的合成。在哺乳動物黑素粒收集素除了略能抑制卵巢機能之外，別無其他作用。　（楊志剛）

舒張 （Relaxation）

見 Contraction 解釋。（盧信祥）

替換形成 （Conditioning）

是學習的一種方式。由於不斷的加強（reinforcement），使反應對原來無關的一種刺激發生聯繫，這種過程，稱爲替換形成。替換反射（conditioned reflex）是替換形成的最單純的形式，由俄國生理學家 Ivan Pavlov 最早研究。他以肉餵狗，同時搖鈴。久之，狗僅聞鈴聲而流涎。鈴聲原不能使狗流涎，但現在已在狗的神經系統中與原來的刺激（肉的色、香、味）結合在一起而引起相同的流涎反應。動物也可以替換形成的過程使完成複雜的行爲如奔跑、按鍵、開門或其他技巧。在訓練貓、犬、馬等家畜時，使它們服從命令或哨音等刺激也主要是一種替換形成。

替換形成常用來測量動物的感覺能力。例如欲測定狗的聽覺對聲音頻率的辨別有多靈敏時，可用替換形成的過程使狗對某一特定頻率，如1200周／秒，起某種反應，然後一面用1200周／秒以外的聲波來刺激，一面注意它的反應，就可以確定狗所能分辨的最小差異。據說狗能分辨的差別達每秒二周之微。

替換形成在下列情況較易成功：新舊刺激在同時同地出現且重複多次，分心的刺激減至最低，對於正確或不正確的聯繫有用獎賞或懲罰等方式分別予以加強。

（尹在信）

硬幣叠積現象與紅血球沉降速率（Rouleaux Formation and E.S.R）

血漿中的紅血球，可能由於其表面的負電荷減少，相互排斥的力量減弱，彼此重叠起來，故總面積變小而重量增加，有一種互相湊合下沉的趨勢，顯微鏡下觀之，宛如一卷一卷之硬幣然，稱之爲硬幣叠積現象，叠積與凝集迥然不同，前者整齊有序，後者雜亂無章，各人血液血球叠積趨向的大小各不相同，血球在靜止血液中完全沉降所需要的時間與這種趨向有關，即沉降速率與叠積大小成正比，血漿中纖維蛋白元或球蛋白增加，叠積比較容易，沉降率（erythrocytes sedimentation rate or ESR）也增加。

試驗紅血球沉降率的方法有多種，今介紹一種最簡單的魏氏法（Westergren's method），試驗時用預先放有3.8%的枸櫞酸鈉0.4 c.c.之注射器，自靜脈取血1.6 c.c.，使全量等於2c.c.後，將注射器輕搖 4～5次，使血液與該抗凝血劑充分混合，不會凝固，將此種混合血液注入魏氏血沉管（長30cm，口徑2.4～2.7mm）使血液到零之刻度後，將此管垂直固定於架台上，避免傾斜，並記錄時間，在整60分鐘時，仔細讀出紅血球下降之毫米數，或在30分鐘時亦觀察一次，由此法測得正常健康男子之紅血球沉降率一小時爲0～15mm，女子則爲0～20mm，但在懷孕或經期都增加，遇有慢性疾病亦增，反之如過敏，鐮刀狀細胞貧血（細胞變小），枸櫞酸太多或血漿白蛋白增加，則血沉又變慢。

（劉華茂）

腦（Brain）

爲encephalon 之俗稱。包括顱內之所有神經組織，亦即除脊髓（spinal cord）外之所有中樞神經組織。

約可分成五大部份：

1. 終腦（telencephalon）：包括大腦半球（cerebral hemispheres or pallium）之額、頂、枕、顳、島五大葉（皮質）、二側腦室及神經纖維通過之囊、束、聯合、胼胝體（corpus callosum）等；基底核（basal ganglia）及嗅腦。

2. 間腦（diencephalon）：包括上視丘（epithalamus）、視丘（thalamus）、底視丘（subthalamus）、下視丘（hypothalamus）及其間之第三腦室。

3. 中腦（mesencephalon）：包括四叠體（corpora quadrigemina or colliculi）、中腦被蓋部（tegmentum）、大腦脚（cerebral peduncle）及大腦導水管（cerebral aqueduct）。

4. 後腦（metencephalon）：包括小腦（cerebellum）及橋腦（pons）。

5. 末腦（myelencephalon）：即延髓或延腦（medulla oblongata）及第四腦室。

腦部之大腦及小腦半球外層呈灰色，稱爲灰質或皮質（grey matter or cortex），主要爲神經細胞體聚集之處，內部呈白色，稱爲白質（white matter），主要爲上下縱橫之神經纖維，白質之中尚有小量神經細胞體聚集之核或節（nuclei or ganglia）。自腦部由前至後發出十二對腦神經（cranial nerves）：Ⅰ嗅神經（olfactory nerve），Ⅱ視神經（optic nerve），Ⅲ動眼神經（oculomotor nerves），Ⅳ滑車神經（trochlear nerve），Ⅴ三叉神經（trigeminal nerve），Ⅵ外旋神經（abducens nerve），Ⅶ面神經（facial nerve），Ⅷ平衡聽神經（前庭蝸牛神經）（vestibulocochlear nerve），Ⅸ舌咽神經（glossopharyngeal nerve），Ⅹ迷走神經（vagus nerve），Ⅺ副神經（accessory nerve），Ⅻ舌下神經（hypoglossal nerve）。分別管制頭部之運動、感覺及部份副交感神經作用。腦部下端與脊髓相連，由各種上下（傳入及傳出）神經纖維束相互連貫，以達成管制，綜合及協調各種神經生理之功能。（蔡作雍）

腦下腺（Pituitary Gland）

腦下腺位於蝶骨的蝶鞍內，橢圓狀，與間腦相連，重約0.6公分。分爲前葉和後葉兩部分。前葉是由胚胎的咽部上方之原基向上突出所產生，而後葉是由間腦下視丘向下方突出所形成。前葉具有腺體的構造而後葉係神經組織。腦下腺分泌跟下視丘有密切的關係，其所分泌的內分泌素分別見於腦下腺前葉和腦下腺後葉項下。
（楊志剛）

腦下腺切除（Hypophysectomy）

用外科方法將腦下腺切除謂之。以大白鼠做為實驗對象時有二種腦下腺切除法可資利用。一為咽旁進入法（parapharyngeal approach），自頸部正中切開，分離肌肉後在顱骨鑽孔將腦下腺吸出。另一方法為耳內法（intraaural method）將5ml注射器連接16號針頭，自外耳道進入腦下腺將其吸出，熟練者每小時可做一百個腦下腺切除。手術後動物置於攝氏25度房內。並供給百分之十的葡萄糖水以防止血糖降低。（楊志剛）

腦下腺前葉（Adenohypophysis）

腦下腺前葉主要由二種上皮細胞所構成，即為較小的不著色細胞（chromophobes)和較大的著色細胞（chromophils）。著色細胞又可因細胞質內顆粒的染色細分為嗜酸性和嗜鹼性兩類。嗜酸性細胞約佔著色細胞總數四分之三，其細胞內顆粒易被酸性復紅染色。一般相信嗜酸性細胞分泌生長激素（growth hormone）和催乳激素（prolactin）。嗜鹼性細胞約佔著色細胞總數的四分之一，其細胞內顆粒易被蘇木紫染色。嗜鹼性細胞分泌促性腺激素二種包括促卵泡成熟素（FSH）和黃體生成激素（LH），也分泌促甲狀腺素（TSH）和促腎上腺皮質激素（ACTH）。有些學者認為各種激素係由不同型的嗜鹼性細胞所分泌。（楊志剛）

腦下腺後葉（Neurohypophysis）

腦下腺後葉屬神經組織，主要由像神經膠質細胞一樣的梭狀細胞（pituicytes）所組成，細胞內有小顆粒，顆粒內含有中性不飽和的脂肪。梭狀細胞無分泌作用。腦下腺後葉中有由下視丘上視神經核和室傍神經核來的無髓鞘神經纖維和神經末梢，貯存並分泌二種內分泌素，一是加壓素（vasopressin)有減少尿量的作用。一是催產素（oxytocin）能使子宮的平滑肌收縮。（楊志剛）

腦下腺浸出液的致糖尿病效應（Diabetogenic Effect of Pituitary Extracts）

將腦下腺前葉的浸出液注入動物可導致糖尿病，這種糖尿病並非源於胰島素分泌的減少，而是因為生長激素，促甲狀腺素和促腎上腺皮質激素等皆使血糖增高之故。

若長期將腦下腺浸出液注射於攝取高量碳水化合物的動物，則胰島的貝達細胞因長期的過多分泌而衰竭、變性，最後引起真正由胰島素缺少而導致的糖尿病。（楊志剛）

腦下腺機能亢進（Hyperpituitarism）

腦下腺前葉嗜酸性細胞瘤腫，因而分泌大量的生長激素，發生於小孩則患巨人症（gigantism)，發生於成人，因骨骺已經閉合，身長不再增加，但四肢末端及軟組織仍可進一步長大成為肢端肥大症（acromegaly），許多內臟器官亦形長大，下頜特別突出，患者常併發糖尿病。如有嗜鹼性細胞瘤腫則促腎上腺皮質激素分泌增加，使腎上腺皮質增生分泌過量的腎上腺皮質類固醇而導致庫氏綜合病徵（Cushing's syndrome)。（楊志剛）

腦下腺機能減退（Hypopituitarism）

此係指腦下腺前葉所分泌的激素均形減退而言。其原因可屬先天性的自出生後即有機能減退。也可在成年後由某些疾病而引起。

幼年期腦下腺機能減退，其生長因生長激素缺少而減低，年齡20歲時其身高猶如七、八歲的兒童，但身體各部成比例的矮小，稱為侏儒（dwarfism），患者並無缺少腎上腺皮質或缺少甲狀腺素等的現象，因身體矮小所需量不多之故。但因促性腺激素分泌不足，性器官不發育，維持在童年狀態。

成年後腦下腺機能減退有三個主要病因，即顱咽管瘤（craniopharyngioma），不著色細胞瘤（chromophobe tumor)壓迫腦下腺，重者可使腦下腺機能完全消失。第三個病因則是供應腦下腺血液的血管有血栓形成（thrombosis)，見於婦女產後因出血而引起的休克。患者有甲狀腺機能減退，腎上腺皮質機能減退以及性機能減退等徵狀，如精神不振、思睡、肥胖，以及性機能消失等。（楊志剛）

腦之血液循環（Brain Circulation）

腦是身體內新陳代謝非常旺盛的器官，其能量之來源靠醣之氧化，尤於腦內很少醣及氧之儲藏，醣及氧供應乃完全依靠血液。腦之血液供應若不足，可引起神經及精神上之異常，若血液供應完全停止，十秒鐘內即會昏迷。

在靜止狀態下，一個人的腦每分鐘約有 750 ml 血液進入，（佔心臟每分鐘輸出血量16％）；耗氧量每分鐘約 45 ml ，（佔全身耗氧量之20％）。

由於頭顱骨之限制以及腦本身不能因壓縮而變小，故腦內血液量通常穩定不變。

影響腦血液循環之因素有：

1. 動脈與靜脈血壓差距。在睡姿時，頸部動脈平均血壓約 90-95 mmHg，內頸靜脈則低於 10 mmHg，此壓力差是影響腦血流量之重要因素。

2. 腦內血管之阻力。腦血管對 CO_2 及 O_2 濃度之改變非常敏感，Pco_2 增加 16 mmHg 時，腦血流量可增加一倍，此血流量之增加主要由於腦血管之擴張。

3. 顱腔內壓力之改變亦間接影響腦血流量，因為顱腔內壓可直接影響腦靜脈及毛細血管內之壓力。

4. 腦血循環也可能受自主神經之影響，但影響甚微。（韓 偉）

腦血流（Cerebral Blood Flow）

頭蓋腔是硬性，所以其內容物包括腦組織，血液及腦脊髓液之容積總和是沒法改變的，但是其各別容積可有變動的。假如腦血量有變動時，跟着腦脊髓液是可有等量相反之變動，以維持頭蓋內容物總容積無改變。此謂 Monro-kellie 學說。安靜時腦之氧氣消耗量為 3-5 ml/100 gm/min ；其呼吸商0.99；葡萄糖消耗量約 5—6 mg/100gm/min 。腦血流停止10秒即意識會消失，腦欠氧超過 3—5 分後 ，腦細胞機能不囘復。身體安靜時之腦血流約 55—65 ml/100gm/min 腦血流量，血壓及抵抗有密接關係，當血壓在 70-200 mmHg 範圍內，腦血流量並無改變。此因腦血管壁有自動調節（auto-regulation）所致。腦血流量可用 N_2O 吸入法或注射放射性物質測量其廓清（clearance）計算。

$$CBF=\frac{100\ V_s}{\int_0^t (A-V)_{N_2O}\ dt} \qquad CVR=\frac{動脈血壓}{CBF},$$

CBF：腦血流量，ml/100gm/min.

V_s：N_2O 吸入10分後，內頸靜脈血液內 N_2O 含量（Vol％）

$(A-V)_{N_2O}$：N_2O 吸入後，各時點之動脈血及內頸靜脈血之 N_2O 濃度差（vol％）

t：N_2O 吸入時間（分）

CVR：腦血管抵抗。

$$CMRo_2 =CBF \times \frac{(A-V)_{o_2}}{100}$$

$CMRo_2$：腦氧氣消耗量，ml/100gm/min.

$(A-V)_{o_2}$ ：動脈血及內頸靜脈血 O_2 含量差（vol％）

腦血管有自主神經之支配，但神經管制作用不如局部代謝物之影響顯著。血液內 Pco_2 增加引起腦血管擴大，而增加腦血流。血液 Po_2 減小亦引起腦血管擴大，但其作用不如 Pco_2 增加時作用顯著。頭蓋之內壓能影響腦血流量。在臥位、頭蓋內壓約 $10 cmH_2O$ ，頭蓋內壓升高，而壓迫腦血管，使其抵抗增加卽腦血量減小。當頭蓋內壓升高，導致延腦血管中樞血流供給減小，可以誘發交感神經興奮，結果血壓上升。（黃廷飛）

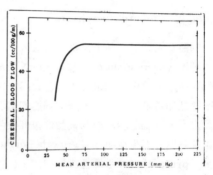

圖 A：腦血流量及血壓之關係

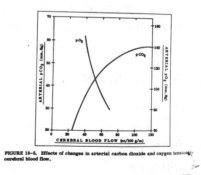

FIGURE 18-5. Effects of changes in arterial carbon dioxide and oxygen tension cerebral blood flow.

圖 B：腦血流量及血流 pCO_2，pCO_2 之關係

腦脊液（Cerebrospinal Fluid）

充滿於腦室（cerebral ventricles）、脊髓中央管及整個蛛網膜下腔（subarachnoid space）之液體。主要由腦室內之脈絡叢（choroid plexuses）——一種微血管叢一所分泌。側腦室（lateral ventricles）脈絡叢分泌之腦脊液經過室間孔或蒙若孔（interventricular formen of monro）進入第三腦室（third ventricle），加入此處脈絡叢所分泌之腦脊液，再向下經大腦導

水管（aqueduct）進入第四腦室（fourth ventricle），第四腦室之脈絡叢及脊髓中央管壁膜層亦分泌一部份腦脊液加入。腦脊液由第四腦室經由尾端正中之馬根第（Magendie）及兩側之拉斯卡（Luschka）孔離開腦室系統而進入蛛網膜下腔，最後由蛛網膜絨毛（arachnoid villi）吸收而入靜脈竇中。小部份之腦脊液則由腦組織本身分泌，經由血管周間（perivascular or virchow-Robin spaces）進入蛛網膜下腔中。腦脊液爲無色澄清液體，正常成人之液量約90～150毫升，其滲透壓及主要成份與血漿略同，但各成份之濃度稍異，最顯著者爲蛋白質，僅及血漿濃度之 0.3 %。平臥時之腦脊液壓力約爲 130 mm 水柱。腦在空氣中約重1400公克，但懸浮於腦脊液中則僅重約50公克，故腦脊液之主要功用爲支持腦之重量及形成一水墊以保護腦部及脊髓少受振擊之害。（蔡作雍）

腦電波圖（Electroencephalogram）

將記錄電極置於頭部可記錄到腦細胞興奮時所產生之電變化，此記錄稱之爲腦電波圖。

腦電波圖視記錄電極之位置及被測者當時之情況而異，如枕部之電極可測出視覺之反應卽一例。

兩記錄電極間之電位差非常微弱，最多僅達 $50\mu v$（正常成人）。腦電波之波幅（高低）及頻率互成反比，卽當波幅高時，較多慢頻率出現，反之頻率快。

依頻率之快慢，腦電波通常分爲 α , β , d 三型。α 波每秒 8 至14次；β 波每秒14至60次；d 波每秒少於 8 次。睡眠時頻率低，沈睡時每秒僅三四次；集中注意時，頻率增加，波幅變低。

腦電波可用助診斷，尤其對癲癇患者之診斷有助，近年來醫學上對死亡之確定亦逐漸改爲依腦電波記錄而定。（韓　偉）

腸抑胃泌素（Enterogastrone）

脂肪在小腸之上部（不是在胃中）之時，可對胃分泌及胃運動呈現抑制作用。故當食物中含有脂肪時，可改變胃之分泌過程，而使胃液分泌量，胃酸度及消化能力減低。此種現象，林可勝及 Ivy 兩氏認爲乃由於脂肪進入十二指腸後，使該部分腸黏膜產生一種化學物質，稱爲腸抑胃泌素，後者經血液的傳遞而抑制了胃的分泌，緊張與運動。脂肪之所以能抑制胃分泌，可能由於抑制胃幽門黏膜釋放胃泌素（gastrin）所致。由此觀之，過分的油膩食物對消化不利，應作適當的節制才好。

（方懷時）

腸抑腸反射（Intestino-intestinal Inhibitory Reflex）

先以手術在動物之小腸做成二個腸瘻管，一個在上，一個稍下，記錄上下兩段腸瘻管之運動。當無腸內容時，小腸有時出現輕微之運動，有時並無動作。設法將腸內壓增至 5-15 cmH_2O，小腸往往引起節律性之收縮運動，並伴有輕微之蠕動。如腸內壓增至 15－30cmH_2O，則收縮動作及蠕動均較明顯。當腸內壓增至 30cmH_2O 以上，此時節律性收縮動作雖仍出現，但蠕動之能力卽見降低。如將上段腸瘻管之內壓更爲增高，此時下段腸瘻管之運動卽顯著降低，甚或完全被抑制。此種現象，稱爲腸抑腸反射。切斷迷走神經，腸抑腸反射不受影響。但如將交感神經切斷，則不再出現此種反射。由此觀之，交感神經係腸抑腸反射時之必經路線。（方懷時）

腸胃反射（Enterogastric Reflex）

如胃內容進入小腸之量太多，此時十二指腸的內壓增高，卽可引起腸胃反射而抑制胃蠕動。引起腸胃反射之途徑有三：

(1)經由內在神經之神經叢。

(2)由迷走神經傳入纖維通至延腦，繼而抑制迷走神經之傳出纖維。

(3)經由腹腔神經節（celiac ganglion），然後經交感神經而至胃。

當腸胃反射出現時，可使胃內容不致太快擠入小腸，故可解除小腸之過度負擔。此外，十二指腸內存有高滲透壓液，低滲透壓液，鹽酸及蛋白質分解產物（腖、腖、氨基酸混合液）等，均能引起腸胃反射而抑制胃的動作。

但上述在十二指腸內具有抑制胃運動的各種因素，並非經常存在。隨着鹽酸在腸內被中和，食物消化產物之被吸收，它們對於胃的抑制影響逐漸漸消失，此時胃運動又可增強起來，因而又推送另一部份胃內容進入十二指腸。如此不斷重複，直至食物完全消化和吸收爲止。此種周而復始的腸胃反射及調節胃出空之現象，可以解釋何以當切去幽門後，胃之出空仍能維持正常。（方懷時）

腸活化酶（Enterokinase）

由腸分泌，可使胰蛋白酶原（trypsinogen）活

化而成胰蛋白酶（trypsin）。（黃至誠）

腸液（Succus Entericus）

為腸壁之 Lieberkühn 腺分泌之消化液，每日平均分泌 3000 西西。（黃至誠）

腸管之神經支配（Innervation of the Intestine）

支配腸管的外來神經為副交感神經（迷走神經及骨盤神經）與交感神經（內臟神經與腹下神經）。迷走神經支配小腸以及大腸之上段。骨盤神經支配大腸之下段。內臟神經主要支配小腸。腹下神經則支配大腸。一般言之，刺激副交感神經，可增強腸管之運動。刺激交感神經，則可抑制腸管之運動。但刺激此種外來神經的效果，常因當時腸肌緊張性的高低而變動。如緊張性高時，則無論刺激交感神經或副交感神經都能抑制腸管的活動。反之，如緊張性低時，則不論刺激上述二種神經的任何一種，都能促進腸管的動作。（方懷時）

感受器電位（Receptor Potential）及發動電位

（Generator Potential）

除複雜的感覺器如視覺、聽覺、平衡、嗅覺外一般感覺器其感受器為感覺神經末端組織上之特殊構造而已，並無與神經末端分開亦無神經聯會（synaptic junction）。感受器受到刺激時產生電位變化稱為感受器電位。此電位變化使感覺神經末端毀極化，如毀極化達到閾值使神經產生衝動（impulse），因此亦可稱發動電位。在一般感覺器感受器與神經末端之間無突觸者感受器電位則發動電位，但在複雜的感覺器感受器與感覺神經末端之間有突觸者感受器電位經過化學傳遞物質或經過 ephaptic transmission 在神經細胞樹狀突（dendrite）產生電位變化後在此細胞之初節 initial segment 產生神經衝動。此時在神經細胞樹狀突產生之電位變化稱為發動電位，因此感受器電位與發動電位產生部位不同。

感受器電位之特點：(1)漸進的變化，無尖電位（spike potential），能聚合。此與終板電位（endplate potential），神經聯會電位（synaptic potential）相同。(2)電位昇高之斜度與刺激強度有關。(3)電位之幅度在 Pacinian 小球及蛙肌紡錘體（muscle spindle）與刺激強度則變位（displacement）之速度有關。(4)在甲殼類伸展感受器（crustacean stretch receptor）產生神經衝動之閾值不變但在蛙肌紡錘體閾值與衝動頻率有直線相關。(5)Na^+ influx 產生此電位變化而 Na^+ 透過性變化與刺激強度成正比。

現以 Pacinian 小球作例說明外來刺激如何引起神經衝動之經過。Pacinian 小球為腸間膜之壓力感受器 pressoreceptor，小球直徑 2μ，最中間一段無髓神經，其外圍繞許多層同心性結締組織而髓鞘（myelin sheath）在小球內開始，因此第一及第二 Ranvier 節在小球內。小球受到刺激時無髓部份之神經末端對 Na^+ 透過性增加產生電位變化而此 Na^+ 透過性變化與刺激強度成正比。此電張性 electrotonic 變化毀極化第一個 Ranvier 節，此毀極化達到閾值（10 mV）時產生神經衝動。若在小球再增加外來壓力時感受器電位增加而感覺神經連續發出衝動。感受器電位達到最高後對小球再增加壓力時神經衝動頻率仍會增加。Pacinian 小球受壓力刺激後產生感受器電位之情形示於下圖。參閱"發動電位"（彭明聰）

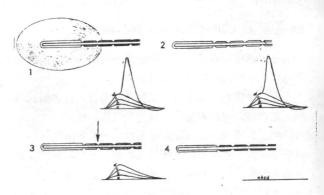

Pacinian 球受壓力刺激后產生受納器電位之情形

1　分別加壓力 X(a)，2 X(b)，3 X(c)，4 X(d)於結締層，產生的受器電位振幅與壓力成比例，如施加的壓力能使振幅大到 10 mv 時(e)，即產生動作電位。

2　結締層已除去，同等之刺激仍然引起相同的反應。

3　麻醉第一 Ranvier 節后，仍然產生受納器電位，但動作電位已不出現。

4　切斷神經纖維之后，神經退化，所有反應都消逝。

感壓反射（Baroreceptor Reflex）

為心臟血管系統中之一種重要反射。所謂感壓接受器（baroreceptor）乃存在於心臟血管壁之一種牽扯（stretch）接受器。存在之主要部位為頸動脈竇（carotid sinus）及主動脈弓（aortic arch），他如總頸動脈、左右心房、左心室及肺循環等處亦有此種接受器存在。感壓反射之傳入徑（afferent pathways）為竇神經（sinus nerves），乃舌咽神經（glossopharyngeal nerves）之一支；及主動脈神經（aortic nerves）亦稱減壓神經（depressor nerves），爲迷走神經（vagus nerves）之傳入纖維。其中樞調節機構，主要爲延腦（medulla oblongata）之心臟血管管制中樞，但部份神經脈衝亦上行至下視丘等較上級中樞而影響某些較複雜之自主神經功能，如心律之調節及行爲等。在延腦，其牽涉之機構包括血管舒縮中樞（vasomotor center）之升壓區（pressor area）與減壓區（depressor area），及迷走神經系統之心臟抑制中樞（cardioinhibitory center）。其傳出徑有交感神經系統，支配血管及心臟；有副交感系統（迷走神經），支配心臟。感壓接受器之功能爲接受循環系統中壓力（pressure）及脈動（pulsation）之變化。當血壓上升或脈衝增大時（如注射腎上腺素），感壓接受器受牽扯而興奮，神經脈衝（impulses）增加。脈衝之增加與血壓之高低有關，當血壓低於 30 mm Hg 時，脈衝消失；以後壓力越高，脈衝越增，至 120 mm Hg 時，幾達於頂點，此後壓力雖增，脈衝之增加即不明顯。脈衝由傳入徑達到延腦中樞，藉中樞之調節作用，產生抑制交感神經及興奮迷走神經功能。抑制交感神經之結果使心臟跳動變慢，心收縮力減低，結果爲心輸出量減低，同時因血管擴張而致血壓下降。另外興奮迷走神經亦使心跳變慢及收縮力量減低。反之，當血壓或感壓接受器部位之壓力降低時（如夾閉總頸動脈），則產生相反之結果，即興奮交感神經及抑制副交感神經的功能，結果爲血管收縮而血壓上升，心跳變快，心收縮力增大而致心輸出量增加。故此種反射之本質上爲一負性迴饋（negative feedback），乃動物體維持循環系統生理衡定作用（homeostasis）之一種重要機構，因此竇神經及主動脈神經常被稱爲緩衝神經（buffer nerves）。參閱 "壓受容器反射"。（蔡作雍）

感覺徑路（Sensory Pathway）

由感覺神經末梢及感覺接受器興奮而產生之動作電位，經由傳入神經（即感覺神經）進入脊髓，在脊髓內除與運動神經及其他中間神經（interneuron）聯會外，並經由上行之感覺徑路將各種感覺傳至視丘及皮質。感覺神經由末梢起至其傳至大腦皮質止之徑路被稱爲感覺徑路。

司疼痛、熱、冷及一部份司觸覺及壓覺之感覺神經徑路，由感覺神經沿背根進入脊髓後，在脊髓之內與上徑路之神經細胞聯會，此細胞之軸突交叉至脊髓之另一側上行，終於視丘。

司細緻觸覺、壓覺及本體感覺（proprioception）之徑路，其軸突進入脊髓後即上行至髓腦，在薄索核及楔狀核（nucleus gracilis, nucleus cuneatus）處與上行徑路之神經細胞聯會，由此細胞發出之軸突交叉至對側後上行，亦終於視丘。

終於視丘之感覺神經軸突在此與第三組之神經細胞聯會，由此組細胞發出之軸突上行至大腦皮質之感覺區。（韓　偉）

感覺接受器（Sensory Receptors）

感覺接受器是能將某種刺激轉變成知覺神經之動作電位之特殊神經末梢或神經細胞，各種接受器通常僅對某一種刺激特別敏感，如視覺接受器對光刺激敏感，聽覺接受器對音波敏感，冷、熱接受器對溫度之改變敏感等。

在身體表面之感覺接受器有下列數種：視覺、聽覺、嗅覺、味覺、旋轉感覺、疼痛、觸覺、熱、冷、壓力等接受器。

在身體內部亦有一些 "感覺" 接受器，對某些 "感覺"（不一定有主觀之感覺經驗，但神經系統可測知）敏感，如頸動脈竇處之壓力接受器對血管壁之伸展（stretch）敏感，如頸動脈體中之化學接受器對血中氧氣濃度敏感，下視丘中有神經細胞對血糖濃度及對血液溫度敏感等。

感覺接受器將感覺傳至中樞神經，經由反射或更複雜之神經徑路引起反應。（韓　偉）

感覺單位（Sensory Unit）

一個感覺神經之軸突及所有由此軸突發出之感覺神經末梢，併稱之爲感覺單位。一根軸突其末梢之分枝可能很多，尤其司皮膚感覺之神經末梢繁多。在眼之角膜，一個感覺單位約佔50至 200 平方毫米之面積。

較弱之刺激僅興奮一部份之感覺神經末梢，較強之刺激則不僅可興奮整個感覺單位之末梢，且可興奮及其附近其他單位之末梢以致感覺神經軸突有較多較頻之動作電位產生。（韓　偉）

感覺腦皮質，腦皮質感覺區（Sensory Cortex）

由身體各部傳入之各種感覺均須滙集至視丘（thalamus），聯會另一神經原，再經由視丘之放射狀纖維向上傳至腦皮質之中央後回或稱腦皮質 3，1，2 區（postcentral gyrus or area 3, 1 and 2），此處之腦皮質爲各種感覺輸入之終站，稱爲感覺腦皮質或腦皮

質感覺區。同運動腦皮質（motor cortex）一樣，身體
各部位之感覺輸入在此皮質佔有不同之部位，足部之感
覺區在上部，頭部之感覺區在下部。所佔有代表區之大
小視身體部位感覺接受器之多寡而定，手及顏面等感覺
靈敏之處，感覺接受器亦多，故在皮質區所佔之區域亦
大；軀幹部及背部之感覺較爲遲鈍，故感覺皮質之區域
亦較小。此外於薜氏腦裂（sylvian fissure）之上壁並
有次要皮質感覺區（secondary sensory cortex），但
次要之皮質感覺區代表身體之輸入感覺部位並不如中央
後回之完全而詳細，將動物之此次要區切除之後，並無明
顯之感覺缺失。 （蔡作雍）

運動失調 （Ataxia）

動作協調失常稱之爲運動失調（ataxia），最常見
者爲步履蹣跚，上肢之動作失調亦屬運動失調。

功能性的運動失調如醉酒，可恢復。但因病變所引
起之運動失調則爲持久性者。

正常動作之維持有賴脊髓之反射及中樞神經之協調
，任何一部份失常均可導致運動失調。最常見者如小腦
之病變，大腦皮層（知覺區，運動區）病變，脊髓上行
束病變等。本體接受器受損，脊髓背根病變，前庭神經
核病變等亦可引起運動失調。 （韓　偉）

運動神經原 （Motoneuron；Motor Neuron）

廣義之運動神經原包括高階運動神經原（upper
motor neuron）及低階運動神經原（lower motor ne-
uron）。前者指在腦部與運動功能有關之神經細胞，其
神經末梢到達低階運動神經原而支配其活動性，並非直
接支配肌肉者。大腦皮質運動區（motor cortex）、基
底核（basal ganglia）、紅核（red nuclei）、黑質（
substantia nigra）、網狀質（reticular formation）
及小腦（cerebellum）等之運動神經原屬之。低階運動
神經原指在腦部及脊髓中發出神經纖維直接支配骨骼肌
之神經細胞。而通常（狹義）所指之運動神經原則爲在
脊髓腹角（ventral horn）之低階運動神經細胞。此種
運動神經原經由錐體系統（pyramidal system）、外錐
體系統（extrapyramidal system）及小腦脊髓徑（ce-
rebellospinal tract），接受高階運動神經原之管制。
同時這些運動神經原並由肌梭（muscle spindle）、
皮膚、肌腱高基體（tendon Golgi organ）等接受器之
傳入神經聯合，構成各種反射弧，而其傳出纖維直接支
配骨骼肌之動作。因其接受各方興奮性及抑制性之神經

脈衝，加以綜合，而最後直接支配骨骼肌之運動功能，
故有運動系統最後共同通路（final common path）之
稱。 （蔡作雍）

運動時循環調節（Circulatory Adjustment in Exercise）

運動時心跳數目及心輸出量增加，激烈運動，每分
心輸出量能增至 35l 之多。運動還沒有開始就已經有心
跳加快之現象。運動時之心跳加快在小孩較成人明顯，
能增加至每分 200 次左右，高年者運動時心跳加快輕小
。運動開始，動脈血壓升高，尤其心縮壓升高，其後引
起壓力受容器反射，而血壓稍微有下降，但仍然維持相
當高度，當運動停止時，血壓，心跳即開始回復。此時
血壓先下降，此後又上升，然後才回復。運動後，血壓
之回復較心跳數目之回復爲快。在運動中有肌肉之動作
，加上內臟血管縮小，導致靜脈回流大爲增加。運動時
較安靜時肌肉血流能增加30倍，此爲交感神經能擴大肌
肉血管之作用外，亦有局部代謝物之作用，並且肌肉之
開放毛細管之數目有顯著增加所致。肌肉之氧消耗量能
增加安靜時之 100 倍，而且肌肉動脈血及靜脈血之氧含
量之差異增大。同時皮膚血管擴大，皮膚血流增加，有
出汗，而呼吸增加這些都能幫助體溫放散之作用。

訓練有素的人在安靜時其心跳數目較少，而其每心
搏輸出量（stroke volume）却大。當運動時心跳增加
較小，但其最大限交之心輸出量較沒有受訓練的人爲大
，而且其動脈血及靜脈血之氧含量差也較大。 （黃廷飛）

運動單位 （Motor Units）

脊髓前角灰質中之運動神經細胞，其纖維經由腹根
出脊柱，最後以運動終板（motor and plate）與骨骼肌之
纖維聯會（synapse）。 每一個運動神經細胞及其末梢
所支配之肌纖維群構成一運動單位。

有的運動神經細胞支配較多的肌肉細胞，此運動神
經細胞興奮時則發生較粗笨有力之收縮；有的運動神經
細胞支配較少的肌肉細胞，此神經細胞興奮時，則產生
較細緻力小之收縮。前者如股直肌，後者如眼肌等。
（韓　偉）

體內肌肉，有無需神經刺激而運動者，亦有非神經
刺激或受神經傳遞物質作用不能運動者，依賴神經刺激
之肌肉，正常情形下，其運動量並非以整條肌肉或單一
肌肉纖維爲單位，而是以一運動神經纖維所支配的全部
肌纖維爲單位，故一運動神經纖維與其所支配的全部肌

肉纖維，合稱為一運動單位。運動單位之大小，即一運動神經纖維所支配之肌纖維數之多寡，隨肌肉不同而異，動作精細之肌肉，每一單位所含之肌纖維數較少（猫眼球外肌之神經肌纖維比例為1：3）；反之，功用主要在產生大量張力之肌肉，一神經纖維支配之肌纖維數較多（猫腿部肌肉比例約1：150）。（盧信祥）

運動腦皮質（Motor Cortex）

大腦皮質運動區（cortical motor areas）位於中央溝（central sulcus）前之額葉，其中最主要而經確定之區域為中央前囘（precentral gyrus）之布羅蔓第四區（Brodman's area 4），稱為運動腦皮質或主要運動區（primary motor area），蓋此區為司隨意運動之神經徑路發源地，一經損害可以引起永久性之運動功能障碍。用電刺激此處之不同點產生身體不同部位骨骼肌之動作，以此方法測知之身體骨骼肌在運動腦皮質之代表位置有下列性質：1.上下顛倒：此區之上部支配脚部骨骼肌，下部支配顏面肌，2.左右交叉：左側運動腦皮質支配身體右半身之骨骼肌，右側皮質則支配左半身之骨骼肌，3.支配之區域大小因骨骼肌之功能而異：骨骼肌所做之動作愈技巧、精細者在腦皮質之支配區越大，例如與說話有關之喉頭肌、唇肌及舌肌或需要做靈巧工作之雙手在腦皮質佔很大位置。運動皮質管制肢體之隨意運動主要藉皮質脊髓徑（corticospinal tract）達成之，以前認為此徑之纖維主要發源於運動區（第四區）第五層之巨大錐體伯氏細胞（Betz cell），但實驗上發現由此種細胞發出之神經纖維僅佔整個皮質脊髓徑纖維數目之3％而已。現已知運動區第三及第五層之小錐體細胞亦發出纖維參與皮質脊髓徑。不特如此，此徑部份纖維來自皮質其他區，如在猴子，切除主要運動區（第四區）僅見27～40％之皮質脊髓徑纖維發生退化（degeneration）現象，如將後中央囘（postcentral gyrus）同時切除，則退化之纖維可增至50％，表示後中央囘之皮質細胞亦有運動神經纖維參與皮質脊髓徑。此外一般人認為運動前區（premotor areas）之第六及第八區均有相當之神經纖維發出參與皮質脊髓徑。運動皮質管制頭部之隨意運動主要藉皮質延腦束（cortico-bulbar tract），此束除發源於主要運動區外，運動前區及額囘之下部（inferior frontal gyri）亦有纖維參與此徑。大部份皮質延腦束之纖維出皮質發出後，終止於腦幹兩側之網狀組織（reticular formation），在其過程中，分別其腦神經如三叉神經、面神經、舌下神經

及副神經等管轄運動部份之神經細胞相聯合。此外，電刺激額葉近主要運動區之大腦皮質內側地帶，亦可見有運動動作出現，故稱此區為輔助運動區（supplementary motor area），此輔助運動區在人類及猴子位於第四區前面上額囘之內側，在人類如一側輔助運動區破壞，並不發現顯著之運動缺損現象，若兩側同時破壞，則有姿態及肌肉張肉異常現象發生。（蔡作雍）

催乳激素（Prolactin）

從羊的腦下腺所分離之催乳激素其分子量為23,000共由205個氨基酸所組成。但人體的催乳激素不易自腦下腺提煉出來，致其結構式不明。人體生長激素兼有催乳作用，是否催乳激素在人體是一個獨立的內分泌素尚未完全明瞭。

催乳激素直接作用於乳腺使其分泌乳汁，但必須有女性素，助孕素，生長激素和腎上腺皮質類固醇的協同始能發生作用，催乳激素刺激鴿子的嗉囊使其分泌嗉囊乳汁，常用此作用來定催乳激素的量。

在鼠類催乳激素能使黃體分泌女性素和助孕素，但在人體及其他動物催乳激素無刺激黃體分泌作用。（楊志剛）

催眠（Hypnosis）

催眠現象的解釋言人人殊，迄無定論，但由心理研究所得的主要事實大略如下：一、催眠狀態的導致需要本人的同意和合作，換言之，人不能在與意志相違的情況下被催眠。二、幾乎所有人都可在某種情況之下被催眠，但難易的程度差別極大。三、產生催眠狀態的作用並不來自施術者的力量，而是受術者本身心理過程作用的結果。施術者的地位只是給與各種暗示，使人服從。四、催眠暗示可產生種種明顯的行為變化，例如人可誘使忍受極大的疼痛刺激而無痛楚表現，因此催眠有時可於外科手術時代替麻醉。五、雖然被催眠的人可依照指示適如其分地表演所暗示給他的角色，但也有一定的限度。例如他被暗示去刺殺一位"仇敵"，倘授以一把橡皮刀，他可能作勢砍殺；若授以一把真刀，他便會抵抗暗示而從催眠中醒來。關於這點意見不一，但一般相信人不會在催眠暗示下去犯罪或作他認為不道德的事，除非他本來性格就有這種趨勢。

總之催眠行為似乎是一種"像煞（as if）"行為。此人明知實際情況並不如施術者所暗示的，可是仍因高度的感受性而作像煞有介事的表演。（尹在信）

催眠治療　（Hypnotherapy）

催眠治療就利用人在催眠下易於接受暗示的性質而達到促進治療的目的。如病人有被壓抑而意識不到的情緒作祟，催眠可幫助他追尋，再度經歷，而發生情緒瀉洩（emotional catharsis）的作用。Freud開始用這方法治療精神病，但後來改用自由聯想（free association）的技術。催眠治療在二次大戰時應用於戰場衰竭（combat exhaustion）的士兵，使回憶起創傷性戰場經驗的細節而帶上治療的道路。在臨床應用上，筆者曾對癔病（hysteria）患者使用催眠術以無足輕重的症候代替重要的官能喪失，例如以小指的僵直來代替瘖啞，然後得以言語交談進行治療。由上可見催眠治療本身並不是一種治療方法，充其量只能作爲治療的輔佐，先在病人造成一種特殊的接受態度和情緒狀況，以便於眞正心理治療（psychotherapy）的施行。　（尹在信）

催產素　（Oxytocin）

是含有九個氨基酸的多胜體，由下視丘的室傍神經核和上視神經核所製造沿着神經纖維貯存在腦下腺後葉中當性交時或吸吮乳頭時而有反射性的分泌，其主要功用在使乳腺泡外平滑肌收縮而將乳汁排出體外，又可使子宮的平滑肌收縮。催產素已可由人工合成，大劑量用於人體時其副作用可使血管舒張而有血壓下降，心跳加快現象。治療用途主要使子宮收縮，防止產後出血。　（楊志剛）

微小循環　（Microcirculation）

微小血管內之血液循環名謂微小循環。微小血管分爲四種：(1)抵抗微小血管（resistance vessel），包括小動脈（arteriole），meta-arteriole，及precapillary sphincter，(2)短絡性微小血管（shunt vessel），有小動靜脈吻合（arteriovenous anastomosis），(3)交換性微小血管（exchange vessel），有毛細管（capillary），(4)容量性微小血管（capacitance vessel），即有小靜脈（venule）。

微小循環之特徵爲(1)血液速度較慢，即在小動脈，4.6 mm/sec，小靜脈2.6 mm/sec，毛細管0.5-1mm/sec，(2)有間歇性血流，因在小動脈，meta-arteriole及precapillary sphincter，有30秒～數分間隔性縮小擴大動作，毛細管却無收縮力。因此毛細管血流受小動脈之影響有間歇性血流或逆流之現象。(3)微小血管之緊張度由小血管平滑肌之作用改變。小動脈平滑肌內層爲內臟型（visceral type），而外層却爲多單位性平滑肌（multiple unit type）構成。前者動作爲肌原性（myogenic），即受欠氧，二氧化碳，pH減低，或局所代謝產物引起其擴大。後者即受自主神經支配。α-受容器引起縮小，而β-受容器引起擴大。另外膽鹼激性傳導物質即引起其擴大。(4)毛細管內血液黏稠度較低。　（黃廷飛）

微粒（Microsome）

細胞研碎後，以不同速度離心，可沉澱出細胞核及線粒體（mitochondria），若再用100,000倍於地心引力之離心力沉澱，可得更小之微粒，其中含醋栗糖核酸小體（ribosome），細胞膜及核膜碎片，內胞漿網（endoplasmic reticulum）。總稱之爲微粒。　（黃至誠）

睪丸功能的管制（Control of Testicular Function）

睪丸主要的功能有二，一是睪丸內的間質細胞分泌睪丸酮等男性素，負責性器官的發育和第二性徵的表現；一是由睪丸內的曲細精管製造精子。睪丸酮的分泌依賴腦下腺黃體生成激素的刺激，同時微量的卵泡成熟素增強黃體生成激素對間質細胞分泌睪丸酮的影響。精子的製造依賴腦下腺前葉所分泌的卵泡成熟素以及微量的睪丸酮的存在，因此睪丸功能直接受腦下腺的管制，此管制由黃體生成激素和卵泡成熟素履行之。

黃體生成激素和卵泡成熟素的分泌又受到下視丘的管制，下視丘分泌化學物質，通稱爲釋放因子，經血管到腦下腺前葉而引起促性腺激素的分泌，而間接地管制睪丸的功能。　（楊志剛）

睪丸酮　（Testosterone）

睪丸酮是由睪丸內的間質細胞（Leydig cell）所分

猫腸間膜微小血管

泌的主要男性素，它是由17個碳原子所組成的類固醇（steroid），在第17位碳原子處附有氫氧根。睪丸酮的分泌受黃體生成激素的管制。腎上腺皮質亦分泌少量的睪丸酮。人體每日共約分泌4到9公絲（mg）的睪丸酮。它在血漿中約有三分之二與蛋白質結合在一起。血漿中睪丸酮的濃度在中年以後開始減少。睪丸酮第17位碳原子處的氫氧根在肝臟氧化成酮後由尿排出體外。睪丸酮有促進性器官發育，第二性徵的出現，增加性慾，和保留氮，鹽類和水的作用。過量使用睪丸酮製劑能產生水腫、肝臟損害和引起黃疸等不良作用。（楊志剛）

葡萄糖皮質激素 （Glucocorticoid）

由腎上腺皮質的束狀細胞層（zona fasciculata）所分泌，其中以皮質醇（cortisol）最多約80％，皮質醇又名氫皮質酮，亦名坎達兒氏F化合物（Kendall's compound F），另一種較重要的皮質激素是皮質固酮（corticosterone），亦名坎達兒氏B化合物，其結構式各如下：

皮質醇　　　　　　皮質固酮
兩種葡萄糖皮質激素

這種激素因其能增加維持正常血中葡萄糖之量及肝糖之正常而得名。其功能亦在刺激新糖生成（gluconeogenesis），並使肝糖增加。過量時導致血糖過多（hyperglycemia）及糖尿（glycosuria）。並具有抗胰島素之作用，且能抑制周邊細胞之利用葡萄糖，這樣引起之糖尿稱之為固醇糖尿病（steroid diabetes）。皮質激素能促進蛋白質分解，使細胞外液中氨基酸量增加；使脂肪從脂肪組織游離出來，並輸送到肝臟，因此皮質醇過多會引起脂肪過多症（hyperlipidemia）；皮質醇亦能促進鈉與水保留在體內而排除鉀，因此腎上腺切除後，因鹽類之消耗會導致鈉過低症，脫水，低血壓以及氮質血症（azotemia）。且具有抗炎作用。（萬家茂）

葡萄糖新生 （Gluconeogenesis）

由氨基酸（amino acid）或脂肪中之甘油（glycerol）變成葡萄糖。（黃至誠）

損傷電位 （Injury Potential）

損傷電位亦稱分界電位（demarcation potential），即組織損傷部與完好部之間的電位差。通常應用於神經纖維。神經纖維如破損，或受壓力、高熱或局部鉀離子濃度增高等之作用時，局部胞膜之電位即降低，最後可達於零。故在理論上，使用細胞外電極，測量損傷部與完好部兩點間之電位差，即可知該神經纖維之靜止膜電位（resting potential），但實際上，損傷部與周圍未受損部胞膜之間，因電位不同產生所謂損傷電流〔injury current，又稱分界電流（demarcation current）〕，電流產生後，兩點間之電位差即變小，故通常在一般生理溶液灌注之神經，其損傷電位約僅有靜止膜電位¼至⅓之高度。但因損傷電流之大小，受細胞外液之電阻與細胞內電阻之影響甚大，故如能將細胞外電阻增高，降低損傷電流，則所測得的損傷電位比較接近靜止膜電位。目前，一般測量損傷電位時，常於纖維外兩電極之一處，以高電阻之灌注液如等滲蔗糖溶液等灌注。（盧信祥）

損傷電流 （Injury Current）

見injury potential解釋。（盧信祥）

電解質 （Electrolyte）

能在水中離解的物質，因其可產生電流，所以稱為電解質。離解的過程包括陽離子（cation）供應其原子外殼所帶的電子給陰離子（anion），並且補充後者原子外殼所缺少的電子。電解質溶解在水中是因為它們帶電荷的離子，對雙極水分子的吸收力強過它們彼此間的吸引力。強電解質在溶液幾乎完全離解，例如在 $NaCl \rightleftharpoons Na^+ + Cl^-$ 反應式中，反應完全向右側進行，這也表示離子與水的親和力超過離子彼此間的親和力。弱電解質在溶液中僅部份的離解；即陽離子與陰離子之間的親和力與它們和水分子的親和力相等。（周先樂）

電解質的排泄 （Excretion of Electrolytes）

1.陽離子

①鈉：腎小球濾過的鈉，99.5％以主動運送方式被再吸收，80 － 85％在近球尿細管再吸收，14 － 19％在腎小體後段（distal nephron）再吸收，每天的排泄量是103 mEq。腎上腺皮質分泌的 Aldosterone 是使鈉再吸收所必需的物質。

②鉀：腎小球濾過的鉀，92.6%被再吸收，腎清除率只有20毫升/分，鉀吸收部位也在近球尿細管，但在腎小體後段有一些分泌，所以實質上鉀的排泄為過濾，再吸收，和分泌三者綜合的結果。

③氫：近球尿細管分泌氫以再吸收 Na^+ 和 HCO_3^-，在後段腎小體亦含氫的分泌以換取 Na 的再吸收和使尿酸化。

④鈣：因為在血漿裡有相當量的鈣是和蛋白質結合在一起，它在腎小體濾過來的也不是很離子化的複合物，所以鈣的排泄頗為複雜，不是以 Ca^{++} 方式來處理的，因為在尿中排泄量極低，所以推測鈣在尿細管是很有效的被再吸收。

⑤鎂：鎂沒有和血漿裡的蛋白質分子結合在一起，在腎小體濾過後，再吸收，排泄量很小。

2 陰離子

①氯：腎對氯的處理情形，大致和鈉相仿，它是與鈉相配的陰離子，99.5%的濾過量都會被再吸收，但是它的再吸收是順着尿細管細胞的電化差而進行的，所以是被動運送吸收的物質。

②磷酸：碳酸是血漿的一種主要成分，其中80%是 $HPO_4^=$，20%是 $H_2PO_4^-$ 兩者都和鈉化合成鹽，$H_2PO_4^-$/$HPO_4^=$ 在尿中的比例則視尿的酸鹼而定。Tm_{PO_4} 是 0.125 mM/分，和葡萄糖一起再吸收會影響它的再吸收量，可體酮（cortisone）可使 Tm_{PO_4} 降低，根皮苷 Phlorhizin 則可增加之。

③硫酸，體內含硫的胺基酸新陳代謝時則產生硫酸，雖然 Tm_{SO_4} 很小，但是當血漿中濃度不高時，它可以完全再吸收，表示是一種主動運送式的再吸收。

④重碳酸鹽 HCO_3^-，是體內調節酸鹼平衡的重要陰離子，血漿內 HCO_3^- 的濃度是 27 毫克當量/升，如果濃度超過此值，則一部 HCO_3^- 即於尿中排泄，平常一天的排泄量約為 2 毫克當量/升，所以濾過量中，99.9% 是被再吸收的。（畢萬邦）

嗅神經（Olfactory Nerves）

為第一對顱神經，由埋在鼻腔上部黏膜的嗅覺細胞發生纖維，集成小束，穿過篩板小孔而進入顱腔，終止於在額葉下面的嗅球（olfactory bulb），是為嗅神經。由嗅球出來的神經纖維構成嗅徑（olfactory tract），向後經行，主要終止於顳葉的海馬鉤（hippocampal uncus）。在鼻黏膜和神經發生病變或損傷時可造成失嗅症（anosmia）。因海馬鉤受損而發生的癲癇（epilepsy），在發作之前，病人常有聞到惡嗅的先兆。

（尹在信）

嗅覺（Smell）

感受器在鼻中隔與上鼻甲間之嗅部（regio olfactoria），占約 2.5 平方厘米，由感受細胞及支柱細胞（sustentacular cell）造成。如第一圖感受細胞為雙極細胞（bipolar cell）：其末端稱為嗅桿 olfactory rod 而有纖毛，每一個感受細胞連于一條無髓軸索，其直徑約 0.2

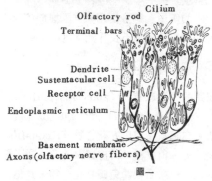

圖一

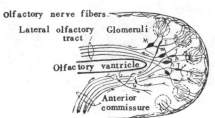

m. mitral cell　　t. tufted cell　　g. granule cells
圖二

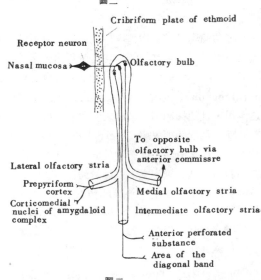

圖三

μ。感受細胞之間有支柱細胞（sustentacular cell）其頂部亦有微小絨毛。嗅覺感受細胞之軸索穿過篩骨之篩狀板而進入嗅球(olfactory bulb)與僧帽細胞(mitral cell)及叢毛狀細胞(tufted cell)之樹狀突 (dendrite) 構成突觸稱爲嗅小球(olfactory glomerulus)(第二圖及第三圖)。僧帽細胞及叢毛狀細胞之軸索爲第二段嗅纖維 (secondary olfactory fiber)。每一嗅小球平均有 26,000 根感受器之軸索聚集。

嗅上皮細胞受刺激時產生緩慢的負電位變化(slow negative potential change)，此變化不傳導，刺激越強其電位變化越大，仍爲感受器電位，感受器電位越大神經衝動數目越多。

第一段嗅纖維(primary olfactory fiber)對嗅覺刺激之反應有特殊性，則一條纖維對某種香氣反應但對其他香氣不反應，然大部份纖維對一種香氣有强烈反應而對其他香氣有微弱反應。嗅球之僧帽細胞亦對嗅覺刺激之反應有特殊性，用香氣刺激嗅上皮細胞之反應完全同樣的出現于僧帽細胞，即使用低濃度香氣時每一僧帽細胞只對一種香氣反應，香氣濃度高時亦對有關化學物質有反應。在兎嗅球前部對水菓香氣，後部對脂溶性物質，如苯有反應。（彭明聰）

過濾分數 (Filtration Fraction)

腎小球濾過率對腎血漿流率之比稱做過濾分數（FF），以表示究竟有多少比例的血漿，濾過腎小球流入尿細管，因爲菊醣的腎清除率可以代表濾過率，P-aminobippurate 的腎清除率（C_{PAH}）可以代表腎血漿流率，所以通常 FF 是取 Cin 和 C_{PAH} 的比值。

$$FF = \frac{Cin}{C_{PAH}} = \frac{125}{660} = 0.19$$

，有慢性腎疾者，腎小球濾過率減低，其過濾分數也小。　（畢萬邦）

酯（Ester）

爲含—C—O—C— 之有機化合物，由一酒精（alc-
　　　　　‖
　　　　　O
ohol）及一羧酸（carboxylic acid）化合而成。如醋酸乙酯（ethyl acetate CH₃CH₂OCOCH₃）即屬之。（黃至誠）

碘之代謝 (Iodine Metabolism)

食物中碘以離子狀態進入腸管而爲小腸吸收。於血流中循環，大部份由甲狀腺收集，小部分爲腎臟排出。而其進入甲狀腺細胞爲活動性輸入，此時需要能量。或稱碘離子幫浦（iodine pump）。碘於進入甲狀腺後可以合成甲狀腺激素（見甲狀腺激素合成）。

碘之進入甲狀腺及其合成激素可因甲狀腺刺激素之促進。亦可受各種藥物之抑止，如硫尿嘧啶可以抑止其合成，硫氰酸根可以阻止碘進入腺體。

甲狀腺激素在腺體中合成後釋放進入血流，此時可與血中之蛋白形成暫時性的接合。但一般認爲發生功能的甲狀腺激素是自由形式者（free form），即不與蛋白結合的形式。

至於甲狀腺激素對組織作用之過程所知不多，但因可在膽汁中找出甲狀腺素—葡萄糖苷酸之結合體，並知其能在腸中水解。並有許多水解後之去碘化物，如碘離子，甲腺原胺酸等可證明其爲甲狀腺激素之代謝產物。略知其一斑。

此等分解出之碘離子亦知可以被再吸收而再爲甲狀腺利用形成甲狀腺激素。（萬家茂）

極化現象（Polarization）

細胞膜兩邊因離子分配不同而有一電位差存在，在正常情況下，因胞內負離子較多，胞外正離子較多，故於細胞靜止時，胞內電位爲負，胞外爲正，此情形稱極化現象。造成胞膜內外離子分配不平衡的原因，是細胞膜對不同離子有不同透過性，胞漿所含帶負電荷之蛋白分子，因體積過大不能透過胞膜離開細胞，而可透過胞膜的正離子，其在膜內外兩邊分配的情形，除受電荷影響外，同時亦受濃度之影響，故最後產生膜外正離子濃度偏高，膜內負離子濃度偏高的現象。（盧信祥）

溶血性貧血（Hemolytic Anemia）

紅血球對低張食鹽水溶液之抵抗力很弱，正常的血球在千分之四濃度的食鹽水中才開始溶血，但此時千分之六濃度的食鹽水卽可使之溶血，因血球容易破壞，過度溶血，膽紅素（bilirubin）產生量多，如100ml 血漿中膽紅素超過二毫克，卽謂之膽紅素過高（hyper-bilirubinemia ），該膽紅素可自微血管擴散而出，使皮膚，黏膜及眼結膜呈現淡黃色，吾人稱之爲黃疸，膽紅素可出現於尿及汗液中，但不會出現唾液；奶汁及腦脊液中，紅血球之所以容易被破壞，可基於先天性及後天性等原因，前者乃由於基因的遺傳，紅血球形態發生異常，例如橢圓紅血球症（elliptocytosis），家族性紅血球芽細胞性貧血（familial erythroblastic anemia ），及鐮刀狀血球性貧血（sickel cell anemia）等，屬於後天性的紅血球本來正常，但因某些其他的原因，使紅血球容易破壞，而出現溶血以致於貧血，例如毒蛇之咬傷，瘧疾或溶血性鏈球菌感染而發生溶血作用。還有一種地中海貧血，又名Cooley's 貧血或thalassemia ，亦爲遺傳性之溶血性貧血，其人之紅血球較小，紅血球膜之脆性較大，故在流經組織時容易破裂，最後導至溶血性貧血。（劉華茂）

滑車神經（Trochlear Nerves）

爲第四對顱神經，由前髓帆伸出，包含兩種纖維：一、由滑車神經核發出，在前髓帆左右交叉後終止於眼球的上斜肌，支配其運動。二、由上斜肌傳入的本體受納纖維（proprioceptive fibers），司傳遞眼肌所受張力的情況，再經運動纖維發生反射性的動作。（尹在信）

溢乳（Galactorrhea）

長期的乳汁由乳房流出而與產後哺乳無關者謂之。其發生的原因多由於下視丘的病變，使得下視丘不能像正常地分泌抑制催乳激素分泌的因子，因此腦下腺前葉失去了下視丘的抑制作用而大量地分泌催乳激素。催乳激素刺激乳腺分泌而有乳汁外流的現象。治療可用女性素以抑制催乳激素的分泌。（楊志剛）

飽和脂肪酸（Saturated Fatty Acid）

脂肪酸爲由簡單而長之碳化氫鏈（long chain hydrocarbon）所形成之有機酸。飽和脂肪酸爲其每一碳原子均接有四根單鏈（single bond）者。其分子式之公式爲 $C_n H_{2n+1} COOH$ 。因其不能再吸收更多氫，故稱飽和。（黃至誠）

羧胜酶（Carboxypeptidase）

自胃來之酸性食糜（chyme）刺激十二指腸產生胰酶激素（pancreazymin）而刺激胰臟分泌羧胜前酶（procarboxypeptidase），至腸後由胰蛋白酶（trypsin）將之活化成羧胜酶，可作用於含羧基（carboxyl group）之多胜（polypeptide）而使形成簡單之胜及氨基酸（amino acid）。（黃至誠）

解剖括約肌及功能括約肌（Anatomical and Functional Sphincters）

迴盲瓣即迴腸與盲腸連接處的括約肌，故又稱爲迴盲括約肌。迴盲括約肌與幽門括約肌一樣，乃是由加厚的環形肌所組成。如以這部份的組織切片加以染色，可在顯微鏡下明確的觀察到此括約肌的存在。這些括約肌的組織及形態，能夠由解剖組織的檢驗方法加以證實，故稱爲解剖括約肌。

在食道中有兩種括約肌，例如在咽喉與食道聯接處之上食道括約肌（superior esophageal sphincter）及胃與食道下端間之胃食道括約肌（gastroesophageal sphincter），後者又名下食道括約肌（inferior esophageal sphincter）。這些括約肌在解剖方面無法證實其存在，但在功能方面講，它們經常收縮而具有括約肌的功能，故稱爲功能括約肌。此外，下食道括約肌並無固定的部位，它可因呼吸動作而改變它的部位。吸氣時下食道括約肌下降約1 cm 。呼氣時此括約肌上升約1cm 。由此更可顯示下食道括約肌確非解剖括約肌，而是功能括約肌。（方懷時）

減能阻斷（Inactivation Block）

即cathodal block。（盧信祥）

新陳代謝（Metabolism）

本字來自希臘文metaballein，爲轉換，改變之意。故其意義爲一切生物體內所發生之物理上及化學上之改變。由此改變，才可維持生物體之生命、生長以及生殖。生物體之細胞，從新生、成長、衰老、死亡以及下一代新生細胞來替代，即所謂由新變陳，以新代陳，皆由一連串不斷的物理及化學變化來完成。建設性的變化可製造物質以供應細胞新生、成長，及修復所需之材料，稱合成代謝（anabolism）。轉換性的變化可將物質轉換成能量（energy）以供應各種物理及化學變化時之需要，稱分解代謝（catabolism）。在消耗最少能量以維持最基本之生命活動如呼吸、循環、分泌，肌肉張力、腸胃蠕動及體溫等時之代謝狀況稱基礎代謝（basal metabolism）。（黃至誠）

腺嘌呤成環酶（Adenyl Cyclase）

爲促進三燐酸腺苷酸（adenosine triphosphate）作用形成環狀—燐酸腺苷酸（cyclic 3', 5', —adenosine monophosphate簡寫cyclic 3', 5' — AMP）之酵素。多種荷爾蒙之所以能發生作用，均在刺激或抑制adenyl cyclase 而間接影響細胞內cyclic AMP 之濃度，於是改變另一組酵素之活力而完成最後化學變化（見環狀—燐酸腺苷酸cyclic 3', 5'AMP）。（黃至誠）

鼓膜反射（Tympanic Reflex）

聲音大時引起此反射，則鼓膜張肌（tensor tym-pani）及鐙骨肌（stapedius）收縮而拉鎚骨柄向內，鐙骨腳板向外，以減少聲音傳導。其機能爲保護性的，防止感受器遭受強烈聲音的過度刺激。　（彭明聰）

暗適應及明適應（Dark Adaptation and Light Adaptation）

吾人由明處進入暗處後網膜漸漸對光線之靈敏度增加，此稱爲暗適應。經過約20分可達接近最高靈敏度以後靈敏度尚能增加但增加程度不多。暗適應有兩階段如下圖，第一階段較快，約5分達到，但增加之靈敏度不大。此由圓錐體暗適應所產生者。吾人若以中心窩檢查暗適應只得此階段。第二階段由圓柱暗適應所產生者。在第二階段所達到最高靈敏度較慢但增加之靈敏度甚大。暗適應所需時間爲在明處由光線分解之視紅再生所需者。

飛行員，X光線檢查員欲進入暗處短時間內達到甚高暗適應，在明處帶紅色眼鏡。紅光對視紅或圓柱體機能甚少影響而圓錐體亦有正常機能，因此帶紅色眼鏡時視力無受影響並且視紅亦不受光線而漂白。

由暗處進入明處時感覺太亮，但經過約5分就習慣，此稱爲明適應（light adaptation）。（彭明聰）

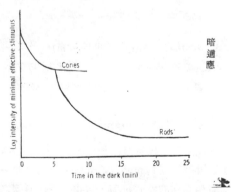

暗適應

傳導（Conduction）

生理學所謂之傳導，乃指細胞興奮的傳導，即興奮波由一點向四周蔓延。傳導可在同一細胞或兩細胞間進行，前者最明顯的例子爲神經纖維的傳導，後者如心肌纖維間之傳導。至於大多數神經原與神經原間之傳導或神經與肌肉間之傳導，必須藉釋放化學物質始能達成，故與其稱之爲傳導，不如稱之爲傳遞較爲適當。

真正的傳導，無論發生在同一細胞或牽涉兩個以上細胞，都是胞膜逐點興奮的結果。當細胞膜一點興奮去極化時，由於其膜電位突然降低，至與相鄰部的胞膜形成一電位差，由此電位差引起局部電流，局部電流使相鄰部胞膜電位降低，降低到達閾電位（threshold potential）時本身即興奮，於是興奮波逐點蔓延，終而傳遍整個細胞。此時，如細胞與細胞間之連接緊密，離子通過其間阻力不大者，興奮波可超越細胞界限繼續前進。

由於傳導起於局部電流，而局部電流之大小又與興奮去極化之速度以及細胞內電阻等有關，其間關係，通常可以下式表示

$$Im = \frac{D}{4R_i\theta^2} \cdot \frac{d^2v}{dt^2}$$

式中 I_m 爲通過單位面積胞膜的電流，D 爲細胞直徑，R_i 爲細胞內特殊電阻，θ 爲傳導速度，$\frac{d^2v}{dt^2}$ 爲興奮去極化加速度。根據上式，可知細胞或纖維直徑大者，內電阻小者，興奮去極化速度高者，傳導速度亦較高。

上述興奮傳導，乃一般細胞或纖維的傳導方式。故亦爲無髓鞘神經纖維的傳導方式。至於有髓鞘的神經纖維，因髓鞘電阻甚高，膜電流只能於郎氏節（node of Ranvier）處通過。故興奮並非如普通細胞膜一點蔓延至相鄰一點，而是由一郎氏節跳至另一郎氏節，形成所謂跳躍傳導（saltatory conduction）。（盧信祥）

圓錐體色素（Cone pigment）

圓錐體內有與色覺有關感光物質。Wald 由鷄網膜（其感受細胞大部份爲圓錐體）抽出一種感光物質稱爲 idopsin，其吸收光譜之最高在 560 mμ。Roughston 在人明適應眼測定光譜明度曲線時得三種曲線，其吸收光譜之最高各在 440～450 mμ（藍），525～540 mμ（綠）及 565～575 mμ（黃紅）。Hanaoka 取出人及猴眼網膜作微小分光光度測量（microspectrophotometry）而得三種曲線，其最高吸收各在 445 mμ，535 mμ 及 570 mμ 與 Roughston 在活人眼所得曲線相同。此三種曲線之光譜範圍較廣而其吸收光譜曲線大部份重疊如下圖。Idopsin 是以上三種圓錐體色素之一或三種色素之混合者尚未知。以上結果可推論圓錐體有三種，一含有藍感光物質，二含有綠感光物質，三含有黃紅感光物質。以上三種感光物質受光照時，所照光

線顏色不同各物質分解程度不同，產生各種顏色之顏色

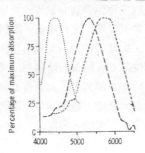

。此結果支持　Young-Helmholtz　三原色學說。

（彭明聰）

腹瀉（Diarrhea）

腹瀉之情形，與便泌相反。當食物之殘渣通過結腸太快時，則在其抵達直腸之前，液體之吸收較少，致排出糞便呈稀薄之流質。腹瀉最常見之原因，爲胃腸道之細菌性傳染，因此刺激腸粘膜，乃引起小腸及大腸之劇烈推進運動。又如副交感神經過度興奮，亦可導致強有力之腸管運動而引起腹瀉。

如小孩經常腹瀉，因食物沒有充分吸收之機會，又因鈉鉀及水分等被排出太多，嚴重時可危及生命。故嚴重之腹瀉時，應注意水分及鈉鉀等之補給。（方懷時）

跳躍傳導（Saltatory Conduction）

跳躍傳導乃神經傳導方式之一，見於有髓鞘的神經纖維（myelinated fiber）。由於髓鞘的電阻甚高，有髓鞘神經纖維內外之間的電流通過或離子移動只能於郎氏節（node of Ranvier）處進行，纖維興奮所產生的動作電位亦僅能於郎氏節處出現，是故興奮波的傳導，乃由一郎氏節跳至另一郎氏節，故稱跳躍傳導。跳躍傳導的速度遠較一般胞膜逐點興奮的傳導的速度爲高。

（盧信祥）

脾臟血流（Splenic Blood Flow）

脾臟外膜及小梁（trabecula）含有平滑肌。內臟神經之刺激能引起脾臟之收縮及脾內之血管縮小。內臟神經含有交感神經，當其作用減小時脾臟即擴大。大量出血或欠氧能刺激頸動脈竇壓力受容器或化學受容器能引起反射性脾臟收縮，結果能排出其儲血。當運動，外氣溫升高，氣仿麻醉會引起脾臟收縮。狗較人類其脾臟收縮更爲明顯。（黃廷飛）

QRS電軸（Electrical Axis of QRS Wave）

第I及第II誘導QRS波依其大小比例，劃在Einthoven三角形第I及第II邊，各邊中點爲原點，量出正或負方向，相當QRS大小比例之長度在各邊上，而在各邊上之QRS波頂點，立各垂直線，而兩垂直線之交叉點與三角形中心連結即得QRS波之電軸向量。名謂QRS平均電軸（QRS mean electrical axis）（見A圖箭頭記號），其所成角度之正常範圍在0～100°之間，若在100～180°範圍即有右側偏向（right axis deviation），反之若在0～－180°範圍即有左側偏向（left axis deviation）。若QRS波從Q波出現後，每0.01秒間隔求其電軸，所得所謂QRS瞬時電軸（QRS instantaneous electrical axis），由此可知在各間隔（每0.01秒）之QRS向量之變動。將各間隔之QRS向量尖端連結即可劃出其向量環（vector loop）。（黃廷飛）

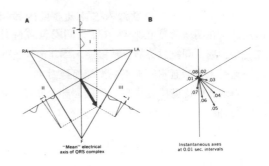

A：Einthove三角，可求QRS平均電軸

B：三軸系（triaxial system）及QRS瞬時電軸
　　表示0.01至0.08秒之QRS各瞬時電軸之向量

網狀內皮系（Reticuloendothelial System）

網狀內皮系乃係指許多位於血槽（vascular channels）及淋巴道（lymph channels）內壁的某些細胞，該項細胞都具有吞噬細菌，病毒及其他異物之能力，或進一步形成免疫體以對付這些外來的異物，這些具有吞噬能力的細胞可散佈於骨髓、肝、脾以及淋巴腺內，且相互關係密切，統稱之爲網細胞（reticulum cells），網細胞即始基細胞（primodial cells），與原始生發上皮細胞（original germinal epithelial cells）差別不大，可以分化成許多類型的細胞，骨髓中的網細胞可以繼續形成原始血球（hemocytoblasts），進

一步演變成紅血球，網細胞也可以形成原始顆粒球（myeloblasts），逐漸分化爲白血球，淋巴腺內者則形成淋巴球，組織中的則形成纖細胞（histiocytes），或稱破折細胞（clasmatocytes），可以吞噬壞死組織細胞，移走異物，甚至於能將受損組織轉變爲成纖維細胞（fibroblast），使之修復，織細胞本身亦可脹大，在組織間作變形蟲運動，此時則稱之爲巨噬細胞，肝臟中之網細胞名之爲枯否氏細胞（kupffer cell），有濾過及淨化血液的作用，脾紅髓（red pulp）內之網細胞則能移走衰老及不正常之紅血球，此外身體內任何地方的網細胞都能形成漿細胞，由其產生免疫體，增加身體對疾病之抵抗力，事實上網細胞是體內能對付傳染病之重要基地。（劉華茂）

網狀質（Reticular Formation）

　　網狀質指腦幹（包括延腦、橋腦及中腦）中散佈之神經組織結構。除界限分明之神經核如各腦神經核，紅核、黑質及橄欖核等等之外，無數大小及型式相異之神經原散佈於縱橫交叉、錯綜糾纏之網狀神經纖維之中。在此複雜之網狀結構中，有許多重要之中樞存在，如呼吸中樞（respiratory center）、血管運動中樞（vasomotor center）、心跳管制中樞（cardioinhibitory center）及其他營生功能（vegetative functions）之自主神經中樞。此外，它包括上行及下行徑路，對於各種重要之神經生理作用有協調與管制之功能，諸如內分泌之調節，替境反射（conditional reflex）之形成，感覺輸入，學習及意識之調整等。此散佈複雜之結構，其相互間之關係尙在積極研究之中。（蔡作雍）

網膜電圖（Electroretiogram）

　　1.靜止電流：無照射光線時圓錐體，圓柱體對網膜內面呈 − 6 mV 。

　　2.網膜電圖：光線照射網膜時產生網膜電位之變化稱爲網膜電圖（第一圖）。網膜之感受器電位（receptor potential）分爲初期感受器電位及後期感受器電位。

　　(a)初期感受器電位（early receptor potential）:先有一小負電位（negative phase）後有正電位（positive phase）之雙向電位，第一圖之a波前出現者，其出現時間太快在第一圖無法畫出。無潛伏期。純粹的圓錐體網膜或純粹的圓柱體網膜均有此電位。鼠網膜退化〔dystrophy（內節 inner segment有病變，但外節outer segment

無病變）〕時尙有此電位但後期感受器電位減少。因此可說初期感受器電位由外節產生。

　　(b)後期感受器電位（late receptor potential）:第一圖之網膜電圖分析於第二圖。在第二圖所示後期感受器電位中a由內節產生，b由內核層（inner nuclear layer）產生，c由色素上皮（pigment epithelium）產生。若除去c波後期感受器電位可分爲三個成分，一爲感受器電位，二爲DC電位，三爲b波。圓柱體多數之網膜所示後期感受器電位與圓錐體多數之網膜所示後期感受器電位略有不同，其中DC電位及b波兩者相同，但感受器電位兩者不同，前者恢復慢而後者恢復快，引起兩者後期感受器電位之不同。

　　3.S電位（S-potential）:在內核層（inner nuclear layer）只能記錄慢電位變化。白光照射時有負電位，關閉光線時有正電位。S電位之消失明適應時快，在暗適應時慢，如圓柱體電位（rod receptor potential）。對單色光有的細胞對紅光有最高的正反應（maximal posit-

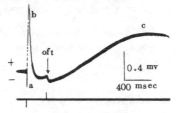

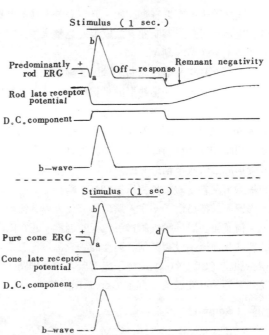

ivity response)而，對綠光有最高的負反應(maximal negativity response)，此細胞稱為 R—G 細胞。有的細胞對黃光有最高的正反應而對藍光有最高的負反應，此細胞稱為 Y—B 細胞。此等細胞與顏色判別有關。R—G 細胞與含有黃紅素之圓錐體及含有綠素之圓錐體連結，紅光照射時黃紅素分解，而此細胞毀極化(depolarization)，綠光照射時綠素分解而此細胞過極化(hyperpolarization)。Y—B 細胞與含有黃紅素之圓錐體及含有藍素之圓錐體連結，黃光照射時黃紅素分解而此細胞毀極化，藍光照射時藍素分解而此細胞過極化。S 電位似在水平細胞(horizontal cell)產生而與膜電位無關。關於色覺Hering 提倡反對色學說(opponent color theory)謂圓錐體內有三種色覺物質，一為白黑物質，此物質由白光分解產生白色感覺而在黑暗時合成，產生黑色感覺，二為紅綠物質，此物質紅光分解產生紅色感覺，由綠光合成產生綠色感覺，三為黃藍物質，此物質由黃光分解，產生黃色感覺，由藍光合成產生藍色感覺。近年來研究在圓錐體證明黃紅素，綠素及藍素之存在支持Young - Helmholtz 三原色學說，而不能證明白黑物質，紅綠物質及黃藍物質之存在。由 S 電位吾人可說Hering 之反對色反應不在圓錐體而是在內核層之反應。

（彭明聰）

精子發生（Spermatogenesis）

精子之發生，在青春期開始，直到老年，其年限較卵子發生為長，且無週期性。以成年人之整個睪丸言，精子之發生，從不間斷。

睪丸內含有許多細長屈曲之管謂曲細精管，管之最外層包括兩種細胞，一種圓形的是精原細胞，一種柱形的叫做塞多利氏細胞，塞氏細胞內含有肝糖，供給精子營養。精原細胞一部份永遠保留為幹細胞，一部份經一生長期而成為初級精母細胞，初級精母細胞經一次成熟分裂形成二個次級精母細胞，再經一次減數分裂成四個精細胞，精細胞的染色體只有23個。精細胞受塞氏細胞的影響而成熟為精子。在人類精子發生過程共需時約74天。精子發生需要較人體體溫為低的溫度。正常陰囊可改變其表面積，以調節精子發生的適宜溫度，當睪丸滯留在腹腔（如隱睪），或男子穿著緊身褲，則精子發生受到影響，可能導致不育症（sterility）。（楊志剛）

精液 （Semen）

由男性尿道經射精作用而流出之液體為精液。精液中含有精子，以及由精囊，前列腺和球尿道腺所分泌的液體。每次射精量約有2.5到3.5公攝（ml）。精液呈弱鹼性。精囊分泌液呈淺黃色粘液狀，其中含有果糖，為精子的主要養料，前列腺分泌物則呈乳白色。精液久置後則粘液溶解，使精子的活動力增加。正常精液每公攝有精子一億個，若少於每公攝二千萬則不能使卵子受精。精子最長可活1到3天。若置於攝氏零下100度則可以保存一年之久。精液中含有前列腺素（prostaglandins ），為脂肪酸之衍生物，其在精液中的作用不明。（楊志剛）

酸中毒與鹼中毒（Acidosis and Alkalosis）

正常人動脈血的 pH 範圍是在 $7.35 \sim 7.45$ 之間。任何因素使動脈血的 pH 低於7.35就稱酸中毒，同樣，任何因素使動脈血的 pH 超過 7.45 就稱鹼中毒。

（周先樂）

酸和鹼 （Acid and Base）

根據 Brφnsted 氏所下定義，酸是一種能供應氫離子（或質子protons）的物質，鹼是一種能接受氫離子的物質。氫離子通常以 H^+ 表示之。在水溶液中，氫離子也和其他離子一樣，水化為H_3O。Brφnsted 氏講述中最典型的反應是： $HCl \rightleftarrows H^+ + Cl^-$

HCl 能供應 H^+，它被稱為酸，Cl^- 在高氫離子濃度下能接受 H^+，所以稱之為接合性鹼（conjugate base ）。一個強酸常具有一個弱的結合性鹼。同樣，一個強鹼常具有一個弱的結合性酸（ conjugate acid）。下表是常見的數種酸和它們的結合性鹼。

酸		H^+		結 合 性 鹼
HCl	$=$	H^+	$+$	Cl^-
HCH_3COO	$=$	H^+	$+$	CH_3COO^-
H_2CO_3	$=$	H^+	$+$	HCO_3^-
H_3O^+	$=$	H^+	$+$	H_2O
NH_4^+	$=$	H^+	$+$	NH_3
HOH	$=$	H^+	$+$	OH^-

（周先樂）

酸鹼平衡的代謝部份 （Metabolic Component of Acid-Base Equilibrium）

組織中進行代謝作用時常產生一些強酸，如硫酸，磷酸等。這些酸將滲入細胞外液，由其中的結合性鹼來緩衝。腎臟能排泄這些酸，這也是尿液被酸化的過程。在尿液酸化的過程中，其基本機轉是由腎小管的細胞將碳酸解離成 H^+ 和 HCO_3^-。H^+ 與尿液中的陽離子（主要是 Na^+）交換排於尿中，HCO_3^- 則被再吸收入腎靜脈血以補充用於緩衝作用的結合性鹼。分泌到尿液中的 H^+ 主要與兩類緩衝劑結合：一類是存於血漿中的磷酸鹽緩衝劑，H^+ 與它們結合後就形成尿中的可滴定酸（titrable acid）；另一類是腎小管細胞代謝氨基酸所產生的氨（NH_3），H^+ 與 NH_3 結合後就形成尿中的 NH_4^+。由此可知尿中可滴定酸與 NH_4^+ 的總和就代表被吸收入體液內 HCO_3^- 的量。

體內 H^+ 濃度增加除了上述的代謝因素外，也可能因碳水化合物或脂肪氧化不完全所產生之乳酸或酮體，或者因氯化銨代謝轉變所生成的鹽酸而加多。體內 H^+ 濃度降低除了上述腎臟排泄因素外，也可能因失去胃液中鹽酸或固體內缺少鉀使 H^+ 轉移入細胞內等因素而減少。體內 HCO_3^- 濃度增加除了腎臟的再吸收因素外，也可能因有機酸鹽氧化所產生或因由外界注入而加多。體內 HCO_3^- 濃度降低除了腎臟排泄因素外，也可能因喪失小腸液或因腎臟病不能再吸收 HCO_3^- 等因素而減少。雖然 H^+ 和 HCO_3^- 濃度的高低有許多因素可以影響之；但在正常情況下，腎臟具有特殊的調節功能，使體內的酸鹼度維持在平衡的狀態下。（周先樂）

酸鹼平衡的呼吸部份 (Respiratory Component of Acid-Base Equilibrium)

氧合血紅蛋白所攜帶的氧，抵達組織時即釋放出來供組織中物質進行氧化作用所需。物質氧化的產品之一為二氧化碳，產生後即迅速的由組織擴散到血液。這些二氧化碳進入紅血球後就水化形成碳酸。由於紅血球內含有碳酸酐酶（carbonic anhydrase），上述的反應速度非常快（$CO_2+H_2O \overset{C.A.}{\rightleftharpoons} H_2CO_3$）。碳酸在溶液中又很快的離成於氫離子和重碳酸鹽離子（$H_2CO_3 \rightleftharpoons H^+ + HCO_3^-$）。生成的 H^+ 就與血紅蛋白接合緩衝之；生成的 HCO_3^- 一部份就血球內滲出并交換等量的氯化物以保持血球內離子數目之平衡。其程序如下圖

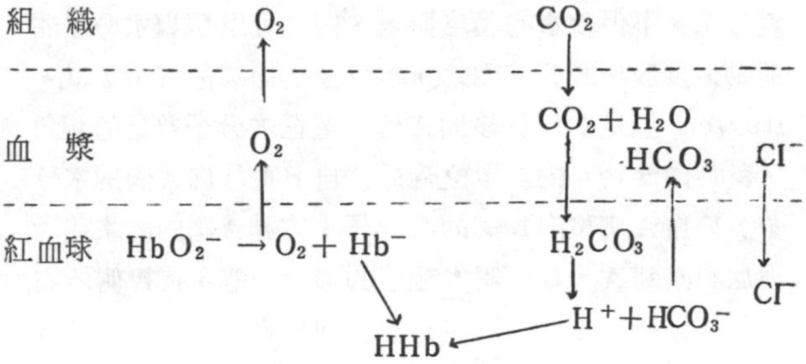

組織　　　O_2　　　　　　　　CO_2

血漿　　　O_2　　　　　　　CO_2+H_2O　　　Cl^-
　　　　　　　　　　　　　　　　HCO_3

紅血球　$HbO_2^- \rightarrow O_2+Hb^-$　　　H_2CO_3
　　　　　　　　　　　　　　　　　　　Cl^-
　　　　　　　　　　　　$HHb \leftarrow H^+ + HCO_3^-$

當血液流肺臟時，血球裏還原性血紅蛋白就被氧化，產生許多離解的氫離子並且與重碳酸鹽離子作用生成碳酸，後者後碳酸酐酶的影響經脫水作用產生二氧化碳和水。這些變化的過程和上節所說在組織中所發生的過程剛好相反。上述反應中所產生的二氧化碳為氣態，很快由血液擴散到肺泡中。當血球中的重碳酸鹽離子與氫離子結合消耗以後，血球裏的 HCO_3^- 濃度降低，血漿裏的 HCO_3^- 就立刻擴散到血球裏面補充之。為了保持血球內外離子的平衡，血球裏的氯離子又滲到血漿，其程序如下圖。

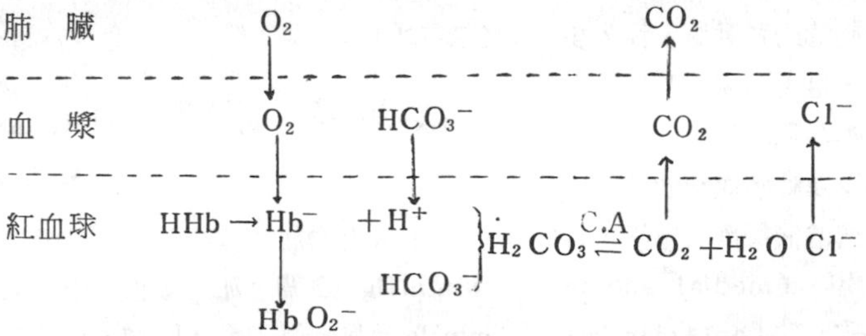

肺臟　　　O_2　　　　　　　　CO_2

血漿　　　O_2　　HCO_3^-　　　CO_2　　Cl^-

紅血球　$HHb \rightarrow Hb^- + H^+$ $\left.\right\}$ $H_2CO_3 \overset{C.A.}{\rightleftharpoons} CO_2 + H_2O$ Cl^-
　　　　　　　　　　HCO_3^-
　　　　　　HbO_2^-

（周先樂）

滲透性物質的清除率 (Osmolar Clearance)

滲透性物質的清除率的定義是每分鐘有多少體積的血漿內所含的滲透性物質被腎清除。設 Cosm（毫升／分）為滲透性物質的清除率，Posm（osm／毫升）為血漿中滲透性物質的濃度，UosmV（osm／毫升·毫升／分）為單位時間內尿中之排泄量，則

$$Cosm = \frac{Uosm \cdot V}{Posm}$$

尿中主要的滲透性物質是鈉離子、氯離子，和尿素。正常的人，膳食包括各類食物時，每分鐘的排泄量約為 $0.5 \sim 1.0 \, mOsm$。他們的 Cosm 約為 $2 \sim 3$ 毫升／分，其 Cosm 和尿量無關，限制飲水或大量飲水，尿量改變，但 Cosm 不變。（畢萬邦）

滲透與滲透壓 （Osmosis and Osmotic pressure）

滲透是指水分子經過膜的擴散情形。如果用一塊具有選擇性的滲透膜（或稱半透膜 semipermeable membrane），將容器的二部分隔開。在膜的一側（A側）加入水及溶於水而不能透過半透膜的溶質，膜的另一側（B側）僅加水。由於容器B側全部是水，水分子的運動不受其他物質的影響，擴散率高。而A側因有其他物質存在，不但使水的濃度降低，同時可以阻礙水分子的運動，擴散率較低。因此，水分子的淨擴散（net diffusion）是由B側移向A側，這種水分子移動的現象，就叫做滲透。由於單位時間內自B側移向A側的水分子多於自A側移向B側的水分子，容器A側內的水逐漸增加。直到A，B二側水分子的濃度相等，或A側所有分子（包括水分子與溶質分子）加於膜上的力量等於B側水分子加於膜上的力量，滲透即停止。此時，已達到平衡狀態，水分子的淨擴散等於零。滲透停止時，容器二側液面的靜液壓（hydrostatic pressure）差，就是滲透壓。一種溶液的滲透壓是和單位容積液體中所含分子或離子的數目成正比，與分子或離子的質量無關。

（周先樂）

滲透壓感受器 （Osmoreceptor）

滲透壓感受器是一種特別對血液或細胞外液滲透壓的改變反應的神經組織，這種感受器的性質和正確的部位尚待證實，但是許多事實已表明其存在。

在沒有麻醉，但用水利尿的狗的內頸動脈，注入少量高張食鹽溶液時，尿量卽減少，這表示原有利尿反應已被抑制。在把總頸動脈，和脊椎動脈系較小的血管分枝，分別一一結紮之後，從這樣減少頸動脈血流的分布區域，發現對內頸動脈注入高張食鹽溶液反應的部位，必位於後列區域內：內側及外側前視區（medial and lateral preoptic area），下視丘前部（anterior hypothalamic area），旁室核（paraventricular nucleus）及上視核（supra optic nucleus），腹內側核（ventromedial nucleus）下視丘背側及外側區（ dorsal and lateral hypothalamic area）。腦下腺後葉本身不算是滲透壓感受器，因爲沒有下視丘時，它對於高張食鹽溶液沒有反應；又分離出來的後葉對培養基內含有高濃度鹽液也不反應，即沒有抗利尿激素釋出。

另外由電氣生理方面的發現，在動物試驗，上視核鄰近的神經原，在內頸動脈注入高張液時發電頻數增加，注入低張液時，發電頻數減少。這些神經原除了對滲透壓刺激反應外，尚對神經的，化學的，和藥物的刺激有反應。又因爲知道人體的抗利尿激素，99％是由上視核的神經細胞製造的，所以有人認爲滲透壓感受器可能就是上視核本身或至少在其鄰近地區。從組織結構來看，上視核區血管豐富，若有感受細胞（receptive cell）的話，必易於接觸到血液中的物質感受其改變。

總之，一般以爲滲透壓的刺激先作於某滲透壓感受器，然後增加從感受器到上視核的神經衝動（nerve impulse）的頻數，繼而釋放抗利尿激素。 （畢萬邦）

輔酶A （ Coenzyme A）

簡寫 CoA 。可使多種化合物活動化（activation）。如醋酸鹽與CoA 結合成活動醋酸鹽（acetyl-CoA），於是才可與草醋酸作用成枸櫞酸，而開始枸櫞酸環作用（見citric acid cycle ）。故碳水化合物，脂肪及氨基酸分解生成之醋酸鹽必須經此而完成最後代謝。脂肪酸之合成，氧化及酯化亦首須與 CoA 結合使活動化。CoA亦可能使氨基酸活動化。 （黃至誠）

輔酶Q （Coenzyme Q）

爲細胞漿中線粒體上脂質之一種，亦爲呼吸鏈（respiratory chain ）中輔酶之一。可將黃素蛋白（flavoprotein ）上之電子傳送給細胞色素 b （cytochrome b ）。（見細胞色素cytochrome 項下圖解）。 （黃至誠）

碳酸過多與碳酸過少 （Hypercapnia and Hypocapnia）

正常人動脈血液中二氧化碳分壓的範圍是在 35～48mmHg 之間，如動脈血液中二氧化碳的分壓超過48mmHg就稱碳酸過多；同樣，如動脈血液中二氧化碳的分壓低於35mmHg 就稱碳酸過少。 （周先樂）

嘔吐 （Vomiting）

主要之功能爲一種保護作用，將吞食入胃內之不適宜內容物吐出。嘔吐之開始爲唾液分泌及噁心，繼之軟顎提高，喉頭及舌骨後拉，張口，會厭閉塞以避免嘔吐物吸入氣管，食道鬆弛，賁門擴張，胃下端收縮，用力吸氣，呼吸停止於吸氣狀態，腹肌收縮，腹內壓增加，胃部反向蠕動開始，身體向前傾，頭頸部伸出，最後將胃內含物吐出。故嘔吐實爲一複雜的動作，不但包括自主神經反應，亦包括有體神經之動作成份。嘔吐可以爲一種反射動作，上胃腸道受刺激所引起之嘔吐，其傳入徑可能爲迷走神經或交感神經之內臟感覺纖維，其傳出徑則包括體神經與自主神經部份，諸如舌下、肋間、膈神經及交感、迷走神經等等。嘔吐之中樞調節機構爲嘔吐中樞（vomiting center or emetic center），位於延腦閂部（obex）稍前，橄欖核（olivary nuclei）上方之背部網狀組織（reticular formation），該中樞不但接受上胃腸道之傳入神經，可能同時接受間腦（diencephalon）及迴緣系統（limbic system）之傳入，故不但胃腸道受刺激後傳入之神經脈衝可以引起嘔吐，當嗅到或看到噁心物亦可引起心理不舒而致噁心甚至嘔吐。在嘔吐中樞之上，靠近 area postrema 處有所謂之「化學接受器嘔吐激發區（chemoreceptor trigger zone）」，該區處於血腦屏障（blood brain barrier）範圍之外，故血液含物很容易透過毛細管而作用於此處之化學接受器，目前已知催吐劑如 apomorphine, morphine 等藥物先作用於此區，當化學接受器興奮，神經脈衝激發嘔吐中樞，於是引起嘔吐。若將「化學接受器嘔吐激發區」破壞，注射上述催吐藥物將不易引起嘔吐，但是由於嘔吐中樞仍然存在之故，服用刺激胃腸黏膜之藥物如硫酸銅等所引起之嘔吐則仍舊出現，不受「化學接受器嘔吐激發區」破壞之影響。（蔡作雍）

聚合物 （Polymer）

由多個簡單分子結合成之複雜化合物，分子量較大。（黃至誠）

滴定曲線 （Titration Curve）

緩衝溶液中加入不同量的酸或鹼，其 pH 或氫離子濃度將發生不同的改變，如將兩者改變的關係繪在座標紙，即可得到該溶液的滴定曲線。這是表示弱酸和弱鹼溶液的緩衝特性。依一般習慣，所加入的酸或鹼的量爲獨立變數，以縱座標表示；pH 值或氫離子濃度爲非獨立變數，以橫座標表示之。（周先樂）

膀胱 （Urinary Bladder）

由輸尿管送下來的尿都積存在膀胱裏，等到有相當體積時始排出體外。所以它有二種作用：1.尿的積存所，2.尿的排除器官。

根據用膀胱壓力測定法（cystometry），測量膀胱內壓的變化可知膀胱完全沒有尿時，內壓爲零；有少許尿液進入膀胱時，內壓即稍見上升。大約是 5～10 厘米水柱，膀胱內的含尿量繼續增加時，內壓增加極爲緩慢，但尿存量增加到一個臨界值時大約 400 毫升左右時，膀胱內壓急劇上升，刺激膀胱壁上的張力感受器，引發排尿反射，將尿迫出體外。通常吾人膀胱內尿體積約 150 毫升即有欲小便之感覺。若體積至 400 毫升時，欲排尿之感覺已極強，若尿量更高時，則可致疼痛難以忍受。由此可見膀胱肌肉和其他平滑肌肉相似，具有可塑性（plasticity），對於由伸張（stretch）所產生的張力不會持久，常改變其收縮狀態以適應被動的伸張。平滑肌的這種特性無需神經的支配。（畢萬邦）

睡眠 （Sleep）

睡眠時全身的肌肉鬆弛，反射閾增加，自主神經活動除消化功能仍照常進行外均行減低。腦細胞之活動可由腦電圖（electroencephalogram，EEG）觀察，則見波動較緩而不規則，深睡時出現梭狀波（spindle）。在自然睡眠中每隔一、二小時有十數分鐘的異常睡眠（paradoxical sleep），此時腦波反呈覺醒現象，同時可記錄到眼球的快速轉動，故又稱眼動睡眠期（REM-rapid eye movements-stage）。此期中往往有夢，較不容易喚醒，如勉強喚醒，常引起煩躁與緊張。

中樞神經中與睡眠最有關的機構在下視丘（hypothalamus）。下視丘前部的破壞在鼠可引起不寐，終於衰竭而死亡；下視丘後部，特別是乳頭體（mammillary bodies）的破壞可造成昏睡。因乳頭體鄰接網狀組織（reticular formation），而後者與醒覺有密切關係，故昏睡也可能因網狀組織的損傷所致。（尹在信）

遞送器 （Carrier）

在細胞膜內外運送的方式中，有些物質由於分子較大，不能通過細胞膜上的小孔；又由於脂溶度低，也不能直接的溶於細胞膜的脂質通過細胞膜，可是它可以和細膜膜中的某些特殊結構，在細胞膜的一面結合。結合後的物質就容易在細胞膜中擴散，由細胞膜的一面移向另一面。而上述的結合在另一情況下，結合體就很快的分離。離解的物質因之即被運送到細胞膜的另一面。細胞膜中那些能幫助運送物質的特殊結構，就稱爲遞送器

。遞送器究竟是怎樣的一種物質，目前尚無定論，有謂可能是一種特殊的蛋白質分子。（周先樂）

漏電流　(Leakage Current)

電流不沿有效徑路流動而沿耗電徑路流動時通稱漏電流。電生理學所謂之漏電流，通常指離子瀰散透過胞膜所構成的電流。如一般較易透過胞膜的離子如鉀、氯等，受膜兩邊濃度差或電位差之作用，由膜一邊向另一邊移動所造成之電流即爲漏電流。（盧信祥）

實驗的高血壓 (Experimental Hypertension)

實驗產生高血壓之方法有：①兩側腎動脈加以長期挾住縮小其口徑，或將兩側腎臟加以壓迫，使腎臟血流大爲減少，結果能產生腎性高血壓。②兩側腎臟剔出後，高血壓發生。但一側腎臟摘出不能產生高血壓，可知腎臟含有血壓下降物質。③兩側頸動脈竇神經切斷後產生慢性高血壓，④長期神經緊張，如噪音刺激。⑤腎上腺皮質（hormone）長期投與。⑥食鹽取攝取過剩，或再加以腎臟摘出即產生高血壓。（黃廷飛）

緩衝作用 (Buffer Action)

在某種氫離子濃度下，有些物質在溶液中不能完全的離解。能離解一半的酸，不僅能供應H^+，其結合性鹼也能吸收H^+。因此，如果加入强酸或者强鹼到這種溶液中，其氫離子濃度所產生的改變，較該溶液中不含弱酸或弱鹼時要小得多。氫離子的總數並沒有改變，而離解形成的數目減少了。這種掩蔽氫離子的現象，稱爲緩衝作用。（周先樂）

緩衝的鹼與過剩的鹼　(Buffer Base (BB) and Base Excess (BE))

緩衝的鹼（BB）是指一公斤全血中所含各種結合性鹼濃度的總和。過剩的鹼（BE）是指血液中緩衝的鹼之濃度的改變，也就是觀察到緩衝的鹼之濃度與正常緩衝的鹼之濃度的差異，即BE＝觀察到的BB－正常的BB，其單位爲m Eg/l 全血。（周先樂）

緩衝值 (Buffer Value)

緩衝值是一種溶液緩衝效能的單位。一種溶液的緩衝值是該溶液滴定曲線傾斜度的負數。如果滴定曲線是一條直線，其緩衝值是指使該溶液的 pH 改變一單位所需加入的酸或鹼。滴定曲線的傾斜度越大，改變 pH—

單位所需加入的酸或鹼量也越大。（周先樂）

緩衝劑 (Buffer)

在酸鹼平衡方面，任何物質在溶液中能減少加入酸或鹼所產生的氫離子濃度者皆稱緩衝劑。在化學治療方面，任何製劑能阻止或減少某化學療劑的反應（或作用）者也稱緩衝劑。（周先樂）

潛水時循環調節　(Circulatory Adaptation in Diving)

動物潛水時立即引起循環機能之改變，有徐脈產生，末梢抵抗升高，心輪出量大爲減小，血壓大體無大改變。心臟或腦之血管並無縮小，仍然維持充分之血液之供給，像似心肺標本之狀態。鴨子潛水時，徐脈特別顯著，卽鴨子潛水前其心跳每分 $180 \sim 200$ 次，淺水立卽心跳減小至每分 $10 \sim 20$ 次之程度。此由反射作用引起的。若迷走神經切斷後，潛水徐脈反應消失，其反射機序還未十分明白。可能鼻孔內receptor浸水後受刺激，或潛水中血液pCO^2增加，pO_2減少會引起向心性衝動，但也有人主張其受容器在胸腔肌肉之機械受容器。人也有潛水徐脈之現象，其潛水耐住時間只有 $60 \sim 70$ 秒左右，潛水中心跳數目減小較爲輕度。（黃廷飛）

潛伏狀態　(Latency)

生理學所謂潛伏狀態，乃指組織接受有效刺激後反應尚未出現之謂。潛伏期（latent period）之長短，隨所要求反應的標準不同而異。如以用電流刺激肌肉細胞引起興奮收縮爲例，刺激先克服胞膜電容（membrane capacitance）使胞膜去極化，胞膜去極化到達閾電位（threshold potential）後，鈉離子由胞外向胞內移動的速度，超過鉀離子由胞內向胞外漏出的速度，胞膜繼續去極化而形成動作電位（action potential），動作電位使胞漿網狀系統釋出鈣離子，游離鈣離子在胞內數目達相當高度時，肌動蛋白（actin）與肌凝蛋白（myosin）兩種肌原纖維卽開始滑動產生張力，張力克服肌纖維的彈性慣性後，肌纖維的外形卽開始收縮，這一連串反應，每一反應均有其本身的潛伏期。（盧信祥）

潛伏期舒張 (Latency Relaxation)

見Contraction之解釋。（盧信祥）

醋栗糖核酸 (Ribonucleic Acid, RNA)

因其性能而分成傳型醋栗糖核酸（messenger ribonucleic acid 簡寫 m RNA）及運送醋栗糖核酸（transfer ribonucleic acid 簡寫 t RNA 亦稱可溶性醋栗糖核酸 soluble RNA簡寫 s RNA）。m RNA 可能由核仁（nucleolus）合成，可自染色體中之去氧醋栗糖核酸（deoxyribonucleic acid 簡寫 DNA）處印出模型（template），經內胞漿網（endoplasmic reticulum）之管子走出細胞核而至醋栗糖核酸小體（ribosome）中。t RNA 則負責運送細胞漿內已經活化之氨基酸（amino acid）至ribosome 中之 m RNA 上，依其模型而使氨基酸作不同排列，造成不同蛋白質及酵素（enzyme），於是決定細胞之結構及新陳代謝特性。（黃至誠）

醋栗糖核酸酶（Ribonuclease）

由胰臟分泌。自胃來之酸性食糜（chyme）刺激十二指腸產生胰酶激素（pancreozymin）而刺激胰臟產生此酶。專消化醋栗糖核酸（ribonucleic acid）中之蛋白質，使成核苷酸（nucleotide）。（黃至誠）

醋栗糖核酸小體（Ribosome）

為顆粒性內胞漿網（granular endoplasmic reticulum）之管壁外之顆粒。有二種不同體積，故可用離心器分成二種不同沉澱常數之顆粒，30S 及 50S。此二顆粒結合成 70S 活性醋栗糖核酸小體。傳型醋栗糖核酸（messenger ribonucleic acid 簡寫 m RNA）自細胞核內染色體中之去氧醋栗糖核酸（deoxyribonucleic acid 簡寫 DNA）處取得副模型後即經內胞漿網之小管出細胞核而至此 30 S 及 50 S 顆粒間。30 S 可與細胞漿內帶有特定氨基酸之運送醋栗糖核酸（transfer ribonucleic acid 簡寫 t RNA 或 soluble RNA 簡寫 s RNA）結合，於是 50 S 顆粒根據 m RNA 模型次序將氨基酸排列連接成蛋白質。故此蛋白質中氨基酸排列之次序是與 m RNA 亦即 DNA 之模型相同。故 DNA 由遺傳之特別模型，控制製造特別之蛋白質及酵素（enzyme）來控制體內之結構及新陳代謝特性。（黃至誠）

膠質或膠體滲透壓（Colloidal Osmotic Pressure）

血漿內各種蛋白質分子量，含量及滲透壓表示於下表：

白朊之分子量小，其含量較多，因此其滲透壓較球蛋白為大。組織液內蛋白質含量看組織種類及活動情況

蛋　白　質	分子量	濃　度 gm/dl	滲透壓 mm/Hg
白朊（albumin）	68,000	5.0	20
球蛋白（globulin）	200,000	1.5	5
纖維素源（fibrinogen）	500,000	0.5	1

有變動。小腸組織液蛋白質含量約 3～4 gm％，肝臟組織液內有 5～6 gm％，骨骼肌組織液含有 0.5～1.0 gm％。（黃廷飛）

血漿中之蛋白質不易滲透至組織液中，即使因某些原因而漏出至組織液中之後，也會很快地被淋巴管運走，故血漿中之蛋白質濃度可能為組織液中之四倍，即前者為 100 c.c. 含蛋白質 7.3 克，而後者僅為 1.8 倍，換言之，即血管壁之兩側分別貯有兩種不同濃度的溶液，而毛血管壁又是一種有很多小孔的薄膜，而其大小祇能使溶劑分子通過，而不能使溶質分子通過，故溶劑將自較稀的溶液跑到較濃的溶液中去，如此則形成了血漿的膠體滲透壓，或名之為 oncotic pressure。

正常人之血漿膠體滲透壓約為 28 mm Hg，其中 19 mm Hg 之滲透壓力係由血漿中之各種蛋白質所產生，另外 9 mm Hg 的滲透壓力則係血漿中之諸種陽離子所生成。

血漿蛋白至少分三大類，即血漿白蛋白，血漿球蛋白及纖維蛋白元是也，三者不獨分子量大不相同，其含量亦殊異，就中以白蛋白含量最多，100 c.c. 血漿中有 4.5 克，球蛋白次之，佔 2.5 克，纖維蛋白元最少，僅 0.3 克，在整個的膠體滲透壓中，約有 70％ 的壓力是因為白蛋白存在之故，其他的 30％ 壓力乃是由於其他兩種血漿蛋白所產生，故血漿白蛋白為血漿膠體滲透壓的最主要來源。（劉華茂）

緣系（Limbic System）

腦的這一部份以前稱嗅腦（rhinencephalon），後來發現只一小部分與嗅覺有關，故用今名。大腦每側的緣系包括半球基部的一圈皮質與一群有關的深部組織如杏仁核（amygdala）、海馬（hippocampus）以及中隔核（septal nuclei）等。就發生學的觀點，緣系皮質發生最早，沿半球基部可分兩個同心圈，內圈皮質只三

層構造，稱古腦（archipallidum）或類皮質（allocortex），外圈皮質六層，稱舊腦（mesopallidum）或近類皮質（juxta-allocortex），以鈎狀溝（sulcus cinguli）為界與新皮質（neocortex）相鄰。新皮質發育最完全，為六層構造。在哺乳類進化過程中，緣系的範圍無甚變化，但新皮質不斷發展，至人類而達巔峯，形成大腦半球的大部，使緣系相對減小。

緣系內的連繫相當複雜，簡單說來，穹窿（fornix）連接海馬和下視丘的乳頭體（mammillary body），後者又以乳頭視丘徑（mammillothalamic tract）與視丘（thalamus）的前核聯絡。前核投射到鈎狀廻（gyrus cinguli），再由此連到海馬，構成一複雜的封閉線路。此線路由 Papez 最早描述，故稱"Papez 線路"，一般相信是產生情緒的神經基質。

緣系與新皮質之間聯繫不多。Nauta 說，"新皮質跨在緣系之上似騎無韁之馬。"事實上韁是有的，從額葉和視丘都有纖維到緣系。新腦的活動與情緒行為確是互為影響，而理智控制不了情緒也是事實。緣系除了是情緒的中樞外，尚與內臟活動的管制有關。（尹在信）

憤怒 （Rage）

無論動物和人類都在憤怒與平和（placidity）之間保持適當的平衡。重大的激惹可使正常人攘臂而起，但輕微的刺激便淡然置之。在動物某些腦部損傷可打破這種平衡。經大腦皮剝除，或經下視丘腹中核（ventromedial nucleus）或中隔核（septal nuclei）破壞後，動物對輕微的刺激也會發生憤怒反應。在另一方面，兩側之杏仁核（amygdaloid nuclei）的破壞可引起過分的溫馴。這種溫馴又可由腹中核的破壞而轉變成憤怒。由上述結果可推想在下視丘（hypothalamus）與杏仁核所屬的緣系（limbic system）有兩種互為頡頑的機構，一種造成溫馴，一種引起憤怒，彼此調節而維持平衡。

雖然人類的情緒反應要複雜而細膩得多，但是神經機構與動物初無二致。"溫馴"在我們社會中可能不會被認為是一種病態，但因腦部損傷而對輕微刺激發生暴怒的病人却不少見。這種腦部損傷可能由於大腦炎而引起下視丘與緣系部分細胞的死滅，也可能因腦下垂體手術而誤傷腦底。在人類用電刺激下視丘或緣系可產生恐懼和憤怒的情緒。據報告顳葉兩側切除可治療激動的精神病人。（尹在信）

節律細胞電位 （Pacemaker Potential）

節律細胞的膜電位，與非節律細胞的膜電位稍有不同，節律細胞的膜電位極不穩定，每一動作電位過後，胞膜即自動緩慢去極化，去極化達到閾電位時，即引發另一動作電位。這種緩慢自動去極化乃節律細胞之特性，故稱節律細胞電位。根據以心臟Purkinje纖維所作實驗之結果顯示，此種自動去極化現象之發生，主要是由於胞膜對鉀離子的透過性逐漸降低引起。鉀離子透過性降低後，由細胞內向胞外流動的鉀離子電流不足以抵消由細胞外向胞內流動的鈉離子電流，於是胞膜電位差逐漸降低。心臟節律細胞電位又稱前電位（prepotential）或心舒期自動去極化（spontaneous diastolic depolarization）。（盧信祥）

數神經組織之苟活時間 （Survival Time of Different Nerve Tissues）

身體各組織，其中以神經組織對缺氧最為敏感。故許多學者常以神經組織作為研究缺氧之實驗材料。如將動物之某處血管以鉗子鉗住或以線紮住，藉此停止某神經組織之血液供給，以便引起神經組織之缺氧。神經組織遭受此種缺氧之後，尚能勉強生存（殘存）相當時間，此勉強生存之時間，稱為苟活時間。各神經組織，其苟活時間之長短不同（見Drinker氏記述之下表）。凡苟活時間較短者，表示對缺氧之抵抗力較弱。

停止血液供給後各神經組織之苟活時間

神　經　組　織	苟活時間（分鐘）
大腦（小錐體細胞 small pyramidal cells）	8
小腦（Purkinje氏細胞）	13
延腦中樞（medullary centers）	20～30
脊髓	45～60
交感節（sympathetic ganglia）	60
腸間肌神經叢（myenteric plexus）	180

Heymans 氏及其同事等曾報告，狗延腦中之關於循環及呼吸中樞，如停止三十分鐘之血液供給後，立即再恢復其血液供給，此等中樞尚能恢復其活動。又如停止小腦之血液供給五分鐘以上，此後雖再恢復其血液供給，小腦部蒙受不能修補之損害（irreparably damage）。此等實驗之結果，與Drinker氏所記述之上表大致相符。（方懷時）

層流及渦流 （Streamline Flow and Turbulent Flow）

剛性管內之液體流速超過一定限度時，其推動壓力及流速之關係有突然改變。流速不超過臨界速度時，推動力及流速互相有直線關係。其流量及壓勾配有Poiseuille 定律關係。若流速太快而超過臨界限度即忽然變爲渦流，可引起流動之聲音（看圖）。流體流動之聲音發生與Raynold number（N_R）有關。

$$N_R = \frac{\nabla D \rho}{\eta} = \frac{4 \dot{Q} \rho}{\pi D \eta}$$

V：液體流速，cm/sec　　　D：管子口徑，cm
ρ：液體密度　　　　　　η：液體黏稠度，pois
$\dot{Q}$：流量，ml/sec

N_R超過2000 即有渦流，而流動有聲音，當流速太快，或液體黏稠度減低或管子口徑小即產生渦流。在心縮期之大動脈或肺動脈血流之N_R達5,000～1,2000，有渦流聲音發生。（黃廷飛）

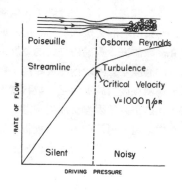

圖：層流及渦流之速度及推動力之關係

漿細胞 （Plasma Cells）

漿細胞位於淋巴腺、脾臟、胃腸中之淋巴組織中，體內之所有抗體，幾乎都在漿細胞中製造，未遭遇抗原以前的漿細胞是處於靜止狀態，稱之爲成漿細胞（plasmablast），一旦體外的抗原進入淋巴組織之後，該成漿細胞即開始分裂，在十個小時內可以分裂九次，四天之內一個成漿細胞可分裂到500個之多，當細胞分裂之際，較成熟的細胞內即出現顆粒狀的胞漿網質（endoplasmic reticulum），該物質能迅速產生伽瑪球蛋白抗體，至少每一秒鐘可產生100個分子，此種新產生的抗體，常能在15～20分鐘內將由靜脈注射而來的放射性胺基酸予以包圍。

抗原能促使漿細胞分裂並形成抗體，但成熟的漿細胞並不含有抗原，一般相信某種抗原初進體內，即首先被淋巴組織內固定的網細胞（fixed reticulum cells）所吞噬，亦即被巨噬細胞所吞噬，在其內發育成超抗原（superantigen），旋即由巨噬細胞將此物質轉運給漿細胞，因超抗原具有抗原之性質，故在漿細胞製造抗體時必須與抗原有關的特種抗體（specific antibodies），此即所謂樣版學說（template theory），另一學說則謂體內有成千上萬的漿細胞，某一種漿細胞專門接受某一特種抗原而專門製造某一特種抗體，即最近流行的群落學說（colonial theory）。（劉華茂）

線粒體 （Mitochondria）

爲細胞漿中之線狀體。由內外二層脂蛋白膜構成。內層向內凸出甚多縐壁，故顯微鏡下所見一如由甚多顆粒連成之線狀體。線粒體之數量依細胞所需能量而定，需能量高者如肌肉細胞及棕色脂肪細胞之細胞漿內即含甚多。一般細胞內約含800個線粒體，總計約占細胞體積之18.6％。外膜上含有枸櫞酸環（citric acid cycle）中化學反應所需之一切酵素，故枸櫞酸環反應可能即在其外膜上進行。內膜則含呼吸鏈（respiratory chain）及氧化性加磷基作用（oxidative phosphorylation）所需之一切酵素，這二串反應即可能在內膜上完成。故葡萄糖及脂肪酸之最後氧化產生能量儲存在三磷酸腺苷酸（adenosine triphosphate 簡寫ATP）上均在此線粒體中完成。所以稱之爲能力供應站（power-house）。細胞分裂時線粒體即平均分配至二新細胞內。新細胞中線粒體數目即減少。但能自行新生使數目增加。（黃至誠）

調節 （Accommodation）

當睫狀肌弛放，平行光線進入正常眼球時，物像則落在網膜上。物體在眼球前5公尺以內時若睫狀肌仍弛放則物像落在網膜後而看不清楚。若要看清楚需增加晶狀體與網膜間之距離，如照像機或增加晶狀體之屈折率，使物像落在網膜上，魚類用前者方法，哺乳動物用後者方法使眼球前5公尺以內之物像落在網膜上。此過程稱爲調節。靜止時晶體由懸靭帶繫住，當看近物時動眼神經興奮，睫狀肌收縮，兩端睫狀體間距離縮短，以致懸靭帶弛放，由於彈性懸靭帶弛放時，晶狀體變厚而增加屈折率。晶狀體厚度增加主要是前面凸出，靜止時其前面彎度半徑爲10毫米，後面彎度半徑爲6毫米，最大調節時其前面彎度半徑爲6毫米，後面彎度爲5.5毫米。圖A爲調節前後之睫狀體及晶狀體之變化。由此變化可增加屈折力12屈光度（diopter）。屈光度爲焦距（以公尺爲單位表示）之倒數。調節時晶狀體前面凸出由Sanson氏像可知。在暗室置一燭光於受試者眼前一

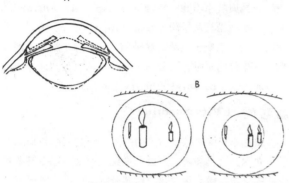

旁，卽可見由眼球三個反光面（角膜前面，晶狀體前面及晶狀體後面）反映之燭影。由角膜反映之燭影成一明亮燭光立像，由晶狀體前面反映者爲較大而模糊之立像，由晶狀體後面反映者爲一較小之倒像。眼球由注視遠物轉而注視近物時，由角膜反映之燭影不變，由晶狀體前面反映之燭像變小而清楚並且接近於由角膜反映之燭像，由晶體後面反映之燭倒像則少有變化。圖B左方爲注視遠物時之燭影，右方注視近物時之燭影。調節能力是有限度的，只能看清楚角膜前10至12厘米之物。此稱爲近點。較近點近於眼前之物雖調節亦無法看清楚。近點隨年齡改變。如下表所示。近點至四十歲並無多大

年　　齡	屈光度	近點
10	13.4	7.5 厘米
15	12.3	8.0
20	11.1	9.0
25	9.9	10.0
30	8.7	11.0
35	7.3	14.0
40	5.8	17.0
45	3.6	28.0
50	1.9	53.0
55	1.3	77.0
60	1.2	83.0
65	1.1	91.0

改變，但四十至四十五歲以後開始增長，年齡越大其增長越明顯。此爲年齡大晶狀體彈性減低及屈折指數增加之故。此現象種爲老視（presbyopia）。老視眼欲看近物清楚，必需在眼球前置一凸透鏡以助光線屈折。物像在眼前5公尺以上時無需調節就可看清楚，此點稱爲遠點。近點與遠點間之距離稱爲調節範圍。（彭明聰）

敵意行爲（Aggression）

敵意行爲與大腦，特別是下視丘（hypothalamus）部分有密切的關係，在白鼠如用電流經植入的電極將下視丘的腹中核破壞後，除發生貪食外往往由溫馴而變得凶猛，常對人主動攻擊。同樣手術在猿猴却產生相反的結果，牠們原來不友善，手術後反而變得非常溫馴。何以有這種差異，尚待研究。在人類有病態敵意行爲的，據報導可用手術改善，但在機序未明之前，尚難加以評價。

在日常生活中敵意行爲常因挫折（frustration）而起。N. E. Miller與R. Bugelski在耶魯大學曾研究挫折在實際生活中的效應。他們令暑期營的男孩參加一項冗長而乏味的測驗，而且故意拖延時間，使他們錯過每週一度衷心期待的觀劇。等到測驗終了，氣氛已非常之糟。在測驗的前後所有的男孩都填一張表示態度等級的表格，一半在測驗前表示對墨西哥人的態度，在測驗後表示對日本人的態度；另一半則前後對調。結果是他們在令人煩厭的測驗以後對於墨西哥人或日本人的態度比先前要壞得多。這是一個因挫折而生敵意的例子，可是對象却受了不白之寃。男孩們並不對挫折的眞正來源產生敵意，而不相干的墨西哥或日本人倒成了替罪羔羊。（尹在信）

適當刺激（Adequate Stimuli）

在感覺生理學，感覺器如眼、耳、皮膚使其興奮之刺激不同，則對眼爲光線，對耳爲聲音，稱爲適當刺激，其他刺激稱爲不適當刺激。不適當刺激並非不能使感覺器興奮，若刺激甚强尚能使感覺器興奮，如眼瞼與頭之間通電時，當每次電源之開關均有閃光之感覺（phosphen），以指頭壓眼球鞏膜（sclera）時在刺激部位對角之方向可看光輪。雖有適當刺激與不適當刺激之別，不論何種刺激如達閾值在同一感覺器只能產生同一感覺。此稱爲特殊性定律（law of specificity）。

在神經及肌肉能使之興奮之刺激稱爲適當刺激，不能使之興奮之刺激稱爲不適當刺激。（彭明聰）

蔗糖酶 (Sucrase)

由十二指腸之 Brunner 氏腺及小腸之 Lieber Kühn 氏腺所分泌，消化蔗糖成果糖 (fructose) 及葡萄糖 (glucose)。（黃至誠）

震顫 (Tremor)

震顫是規律、細緻、快速的不自主的肢體運動，通常一秒鐘內震顫四至八次，是頡頏組肌肉相互興奮抑制之結果。震顫通常在患者不自覺狀態下發生，故又稱之為靜止型震顫，當患者使用其肢體時，震顫受抑而停止。

由於頡頏組肌肉在震顫時相互興奮抑制，且震顫之頻率非常穩定，這表示在脊髓腹角 (ventral horn) 支配此頡頏肌肉之運動神經細胞接受到很協調之興奮及抑制之消息。

實驗證明，切除進入脊髓之背根後，震顫不消失，乃知消息之來源不在外周感覺神經，乃來自較高之中樞。藉電刺激實驗方法，發現網狀組織 (reticular formation) 介於紅核及第六腦神經核間之腦幹可能是引起震顫之中樞。除此以外，基底神經節，錐體徑路 (pyramidal tract) 等受刺激時有促進震顫現象發生之現象，而黑核 (nucleus niger) 受刺激時可抑制，而被破壞時可引起震顫現象。

另一種震顫發生於小腦受損時，稱之為小腦震顫，(cerebellar tremor)，與上述者相異，發生於患者隨意動作之末，故又稱為共濟不調震顫 (ataxic tremor)。患者如以指指物，在接近物體時會有擺動不定之動作 (震顫)，而無法逕自指向物體。（韓　偉）

影響缺氧程度之因素 (Factors lufluencing Degree of Hypoxia)

下列數種因素，常可影響缺氧之程度。

(1)缺氧之快慢：

氧之減少太快，身體之代償機構或不能即時應付，乃引起缺氧之現象，通常稱為急性缺氧 (acute hypoxia)。急性缺氧之程度，有輕微中等度及嚴重者。凡嚴重之急性缺氧，Schmidt 氏稱為暴發性缺氧 (fulminating hypoxia)。駕駛無加壓艙飛機之飛行員，乘氣球者及爬高山者每易遭受急性缺氧。其一般症狀為呼吸短促，心悸 (palpitation)、頭痛、噁心、嘔吐、思想錯亂、肌肉無力及運動失調等，有時尚伴視覺之障礙。據 Barcroft 氏之報告，急性缺氧與酒精中毒之症狀甚為相似。

反之，如氧之減少甚為緩慢，身體之各器官隨時代償，各器官可如常活動。故缺氧之快慢不同，對身體之影響亦異。

(2)缺氧之持續：

如缺氧甚暫，身體尚無足夠之時間感受缺氧，故對身體尚無不良之影響。反之缺氧之時間甚長，如在高原或高山居住較久，或長期遭受供氧不足，若身體之代償機能衰弱，即可引起缺氧之症狀。此種缺氧，稱為慢性缺氧 (chronic hypoxia)。人體遭受慢性缺氧之際，其工作效率甚差，較易疲勞，較嚴重者，某器官可受到損害。故同一缺氧之程度，如遭受之時間長短不同，身體之受害情形亦異。

(3)操作或安靜：

吾人於操勞之時，身體之需氧量增加，故在供氧不足之時，往往超過身體之代償能力，極易引起缺氧之現象。反之，安靜時各器官之需氧量減少，身體較易代償，故同樣之缺氧，或可不妨碍各器官之正常活動。

(4)體格：

每人之體格不同，有好有壞。凡身體強健者，對缺氧之適應力較強。否則，反之。此外，氣溫之高低，亦可影響缺氧之程度。吾人雖有調節體溫之能力，但如氣溫太高，體溫亦隨之稍升。體溫升高，組織之需氧量隨之增加，較易導致缺氧。（方懷時）

靜止膜電位 (Resting Membrane Potential)

見 membrane potential 解釋。（盧信祥）

靜脈血混流公式 (Shunt Equation)

由肺動脈經肺臟之全部血流量 (amount of total pulmonary blood flow) $(\dot{Q}_T)$ 為流經肺毛細血管血流量 (amount of capillary blood flow) $(\dot{Q}_c)$ 與靜脈血混流血液量 (amount of shunt blood flow) $(\dot{Q}_s)$ 之和，血液中之氧量亦為流經肺毛細血管血液所含氧量與靜脈血混流血液所含氧量之和。因血液所含氧量為血氧含量 (oxygen content) (C_{O_2}) 與血流量 (blood flow) $(\dot{Q})$ 之乘積，以式表之，得

$$C_aO_2 \cdot \dot{Q}_T = C_cO_2 \cdot \dot{Q}_c + C_{\bar{v}}O_2 \cdot \dot{Q}_s \quad (1)$$

式(1)中 C_aO_2 為動脈血液氧含量，$\dot{Q}_T$ 為肺動脈流經肺臟之全部血流量，C_cO_2 為肺毛細血管血液氧含量，$\dot{Q}_c$ 為流經肺毛細血管之血流量，$C_{\bar{v}}O_2$ 為混合靜脈血之血液氧含量，$\dot{Q}_s$ 為靜脈血混流量

又因

$$\dot{Q}_T = \dot{Q}_c + \dot{Q}_s \tag{2}$$

故

$$\dot{Q}_c = \dot{Q}_T - \dot{Q}_s \tag{3}$$

是以式(1)可寫爲

$$CaO_2 \cdot \dot{Q}_T = C_cO_2 \cdot (\dot{Q}_T - \dot{Q}_s) + C\bar{v}O_2 \cdot \dot{Q}_s \tag{4}$$

或

$$CaO_2 \cdot \dot{Q}_T - C\bar{v}O_2 \cdot \dot{Q}_s = C_cO_2 \cdot \dot{Q}_T - C_cO_2 \cdot \dot{Q}_s \tag{5}$$

重新排列得

$$CaO_2 \cdot \dot{Q}_T - C_cO_2 \cdot \dot{Q}_T = C\bar{v}O_2 \cdot \dot{Q}_s - C_cO_2 \cdot \dot{Q}_s \tag{6}$$

或

$$\dot{Q}_T (CaO_2 - C_cO_2) = \dot{Q}_s (C\bar{v}O_2 - C_cO_2) \tag{7}$$

由此得習慣上常用之靜脈血混流計算公式（shunt formula）

$$\frac{\dot{Q}_s}{\dot{Q}_T} = \frac{CaO_2 - C_cO_2}{C\bar{v}O_2 - C_cO_2} 或 \frac{C_cO_2 - CaO_2}{C_cO_2 - C\bar{v}O_2} \tag{8}$$

此式可算出靜脈血混流量（amount of shunted blood）（$\dot{Q}_s$），爲全部心搏出量（cardiac output）（或全部血流量 total pulmonary blood flow 即 $\dot{Q}_T$）之百分之幾。若 $\dot{Q}_T$ 爲一已知數，則 $\dot{Q}_s$ 之確實數量亦可由計算求得。

應用上逑公式須行心導管術自右心室或肺動脈取得混合靜脈血（mixed venous blood）以得 $C\bar{v}O_2$ ，若用純氧吸入法（oxygen breathing method），則可免去心導管術，而求得 $\dot{Q}_s / \dot{Q}_T$ 數值。其理論根據及推演如下：

在吸入氣爲純氧時，待肺內氮氣完全冲出之後，肺泡氣氧分壓（P_AO_2）將爲吸入氣氧分壓（P_IO_2 減去肺泡氣之二氧化碳分壓（P_ACO_2）即

$$P_AO_2 = P_IO_2 - P_ACO_2 \tag{9}$$

因

$$P_IO_2 = F_IO_2 (P_B - P_AH_2O) \tag{10}$$

及

$$P_ACO_2 = PaCO_2 \tag{11}$$

在給予純氧（$100\%O_2$）時，$F_IO_2 = 1$
故

$$P_AO_2 = (P_B - P_AH_2O) - P_ACO_2 \tag{12}$$

在 P_AO_2 甚高時，肺泡氣氧分壓與肺泡毛細血管氧分壓應相等（$P_AO_2 = P_cO_2$）。倘肺毛細血管血液與動脈血液完全爲氧所飽和時，其氧含量之差度將爲物理溶解之氧。氧在血液中之溶解度係數在全血爲每 1 mm Hg 氧等于 0.003 vol% ，故以式表之，得

$$C_cO_2 - CaO_2 = (P_AO_2 - PaO_2) \times 0.003 \tag{13}$$

或

$$C_cO_2 = CaO_2 + (P_AO_2 - PaO_2) \times 0.003 \tag{14}$$

以式(13)及(14)代入式(8)得

$$\frac{\dot{Q}_s}{\dot{Q}_T} = \frac{(P_AO_2 - PaO_2) \times 0.003}{(P_AO_2 - PaO_2) \times 0.003 + (CaO_2 - C\bar{v}O_2)} \tag{15}$$

若假定動脈血與混合靜脈血氧飽和度之差（$A - \bar{V}$ difference），即 $CaO_2 - C\bar{v}O_2$ 爲 5 vol % 則得式(16)

$$\frac{\dot{Q}_s}{\dot{Q}_T} = \frac{(P_AO_2 - PaO_2) \times 0.003}{(P_AO_2 - PaO_2) \times 0.003 + 5} \tag{16}$$

上式之分子與分母均以 0.003 除之，則得

$$\frac{\dot{Q}_s}{\dot{Q}_T} = \frac{P_AO_2 - PaO_2}{(P_AO_2 - PaO_2) + 1,670} \tag{17}$$

在以純氧吸入，待肺中之氮氣全部冲出後，作動脈穿刺，取得動脈血，可以直接測得其動脈血氧分壓（PaO_2）及二氧化碳分壓（$PaCO_2$）。在健康個體 $PaCO_2 = P_ACO_2$（式 11），由式(12)可以求得 P_AO_2 ，由直接測得之 PaO_2 資料，即可由式(17)求得 $\dot{Q}_s / \dot{Q}_T$ 。（姜壽德）

靜脈血混流效應（Shunt Effect）

通氣血流量比（$\dot{V}_A / \dot{Q}$）較低之肺泡，即通氣過低或肺毛細血管流過血液過多之肺泡，理論上其中流過血液之一部份與靜脈血混流相當，故稱靜脈血混流效應，在氣道阻力增加或肺彈性減低部份見之。（姜壽德）

靜脈波（Phlebogram）

因大靜脈進入右心房處無瓣膜，所以右心房內壓變動容易傳至於大靜脈，而產生靜脈波，其波形有 a, c, 及 v 各凸波，x 及 y 各凹波（見圖）。

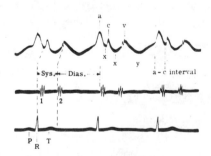

圖：靜脈波（上），心音（中）及心電圖（下）之關係

各波成因：a 波爲心房收縮，c 波爲房室瓣閉塞時，心房內壓上升所致。x 波是心室收縮時，將心房拉下，引起吸引作用，而產生心房內壓下降。v 波爲心房內血液充滿，引起心房內壓上升引起的。y 波爲房室瓣開放時，心房內血液跑進心室內，而心房內壓下降引起的。靜脈波之形態類似心房內壓曲線。靜脈波較動脈波其

傳導速度爲慢，a 波爲 1.4 m／sec，c 波 1.7 m／sec，v 波 3.8 m／sec，靜脈波 a—c 間隔和心電圖 P—R 間隔略同，可以表示房室傳導時間（見圖）。（黃廷飛）

靜脈壓（Venous Pressure）

靜脈壓之直接測定較爲正確，使用充滿 heparine 鹽水之 L 字型玻璃管連結於導管，其末端再連於注射針，將注射針挿入靜脈測定其壓力。人在仰臥位時，其末梢靜脈壓約 12－18mmHg，胸腔外大靜脈壓力約 5mmHg，右心房入口處大靜脈壓約 4.6mmHg。因胸腔內大靜脈壓受呼吸動作之影響，有明顯呼吸變動。即吸氣時較呼氣時末梢靜脈壓爲低。靜脈壓與胸腔內壓之差，名謂有效靜脈壓（effective venous pressure）。站立時，靜脈壓受地引力之影響，比心臟高部位之靜脈，其壓力較低。比心臟高位靜脈即每公分減 0.77mmHg，而低位即加 0.77mmHg。因此站立時頭部矢狀靜脈壓約有－10 mmHg。足背部靜脈壓約有＋90 mmHg。

影響靜脈壓各因子如下：(1)胸腔及腹部之機械作用，當吸氣時胸腔內壓下降，發生吸引作用，導致靜脈回流增加，而末梢靜脈壓力下降。呼氣時却其效果相反。腹部用力時，腹部大靜脈受壓迫，結果末梢靜脈壓上升。(2)心臟縮舒動作有影響，即右心房之壓力變動時傳至附近大靜脈，產生靜脈波。(3)骨骼肌動作影響，骨骼肌反覆收縮後寬息動作，影響鄰近靜脈，血流增加，而減低其靜脈壓。如在末梢靜脈，有多量血液冲積（venous pooling），即靜脈壓上升，結果毛細管壓也上升，可導致血管外液體洩漏，發生浮腫而且靜脈回流（venous return）減少。（黃廷飛）

燐氧基酶（Phosphorylase）

爲促進糖原質（glycogen）分解之酵素、肌肉中之燐氧基酶與肝臟中者不同，肌肉中者稱 phosphorylase a（60％富活性）及 phosphorylase b（無活性）。燐氧基酶 b 活動酶（phosphorylase b kinase）可將三燐酸腺苷酸（adenosine triphosphate 簡寫 ATP）之高能燐基接至 phosphorylase b 上而使成 phosphorylase a 而活動化，於是促進肌肉內糖原質分解而供應能量，肌肉中之燐氧基酶不受胰島增血糖素（glucagon）所影響。肝臟中之燐氧基酶亦有活動與不活動二種，前者多一燐基，稱 phosphophosphorylase，後者稱 dephosphophosphorylase，將後者轉成前者使活動化時需 ATP 及去燐燐氧基酶活動酶（dephosphophosphorylase kinase），此活動酶需由環狀一燐酸腺苷酸（cyclic 3′, 5′-AMP）刺激後才發生觸媒作用。

（黃至誠）

燐酸二核苷酸腺嘌呤菸草醯胺（Nicotinamide Dinucleotide Phosphate NADP）

同核苷酸三燐吡啶（triphosphopyridine nucleotide 簡寫 TPN）。詳見解 TPN。（黃至誠）

燐酸肌氨酸（Creatine Phosphate）

其功用類似三燐酸腺苷酸（adenosine triphosphate 簡寫 ATP），亦由高能鍵（high energy bond 以～代表）與燐酸基連接，每一克分子量之燐酸肌氨酸含能量約 8500 卡，而肌肉中含量 4－6 倍於 ATP，肌肉休息時，呼吸鏈（respiratory chain）所產生之能量由氧化性加燐基作用（oxidative phosphorylation）製造 ATP 儲存之。當 ATP 過多時，其高能鍵連結之燐基即可轉存至肌氨酸上而形成燐酸肌氨酸儲存更多之能量，當肌肉劇烈收縮時，ATP 即不夠供應收縮所需能量，燐酸肌氨酸之燐基即可轉回二燐酸腺苷酸（adenosine diphosphate 簡寫 ADP）而生成 ATP 以供能量，其作用可以下圖代表之：

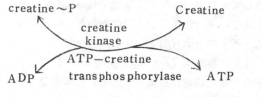

creatine～P 　　　　　Creatine
creatine kinase
ATP—creatine transphosphorylase
ADP 　　　　　ATP

（黃至誠）

燐酸鹽代謝（Phosphate Metabolism）

食物中 70％ 以上的燐酸鹽成離子狀爲腸壁所吸收，一般說，降低食物中之鈣離子，燐酸離子之吸收量即增加，反之若鈣離子多時，其吸收減少。其他如生長激素、維生素 D、副甲狀腺素等均能增加其吸收。

而其排泄的主要途徑乃是腎臟，其腎閾爲 2 mg／100ml，副甲狀腺素會抑制腎小管對磷酸離子再吸收，維生素 D 則有促進作用。

燐酸鹽構成骨骼中磷灰石的主要成分，且參與形成肌燐酸鹽，高能燐酸鹽、燐脂、六碳糖燐酸鹽，以及核酸。人體約含 700 克，其中 80％～85％ 存在骨骼及牙齒中，正常成人血漿含 3－4.5mg／100ml，小孩 4.5－6.5 mg／100ml，清晨較午後爲低，夏天比多天高，糖代謝若增加則燐減少，此因用於使六碳或三碳糖起燐

化作用。（萬家茂）

燐酸鹽酶（Phosphatase）

由十二指腸之 Brunner氏腺及小腸之 Lieber Kühn 氏腺所分泌，消化有機燐酸鹽成無機燐酸鹽。（黃至誠）

燐燐氧基酶（Phosphophosphorylase）

見 燐氧基酶 phosphorylase 。（黃至誠）

興奮（Excitation）

細胞胞膜去極化產生動作電位（action potential）時謂之興奮，目前一般同意興奮只是細胞膜的一種電位變化現象，至於細胞興奮時的其他表現如肌肉細胞之收縮，腺細胞之分泌等，均為細胞興奮後引起者。細胞興奮，通常由有效刺激（effective stimulus）引起，但亦有無需外來刺激而自動興奮者，凡能無需外來刺激而自動去極化興奮的細胞，通稱為節律細胞型細胞（pacemaker type cell）。（盧信祥）

興奮性（Excitability）

細胞可因刺激而去極化興奮的特性稱興奮性。因為細胞必需於膜電位降低至閾電位（threshold potential）之高度時，方能產生動作電位而興奮，所以興奮性的高低，與下列因素有關：

1.靜止膜電位（resting potential）的高低。在限度內，靜止膜電位愈低，亦即愈接近閾電位，興奮性愈高，但靜止膜電位過低時，細胞之興奮性喪失。

2.閾電位的高低，閾電位高者（絕對值大者），因較接近靜止膜電位，故興奮性亦高。

3.胞膜電位改變之難易。胞膜電位容易改變者，閾電位之高度較易到達，故細胞之興奮性較高。（盧信祥）

興奮收縮連結（Excitation-Contraction Coupling）

一肌肉細胞在生理情況下，收縮必由興奮引起。興奮乃一細胞膜之電位變化現象，而收縮乃細胞內肌原纖維（myofibril）滑動而起的機械活動，從細胞膜興奮去極化產生動作電位（action potential）至肌原纖維滑動收縮，須經過一連串化學反應，這整個過程，統稱為興奮收縮連結。興奮收縮連結中之化學反應，目前大多尚在假定階段，一般同意者為胞膜去極化後，鈣離子由肌漿網狀系統（sarcoplasmic reticulum），胞膜以

及其他細胞內結構釋出，待細胞內鈣離子濃度高達相當程度（約 $10^{-6} M/L$），肌原纖維即開始滑動引起收縮。然後，鈣離子重新被肌漿網狀系統等結構收回，濃度降低，肌原纖維回復原來位置，肌肉於是舒張。（盧信祥）

興奮波（Impulse）

興奮波是指組織興奮的狀態，通常包括興奮沿組織散佈或蔓延的情況。如 nerve impulse 指興奮沿神經纖維蔓延的情況。故興奮一詞，實兼有興奮與傳導的意義，但不若興奮與傳導二詞之專門性。（盧信祥）

凝血時（Clotting Time or Coagulation Time）

影響凝血時的因素頗多，如溫度；血滴之大小；試管之光滑與潔淨程度等，取自微血管之血液因含有組織液，故較自動流出者凝固快，其結果似不可靠，如用注射器抽出靜脈血作實驗，其結果當可信賴，介紹兩種方法如下：

1.李白二氏法（Lee and White method）：取潔淨乾燥 8×70 mm 之試管三支，（管徑愈大，則凝血時愈長），用生理鹽水沖洗後置於試管架上，旋以乾燥潔淨之注射針抽出靜脈血 5 ml，記錄血液流進注射器之時間，於每一試管內注血 1.5 ml，一分鐘後，使第一試管傾斜，檢查其內之血液是否已凝固，以後每隔15～30秒鐘傾斜試管一次，直至倒轉試管，血液亦不流出為止，然後傾斜並觀察第二試管，記錄血液自靜脈管流入注射器至生成之血凝塊不致自試管逸出所需之時間，最後觀察第三管，正常為 5～10 分鐘。

2.豪氏法（Howell's method）：此法與李白二氏法相同，惟取血前先將注射筒及針頭充以醚及液體石臘之合劑，將此混合劑排出後，抽空氣入筒內數次，使醚蒸發，此後注射針頭及針筒內有一薄層之液體石臘，取 2～4 ml 之靜脈血，置於管徑為 21 mm 之試管內，如上法觀察結果，正常為 10～30 分鐘，平均為20分鐘。（劉華茂）

凝血酶元時（Prothrombin Time）

普通用奎氏法（Quick's test）以測定之，即在已經被草酸鹽處理過的血漿中加入凝血活素（thromboplastin），然後再予鈣化，並用停錶正確記錄纖維蛋白形成之時間，以秒為單位，此時間即稱為凝血酶元時，換言之，亦即凝血酶元轉變為凝血酶所需之時間。試驗時

先以 0.5 c.c. 草酸鈉溶液置於有 5 c.c. 刻度之試管內，加靜脈血 4.5 c.c. 於此草酸鈉溶液，使至 5 c.c. 刻度處。顛倒此試管 2～3 次，使之均勻，在中等速度之遠心沉澱器內沉澱數分鐘，以沉出澄清之血漿，取 0.1 c.c. 之澄清血漿於一小試管內，加入凝血活素 0.1 c.c.，熱至 37.5℃，然後速即加 0.1 c.c. 氯化鈣溶液於此混合液內，用停錶準確記下加入氯化鈣至血凝塊生成所需時間之秒數，血凝塊生成後即使傾斜試管至水平位置而亦無血液流出。

正常血漿均在 12～13 秒之間凝固，除用被檢查者之血液外，應同時作一正常之對比，凝血酶元減少時，則凝固時間延長，實驗時須用新鮮血漿，因血中之凝血酶元常受冰凍而消失之故，此外第七凝血因子，第五及第十凝血因子與纖維蛋白元之含量都可以影響到凝血酶元時，故吾人必須認清，凝血酶元時並非是絕對相同的。（劉華茂）

凝乳酵素（Rennin）

由反射及胃激素（gastrin）刺激胃之主細胞（chief cell）及壁細胞（parietal cell）所分泌。作用時須鈣及酸度 pH 4.0 。作用於乳酪蛋白而使凝固。（黃至誠）

遺傳因子（Gene）

為去氧醋栗糖核酸（deoxyribo nucleic acid 簡寫 DNA）及蛋白質連成之雙紐束（double helix）所形成之纖維狀物，攜帶遺傳資料。甚多遺傳因子纖維集合成一大束，即染色體（chromosome）。其遺傳製造各型蛋白質之方法見 operon, deoxyribonucleic acid 及 ribosome 等項內說明。由其作用功能可分結構性遺傳因子（structural genes）及調節性遺傳因子（operator genes）。（黃至誠）

遺傳因子調節器（Operon）

細胞核中染色體（chromosome）上之遺傳因子（gene）有二種；結構性遺傳因子（structural genes）及調節性遺傳因子（operator genes），前者含去氧醋栗糖核酸（deoxyribonucleic acid 簡寫 DNA）具蛋白質合成之模型，使傳型醋栗糖核酸（messenger ribonucleic acid 簡寫 mRNA）亦形成同一型而走至細胞漿中之醋栗糖核酸小體（ribosome）上，於是可依其型式而製造蛋白質。但前者欲開始工作，必須有後者之調節。每數個結構性遺傳因子與其相當之調節性遺傳因子即構成遺傳機構，稱遺傳因子調節器。（黃至誠）

激肝素（Hepatocrinin）

由腸黏膜分泌，吸收入血後刺激肝臟分泌稀而含鹽少之膽汁。（黃至誠）

激腸素（Enterocrinin）

由腸黏膜分泌之內泌素，吸收入血後刺激腸之 Lieberkühn 氏腺分泌腸液（succus entericus），消化食物。（黃至誠）

閾刺激（Threshold Stimulus）

見 Stimulus 解釋。（盧信祥）

閾電位（Threshold Potential）

刺激能引起細胞興奮是因其能降低細胞膜電位，因胞膜電位降低，可使膜內之鈉攜帶者（sodium carrier）由靜止狀態（resting state）活化變為活動狀態（activated state），活動狀態之鈉攜帶者可攜鈉離子透過胞膜進入胞內使細胞去極化，如刺激強度不大，其引起胞膜電位降低之程度亦不大，鈉攜帶者由靜止轉變為活動狀態之數量不多，則鈉離子由胞外進入胞內之速度有限，鈉離子內流之量可為由胞內漏出胞外之鉀離子流所抵消，胞膜不再繼續去極化；如刺激強度夠大，胞膜電位降低甚多，因而產生活動狀態之鈉攜帶者數目亦多，如此則鈉離子內流不致為鉀離子外流抵消，胞膜電位於是進一步降低，膜電位進一步降低促使更多鈉攜帶者活化呈活動狀態，如此，鈉攜帶者活化與胞膜電位降低兩者相互加強終造成胞膜興奮去極化，是故刺激是否能引起興奮，決定於其是否能降低膜電位至一高度使鈉攜帶者活化之數量足以造成強大之鈉離子內流不為反方向之鉀離子流抵消。換言之，胞膜電位降低不達某一高度，細胞不至興奮去極化，降低達此高度則細胞興奮去極化，此一膜電位高度稱閾電位。（盧信祥）

錐體外系統（Extrapyramidal System）

除錐體系統以外的運動管制均屬之。在大腦皮質的起源主要是 Brodman 第六區，稱運動前區（premotor area）。但運動區、感覺區以及前額葉、頂葉與顳葉等部都有錐體外系統纖維的起源。有關的神經原短而分歧，順腦幹下降，作用於皮質下諸核以及腦幹網狀組織（brainstem reticular formation）與小腦。有的徑路有明確的解剖證據，例如由皮質到視丘（thalamus）、線狀體（corpus striatum）、紅核（red nucleus）和小腦等處的；其他只能用刺激皮質再以電極記錄神經活動的方法推定。錐體外系統有自皮質起源，也有自皮質下諸核和網狀組織起源，構成錯綜複雜的關係。在腦幹網狀組織有較大的興奮性區域和較小的抑制性區域，都接受大腦皮和尾狀核（candate nucleus）的抑制影響，同時發出網狀脊髓束（reticulospinal tract），支配脊髓前角的伽瑪（γ）運動神經原，由此控制梭內肌（intrafusal muscle）的緊張度而反射性的調節肌肉張力。另有自延髓前庭神經核（vestibular nuclei）發出的前庭脊髓束（vestibulospinal tract），直接支配脊髓前角的阿爾發（α）運動神經原，控制肌肉的收縮。

　　一般言之，錐體系統（pyramidal system）與精細運動的控制有關，而錐體外系統便提供了精細運動所需要的背景，即軀幹和大關節的動作和姿勢的調節。例如在黑板上寫字固然是與錐體系統有關的精細運動，但身體的直立、肩與肘關節的調節和固定便是錐體外系統的貢獻。錐體與錐體外系統的協調無間也可由解剖關係看出。由第六區（運動前區）發出纖維到基底神經核（basal ganglia），後者作用於視丘，視丘再聯絡第六區和第四區（運動區），成一回饋線路（feedback circuit）。這種回饋主要是對運動區的抑制，但選擇性的抑制對錐體與錐體外兩系統的協調功能實不亞於選擇性的興奮。（尹在信）

錐體系統 （Pyramidal System）

　　錐體系統包含從大腦皮運動區直接到顱神經和脊神經運動核的大部分纖維。由大腦皮到脊髓的纖維在延髓腹面因交叉集中而呈錐狀隆起，稱爲錐體（pyramid），是爲錐體系統名稱的由來。錐體纖維由大腦皮 Brodman 第四區來的佔31％，其餘來自除枕葉、額前葉和顳葉以外的部分。第四區爲運動區，是依照區面劃分（topography）的原則而編組的。當用電刺激麻醉動物的暴露的腦時，可發現運動區各部都支配特定的肌群以管制身體運動。從大腦半球內面順前中央迴而下，刺激點與身體運動的關係由踵至頂呈倒轉排列，但面部卻是正置。對於需要精巧管制的肌群，如口唇和手指等，大腦皮所代表的區域大；對於粗略動作的肌群和軀幹等則小。錐體纖維支配腦幹或脊髓的運動細胞約成一對一的關係，而每個運動細胞卻支配3～150條肌細胞，數目多少與管制精細程度的高低成反比。每個運動細胞與其所支配的肌細胞稱爲一個運動單位（motor unit）。因此，精細動作的肌群所需的運動單位較多，其在大腦皮所代表的區域較廣。

　　錐體徑大部分在左右交叉，可分爲三部分：(1)皮質球徑（corticobulbar tract），支配顱神經的運動核；(2)側皮質脊髓徑（lateral corticospinal tract），經交叉後經行於脊髓的側束；(3)腹皮質脊髓徑（ventral corticospinal tract），不交叉，經行於脊髓的腹束。皮質球徑的纖維起自前中央迴的顏面區，大部分在腦幹的同側下降，在不同的平面橫過對側面支配顱神經運動核的細胞。側皮質脊髓束約佔錐體纖維的75％，終止於對側的脊髓運動細胞；其餘未交叉的形成腹皮質脊髓束，但仍分層橫過對側而支配。（尹在信）

輸尿管 （Ureter）

　　輸尿管的作用只是腎壺（renal pelvis）和膀胱之間的通道，二支輸尿管在膀胱背側，尿道開口上方1～2公分處的兩側斜入膀胱，在其入口處尚有黏膜瓣（mucosal valve），因爲斜穿膀胱的肌肉層，開口處又有瓣狀物，所以已入膀胱的尿卽不致回流。

　　腎分泌的尿液，點滴生成，會聚在腎壺後，一方面由於重力，一方面靠輸尿管管壁平滑肌的蠕動波，將尿壓入膀胱，蠕動波始自腎壺，2至3分鐘一次或每分鐘5至6次不等。蠕動波通常可以產生2至10厘米水柱的壓力，如受到阻礙的情形，亦可增加到70厘米水柱高的壓力，逢到有阻塞時，在阻塞處的上方會引起極強烈的蠕動，產生痛覺，這種痛覺的刺激會引起交感神經反應，使有關的腎臟小動脈收縮，減少尿生成量這種現象稱輸尿管 - 腎反射（uretero-renal reflex）。

　　將輸尿管上的神經切斷，輸尿管的生理不致異常，另外如將輸尿管切斷後再縫接在一起時，從腎壺來的蠕動波就只到縫接處爲止，尿進入縫接處的下段以後，脹大輸尿管，另起一個蠕動波，所以這樣蠕動波竟是肌原性的或賴 intramural autonomic plexus 尚未作定論，但是確知副交感神經可使蠕動波頻數增加，交感神經則抑制之，另外血液內的內分泌激素，輸尿管本身被脹大的情形，都會影響蠕動波的產生。（畢萬邦）

樹狀突 （Dendrite）

　　見 neuron 解釋。（盧信祥）

澱粉酶 （Amylase；Amylopsin）

由胰臟分泌。自胃來之酸性食糜（chyme）刺激十二指腸產生胰酶激素（pancreozymin）而刺激胰臟分泌此酶，於 pH 7.1 時作用於澱粉，使消化成麥芽糖（maltose）。（黃至誠）

學習與記憶（Learning and Memory）

動物有學習的能力，因此在學習的過程中，大腦的神經細胞勢必起一種永久性的改變而留痕跡（engram），是為記憶（memory）。早期的研究人員認為這種痕跡可能在進化發育的大腦皮質，故利用白鼠觀察切除一部分皮質對迷宮學習與記憶的影響。他們發現這種損傷雖影響原有的記憶，卻不阻止新的學習，而且其作用大小視損傷的面積而定，但與位置無甚關係。因此他們相信大腦皮各部分對於記憶都有同等的重要性，是即所謂"集體作用（mass action)"與"等能原則（principle of equipotentiality)"。這種結果並不僅僅由於感覺投射區域的破壞，因為盲鼠的學習能力要比沒有視覺皮質的要好得多。與學習有關的皮質連絡似為經由皮質下中樞的縱的構成；如將鼠腦皮質作島狀分離，學習與記憶的能力並不減低。視丘的損傷影響學習，但作用之大小也由範圍而非位置而定。

替換形成（conditioning）〔（見替換形成條）〕的研究對於學習方面的知識雖有相當貢獻，但並未帶來有關記憶痕跡的進一步的瞭解。剖分腦（split-brain）〔見剖分腦條〕的實驗是分割兩大腦半球之間的連結以及視神經交叉，使各成一個單元。這種動物的感覺傳入與運動管制局限於對側大腦半球，因此視覺或體覺的學習痕跡也只在一側。左右半球可分別加以訓練而形成相反的習慣，各自為政。

記憶的形成顯然有兩個階段，首先是接受印象以後神經活動的繼續進行，稱為堅持期（phase of perseverance）；其次才是記憶的固定，稱為強化期（phase of consolidation）。動物在學習以後經不等時間施以電擊（electric shock），發現間隔愈短，記憶的堅持與強化愈受干擾；如間隔較長，記憶業已固定，電擊便失去作用了。有人利用章魚作實驗，發現在直腦葉的"堅持"過程促成在視腦葉的"強化"作用。由學習得來或不學而能的視覺反應並不因直腦葉的切除而有所減損，但新的視覺獵食反應便無由形成。在人類也有相似情形，在顳葉、杏仁核（amygdala）及海馬（hippocampus）等處有損傷的病人記憶正常，但不能學習新的事物。

學習無疑改變了神經細胞，但改變的性質如何仍不明瞭。有認為是在聯會部分化學傳遞物質的變化，因而影響神經細胞的興奮性。晚近的研究發現神經細胞的活動增加了細胞中核糖核酸（RNA）的含量。已知核糖核酸在構造中携帶大量遺傳信息的密碼，因此，記憶痕跡建立在神經細胞中核糖核酸的密碼之內也未可知。

（尹在信）

橋腦（Pons）

與小腦（cerebellum）同為後腦（metencephalon）之神經組織，位於中腦（mesencephalon or midbrain）之後，延腦（medulla oblongata）之前，小腦之腹側。包括背側之被蓋部（tegmentum）及腹側之基底部（basal portion）。橋腦中較重要之神經核包括前庭核（vestibular nucleus）、面神經核（facial N），動眼神經核（abducens nucleus），三叉神經之運動核（motor N）、脊髓核（spinal nucleus）、主感覺核（chief sensory nucleus）及中腦核（mesencephalic nucleus），背腹蝸牛核（dorsal and ventral cochlear nuclei）等。故橋腦之重要功能與顏面肌及眼肌之運動、聽覺及平衡有關。此外，橋腦有長吸性呼吸中樞（apneustic center）之存在，此中樞控制延腦之吸氣中樞（inspiratory center），而引發吸氣，該中樞並受橋腦前部抑吸中樞（pneumotaxic center）之抑制性管制，同時其活動受肺泡脹滿受牽扯後，經由迷走神經傳入神經之脈衝所終止。如破壞抑吸中樞及切斷迷走神經，則橋腦之長吸性中樞完全失去抑制性之管制，致令延腦之吸氣中樞繼續活動，則呼吸停留於吸氣狀態，產生吸氣性呼吸停止（apneusis）。（蔡作雍）

膽石（Gall Stones）

膽石係膽汁成份所構成，常見於膽囊及肝外膽管，肝內膽管亦偶而出現。膽汁何以變成膽石，尚未確悉。然當膽汁在膽囊中被濃縮時，如膽汁失水太多且膽醇（cholesterol）變為太濃而不能保持為溶液時，膽醇之小晶體開始沈澱，可能因此導致膽石之產生。膽石之生成，似與膽醇量之增加及膽汁在膽囊內過久之滯積有密切之關係。Aschoff 氏將膽石之生成分為三期如下。

(1)結晶期（period of crystallization）：即形成特殊的簇晶之時期。

(2)凝聚期（period of agglutination）：即簇晶聚集而成核石之時期。

(3)添附期（peried of apposition）：即形成殼石之時期。

然一般膽石，並非僅含膽醇，根據膽石之化學組成及其物理構造，可將膽石分爲下列三種基本型。

(1)單獨膽醇石（solitary cholesterol stone）：其化學成份主爲膽醇（約99％），故名。

(2)鈣色素石（calcium pigment stone）：其主要化學成份爲膽紅素之鈣鹽（calcium bilirubinate），另爲少許膽醇及蛋白質。

(3)有面共心成層石（concentrically laminated faceted stone）：其中央之核石，主爲色素。有厚薄不等且顏色不同之共心性層板圍繞此核石。

一般言之，如膽石中含有多量之鈣，因鈣不易爲 x 射線所透過，所以很易由 x 射線查得膽石之大小及形態。若膽石中不含鈣，或含鈣太少，則不易由 x 射線檢視膽石。

少吃含脂肪太多之食物，諒可減少形成膽石之機會。因多脂之食物，可使膽汁中之膽醇量增加。然膽石一經生成，最好之辦法爲將膽石甚至膽囊一齊切除。無膽囊，膽汁雖不能按期傾注，而爲長期滲入十二指腸，對消化脂肪並無多大影響。（ 方懷時 ）

膽固醇酯酶（Cholesterol Esterase）

由胰臟分泌，自胃來之酸性食糜（chyme），刺激十二指腸產生胰酶激素（pancreozymin）而刺激胰臟產生此酶。經膽鹽活化後即可作用於膽固醇及脂肪酸（fatty acid），使成膽固醇酯（cholesterol ester）。（ 黃至誠 ）

膽囊（Gallbladder）

膽囊乃膽汁的貯藏庫，它是一個有彈性的囊，與膽道系統相連。不在消化時，由肝細胞所不斷分泌的膽汁經由膽囊管而進入膽囊內貯存，以備在下一次消化期迅速排出。膽囊能吸收膽汁內之水分及無機鹽，而使膽汁濃縮 4～10 倍，因而增加了存貯的效力。據估計，正常人的膽囊在空腹狀態下可以存貯 12～24 小時肝細胞所分泌的膽汁。

膽囊有縱行肌與環形肌纖維所組成之平滑肌壁，由迷走神經及交感神經支配。總膽管進入小腸的管口上，管壁平滑肌成爲 Oddi 氏括約肌，平時有相當高度的緊張性。當此括約肌收縮時，可阻止膽汁流入小腸。

膽囊的平滑肌在非消化期間是舒張的，或僅有微弱的節律性緊張收縮。但當進食時或食物進入小腸後，即可引起膽囊的收縮。此時膽囊之內壓增高，乃將膽囊內的膽汁擠入小腸。

膽囊的運動，決定於神經與化學物質的影響。膽囊與 Oddi 氏括約肌，似具有拮抗性神經支配。迷走神經興奮時，可引起膽囊的收縮及 Oddi 氏括約肌的舒張。交感神經興奮時則相反。（ 方懷時 ）

膽囊收縮素（Cholecystokinin）

某些物質如脂肪、鹽酸、及蛋白質分解產物如腖等，當其在小腸時，即可引起膽囊之強烈收縮。Ivy 氏認爲上述物質可刺激小腸上部的黏膜，使其產生一種激素，稱爲膽囊收縮素（cholecystokinin）。此素被小腸所吸收，進入血管後，循環至膽囊，遂引起膽囊平滑肌的收縮和膽囊的排空。我們可自小腸黏膜抽提膽囊收縮素，如由靜脈注射此素後，即可引起強烈的膽囊收縮。（ 方懷時 ）

膽囊攝影圖（Cholecystogram）

從消化生理方面講，膽汁是一種消化液，因它含有膽鹽及膽酸，對於脂肪之消化及吸收有很大的幫助。但由排泄生理方面觀之，膽汁也是一種排泄物，例如膽色素及某種藥物，乃由膽汁經腸管排出體外。

口服或靜脈注射某種藥物如四碘酚酞（tetraiodo-phenophthalein）以後，這種物質由膽汁排出。膽汁進入膽囊在膽囊中被濃縮以後，它在膽汁中的濃度乃隨之增高。因四碘酚酞不易爲 x 射線透過，所以施用此類物質兩三小時後，即可在 x 射線下透視膽囊之形態大小及位置。此時如以 x 射線照像術（roentgenography）攝取膽囊之照片，即爲膽囊攝影圖。

在正常之情況下，如口服或靜脈注射適量之四碘酚酞以後，都能獲得滿意之膽囊攝影圖。但有下列某種情形者，則不易獲得膽囊攝影圖。

(1)肝臟排泄此類藥物之機能減退，致膽汁中所含此類物質之量太少。

(2) Oddi 氏括約肌之緊張性太低，此括約肌經常開放，此時肝臟所分泌之膽汁，直接流入十二指腸而不進入膽囊。

(3)膽囊濃縮膽汁之能力太低，此類藥物在膽汁中之濃度隨之降低。

(4)如有膽石（gall stone）將膽囊管（cystic duct）阻塞，至膽汁不易進入膽囊。

如果已經獲得滿意之膽囊攝影圖，繼使受檢者吃蛋黃或其他含有脂肪之食物，10 或 20 分鐘後，再以 x 射線照相，比較先後獲得膽囊攝影圖中膽囊之大小及形態，即可測知膽囊收縮之情形。（方懷時）

膽鹽（Bile Salt）

膽固醇經肝細胞之線粒體（mitochondria）分解而成膽汁酸（bile acids）。於是再由肝細胞將之與醋栗氨基酸（glycine）或牛膽氨基酸（taurine）結合而成水溶性物質。再經鈉或鉀中和即成膽鹽——甘膽酸鹽（glycocholate）或牛膽酸鹽（taurocholate）。爲強化乳糜化（emulsifying）及減表面張力物質。可於腸中使脂質乳糜化而易被消化。因脂質之易被消化吸收，於是脂溶性維生素如A，D，E，K 等亦即被吸收。膽汁酸有四種；膽酸（cholic acid），膽鹽大多由此膽酸結合而成，其分子式爲

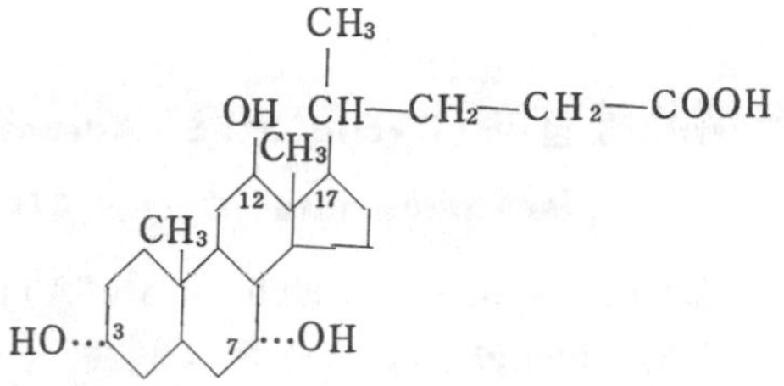

$$\underset{\text{(cholic acid 結構式)}}{\text{structure}}$$

其他膽汁酸有去氧膽酸（deoxycholic acid），其第七碳原子上無 OH 根；十二去氧膽酸（chenodeoxycholic acid），其第十二碳上無 OH 根；石膽酸（lithocholic acid），僅第三碳上有 OH 根。膽鹽平時存於肝膽管及膽囊中，經腸分泌之激膽囊素（cholecystokinin）及激肝素（hepatocrinin）刺激囊束及肝將之分泌入腸。
（黃至誠）

醛固酮（Aldosterone）

爲腎上腺皮質所分泌的一種礦物皮質激素，能影響鹽類的代謝，其化學結構如下，具兩種形式，主要特徵是在碳—18 位置上有一醛基

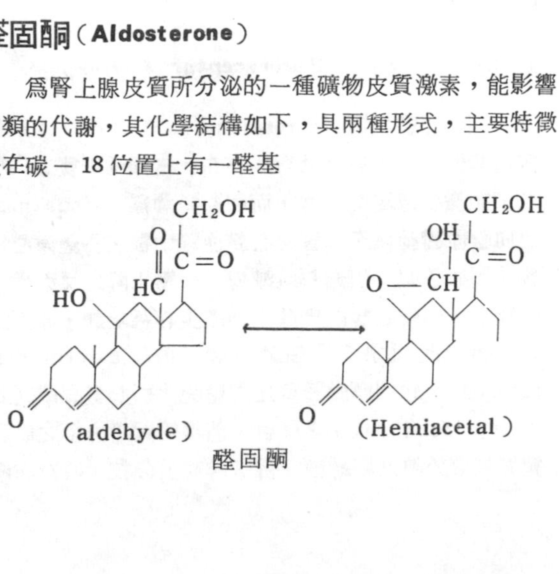

醛固酮

醛固酮能增加腎臟遠曲小管對鈉與氯離子之再吸收，促進鉀離子之排泄。如此，則細胞外液之氯化鈉之濃度與滲透壓即告增加，而管內濃度降低。而導致腎小管增加對水再吸收。滲透壓之增加乃刺激腦下腺後葉抗利尿激素產生及分泌之機能，結果亦使腎小管增加對水之再吸收，於是細胞外液增加，則血液體積也告增加，致心臟排出量增加，且末稍血管的阻力也增大，引起血壓上升。

致於其分泌的調節則以腎素—血管緊張素系統爲主。在腎血管之進入腎小球處有一群特殊構造之細胞是謂近血管球細胞。此等細胞能感受灌入血壓之改變。與以細胞相接以腎遠曲小管亦有一群特殊細胞稱之爲密班（macula densa），能感受電解質濃度之改變。這兩個細胞群合而稱爲近血管球器。也就是腎素的分泌所在地。當血壓降低時，（如失血所引起）又如鈉濃度降低時，腎素的分泌量增加。腎素的增加，其使血管緊張素原（angiotensinogen）轉變爲血管緊張素 I（angiotensin I）的量亦增加。其後，血中酵素可以將血管緊張素 I 轉變爲血管緊張素 II（angiotensin II）。此血管緊張素 II 可以刺激腎上腺皮質的球狀細胞層（見「腎上腺皮質刺激素」條。）分泌醛固酮（血管緊張素原來自肝臟）。

松果體的抽出物，叫腎盂控制素（adenoglomerulotropin），亦能刺激醛固酮的分泌。此外情緒的激動與危急亦能增加其分泌。

正常分泌的醛固酮，是在保持身體電解質和水份的量的正常，以免過多的流失。近而保持血量和血壓不致過低。（萬家茂）

醛固酮過多症（Hyperaldosteronism）

初發性醛固酮分泌過多，腎臟排鉀增多，引起鉀過高，而血中鉀過低。且鈉偏多。故有輕微的高血壓，尿中醛固酮之量亦增加，肌肉虛弱。此時可能發現腎上腺皮質有腫瘤現象而切除後，以上病況即告消失。

臨床上的特徵有三：①因鉀過低而損壞腎小管，以致多尿、夜尿、煩渴、慢性腎盂腎炎（poelonephritis），②肌肉微弱，鬆弛，若因代謝鹼中毒，則肌肉搐搦，甚至有過度換氣現象，③高血壓，以致引起嚴重的前額痛，視網膜病，輕微心臟肥大（candiomegaly）。

檢驗時則可發現有下列諸情形：①尿中醛固酮增加，鉀增加，濃縮尿的能力降低，尿呈中性或鹼性，且有尿蛋白的現象；②血液中的鉀、鎂及氯化物皆降低。二

氧化碳、鈉及 pH 值上升，汗與唾液內含鈉減少；③醛固酮分泌率增加，碳水化合物的耐力受損，細胞外液及血液體積增加，乃使心電圖（EKG）改變；④吃含鈉量低的食物，血中腎素也不增加，注射 DCA（desoxyc-orticosterone acetate）並不能減醛固酮分泌。

先天性醛固酮過多症的病例很少，此類並非由於瘤腫，而是兩側腎上腺增大，對年青男性影響較爲顯著，常引起惡性高血壓，鹼中毒，煩渴，多尿或搐溺。

後發性醛固酮過多症，常因其他病症而引起，如惡性高血壓；入腎動脈狹窄高血壓；肝硬化，腎臟炎及充血性心臟病所引起之水腫；及女性特發性水腫等。

（萬家茂）

韓德遜氏方程式　（Henderson's Equation）

韓德遜氏方程式是重碳酸鹽——碳酸緩衝系統（bicarbonate-carbonic acid buffer system）中氫離子濃度與該系統中兩成份濃度比值之關係式。即

$$[H^+] = K \frac{[H_2CO_3]}{[HCO_3^-]}$$

式中〔H^+〕，〔HCO_3^-〕和〔H_2CO_3〕分別代表氫離子，重碳酸鹽離子和碳酸的濃度，K 表示該系統的離解常數（dissociation constant）。（周先樂）

韓德遜－哈斯巴克二氏方程式

（Henderson-Hasselbalch Equation）

韓德遜-哈斯巴克二氏方程式是重碳酸鹽——碳酸緩衝系統（bicarbonate-carbonic acid buffer system）中 pH 值與該系統中兩成份濃度比值之關係式，本方程式是由韓德遜氏方程式衍化而來，即

$$pH = pK + \log \frac{[HCO_3^-]}{[H_2CO_3]}$$

式中〔HCO_3^-〕和〔H_2CO_3〕分別代表重碳酸鹽離子和碳酸的濃度。依據定律，$pH = \log(1/[H^+])$，$pK = \log(1/K)$，K 爲該系統的離解常數（Dissociation constant）。（周先樂）

瞳孔反射（Pupillary Reflex）

瞳孔之大小由下列各種刺激經過反射而改變。

1. 光線：光線照到眼睛時瞳孔經 0.2 至 0.5 秒之潛伏期後縮小。其反射路爲：視神經——動眼神經核之前，四疊板前部〔pretectal region（Edinger-Westpal 核〕

——動眼神經——瞳孔括約肌，瞳孔最大直徑 6.5 毫米可縮小至 2.9 毫米。

2. 調節（accommodation）

3. 聚合（convergence）：看近物時不但晶狀體之屈折率增加，並且瞳孔縮小，兩眼視線向內移動。其反射路爲：視神經——大腦枕骨部皮質（occipital cortex）——動眼神經——瞳孔括約肌，腦四疊板部有病變時瞳孔對光線無反應但看近物時瞳孔能縮小，此稱爲 Argyll-Robertson瞳孔。

4. 吸氣時，睡眠時瞳孔縮小。

5. 知覺之刺激，恐怖時，窒息時，呼氣時，肌努力時瞳孔放大。此爲交感神經興奮瞳孔擴張肌收縮引起者。疼痛時瞳孔放大之反射路爲：知覺神經——胸髓第一及第二節——交感神經——瞳孔擴張肌。

瞳孔之變化雖只刺激一眼，引起兩眼瞳孔之變化，此稱爲同感性瞳孔反應（consensual pupillary reaction）。（彭明聰）

環狀－燐酸腺苷酸（Cyclic 3′, 5′-Adenosine Monophosphate, Cyclic AMP）

三燐酸腺苷酸（adenosine triphosphate-ATP）由腺嘌呤成環酶（adenyl cyclase）觸媒形成 cyclic AMP（亦稱3′, 5′-adenylic acid），此作用需鎂離子。荷爾蒙如腎上腺素，腎上腺皮質激素，抗利尿素。黃體化內泌素，胰島素，甲狀腺激素，胰島增血糖素（glucagon）等之發生作用，首先作用在 adenyl cyclase 以產生或減少 cyclic AMP，於是再由後者濃度之改變而完成作用。cyclic AMP 則由燐酸二酯酶（phosphodiesterase）破壞成 5′-AMP 來調節其作用時間。此關係可由下頁之圖表示之。（黃至誠）

壓受容器反射（Baroreceptor Reflex）

頸動脈竇反射（carotid sinus reflex）；頸動脈竇血管壁外膜，有壓受容器存在。當頸動脈竇之內壓升高即刺激該部壓受容器，而引起竇神經（sinus nerve）之向心性衝動傳至延腦之心臟血管中樞，再經離心性神經，到達心臟，引起心跳減慢，血壓下降之反射性反應。反之，頸動脈竇內壓減小卻產生心跳增加，血壓上升之反應。此現象即爲頸動脈竇反射（carotid sinus reflex）。此因頸動脈竇之內壓變化引起負回歸（negative feedback）之反射，能緩衝調節血壓之急變。竇神經屬於第九腦神經（舌咽神經）分枝。將左右兩側

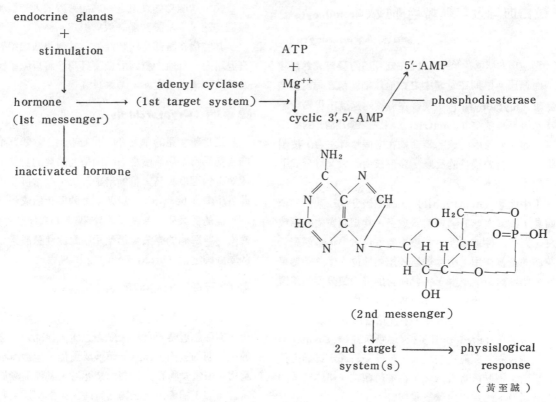

（黃至誠）

寶神經切斷後，即頸動脈寶反射消失，其結果可引起慢性高血壓。

　　大動脈弓反射（aortic arch reflex）；大動脈弓管壁外膜亦有壓受容器存在。當其部壓力升高即刺激其壓受容器，而引起減壓神經（depressor nerve）之向心性衝動傳至延腦之心臟血管中樞，再經離心性神經，引起血壓下降之反射。減壓神經是第四腦神經（迷走神經）之分枝。與頸動脈寶神經合併名謂緩衝神經（buffer nerves）。請參閱感壓反射。（黃廷飛）

糞便及腸內細菌（Feces and Intestinal Bacteria）

　　糞便是由於排便動作時經過肛門所排出的廢物。包括未消化與不能消化的食物殘渣，以及由膽色素變成的糞膽色素元（stereocobilinogen）和糞膽色素（stereco-bilin）。因糞便中尚有並非吃下去的食物殘渣，故食物性質儘管不同，糞便之成分甚少差異。此種現象，同時亦可解釋在長期禁食之後，仍有少量之糞便排出體外。

　　人類糞便之水份佔全量之 75 %（羊 83 %，馬亦爲 75 %），固體佔全量之 25 %。

　　糞便之固體，包括下列主要諸物（及其已知之百分率）：

(1)細菌： 20 ～ 30 %。
(2)無機鹽（主爲鈣與磷）： 15 %。
(3)脂肪及其衍化物： 5 %
(4)纖維素及其未消化之纖維：百分率未 一定。
(5)脫落的黏液細胞，黏液及消化酶：少量。

　　糞便中的細菌，主爲大腸中的細菌，大腸中的細菌，來自口腔。口腔內的細菌，則來自空氣或食物。由於大腸中的反應爲中性或弱鹼性，對一般細菌的繁殖極爲適宜，故細菌可在大腸中大量繁殖。細菌中含有酶，能使食物殘渣與植物纖維分解，所以細菌也參加了消化過程。嚴格言之，醣及脂肪的細菌分解爲發酵作用，而蛋白質的細菌分解則爲腐敗作用。分解產物包括來自醣類之乳酸、醋酸、碳酸氣、沼氣（methane）等；來自脂肪之脂酸，甘油等，以及來自蛋白質之胨、腖、氨基酸、氨、硫化氫、組織胺、靛基質（indole）等。

　　此外，腸內的某些細菌能夠利用在腸內存在的較簡單的物質合成一些維他命B複合體（a number of B complex vitamins）與維他命K，它們經過腸內的吸收後，對於人類與其他動物的營養，具有相當的貢獻。（方懷時）

顆粒白血球及無顆粒白血球（Granulocyte and Agranulocyte）

顆粒白血球或多形核白血球在紅骨髓內發育成熟後才進入血循環。早期在骨髓中之白血球細胞稱之爲髓細胞或髓球（myelocyte），俟後在胞漿內逐漸出現顆粒，同時胞核亦漸狹窄（constrict），且逐漸顯出清楚的葉而完全成熟，顆粒白血球的壽命約在兩個禮拜左右，按照胞漿內顆粒對於染科的反應，多形核白血球又可分成下列三種：

1.中性球（neutrophil），細胞核分成二葉，三葉或四葉，據云血球愈老則葉數愈多，其細胞質內的顆粒甚細，對於酸性或鹼性染料沒有特殊親合力，身體對於傳染病的抵抗作用，中性球居於重要地位，受急性傳染局部，中性球聚集成群，牠們所含的蛋白質分解酶將壞死組織分解成爲流體，再加上細菌及白血球本身，名曰膿（pus），急性傳染病時，中性球增加最爲顯著。

2.嗜酸球（acidophil），又名嗜伊紅球（eosinophil），細胞質內之顆粒比較粗大，酸性染料如伊紅將之染成鮮紅色，細胞核常有二葉，含有組織胺，患哮喘或許多皮膚病時，此類白血球數量增加。

3.嗜鹼球（basophil），細胞核也分葉，細胞質內之顆粒較粗，易受鹼性染料如美藍染色，故顆粒呈藍色，當血清反應（serum rection）及脚氣病（beri-beri）之恢復期，此類白血球數目增加。

無顆粒白血球的胞漿中沒有顆粒，即大小淋球與單核球是也。

1.淋巴球（lymphocyte），大小淋巴球彼此甚爲相似，大者直徑約12微米，小的約8微米，僅直徑不同而已。細胞核略作圓形，不分葉，染色極深，細胞漿環繞在周圍，極爲狹窄，缺乏顆粒，淋巴球由淋巴組織產生，如淋巴腺；肝；脾等器官是，常集合在結核或其他慢性損傷組織的四周，能製造血漿球蛋白，產生抗體與抗毒素，預防傳染。

2.單核球（monocyte），較大，直徑約15微米，胞核亦較大，呈橢圓或豆形，核與細胞質的染色都淺淡，此類血球可能發源於網狀內皮系，含此種組織之器官如肝；脾；肺與淋巴腺，其功能甚似中性球，具吞噬作用，能吞噬微生物及其他異物，且其作用相當活潑。（劉華茂）

黏液性水腫（Myxedema）

爲甲狀腺功能衰退之一病症。於成人時發生。或由腺體切除，下垂體功能衰退所引起。

其特徵在臉部及四肢浮腫。其他現象如甲狀腺功能衰退略同。且血中膽固醇濃度昇高。可以乾甲狀腺製劑及甲狀腺素治療之。（萬家茂）

隱睪病（Cryptorchidism）

正常新生兒的睪丸多已下降到陰囊內，睪丸不在陰囊內者稱爲隱睪病。陰囊有調節睪丸溫度的功能，隱睪者因睪丸的溫度較高，抑制精子形成，故常併有不育症。此外疝氣（hernia），以及睪丸的惡化而成癌則爲隱睪病可能的併發症。有些隱睪於成年期以前能自然下降到陰囊內。隱睪病的療法包括使用胎盤促性腺激素以及外科的睪丸固定術（orchiopexy）。（楊志剛）

聯繫反應（Coupled Reactions）

爲數串互相有連繫之反應。含能之食物於體外被氧化，亦即燃燒時，可以放出大量之能，但此大量之能，均於一短期內放出，而且均轉換成熱能，生物體不能善爲利用。但當食物在生物體內氧化時，其能漸漸放出，且藉各種酶，輔酶及能之轉運系統，將能轉運至其他數串反應中，使各反應配合而利用此能或儲藏此能。故連繫反應爲產生，利用及儲藏能之各化學反應互相連繫，使能發揮最大效用。例如在每一克分子量之葡萄糖分解成二氧化碳與水之化學反應中，可放出 686,000 卡之能。其中 61 % 變成熱能而消耗。另 39 % 之能則爲另一組化學反應所利用而合成38克分子量之高能量三燐酸腺苷酸（adenosine triphosphate）而儲藏能以備肌肉收縮，腺體分泌及其他化學反應所需。此可由下列簡化之化學反應式以代表說明：

$$C_6H_{12}O_6 + 6H_2O \longrightarrow 6CO_2 + 24H$$

此 24 個氫原子由去氫酶（dehydrogenase）媒介而與核苷酸二燐吡啶（diphosphopyridine nucleotide）（DPN）結合成 DPNH 然後經黃素蛋白去氫酶（flavoprotein dehydrogenases）作用而進入呼吸鏈（respiratory chain）。有的氫原子則可直接經黃素蛋白去氫酶作用而進入呼吸鏈。氫原子進入呼吸鏈後即受一連串酶之作用而被氧化成水。於氧化反應中即放出大量能量。此能量可爲另一串化學反應所利用而使二燐酸腺苷酸（adenosine diphosphate）變成高能量之三燐酸腺苷酸。故一連串化學反應放出之能量可爲另一串化學反應所利用及儲藏，此即聯繫反應。（黃至誠）

雙胜酶 （Dipeptidase）

由十二指腸之 Brunner 氏腺及小腸之 Lieberkühn 氏腺所分泌。消化雙胜或氨基酸（amino acids）。
（黃至誠）

雙眼視 （Binocular Vision）

以雙眼看物體稱雙眼視。雙眼視較單眼視有如下益處(1)盲點不一致，可由另眼補償，以致雙眼視時無盲點。(2)視野較大。(3)有立體感。

吾人以雙眼注視一物時雖在各網膜各有一像，均落在中心窩，感覺為一物像。若以指頭加壓一眼時雖只有一物但有兩個物像，此稱為複視。其原因為一眼受壓力其物像不落在中心窩所引起者。由此可知由雙眼看一物時其像均落在中心窩為不引起複視之必需條件。間接視時物像落在各網膜以中心窩作中心，離中心窩同方向同距離之點則看作一個物像。此點稱為相應點。（彭明聰）

擴散，彌散 （Diffusion）

如果絕對溫度（absolute temperature）在零度以上，液體和氣體中所有的分子（molecules）與離子（ions）都在不停的作不定向的運動，這種現象物理學上稱為擴散。生物體液中的分子和離子當然也是一樣。因此，體液中的水分子和各種溶解的物質都是不停的動來動去。如果把少許可溶性的物質（溶質）放入溶劑中，溶質就在溶劑中向四周擴散。最後，溶質在每一部溶劑中都有相同的濃度。當溶質剛放入溶劑時，由於溶質存在部位與其他地方分子濃度的差異很大，所以溶質的分子就從高濃度的部分向低濃度的部分擴散。達到平衡以後，溶質分子的濃度在溶劑每一部分的濃度雖然相同，但其中的分子仍舊是不停的運動，祇不過是其中各分子的擴散速度相等而已。（周先樂）

擴散率 （Diffusion Rate）

一個分子或離子從一個區域擴散到另一個區域的速率，稱為擴散率。有很多因素可以影響擴散率，比較重要的因素有(1)分子或離子在二不同區域內濃度的差異，濃度差異越大，擴散率越高，二者成正比；(2)分子或離子的大小或重量，分子大而重者，擴散率低；(3)二區域間的距離，距離短者，擴散率高；(4)擴散區域面積的大小，面積大者，擴散率高；(5)溫度的高低，溫度高時，分子或離子的運動速度增加，所以擴散率也高。如果將

上述的五個因素綜合在一起，可得下面的公式：

$$擴散率 \alpha \frac{（濃度差）\times（橫斷面積）\times（溫度）}{（分子量）\times（距離）}$$

（周先樂）

鬆弛素 （Relaxin）

鬆弛素是由卵巢內的黃體所分離出來的多胜體，其分子量約為9000，其主要作用為使恥骨聯合（symphysis pubis）鬆弛，使子宮動力減低和使子宮頸變為柔軟。孕婦血中可測出具有鬆弛素作用的物質。但鬆弛素在人體的作用不顯著，目前也沒有發現鬆弛素分泌缺少的疾病。（楊志剛）

額前葉 （Prefrontal Lobe）

額前葉是額葉運動前區（premotor area）以前的皮質，在眼眶上方。在動物進化過程中，這部分的發展較其他皮質為速，因此一般相信與思想和智慧有關，但由實際觀察所得並不盡然。在一八四八年美國有一鐵道工名叫Phineas P. Gage的意外受傷，一條鐵棒直貫腦門破壞了額前葉。他幸未喪命，但受傷前後判若兩人，原來勤勞可靠，傷癒後變得暴躁、不耐、捉摸不定而且口不擇言。其變化與其說是智力方面的毋寧說是性情和人格方面的。（Gage 的頭骨和鐵棒現陳列哈佛大學醫學院醫學博物館。）其後在額前葉損傷病例又觀察到情緒冷淡、焦慮減低與對痛漠視等現象，利用這種性質，遂有所謂心理手術（psychosurgery）的發展。其方法為切除一部或全部的額前葉，或切斷額前葉與視丘（thalamus）之間的聯繫，後者即為額前葉切斷術（prefrontal lobotomy）。經手術後的精神病人焦慮解除，雖仍有妄念和幻覺，但不再感到困擾；在另方面有情緒冷淡、缺乏遠見、衝動及注意力不集中等徵象。由於手術的種種副作用，現在心理手術已被藥物治療所取代。（尹在信）

轉胺基酶 （Transaminase）

為燐酸維乙六素（pyridoxal phosphate）作輔酶之酵素。可從氨基酸轉移一氨基根（amine group）至酮酸（keto acid）而使之形成氨基酸。如將麩氨基酸（glutamic acid）之氨基根轉移至草醋酸（oxaloaceti acid）上而使之成天門多酸（aspartic acid）之酶即屬之，稱麩氨基草醋酸轉氨基酶（glutamic oxaloacetic transaminase 簡寫GOT），或者轉移至焦葡萄酸（pyruvic acid）上而使之成氨基丙酸（alanine）之酶，稱麩氨基焦葡萄酸轉氨基酶（glutamic pyruvic transaminase 簡寫GPT）。此二種轉氨基酶存在於肌肉，肝臟及血液中，若心肌梗塞，肝臟破壞時即釋放入血液而使血中大量增加。故臨床上可依之測定有無心肌梗塞或肝壞死現象。前者使GOT顯著增加，後者則使GPT增加較高。（黃至誠）

擺動（Pendular Movement）

這是一種以小腸縱行肌舒張和收縮爲主的節律性腸管擺動運動，常在較長的一段小腸內使腸內容來回擺動，每分鐘約有10—12次，但很少向前推進。此種擺動可使腸內容與絨毛相接觸，並使腸內容與消化液相混合。擺動以在草食動物如兔子的小腸較爲明顯，人馬猪羊之小腸雖亦有此擺動，但較不常見。（方懷時）

懷孕（Pregnancy）

母體內有受精卵，植入子宮後由胚胎繼續發育直到出生，此現象謂之懷孕。人類平均懷孕期爲 266 天。孕婦可見月經停止、噁心、嘔吐、乳房增大，乳頭有色素沉着，腹部繼續膨大等徵狀。但懷孕的實在佐證則爲有胎動，及聽到胎兒心聲等，懷孕後胎盤分泌胎盤促性腺激素，胎盤催乳激素，女性素和助孕素。身體內分泌系統也有相應的改變。胎盤促性腺激素由尿排出。常用來做懷孕試驗的材料。（楊志剛）

懷孕試驗（Pregnancy Test）

胎盤促性腺激素在懷孕第26天即可在尿中查出，在懷孕第60天到70天分泌達最高點，以後則分泌逐漸減少。懷孕試驗的原理在根據胎盤促性腺激素在動物體所產生的效應（生物鑑定），或根據其抗原抗體反應（免疫鑑定），而測知其存在。

因爲腦下腺所分泌的黃體生成素在以上兩類試驗方法中亦能產生與胎盤性腺激素相似的反應。懷孕試驗並不一定百分之百準確。（楊志剛）

離子對心肌之效果（Ionic Effect on Cardiac Muscle）

鉀離子；大量 $[K]_o$ 減小心臟節律，收縮力及傳導速度，導致房室傳導阻滯，不整脈或顫動。$[K]_o$ 增加，引起心肌細胞靜止電位減低，持續性乏極，終於興奮

性消失。

鈉離子；等張性鹽水灌流後，心肌收縮力減小，終於寬息狀態停止。$[Na]$ 減小至於正常含量之10—20%，心臟節律減小，乏極率（rate of depolarization）減小，而活動電位減小。鈣離子對抗鈉離子之作用。

鈣離子；$[Ca]_o$ 增加，能加強心肌收縮力，至於心肌收縮狀態停止。此謂鈣僵直（Ca rigor）。$[Ca]_o$ 減小卻能導致心跳停止，但其電氣的活動並不消失。心肌細胞活動電位之乏極慢速期（slow phase of depolarization）及平頂期（plateau phase）有 Na^+ 及 Ca^{++} 內向電流，隨着引起心肌纖維之收縮。此 Ca^{++} 電流以 Mn^{++} 阻滯。Ca^{++} 跟 K^+ 亦有拮抗作用。

氯離子；心肌細胞膜對 Cl^- 之透過性在細胞靜止時較小，但在心肌細胞乏極時 Cl^- 透過性大爲增加，即 Cl^- 從外向內流入細胞內。如將灌流液氯離子以異種陰離子代替後，心跳節律減小，甚效果次序爲 $SCN^- > I^- > No_3^- > Br^- > Cl^-$ 。（黃廷飛）

蠕動（Peristalsis），腸肌反射（Myenteric Reflex）及蠕動衝（Peristaltic Rush）

小腸之蠕動與食道之蠕動相似。小腸蠕動波之進行甚慢，每分鐘約可進行 2 cm 左右。蠕動可使經過分節運動與擺動的腸內容推進一段距離，到達一個新腸段，再開始分節運動與擺動。

蠕動爲腸內容使腸管脹大時所產生的反射動作，在縱行肌及環形肌間之 Auerbach 氏神經叢對此有協調作用。在腸管脹大處之後面環形肌收縮，在脹大處之前面則環形肌舒張。此種由 Auerbach 氏神經叢所主持之局部的反射，Cannon 氏稱之爲腸肌反射。

此外，還有一種常見的進行速度較快而進行較遠的蠕動，稱爲蠕動衝。Alvarez 氏謂兔子的小腸蠕動，並非進行很慢的腸肌反射，而爲推進迅速的蠕動衝。蠕動衝之特點，乃在收縮波之前並無舒張波，且收縮之程度不深刻。兔之腸內容，其平均長度達 36cm，其蠕動衝之平均速度爲每秒 6 cm 。如蠕動衝進行之距離愈遠，則其推進之速度亦愈快。兔在一小時內約有蠕動衝數次，其他動物則一天僅數次。腸管之任何部分均可開始蠕動衝，其推進之距離可長可短。兔之蠕動衝大多（55%）開始於十二指腸，多數推進至廻腸，但間或繼續推進至結腸始消逝。（方懷時）

饑餓收縮（Hunger Contractions）

當胃內空虛時，胃的緊張性增加，且有節奏的揚抑升降。這種緊張性波動之頻率，尚為均勻。在這緊張性波動之間，常出現整個胃的猛烈收縮，此種猛烈的收縮，有時可使我們引起饑餓的感覺，故稱為饑餓收縮。若事先讓受檢者吞下一個橡皮膜做成的小氣球，由細橡皮管通達口外，而與水檢壓計相連，於是當胃收縮時，就壓迫氣球而間接地使水檢壓計的浮標上升，後者即可在旋轉的記錄鼓上繪成一幅饑餓收縮的曲線圖。

如將胃割除的病人，仍有饑餓感覺，可知引起饑餓感覺並非僅由饑餓收縮所引起。饑餓是一種複雜的感覺，它不僅與胃的週期性活動有些相關，也與身體的其他部份（例如視丘下部hypothalamus）的週期性活動有關。

尚有一點必須附帶說明，祇有半數受檢者，饑餓收縮的確可以引起饑餓的感覺。另一半的受檢者雖可出現饑餓收縮，但並不因此引起饑餓感覺。所以饑餓收縮這個名稱是否合適，尚需進一步的研探。此外，記錄饑餓收縮時，受檢者必須預先吞下一個小氣球，此時他的胃內已有氣球，並非空胃。所以由這實驗方法來研究饑餓，似乎不很合適。（方懷時）

觸覺 (Tactile Sensation)

以刷子輕輕的擦皮膚時有觸覺，此為皮膚每平方厘米有25個，全身 500,000 個觸點所產生者。以Frey 觸覺計壓皮膚時可查出皮膚上有的點產生觸覺，有的點無觸覺，前者稱為觸點。觸覺與毛有密切關係，若將毛剃光觸覺之靈敏度減低，但無毛之部位如唇，指頭尖端亦有觸覺，陰莖、龜頭及角膜無觸覺。觸覺之感受器為毛根之神經末端及Meissner 小球，但無毛之部位其觸點數目與Meissner小球分佈並不一致。

全身各部觸覺之靈敏度不相同，以靈敏度之次序排列：舌頭＞唇、眼瞼＞指尖＞手＞胸部＞背部。在同一點斷續的刺激時若其間隔0.05秒以上時可判別每一刺激，0.05秒以下時有連續的觸覺感，此為觸覺有後感覺 after sensation 之緣故。在皮膚上刺激兩點能判別為兩點之最短距離稱為空間辨別(Spatial discrimination，同時刺激兩點時其能判別為兩點之最短距離在指尖為 0.1 厘米，在背為 6.8 厘米，不同時刺激兩點時，其空間辨別能力比同時刺激兩點時更靈敏。

觸覺之向心性纖維為 β 及 δ 纖維，其發出神經衝動情形有兩種型式，一為受刺激時發出神經衝動但很快的適應而除去刺激再發出神經衝動，另一為受刺激時最初以高頻率發出神經衝動，其後頻率減而維持此頻率。（彭明聰）

顧盛氏病 (Cushing Disease)

為一種腎上腺皮質醇分泌過多而引起的病症。1932年顧氏（H. Cushing）最先發現一種腦下垂體嗜鹼性細胞過多症，因皮質醇過多，故脂肪堆積在頸背及臉頰，腹部肥大下垂，皮膚極薄、臉紅、腹部有紫色條紋，手指抓過會現出很深的指痕，傷口不易痊癒，肌肉漸弱，因骨質疏鬆，故背痛。且脊椎骨、肋骨易被壓碎。又易形成駝背，血管硬化，故血壓高。後期則現出糖尿病。因 17-酮類固醇（雄性素）過多，故體毛多。亦有痤瘡（acne），禿頭等現象。女性則無經期。女性患者較男性為多，約為 4 比 1。成人中患此病者有10%無明顯的症狀，60%其腎上腺皮質顯示肥大或增生。另30%為皮質生瘤所致。

皮質醇分泌過多有三種原因，第一是腦下腺分泌多量的皮質刺激素，即ACTH，第二是異位來源的ACTH使腎上腺皮質增殖，第三是皮質本身生瘤。所謂異位來源，是指腦下垂體以外的組織所分泌一種類似皮質刺激素。此等組織最常見的是支氣管瘤及肺瘤，其他如胸腺瘤（thymomas），膽囊瘤，胰臟瘤及腹膜後的纖維肉瘤（retroperitoneal fibrosarcomas）。（萬家茂）

聽力測驗 (Audiometry)

使用聽力計audiometer 以各種強度各種頻率之聲音檢查聽力並將檢查結果示於圖表以知聽力障礙情形。人之能聽曲線如下圖，上為 140 分倍爾左右聲音時，耳欲痛；中為一般聽覺閾，下為理想的聽覺閾。（彭明聰）

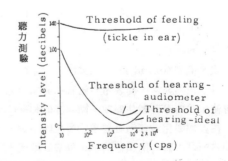

聽神經之動作電位 (Action Potential of Auditory Nerve)

單一聽神經纖維對種種強度及頻率之聲音產生動作電位，若以閾值強度之聲音，一條纖維只對很小範圍之頻率反應，加強聲音強度時對低頻率之聲音亦有反應但對高頻率之聲音無反應，換言之，其音調曲線（tuning curve）對高頻率聲音有峭峻之境界而對低頻率聲音有漸進的境界如下圖。由蝸牛殼頂部出來之纖維只能對低頻率聲音反應，而由基底部出來之纖維對高頻率聲音反應，但聲音強時對低頻率聲音亦反應。聽神經纖維之音調曲線較基膜（basilar membrane）之音調曲線窄，其所反應之最低強度聲音之頻率與該纖維所出基膜部位所反應之最低強度聲音頻率相同。（彭明聰）

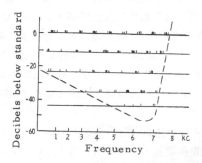

鑄象（Imprinting）

鑄象是早期學習的一種奇特的方式，在多種動物於幼年時期對環境產生依附有決定性的影響。鑄象的特性是發生極早，而且在相當短促的年齡限期之內，稱為“臨界時期（critical period）”。例如一隻動物因在臨界時期與某一對象有短時接觸而發生鑄象時，便在以後的行為中表現出向這一對象的深遠的依附。雖然在狗、羊、天竺鼠、以至牛都曾觀察到鑄象，但以鳥類最為明顯。Eckhard Hess 曾使小鴨對一木質公鴨模型發生鑄象，發現在孵化後十四小時最易發生，而且只需十分鐘左右的接觸。鑄象一經發生，小鴨對公鴨模型終生追隨，甚至長大後對雌鴨的引誘也毫不動心。發生鑄象作用的對象有的限於同類，有的限於相近的種族，但有的範圍較廣，例如Konrad Lorenz曾使許多野鴨與他發生鑄象，對他親熱異常，訪客常見野鴨在肩頭棲息依偎。他也曾使小鴨對草鞋發生鑄象，隨草鞋的動靜而亦步亦趨。

在人類嬰兒有無這種鑄象的發生尚不確定，但嬰兒在約六個月大時對照顧他的人，通常是母親，發生依附卻是事實，對生人的恐懼也約在此時發生，意味着臨界時期的結束。（尹在信）

體液（Body Fluid）

吾人體內之水分，約為全身重量的56%，今概略區分如下：

1.細胞外液（extracellular fluid），位於細胞外面的組織間隙，含有大量的鈉及氯離子，他如氧氣，葡萄糖、脂肪酸及胺基酸等，以維持細胞之營養，更有不少來自細胞的二氧化碳，以便將之輸送至肺部，此外還有一些細胞代謝後的產物，亦可運至腎臟後排出，蓋此種液體不斷地在流動，並與血液經常發生混合同滲透，故稱之為個體之內環境（internal environment），信不虛也，細胞外液包括血漿（佔重體4.5%），細胞間液（16%），以及淋巴（2%）等。

2.細胞內液（internal fluid），即身體任何細胞內如紅血球，肌肉細胞及腎小管細胞等所含有之水分，約佔體重30-40%，其內含有大量之鉀鎂及磷質，蛋白質含量亦較為豐富，代謝之最終產物將可透過胞膜而進入其四周之細胞外液。

3.細胞轉移液（transcellular fluid），為細胞外液之特殊液體部分，約佔體重1～3%，例如腦脊液，眼球內液，肋膜腔液、腹腔液，關節內滑液以及消化液等，其中之消化液又可視之為體外液（extracorporeal fluid）。

體內之組織器官不同，其所含之水分亦不相同，例如一個七十公斤體重的人，其組織所含水份百分率有如下表：

組　　織	水分百分率	佔體重百分率	公升水／70公斤
皮膚	72	18	9.07
肌肉	75.6	41.7	22.10
骨骼	22	15.9	2.45
腦	74.8	2.0	1.05
肝	68.3	2.3	1.03
心	79.2	0.5	0.28
肺	79.0	0.7	0.39
腎	82.7	0.4	0.25
脾	75.8	0.2	0.10
血	83.0	8.0	4.65
腸	74.5	1.8	0.94
脂肪組織	10	± 10.0	0.70

全身之總水量，隨年齡與性別而不同，年齡愈大，全身總水量愈少，但男子全身總水量多於女子，由下表可知：

年　齡（歲）	男	女
10～18	59 %	57 %
18～40	61 %	51 %
40～60	55 %	47 %
60　歲以上	52 %	46 %

（劉華茂）

體液滲透壓濃度之調節（Osmoregulation of Body Fluid）

　　人體體液的滲透壓濃度（osmolarity）相當穩定，尤其是細胞外液（extracellular fluid)部分更是明顯，人體常以增加飲水量或增加水的排泄量來保持體液滲透壓濃度維持在 283±11mOsm/升範圍內。滲透壓的調節，它有專門的調節機構，包括(1)滲透壓感受器（osmoreceptor)位置雖未完全確定，但必位於內頸動脈所分布的血流區域內。(2)管制抗利尿激素分泌的下視丘－腦下腺後葉徑路（hypothalamo-hypophysial tract）；和(3)它的反應器官遠球尿細管和集尿管。每當血漿的滲透壓濃度有 2 ％改變時，這個調節機構即起反應。

　　如若水分缺乏時，血漿滲透壓濃度變高，刺激滲透壓感受器，下視丘－腦下腺徑路興奮，結果從腦下腺後葉釋放出抗利尿激素的量增加，此激素促使遠球尿細管和集尿管的管壁變得對水分子很容易通透，集尿管裡的濾液和鄰近髓部組織取得滲透壓的平衡後，結果排出的尿的滲透壓濃度比血漿高出 4－5 倍。同時失去的水分很少，另一方引起渴的感覺增加飲水量，使體液的滲透壓恢復正常。

　　反之若水化時（hydration），無論飲水過多或體內水積存過多，則體液滲透壓變低，滲透壓感受器不受刺激（或受抑制），腦下腺後葉釋放的抗利尿激素量減少，尿細管和集尿管對水分子的通透性極低，水不被吸收，結果泄去大量的尿，恢復體液的滲透壓濃度。

　　這個調節機構的效率是很高的，例如在不感覺渴的情形下飲下1200毫升的水，被腸壁吸收後，身體總水量從 45 升變成46.2升，體液被冲淡 2－3 ％，它的滲透壓開始降低，飲水後15－30分內，尿量即開始增加，約在飲水後30－60分時，體液滲透降到最低的程度，此後15－30分鐘，尿量也達到最大值，大量利尿以恢復體液的滲透壓，這種調節反應在 2.5－3 小時內即可完成，將多飲的1200毫升水全部排盡。（畢萬邦）

體溫之調節（Temperature Regulation）

　　溫血動物體內深處之溫度相當穩定，在靜止（37℃）與激烈運動後（40℃）溫度相差僅三度攝氏左右（或華氏五度半左右），此種恆溫之維持端賴體內有完備之"溫度調節"機轉，包括下列各項：

溫度接（感）受器（receptors）：

　　皮膚有司冷、熱之感覺神經末梢，下視丘也有神經細胞對血溫度之改變敏感，這些接受器把身體表面及環境之冷暖以及身體內部之冷暖情況經由神經系通知體溫調節中樞。

體溫調節中樞：

　　一般相信此中樞位於下視丘。當此中樞接受到體溫有升高趨勢之威脅時（如環境太熱，或運動），或有減低趨勢之威脅時（如環境太冷），則將身體應有之反應，經由傳出神經，通知散熱及產熱機轉配合作業，以維持體內溫度之穩定。

產熱機轉：

　　主要為骨骼肌肉，肌肉細胞收縮為體內產熱之最佳，最速來源。天冷時打抖索即身體自動增加產熱之現象。體內各細胞實際上均產熱，但除肌肉細胞外，其它細胞之產熱與體溫調節之關係較微且緩，僅當長期居寒冷地區時可因甲狀腺激素之作用產生適應性的產熱增加。

散熱機轉：

　　皮膚血管之縮張決定皮膚之血流量，血流量多則皮膚溫度高（漸趨近體內溫度），血流量低則皮膚溫度較低。皮膚溫度高其熱量較易經幅射、對流、傳導之方式傳至體外之環境；皮膚溫度低，其熱量較難傳至體外。天冷時皮膚血管收縮，皮膚溫度低，散熱機轉受抑制；天熱時，或運動後恰相反，皮膚溫度高，促進熱之發散。

　　散熱機轉之另一有效散熱方式是出汗，藉著汗之蒸發，**熱量得以發散至體外。當環境溫度與皮膚溫度相等或前者高於後者時，出汗是惟一可散熱之方式**

　　毛髮之豎立可減少熱傳導，在低等動物也是一種防範散熱之方式。

註：發熱fever 是體溫調節中樞失常之後果，此時散熱減低，產熱增加，體溫之調節機轉似被撥高了一兩度。（韓　偉）

臟器皮質（Visceral Cortex）

　　腦皮質除特定之運動區、感覺區、視覺區、聽覺區等之外，與嗅腦（rhiencephalon）關連之迴緣系統（

limbic system)，最近爲神經生理學家稱爲臟器皮質（visceral cortex or visceral brain）。過去之觀念認爲梨狀葉（pyriform lobe）或扁桃體（amygdala）前之嗅腦僅司嗅覺作用。現在已發現海馬回（hippocampus）、扁桃體、間隔核（septal nuclei）、下視丘（hypothalamus）、乳突體（mamillary body）、視丘前部（anterior thalamus）等神經組織，藉穹隆（fornix）、胼胝上線（supracallosal stria）、髓線（stria medullaris）及終線（stria terminalis）等相連繫構成迴緣系統環路。此系統不但與嗅覺有關，因其下視丘聯繫，尚有其他重要之機能如：有關生理節律（biological rhythm）、性行爲（sexual behavior）、飲食（drinking and feeding）、發怒及恐懼情緒（emotions of rage and fear）及動機（motivation）等作用，此外迴緣系統藉內前腦束（medial forebrain bundle）與腦幹聯繫而影響自主神經系統之功能如改變血壓、心跳及呼吸等，現在已被用以解釋因情緒及行爲引起臟器反應的機轉。（蔡作雍）

臟器感覺 (Visceral Sensation)

臟器本身之感覺亦有神經向中樞傳達，臟器之內有多種特化之接受器，如滲透壓接受器（osmoreceptor）、感壓接受器（baroreceptor）及化學接受器（chemoreceptor）等，分別接受身體內在環境如滲透壓、血壓、血中酸鹼度（pH）及二氧化碳分壓等等之變化，經過有關中樞之調節後，產生種種自主神經反應，矯正出現之變化使恢復正常，故對於生理衡定作用（homeostasis）有重大之貢獻。但此種特殊之「臟器感覺」並不傳達皮質感覺區（sensory cortex），故不爲意識所認知。實際上，感覺（sensation）一字廣義言之，應包括一切由接受器傳入中樞之信號；狹義言之，僅指到達皮質之傳入信號而爲意識所感知者，準此，狹義之臟器感覺（visceral sensation）不包括上述特化接受器之傳入信號，而僅指臟器與體表相同之痛、溫、壓覺等。臟器之溫、壓覺接受器極少，其痛覺接受器亦少，但臟器受傷、刺激或發炎則可產生疼痛。司內臟感覺之神經原爲兩極細胞，存在於脊背根神經節，該細胞之末梢極分配於內臟，其徑路與自主神經同，中樞極則併入脊髓視丘徑（spinothalamic tract），與體感覺相同，亦到達中央後回之感覺腦皮質。臟器之疼痛常伴有噁心及其他自主神經症狀。亦常擴散至體表組織，成爲所謂之牽擴痛（referred pain）。（蔡作雍）

欒蕭氏細胞 (Renshaw Cell)

存在於脊髓腹角（ventral horn）之一種抑制性居間細胞（inhibitory interneuron）爲Renshaw 氏所發現。此種居間細胞與脊髓之運動神經原（spinal motor neuron）間構成一種特殊之負性迴饋抑制作用（negative feedback inhibition）。蓋運動神經原發出回返側副胞突（recurrent collateral），與欒蕭氏細胞聯會，欒蕭氏細胞所發出之胞突又與原來之運動神經原聯會，而構成一迴饋環路（feedback circuit）。如是運動神經原發出之脈衝激發欒蕭氏細胞，該細胞軸突末梢卽分泌一種抑制性之神經物質，轉而抑制原來之運動神經原。欒蕭氏細胞分泌之抑制性物質尚未得知，可能是gamma aminobutyric acid。晚近之研究知中樞神經很多地區都具有與此性質相同之抑制性神經細胞。（蔡作雍）

攣縮 (Contracture)

臨床上，任何肌肉縮短而不易伸長的情況，均稱爲攣縮，不一定由肌肉纖維本身變化引起，肌肉周圍組織纖維變性等引起之肌肉縮短亦屬之。生理攣縮（physiologic contracture）是指一切不完全符合收縮（contraction）條件的肌肉可逆性長期縮短。攣縮與收縮的基本不同在其無需細胞興奮出現動作電位（action potential），且其縮短可能爲局部性，故一般由運動神經活動增加所引起之肌肉長期強直（tetany）不屬攣縮。引起肌肉攣縮的原因甚多，熱、電、機械與化學等刺激均可能爲原因之一。（盧信祥）

癲癇 (Epilepsy)

癲癇可分三種，卽大發作癲癇，小發作癲癇，及精神性發作癲癇。

大發作癲癇之現象包括忽然間的神志喪失，患者跌倒，隨之而來的是強直性痙攣，之後演變爲抽搐性陣攣，並口吐白沫，尿便失禁，最後進入昏迷睡態，醒來之初期，患者會感覺疲倦、頭痛及神志不清，有時會做出一些無意義之動作。

小發作癲癇之現象包括短暫之神志喪失，但無痙攣發生。發作前亦無任何徵兆。發作時患者臉色蒼白，言語含混，手腳不靈，但數秒鐘內卽恢復正常。

精神性發作癲癇症之現象是神志失常（但未喪失），且伴有一些不自知的動作，有如夢遊，事後患者對所發生之事完全無回憶。此類患者常有顳叶大腦之病變。
（韓　偉）

顱內自我刺激 (Intracranial Self-Stimulation)

一九五四年Olds與Milner首先顯示腦內電刺激可爲動物主動追求的目標。在實驗中，以電極永久性植入動物的頭骨到達腦內不同部位，等動物恢復後將電極與一鍵板和電源相連。當按下鍵板時，就有短暫而微弱的電流刺激腦部。動物很快就學會按鍵板而自我刺激，如將電源撤去，動物就停止按鍵。這種自我刺激的傾向相當強烈，白鼠按鍵接受刺激可高達每小時五千次，可繼續十數小時直到精疲力竭而入睡，醒來時再開始自我刺激。如果牠們必須要越過通電的鐵網忍受足掌强烈電擊才能到達鍵板，也毫不遲疑，但如饑餓二十四小時以後須經歷同樣情況才能獲得食物時，便往往退縮不前。腦中可引起自我刺激的部位一般稱之爲"獎賞中樞(rewarding centers)"，有的部位經一二次刺激後動物對鍵板避之若浼不再嘗試，一般稱"懲罰中樞(punishing centers)"，其他部位的刺激動物不表特殊好惡，是爲"無礙區 (indifferent areas)"。這些部位在鼠與猴已有相當清楚的測定。在精神病人也有類似的實驗，所獲得結果相同。據病人報告有內心平安的感覺，但也不知其所以然。（尹在信）

顱神經 (Cranial Nerves)

凡是與腦或腦幹相連的神經都稱爲顱神經，共有十二對。顱神經有只含感覺纖維，有只含運動纖維，有兩者都含。第一對嗅神經 (olfactory nerves) 與第二對視神經 (optic nerves) 實際上是腦本身的延伸。第三對動眼神經 (oculomotor nerves) 與第四對滑車神經 (trochlear nerves)由中腦發出，第五對三叉神經 (trigeminal nerves) 與第六對外旋神經 (abducens nerves)由橋腦發出，第七對面神經 (facial nerves) 與第八對平衡聽神經 (stato-acoustic nerves) 由橋腦下緣發生，第九對舌咽神經 (glossopharyngeal nerves)，第十對迷走神經 (vagus nerves)，第十一對副神經 (accessory nerves)以及第十二對舌下神經 (hypoglossal nerves)由延髓發出。副神經有一部分由頸髓發出。各顱神經詳見分條。（尹在信）

顱腔內壓 (Intracranial Pressure)

頭顱爲骨骼腔洞，體積固定不變，其內之腦組織也不受壓力而縮減體積，因此當顱腔內壓力改變時，可由腦脊髓液壓力改變看出。通常顱腔內壓力介於動靜脈血壓之間但接近靜脈血壓，臥姿時約爲70— 160 mm水柱；坐姿時顱內壓低於大氣壓，腰椎部之腦脊液壓可高達400至500 mm 水柱。

很多因素可影響顱腔內壓：
一、靜脈回流受阻可使顱內壓增高，動脈血壓之改變亦影響顱內壓。
二、血液（如因傷出血）進入腦脊髓液中，因體積之增加及蛋白質含量之增加（後者引起更多腦脊液形成）而使壓力增高。
三、腦脊液之吸收機轉受阻時，壓力升高。
四、腦瘤可使壓力增高。
五、增減腦脊液可增減其壓力。（韓　偉）

顳葉 (Temporal Lobe)

大腦顳葉與視、聽聯合區（visual and auditory association cortex），與額前葉 (prefrontal lobe) 以及與緣系 (limbic system) 之間都有密切聯繫。猿猴經兩側顳葉下方皮質破壞以後學習視覺鑑別(visual discrimination) 的能力大爲減低。在上世紀末Hughlings Jackson)曾在癲癎病人注意到幻視、幻聽和幻嗅 (visual auditory and olfactory hallucinations)〔見幻覺條〕與顳葉刺激性病變的關係。Penfield在施行腦手術時用電刺激顳葉聽與視覺區的交界部分，意外地將病人帶回早年生活片斷，視覺與聽覺意象翊翊如生。病人雖知身在手術室中，但眼前展現的卻是多年前在客廳中琴韻歌聲的一幕。相反地，刺激顳葉也可以改變正在進行的意識經驗。例如當顳葉的癲癎性放電之時，病人有置身事外之感，眼前所發生的事情似曾相識，步調緩慢，可笑亦復可怖，甚至恍似靈魂出竅作壁上觀。顳葉病變的特殊症狀是"夢幻狀態"，有意識喪失的發作，病人陷於充滿幻覺的世界。這種刺激性病變的臨床病徵與用電刺激顳葉所引起者甚爲相似。（尹在信）

中山自然科學大辭典 （第十冊）

生理學 索 引

Index

R

生理學 / 葉曙主編. --初版. -- 臺北市：臺
灣商務，1973[民62]
面； 公分. --（中山自然科學大辭典；
第10册）
含索引
ISBN 957-05-1389-6（精裝）

1. 生理學（人體）- 字典，辭典

397.04 86003377

中山自然科學大辭典 第十册

生 理 學

定價新臺幣 300 元

名譽總編輯 王雲五
編輯委員會召集人 李熙謀 鄧靜華 易希陶
本册主編 葉曙
出版權授與人 中山學術文化基金董事會
發行人 張連生
出版者 印刷所 臺灣商務印書館股份有限公司
臺北市重慶南路 1 段 37 號
電話：(02)3116118・3115538
傳眞：(02)3710274
郵政劃撥：0000165－1 號
出版事業登記證：局版臺業字第 0836 號

• 1973 年 9 月 初版第一次印刷
• 1997 年 5 月 初版第四次印刷

ISBN 957－05－1389－6（精裝） 21725031

ISBN 957-05-1389-6 (397)　21725031

9 789570 513899

全　　精裝　　NT$　300